KB193975

시가 만난 동물
내가 만난 동물

시가 만난 동물
내가 만난 동물

최 양 식

이지출판

사람에게 동물은 무엇인가?

옛 詩에는 많은 동물이 나타난다. 사람은 동물과 함께 자연 속에서 세대를 이어가며 산다. 옛 詩에서 우리는 생명 있는 모든 것들에게 보였던 옛사람들의 따듯한 시선을 느낄 수 있다. 그리고 神이 음모한 잔인한 '생태 균형의 먹이사슬'에 걸려 허우적대는 동물들의 짧은 생을 안타까워한 마음까지도 읽을 수 있다.

그 사슬의 고리가 끊어지는 순간 생태계는 혼란에 빠지고, 그 하나를 붙잡고 있는 우리 인간도 큰 어려움을 맞게 된다.

개미, 달팽이, 사마귀, 모기, 파리, 메뚜기, 귀뚜라미, 매미, 누에, 풀벌레, 하루살이, 거미, 반딧불이, 노래기, 잠자리, 꿀벌 등 숲을 지켜오던 수많은 곤충도 수천 년간 이어온 詩의 초대를 받았다. 사람과 다른 동물에게 많은 고통과 불편을 끼치면서 미움 속에 살아가는 쉬파리, 이, 모기, 벼룩, 빈대, 좀벌레들도 이 오래되고 멋있는 詩의 초대에 빠지지 않았다.

물수리, 꾀꼬리, 참새, 꿩, 기러기, 비둘기, 까치, 제비, 닭, 너새, 부엉이, 올빼미, 사다새, 뻐꾸기, 황새, 새매, 솔개, 학, 뱁새, 두견새, 까마귀, 백로 등 날갯짓에 바쁜 새들도 詩의 초대에 응했다. 날아다니는 새들은 개나 고양이처럼 사람과 특별한 노무 관계를 맺고 살아가는 것은 아니었다. 사람들은 "사냥은 하지만 둥지에 잠들어 있는 새에게는 활을 쏘지 않는다(弋不射宿)"며 세상의 새들에게 짐짓 '자비로운 節制(?)'를 내세워 왔다.

모래무지, 동자개, 가물치, 송어, 방어, 환어, 연어 등 깊은 물속에서 살아가는 물고기들도 옛 시의 초대를 받았다. 옛사람들은 "새는 날고 물고기는 물속에서 뛰어오르는 것이 天理(鳶飛戾天 魚躍于淵)"라며 "낚시는 해도 그물을 쓰지는 않는다(釣而不網)"고 물속의 세계에도 자비를 베풀며 "물고기 대신 빈 배에 달빛만 채워 돌아온다(漁翁不是無心者 管領西江月一船)"는 詩를 꽃피웠다. 그러나 이 詩들은 '사람 세상에 불려 온 물고기들의 시'가 아니라 '물고기 세상으로 다가간 사람의 시'일 뿐이다.

말, 양, 박쥐, 고양이, 개, 쥐, 토끼, 나귀, 소, 원숭이, 여우, 사슴, 돼지 등 인간과 비교적 가까이 지냈던 동물들도 옛 시의 초대에 응했다.

동물들은 자신들이 가진 모든 것을 사람에게 주었다. 그들이 인간에게서 얻은 것보다는 훨씬 더 많은 땀을 흘렸고, 자기 새끼들에게 줄 귀한 젖을 인간의 아이들을 위해 내어놓았고, 그들의 털과 가죽과 생명까지 인간에게 모두 바치는 불평등한 계약 관계를 이어왔다.

필자는 그간 옛 시의 숲속으로 들어가 긴 세월 동안 인간에게 행복을 가져다준 수많은 곤충, 새, 물고기, 동물들에게 감사의 뜻을 전하고 싶다.

天稟대로 살다 간 그들을 오직 사람의 눈으로만 바라볼 수밖에 없는 필자의 *以我觀物*의 타고난 무지함과 헤아림의 부족에 대해서도 사과를 구해야 할 듯싶다.

시가 만난 동물의 숲, 동물이 만난 시의 숲은 넓고도 깊었다.

시가 동물들을 만난 시간은 내가 살아온 시간 그리고 앞으로 살아갈 시간보다 한없이 길었고, 시가 노래한 공간은 내가 생을 마칠 때까지도 다 가 볼 수 없을 정도로 넓고도 깊었다.

그 속에서 나는 자주 길을 잃었고, 이따금은 나 자신까지도 잃었다. 동물들은 늘 그 자리에 있었겠지만, 보이지 않는 그들을 찾아 나는 깊은 숲속을 헤매어야 했다.

세상에 많고 많은 동물 중 어쩌다 몇을 만나기만 해도 늘 가슴이 뛰었다.

백 걸음 밖에 있는 터럭까지도 볼 수 있었다는 아주 먼 옛날의 눈 밝았다는 離婁처럼 밝히 보려고 눈을 부릅뜨고 찾아다녔지만, 그들은 쉽사리 모습을 드러내지 않았다. 숲속 어디엔가는 틀림없이 있을 그들이.

宋의 畫家 曾雲도 좋은 그림을 그리고 싶은 열망 때문에 풀숲에 드러누워 귀뚜라미를 가까이서 살펴본 것처럼, 필자 또한 그들에게 조금이라도 더 다가가려고 노력했지만, '그들의 눈으로 그들을 보는 *以物觀物*'의 눈이 아니면 바로 눈앞 어디엔가 다가와 있을 그들이 보이지 않았고 그들이 내는 생명의 소리는 더더욱 들리지 않았다.

거기다 오랜 시간이 벌려놓은 옛사람들과의 情緒의 틈은 오늘 우리의 가슴 뛰는 共感을 가로막는다. 그래도 그들의 숨결과 노랫소리를 들을 수 있다면 좋겠다. 먹물과 붓으로 남긴 옛사람들의 詩와 노래를.

이 책은 필자의 창작이 아니다. 동물과 함께한 시들에 공감한 소리일 뿐이다. 지적 빈곤과 공감 능력 부족으로 만난 어려움은 앞서 읽은 분들의 반짝이는 번역 덕에 넘을 수 있었다. 시어의 해독은 심천 한영구 선생, 소당 조철제 선생, 우재 문동원 선생, 율강 김부경 선생, 지산 김영만 선생의 가르침이 큰 힘이 되었다. 귀한 동물 그림을 주신 임천 최복은 화백, 허진석 화백, 엄재홍 화백께 감사드린다. 마지막으로 필자의 노력을 귀한 책으로 마무리해 준 이지출판 서용순 대표에게 감사의 뜻을 전한다.

차례

II. 옛글 속으로 날아온 새들 • 156

Ⅲ. 옛글의 연못에 비친 물고기 • 239

3천 년 전에 동물을 초대한 『詩經』

3천 년 전의 노래, 『詩經』 속에는 수많은 곤충, 새, 물고기와 동물이 나타나고 있다. 동물들은 옛사람들과 삶을 함께했고, 『시경』에 초대되어 3천 년이 지난 오늘까지 그 노래는 우리에게 전해지고 있다. 『시경』은 기원전 12세기에서 기원전 7세기에 걸쳐 고대 중국의 민간과 조정에서 불리던 노래들을 모아놓은, 중국에서 가장 오래된 시가집이다. 끝없이 이어지는 전쟁의 질곡 속에서 힘들게 살아가는 민중들의 삶에서 이 노래는 태어났고, 먼 시간을 넘어 오늘을 사는 우리에게 전해졌다.

『시경』은 당초 3,000여 편에 달했다고 하며, 공자가 이를 311편으로 정리하였고 현재는 305편만이 전해지고 있다. 『시경』은 그 내용에 따라 風, 雅, 頌으로 나누어진다.

風은 당시 제후들이 통치하고 있던 15개 封邑 지역에서 민간이 부르던 노래를 각 지역에 파견된 采詩官들이 수집, 정리한 것인데, 모두 160편이다. 그 노래는 조정 악사들에 의해 불려졌으며, 백성들의 삶과 사랑, 곤충, 새, 물고기, 동물과 식물들의 생생한 모습이 살아 움직이듯 드러나 있다.

공자는 『論語』에서 아들 伯魚에게 風의 가장 앞부분에 있는 「周南」과 「召南」 편을 익힐 것을 권했다. 聖人의 교화를 입은 경우를 「周南」, 賢人의 교화를 입은 것을 「召南」이라 불렀다.

雅는 당시 지배 계층에 의해 지어진 노래로 왕정이 일어나서 쓰러질 때까지 군왕의 치세를 미화하는 내용을 주로 담고 있으며, 宴會 때 樂歌로 사용되어, 모두 105편이다. 이는 다시 「小雅」와 「大雅」로 나누어진다.

頌은 군왕의 덕을 찬미하고, 나아가 이를 神明에게 고하는 郊廟樂歌이며, 「周頌」, 「魯頌」, 「商頌」으로 구분되며, 모두 40편이다.

『詩經』은 『大學』과 『中庸』 등의 고전과 후세의 詩賦에서 가장 많이 인용되고 있으며, 후일 한자문화권에서 긴 세월 동안 꽃피워 온 漢詩의 뿌리가 되었다.

- 『시경』, 홍성욱 역해, 고려원, 1997.
- 『인생에 한 번은 읽어야 할 시경』, 최상용 엮음, 일상이상, 2021.

Ⅰ. 시의 숲속으로 들어온 곤충

곤충은 우리 인간이 지구상에 나타나기 훨씬 전인 3억 5천만 년 전 고생대 때부터 이 땅에 살기 시작했다. 종류는 100만 종이 넘으며, 그 수도 오늘날 지구상에 살고 있는 전 동물의 4분의 3 정도를 차지하고 있다. 학계에 따르면 1에이커(4,046.85642m^2) 땅에 약 4억 마리의 곤충이 산다고 하니, 이들이 지구의 진정한 주인이라고 해야 할 것 같다.

해가 지고 숲은 잠들어도 곤충은 잠들지 않는다. 깊은 어둠 속에서도 사각사각 그들은 쉬지 않고 일한다. 매 순간 어디에선가 닥쳐올지 모르는 생명의 위협 속에서도 먹는 것과 神이 명한 번식 활동을 게을리하지 않는다.

그런데 이들이 하는 일 중 자신들의 번식 활동 못지않게 중요한 것은 아마도 식물들의 번식을 위한 꽃가루받이(受粉, pollination)일 것이다.

아름다운 꽃들은 숲을 뚫고 내려오는 날카로운 빛과 잠든 숲을 깨우는 부드러운 바람만으로는 결코 열매를 맺을 수 없으며, 다음 생을 이어 가지도 못한다.

곤충들은 꽃잎 속에 감춘 한 모금 꿀이면 꽃들의 사랑을 이어 주는 성스러운 이 일을 기꺼이 한다. 신은 동물들에게 '먹는 것'과 '성 본능' 속에 신만이 아는 음모를 감추어 두었으며, 이 은밀한 음모는 거부된 적이 없다. 동물들은 이 음모를 알아채지 못하고 共謀(?) 속에 살아간다. 동물들은 살기 위해 먹고, 죽기 위해 후손을 남긴다.

스스로 지혜롭다고 생각하는 인간은 그 음모를 알고 있는 것일까? 그럴 수도 있겠지만, 알아도 뭐 별다른 도리는 없다. 동물과는 다르다고 스스로 자부하는 인간은 동물적 속성을 완벽히 구비하고 있어 제멋대로 활개 치는 본능을 윤리나 혼인제도 등을 만들어 묶어 두거나, 그렇지 않으면 본능의 꺼풀을 벗어던지는 데 도리어 실패하고 본능에 정복당해 아예 거기에 탐닉한다. 더러는 이를 초탈하기 위해 종교에 귀의하거나 自虐의 시간을 보내며 무력하게 신의 음모에 저항한다.

아무튼 누설되지 않은 신의 이 음모는 성공했고, 그 때문에 생태계는 길고도 긴 시간 동안 실패 없는 '공포의 균형'을 유지해 왔다.

신에게는 균형의 먹이사슬이지만 생물에겐 불균형의 생명사슬이다.

그들의 삶과 죽음은 생태계 균형이라는 神의 거대한 음모와 논리에 소리 없이 매몰된다.

곤충들은 먹이사슬의 첫 고리에서 가장 먼저 희생되는 나약한 존재일지 모르지만, 아무리 강한 이 땅의 포식자일지라도 죽음의 순간을 맞이하면 생태계의 마지막 고리에서 기다리고 있는 이들 곤충에게 마지막 삶의 여정을 맡겨야만 한다.

이처럼 곤충들은 그들의 고단한 삶을 불꽃처럼 화려하게, 짧은 삶을 아주 길게 살아간다.

임종을 앞둔 莊子에게 제자들이 "스승의 장례를 소홀히 하게 되면 까마귀와 솔개들이 스승의 유해를 먹게 될까 두렵다"고 말하자 장자는 이렇게 말한다.

"죽은 내 몸이 땅 위에 있으면 까마귀와 솔개에게 먹히고, 땅 아래에 있으면 땅강아지와 개미에게 먹힐 것이다. 장례 방식을 바꾸면 이쪽에서 빼앗아서 저쪽에 주는 것인데, 이를 어찌 불공평한 일이라 하지 않겠느냐?"

곤충들은 땅속으로 내려오는 관을 기다리며 그 빈틈을 엿본다. 그것은 이들이 바로 이 땅의 진정한 주인이기 때문인지도 모른다.

모기나 파리처럼 인간과 생물들을 성가시게 하여 미움받는 삶을 살아가는 곤충이 있는가 하면, 보이지 않게 덕을 끼치는 곤충도 있다. 그러나 대부분의 곤충은 인간의 삶과 무관하게 자신들만의 삶을 살아간다.

시선을 끄는 화려한 움직임과 매력 있는 소리로 인간의 관심을 끄는 곤충도 찬 바람이 불면 어디론가 사라져 버린다. 그들이 사라져 간 곳이 어디인지 우리는 알지 못한다. 永劫의 세계인지, 終末의 세계인지, 寂寞의 세계인지, 悅樂의 세계인지, 도무지 알 길이 없다.

『詩經』과 옛 시인들의 시에 가장 많이 등장하는 동물은 새, 어류나 큰 동물들보다는 작은 곤충들이다. 지금 시를 읽는 우리가 오래전 곤충을 노래하던 그들이 아니듯, 지금 노래하는 곤충들 또한 그때의 그 곤충들은 아니다.

오늘의 곤충과 인간은 모두 흘러간 과거의 후손이고 다가올 미래의 조상이다.

그러나 지금도 그들의 조상들이 그랬던 것처럼, 곤충들은 우리에게는 보이지 않는 어두운 땅속이나 樹液마저 말라버린 나무둥치 속에서 벌레로서의 긴 시간을 보내면서

'빛 아래서의 짧고 화려한 生'을 갈망하며, 성스러운 羽化의 때를 기다린다.

영원으로 가는 길목에서 그들은 짧은 回生을 향한 신비로운 蟬脫을 꿈꾼다.

- 『동물들처럼』, 스티븐 어스테드 지음, 김성훈 옮김, 월북, 2022.
- 『최재천의 인간과 동물』, 최재천 지음, 궁리, 2007.
- 『생명 있는 것은 다 아름답다』, 최재천 지음, 도서출판 효형, 2022.

짧은 수명에 저항하며 多産의 꿈 이룬 메뚜기
螽斯, 蚱蜢, 蝗蟲, grassshoper, locust

『詩經』에 가장 먼저 초대받은 곤충 손님은 메뚜기다. 전 세계에 걸쳐 2만여 종이 살고 있으며, 우리나라에는 약 200여 종이 살고 있는 것으로 알려져 있다.

메뚜기의 수명은 6개월이 채 지나지 않는다. 하늘이 허락한 이 짧은 수명에 결연히 저항하며 한 마리의 암메뚜기는 한 번에 무려 600~800개의 알을 낳아 '종족의 맥'을 당당히 이어 나간다.

『구약성서』「출애굽기」(10장 4:19)에 보이는 '메뚜기'는 불순종에 대한 신의 심판과 재앙의 도구로 등장한다. 메뚜기는 하루에 자기 몸무게의 배에 해당하는 식물을 먹어 치우며, 1톤가량의 메뚜기는 하루에 약 2,500명분의 사람 식량을 먹어 치운다고 하니, 그들이 지나간 곳은 언제나 황량한 사막이다.

실제로 메뚜기들은 한꺼번에 10억에서 100억 마리까지 떼를 지어 하루에 30~40킬로미터에서 100킬로미터나 되는 먼 거리로 種族大移動을 하기도 한다.

벼룩, 메뚜기, 토끼와 개구리는 뛰어야 산다. 그러나 뒷다리에 힘이 좋아 높이뛰기와 멀리뛰기에 선수급인 메뚜기도 하늘이 준비한 이 천적들의 공격 자체를 면하지는 못한다. 요행히 수많은 동료들의 희생을 대가로 치르면서 간신히 피할 수 있을 뿐이다.

거미, 사마귀, 때까치, 개구리, 여치 등이 神의 이 음모에 동참하여 지구 생태계의 種間均衡을 부르짖으며 出産王 메뚜기의 천적 역할을 자임하고 나선다.

그러나 이들 천적보다 더 무서운 것은 계절의 모습을 한 시간이다.

시간은 아무것도 하지 않고 그들을 흔적 없이 사라지게 한다.

시간이 그들을 데리고 간 곳을 우리는 알지 못한다.

• 『생명 있는 것은 다 아름답다』, 최재천 지음, 효형출판, 2022.

◆『시경』에 맨 처음 초대받은 메뚜기(螽斯) 『詩經』, 「周南」

『詩經』은 농작물에 많은 피해를 주는 메뚜기를 가장 먼저 초대하여 인간의 번성과 평안을 기원하는 메타포(metaphor)로 사용한다. 전쟁과 왕조의 교체에도 불구하고 멈추어지지 않는 官의 수탈 속에서 자신과 가족의 평안과 다산의 염원이 메뚜기의 날갯짓에 담겨 있다.

이「메뚜기(螽斯)」란 시에서는 詵詵[쉔쉔], 振振[젠젠], 薨薨[훙훙], 繩繩[셩셩], 揖揖[이이], 蟄蟄[제제] 등의 疊語를 써서 뜻글자(ideogram, semantics)인 한자를 擬聲語(onomatopoeia)와 擬態語(mimetic)로 활용하여, 소리글자(phonogram, phonetics) 못지않은 시적 운율로 흥취를 더하고 있다.

메뚜기 떼 날갯짓 스르륵 스르륵 모여들고	螽斯羽 詵詵兮 종 사 우 선 선 혜
그대 자손들 휘휘 떨치고 일어나 성하리	宜爾子孫 振振兮 의 이 자 손 진 진 혜
메뚜기 떼 날갯짓 후루룩 후루룩 소리 내고	螽斯羽 薨薨兮 종 사 우 훙 훙 혜
그대 자손들 숭숭 새끼줄같이 뻗어가리	宜爾子孫 繩繩兮 의 이 자 손 승 승 혜
메뚜기 떼 날갯짓 쉬이익 쉬이익 모여들고	螽斯羽 揖揖兮 종 사 우 읍 읍 혜
그대 자손 빽빽하게 성하리	宜爾子孫 蟄蟄兮 의 이 자 손 칩 칩 혜

•『與猶堂全書』第一集 詩文集 弟六卷『松坡酬酌』에 실린 茶山의 시.

◆ 풀 베니 메뚜기 뛰네(又次韻田家夏詞 六首中) 丁若鏞

宋代의 시인 放翁 陸游의「田家夏詞」를 次韻한 시다. 오랜 유배 생활을 보낸 다산이 만년의 고단한 삶 속에, 메뚜기 뛰는 것과 개구리 소리를 들으며 자연과 함께 悠悠自適하는 모습을 본다. 많은 시인이 농민의 고단한 삶을 담은 民衆詩的 성격의 田家詞類 글들을 남기고 있다.

굽은 나무 버팀목 삼아 시렁 엮어 매고	結棚偎樹曲 결 붕 외 수 곡
벽 뚫어 송진 불 태워 밝히네	穿壁爇松明 천 벽 설 송 명

풀을 베니 메뚜기 뛰는 것 보이고 草薙看螽躍
초 치 간 종 약

부들 깊으니 개구리 우는 소리 들린다 蒲深聽蛤鳴
포 심 청 합 명

흰 향나무 새벽이슬에 젖고 白欃晨露潤
백 참 신 로 윤

푸른 삿갓 한낮에 부는 바람에 드날리고 青笠午風輕
청 립 오 풍 경

가소롭구나, 속이 텅 빈 이 늙은이 可笑空腸老
가 소 공 장 로

검은 먹물만으로 겨우 버티어 나갈 뿐인걸 惟將土炭撐
유 장 토 탄 탱

◆ 메뚜기의 노래(大蝗行) 金鎭圭(1658~1716)『竹泉集』

竹泉 金鎭圭는 孝宗代에서 英祖代의 인물로, 己巳換局으로 거제도에 귀양을 가 있던 중 가뭄과 홍수를 겪은 농민들이 뒤이어 닥친 메뚜기 떼의 창궐로 곤궁에 처하게 된 상황을 田家詞의 흐름으로 표현하고 있다. 특히, 메뚜기(蝗蟲)의 폐해를 세밀하게 표현하고 있는 점이 특이하다.

조선 관리들의 벼슬길에 어느 날 닥쳐오는 流配刑은, 그들이 평소 빠져 있던 유교적 이상주의와 관념적 세계에서 벗어나 백성들의 고단한 삶의 현장으로 다가가게 하는 계기가 되었다.

이 글을 전하는『竹泉集』은 죽천의 아들이 일찍이 판각한 것과 英祖代의 잔여분 판각을 모두 합쳐 추각한 것이다. 원집 35권, 별집 1권, 부록 3권, 도합 21책(1,245판)의 목판본으로 구성되어 있다.

『한국문집총간』 174집에 실려 있고 한국고전번역원이 번역하여 보급하고 있다.

2020년 한국농촌경제연구원은 농촌 관련 옛글을 모아『농촌의 노래, 농부의 노래』라는 책으로 출간했는데, 竹泉의「大蝗行」도 다른 글들과 함께 실려 있다.

지난해엔 오랜 가뭄에 또 모진 바람까지 불더니 去年久旱且惡風
거 년 구 한 차 악 풍

금년에는 궂은비까지 더해 메뚜기가 크게 일었다 今年苦雨仍大蝗
금 년 고 우 잉 대 황

장맛비에 찌고 습한 날씨로 이 고약한 벌레를 낳아 滛霖蒸濕產醜種
제 림 증 습 산 추 종

들에 가득 차 붕붕거리며 다투어 날아올라 滿野薨薨競飛揚(만야홍홍경비양)

잠깐 사이에 줄기 먹고 다시 뿌리까지 먹어 버리니 須臾食節復食根(수유식절부식근)

어찌 이삭에 한 톨 눈이라도 남아 있길 바라리 詎望有穎與有方(거망유영여유방)

밭이랑이 스산해지더니 푸른색은 점점 엷어지니 畎畝蕭條漸無靑(견묘소조점무청)

가련하다 귀한 곡식 누렇게 변해 버렸네 可憐嘉穀萎而黃(가련가곡위이황)

늙은 농부 호미 내던지고 벼 앞에서 울고 老農投鋤對禾泣(노농투서대화읍)

마을 사람들 처량한 모습 서로 위로하네 閭里相唁色凄涼(여리상언색처량)

작은 섬 자갈밭엔 조(粟)도 옥같이 귀한데 小島磽确粟如玉(소도교학속여옥)

어찌하여 해마다 연거푸 풍년을 잃어버리는지 何況年年洊失穰(하황년년천실양)

땅 가진 섬사람도 이미 양식 걱정 급한 일이라는데 居人有田旣云急(거인유전기운급)

멀리서 온 객 입, 풀칠 걱정에 더욱 가슴 아프구나 遠客糊口尤可傷(원객호구우가상)

어쩌다 나 여기 온 지 이미 3년이나 되었는데 胡爲我來三歲間(호위아래삼세간)

떠돌이 식객 다시 흉년까지 만나니 旅食再與凶年當(여식재여흉년당)

탄식하길 마을 노인들 뵐 낯 없으니 歎息無面見父老(탄식무면견부로)

나의 道가 어찌 노자의 제자인 庚桑子만 하겠는가? 吾道豈不如庚桑(오도기불여경상)

하늘을 알지 못하고 그 뜻 역시 알 수 없지만 未知皇天亦何意(미지황천역하의)

어찌 이 땅에 이리도 자주 재앙을 내리시는지 偏使此地頻罹殃(편사차지빈이앙)

자성하지 않음을 오히려 두려워해야 할 처지인데 投荒猶恐未自省(투황유공미자성)

거기다 또 배까지 굶지 않길 바라야 하다니 無乃又欲餓其腸(무내우욕아기장)

평생 원하길 따뜻하고 배부르는 데 두지 않았거늘 平生願不在溫飽(평생원불재온포)

어찌 기장 같은 곡식이라도 얻기를 애써 바라겠는가? 豈以顑頷慕持粱(기이함함모지량)

크게 깨달으면 가난하고 천한 것도 바로 옥이라는 極知貧賤是玉汝
극 지 빈 천 시 옥 여

옛사람 말 있으니 내가 감히 이를 잊어버릴 수 있으랴! 古人有言吾敢忘
고 인 유 언 오 감 망

가난을 즐긴 顏子의 樂이나 세금으로 재산 불린 李氏의 富에 顏氏之樂季氏富
안 씨 지 락 계 씨 부

얻는 것과 잃는 것을 어찌 찬찬히 비교할 수 있겠느냐? 得失何須較而詳
득 실 하 수 교 이 상

흔연히 머리 숙여 하늘이 주시는 것 받들 뿐이지 欣然稽首拜天賜
흔 연 계 수 배 천 사

비록 항아리 속에 한 톨 양식 볼 수 없다 할지언정 遮莫盎中無見糧
차 막 앙 중 무 견 량

- 庚桑楚『莊子』『雜篇』제23「庚桑楚」에 실린 우화에 "庚桑楚는 老子의 제자(偏得老聃之道)로 알려졌는데, 북쪽 畏壘山에서 3년을 머물며 마을을 크게 번성하게 했다"는 고사가 있다. 竹泉은 자신의 3년 거제 유배 중 주민들의 생활 개선에 별다른 기여를 하지 못한 자신을 탄식하며, 畏壘山에 거한 庚桑子의 삶에 비하여 읊고 있다.
- 『莊子』, 「雜篇」, 朴一峯 譯著, 育文社, 1995.
- 『농촌의 노래, 농부의 노래』, 한국농촌경제연구원, 103편의 농촌 시가 중 한시 82수, 한글 21수 수록. 이 책에 『竹泉集』의 「메뚜기의 노래(大蝗行)」가 다른 田家詞類의 시들과 함께 수록되어 있다.

춤보다는 노래를 더 좋아하는 귀뚜라미

蟋蟀, 蜻蛚, 蛬, cricket, grig

귀뚜라미는 메뚜기목, 귀뚜라밋과에 속하는 곤충으로 세계적으로 약 800종이 서식하고 있으며 우리나라에는 40여 종이 있다. 몸길이는 종에 따라 다르지만 3~40mm 정도이며 가을을 대표하는 곤충이다. 귀뚜라미는 연 1회 알을 낳고, 알 상태로 월동한다. 귀뚜라미는 메뚜기 族譜에 귀뚜라미의 派譜를 따로 만들어 살아가고 있는데, 詩의 세계에서는 嫡統을 잇는 宗孫인 '춤추는 메뚜기(dancing locust)'보다는 冑孫인 '노래 부르는 귀뚜라미(singing cricket)'가 더 대접받는다.

귀뚜라미는 가을이 되면 맑고 청아한 노래 솜씨 덕분에 치솟는 인기가 대한민국이 낳은 세계적 K-POP 가수 그룹인 BTS에 못지않다. 그러나 이들의 노래와 인기에 아랑곳하지 않고 무자비한 공격을 일삼는 천적들이 있다. 때까치, 사마귀, 두꺼비, 도마뱀 등이 그들이다.

천적들의 무자비한 공격에도 요행히 살아남은 귀뚜라미들은 천적을 보낸 신을 비웃으며 부르는 노래를 멈출 생각을 하지 않는다. 그 노래 솜씨로 말미암아 귀뚜라미는 호미(鋤) 든 농민뿐만 아니라 붓(筆)을 든 시인들에게도 오래오래 사랑받아 왔다.

가을밤 달빛 아래 들려오는 아름다운 귀뚜라미 소리는, 하루 내내 힘든 농사일을 마치고 모깃불 옆에서 휴식을 취하는 농민들의 마음을 위로한다.

그 소리는 감성 풍부한 시인들로 하여금 베개를 밀치고 일어나 부싯돌을 찾아 등잔불을 밝히고 마른 벼루를 끌어내어 먹을 갈며, 눕혀 둔 붓을 세우게 하기에 조금의 부족함이 없다.

노래 부르지 못하는 귀뚜라미는, 일하지 않는 귀뚜라미보다 먼저 암컷으로부터 버림받는다. 하루 열 시간이 넘도록 쉬지 않고 노래를 불러 대는 수컷 귀뚜라미도 있지만, 노래는 부르지 않고 노닥거리다가 다른 수컷들이 애타게 부르는 소리를 듣고 찾아오는 암컷을 가로채어 가는 얌체도 있다(최재천, 『최재천의 인간과 동물』).

옛사람들은 귀뚜라미 소리를 가까이에서 아무 때나 듣기 위해서 간혹 구멍 뚫린 보이차(普洱茶) 용기 紫沙壺에 귀뚜라미를 담아 오디오 스피커로 활용해 왔는데, 곤충학자들은 귀뚜라미는 자사호의 울림통보다는 겨울이 오기 전까지 그들을 이 세상에 머무르게 해 주는 인간들의 따뜻한 아랫목을 더 좋아하는 듯하다고 한다.

귀뚜라미는 추위를 무척 싫어한다. 추위가 오면 그들은 어디론가 사라진다.

우리는 그들이 간 곳을 알지 못한다.

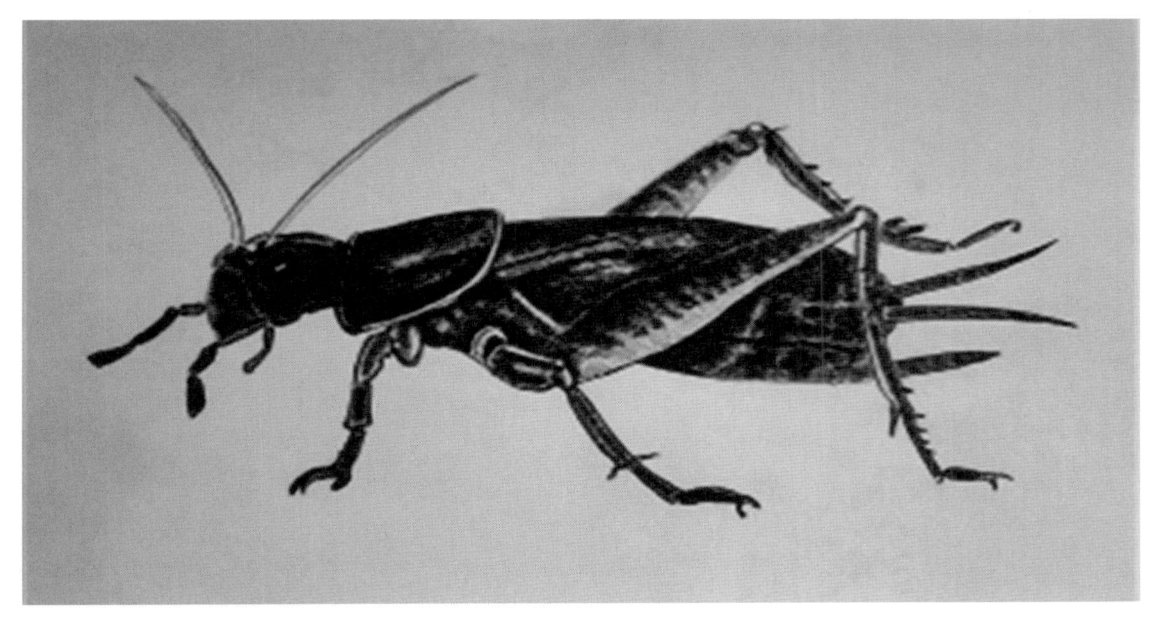

귀뚜라미, 펜화, 최양식

또, 노름이나 도박을 즐기는 사람들은 평화의 歌手인 이들 귀뚜라미를 공연무대 대신 四角의 링 위에 올려놓고 검투사처럼 피 터지게 목숨 건 싸움을 시키고, 부상당해 피 흘리는 戰士를 팽개친 채 침 튀기며 돈 세기에 여념이 없다.

- 『최재천의 인간과 동물』, 최재천 지음, 궁리, 2007.

◆ 귀뚜라미 堂에 올라오니 한 해도 저무네(蟋蟀) 『詩經』, 「唐風」

귀뚜라미 집 안에 드니 한 해도 저물어 가네	蟋蟀在堂 歲聿其莫 실 솔 재 당 세 율 기 막
지금 나 즐기지 않으면 세월은 그냥 가 버리네	今我不樂 日月其除 금 아 불 락 일 월 기 제
그러나 지나치진 말고 살아갈 것도 생각해야지	無已大康 職思其居 무 이 대 강 직 사 기 거

즐겨도 지나치지 않는 훌륭한 선비 늘 삼가네 好樂無荒 良士瞿瞿 (호락무황 양사구구)

귀뚜라미 집 안에 드니 한 해도 가네 蟋蟀在堂 歲聿其逝 (실솔재당 세율기서)

나 지금 즐기지 않으면 이 세월 그냥 가네 今我不樂 日月其邁 (금아불락 일월기매)

너무 즐기려고만 말고 바깥일도 생각해야지 無已大康 職思其外 (무이대강 직사기외)

즐기길 좋아해도 지나침 없는 훌륭한 선비 늘 부지런해 好樂無荒 良士蹶蹶 (호락무황 양사궐궐)

귀뚜라미 집 안에 드니 짐수레도 쉬네 蟋蟀在堂 役車其休 (실솔재당 역거기휴)

나 지금 즐기지 않으면 세월은 그냥 지나가네 今我不樂 日月其慆慆 (금아불락 일월기도도)

너무 심하게는 말고 어려울 때 생각해서 無已大康 職思其憂 (무이대강 직사기우)

즐기는 것 좋아해도 빠지진 말고 훌륭한 선비 늘 편하시게 好樂無荒 良士休休 (호락무황 양사휴휴)

- 시인은 堂에 올라와 우는 귀뚜라미 소리를 들으며 세월이 덧없이 흘러감을 탄식하며 흘러가는 시간을 그냥 보내지 말고 즐기길 권한다. 그러나 빠지지 말 것을 다짐하고 있어 逸樂과 節制 사이에서 갈등하는 선비의 모습을 보여 준다. 시는 세월, 즐거움이란 단어로 전개되고, 마지막에 절제로 시의 갈등은 마무리된다.
- ①『시경』, 최상용 옮김, 일상이상, 2021. ②『인생에 한 번은 읽어야 할 시경』, 홍성욱 역해, 고려원, 1997.

◆ 하염없는 그리움, 귀뚜라미 소리에(長想思) 李白(701~762)

그리워라 장안에 계신 임 長想思 在長安 (장상사 재장안)

귀뚜라미 우물 난간에서 가을 소식 전하고 絡緯秋啼金井闌 (낙위추제금정란)

얇게 내린 서리 차가워 대자리에도 찬 기운 가득 微霜凄凄簟色寒 (미상처처점색한)

외로운 등잔불 밝지 않아 그대 생각 끊어지려 해 孤燈不明思欲絶 (고등불명사욕절)

휘장 걷어 달 바라보니 하릴없이 나는 긴 한숨 卷帷望月空長歎 (권유망월공장탄)

꽃같이 아름다운 이 구름 끝 저 너머 어디에　　美人如花隔雲端(미인여화격운단)

위로는 파랗고 아득히 높은 하늘　　上有青冥之高天(상유청명지고천)

아래엔 맑은 물의 찰랑거리는 물결　　下有淥水之波瀾(하유녹수지파란)

하늘 높고 길 멀어 넋조차 날아가기 어려워　　天長路遠魂飛苦(천장로원혼비고)

꿈에도 닿지 못하리 험난한 關山에 막혀　　夢魂不到關山難(몽혼불도관산난)

끊임없는 그리움에 애가 끊어지는구나　　長想思 摧心肝(장상사 최심간)

- 李白의 詩는 현란한 詩語의 늪에 빠져 때로는 진솔하고 처절한 삶의 고뇌를 잃어버린 것처럼 보인다. 그래서 독자는 그의 시에서 삶의 고뇌가 응축된 공감의 세계를 만나기가 쉽지 않다. 그는 광활한 대자연이나 살아 있는 생물들을 종종 자기 詩情을 비추는 照影의 거울로 삼는다. 실타래처럼 얽혀 있는 인간의 삶과 감정의 조각들을, 그가 보고 있는 볼록렌즈의 集光으로 歸一시켜 무서운 힘으로 독자를 그곳으로 이끌어 간다. 李白에게 이끌려 가는 시의 세계에는 李白이 살고 있는 세상 외의 다른 어떤 세상도 보이지 않는다. 詩仙의 경지일까?
- 『唐詩全書』, 金達鎮 역해, 민음사, 1987.

◆ 침상 아래에 찾아온 귀뚜라미(促織)　杜甫(712~770)

귀뚜라미 그 작고도 가느다란 몸으로　　促織甚微細(촉직심미세)

애절한 소리 사람을 어찌 이리도 흔들어 대나　　哀音何動人(애음하동인)

풀숲에서 불안한 듯 울어 대더니　　草根吟不穩(초근음불온)

어느새 침상 밑에까지 다가와 서로 친해 보려는가　　床下意相親(상하의상친)

오랜 나그네 눈물 없이 더는 못 듣겠네　　久客得無淚(구객득무루)

홀로 된 여인 새벽을 맞기 어려우리니　　故妻難及晨(고처난급신)

슬픈 거문고 소리에 급박한 피리 소릴 더하니　　悲絲與急管(비사여급관)

그 소리의 감격 다른 천진함이라 感激異天眞
감 격 이 천 진

- 李白과 달리 杜甫의 시는 귀뚜라미 울음소리를 자연의 생명체가 내는 독립된 소리 그 자체로 듣는다. 그는 자연과 철저한 對自的(pour-soi, being for it self) 교감을 통해 자연이 내는 소리를 이해하려 집중하고, 끝내는 자연과 자신을 일체화해 나가는 物我一體의 경지로 다가가는 모습을 보여준다. 후일 北宋 五賢者의 한 사람인 邵康節 邵雍이 말한 것처럼 '사물의 눈을 통해 사물을 본다는 以物觀物의 경지'가 이와 같은 것 아닐까? 따라서, 그는 귀뚜라미가 내는 소리를 李白처럼 단순히 자신의 戀情이나 정서를 표현하는 기제로 삼고 있지는 않은 듯하다. 그의 시에는 늘 삶의 고뇌와 무게가 진하게 배어 있다. 詩聖의 경지일까?
- 『역사가 남긴 향기 두보 시선』, 이원섭 역해, 현암사, 2003.
- 『杜甫詩選』, 이종한 역주, 계명대학교출판부, 2017.

◆ 달 밝은 밤의 귀뚜라미 소리(蟋蟀) 葵窓 李健(1614~1662)

李健은 宣祖의 손자 仁城君 李珙의 아들로서 왕족이다. 반정공신 李貴의 핍박 속에 역모의 모함을 받아 제주와 울진에서 유배생활을 했으며, 후에 사면되어 海原君에 봉해졌다. 그는 時俗을 멀리하여 사치와 재물을 좋아하지 않고 오로지 經籍 연구에만 몰두했다고 전하며, 시(詩), 글씨(書), 그림(畵)에 두루 능해 三絕이라 불렸다.

시문집으로 『葵窓集』이 있으며, 특히 여기에 수록된 「濟州風土記」는 유배문학의 白眉로 꼽힌다.

달 밝은 밤 세고 또 세어도 남은 시간은 길기만 한데 月明半夜更籌永
월 명 반 야 갱 주 영

가을 이른 깊은 동산에 귀뚜라미 소리 애달파라 秋到深園蟋蟀哀
추 도 심 원 실 솔 애

남은 꿈 다 꾸지 못한 채 베개 밀치고 일어나 殘夢未成推枕起
잔 몽 미 성 추 침 기

비단부채로 툭툭 창턱을 내리치네 頻將紈扇拍窓隈
빈 장 환 선 박 창 외

- 『한국민족문화대백과사전』

◆ 가을을 알리는 귀뚜라미(秋夜)　松堂 朴英(1471~1540)

松堂 朴英은 武科로 관직에 진출하였으나 무인보다는 문인으로 인정받기를 원했으며, 그 후 학문을 계속하여 문인에게도 손색이 없는 至純의 경지에 이르렀다고 한다. 醫術에도 능하였다고 하며, 『松堂集』과 醫書인 『活人新方』을 남겼다.

"창에 부딪히는 낙엽 소리에 잠이 깨었다(落葉侵窓夢覺時)"는 표현은 정말 絕句다.

그 소리는 어쩌면 이 시를 읽는 감수성 있는 독자들의 귀에도 들려올지도 모르겠다.

창에 부딪히는 늦가을의 낙엽 소리!

서풍 불어 벽오동 나뭇가지 흔들어	西風吹動碧梧枝 서 풍 취 동 벽 오 지
떨어지는 나뭇잎 창에 부딪는 소리에 꿈에서 깨었네	落葉侵窓夢覺時 낙 엽 침 창 몽 각 시
밝은 달 뜰에 가득 차나 인적 없어 적막한데	明月滿庭人寂寂 명 월 만 정 인 적 적
발(簾) 아래 우는 귀뚜라미 가을을 알려오네	一簾秋思候蟲知 일 렴 추 사 후 충 지

- 한국고전번역원, www.itkc.or.kr
- 『한국민족문화대백과사전』

끊어질 듯 이어지는 소리, 풀벌레

草蟲, grass beetle, bug

풀벌레는 풀 속에 사는, 이름이 있거나 없거나 모르는 온갖 벌레들을 이른다. 풀벌레의 수명은 6개월에서 1년을 채 넘기지 못한다. 이 시는 멀리 간 임, 볼 수 없는 임에 대한 간절한 그리움을 벌레 소리에 실어 표현하고 있다. 이 시에서 노래도 그리 잘 부르지 못하지만 춤을 추는 메뚜기를 『시경』은 다시 초대하고 있다. 그러나 메뚜기는 이번 초대의 主賓은 아닌 듯 보인다. 주빈은 이름 모를 풀벌레(草蟲)다.

풀벌레 소리는 매미처럼 통곡하듯 울어 대는 소리가 아니다. 귀뚜라미 소리처럼 맑고 청아한 소리는 더더욱 아니다. 찌릇찌릇, 끊어질 듯 가늘게 이어지는 소리, 가까운 데서 울지만 먼 곳에서 들려오는 듯한 소리, 밖에서 들리는 소리지만 안에서 나는 듯한 소리, 이 소리가 바로 옛사람들과 우리가 들어 온 신비롭고 약간은 슬프기까지 한, 이름 모를 풀벌레 소리다.

풀벌레 소리는 그냥 내는 소리가 아니다. 미세한 소릿결을 따라 흐르는 그들의 言語이고 音樂이고 疏通이다. 누군가를 부르는 노래(calling song)가 있는가 하면, 사랑을 호소하는 노래(courtship song)와 누군가를 밀쳐내는 노래(agressive song)가 있다. 같은 발성기관에서 나오는 다른 소릿결들이겠지만, 지각력이 떨어지는 우리 인간은 도무지 구분해서 들을 길이 없다.

아직까지 생물학자들이나 시인들에게서도, 풀벌레들이 나눈 내밀한 이 소통의 언어와 노래를 解得했다는 이야기를 우리는 듣지 못한다. 이 신비한 리듬 속에 숨어 있는 그들의 歌詞는 아직까지 漏泄된 적 없는 철저한 族外秘(confidential)로 남아 있다.

풀벌레들의 다양한 소리는 지휘자 없는 오케스트라다. 그들의 몸은 소리를 만드는 악기이고, 영롱한 이슬은 소리를 다듬는 프리앰프(PreAmp)이며, 흔들리는 풀잎은 소리를 증폭하는 파워앰프(Power Amp)다. "둘러싼 숲의 어둠은 視覺을 차단하여 소리를 失音(loss of voice)하지 않고 숲속까지 실어 보내 동물과 식물들의 예민한 聽覺을 시험하는 스피커(Speaker)다."

조선시대 예술가인 申師任堂은 풀벌레를 특히 잘 그리셨는데, 그분이 그리고 刺繡했다고 전해지는 「草蟲屛風」은 국가민속문화재 제60호로 지정되어 있다. 신사임당은 대한민국 화폐 오만 원권에, 아드님인 栗谷 선생은 오천 원권에 초상이 오르셨으니, 두 분은 역사 속에서 걸어나와 오늘도 이 나라 경제와 국민의 일상 삶을 지켜보고 계신다. 역사 속 어른들의 귀한 초상을 그려 내신 분은 대한민국이 낳은 세계적인 화가 一浪 李種祥 선생이다.

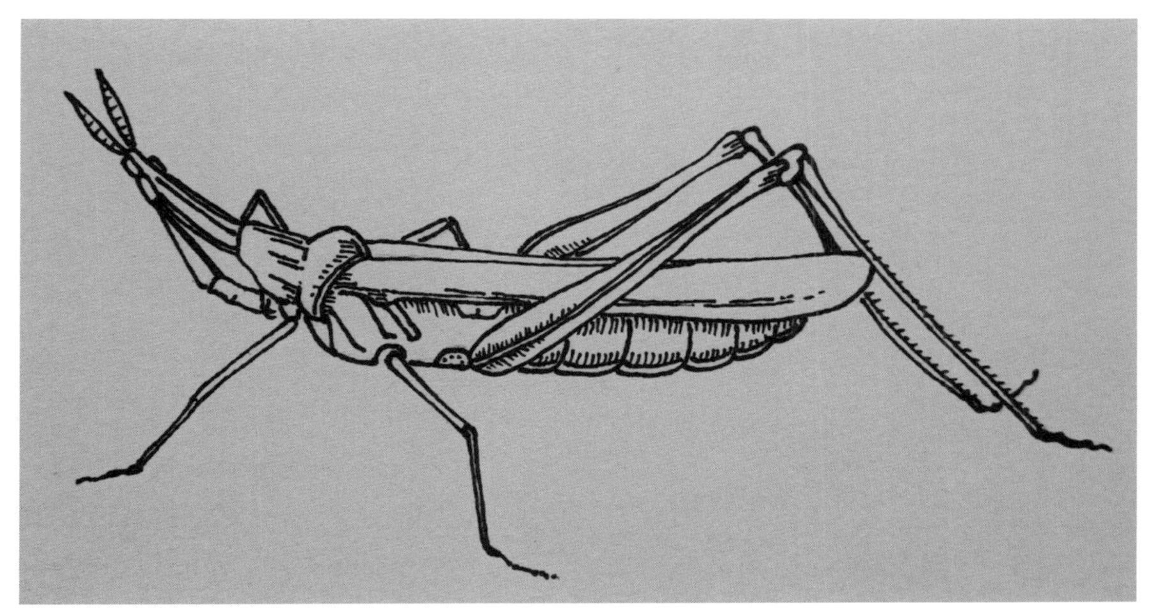

방아깨비, 네임펜, 엄재홍

◆ 찌릇찌릇 우는, 이름 없거나 이름 모를 풀벌레(草蟲) 『詩經』, 「召南」

한자의 우리말 음과 중국 음은 다르므로 이 시에서 반복적으로 사용한 擬聲語와 擬態語의 詩語는 이 시를 낳은 중국 음으로 듣는 게 흥취에 더 맞을는지 모르겠다. 아쉽게도 그때의 정확한 중국 음을 우리는 알지 못한다. 喓喓는 벌레 우는 소리의 의성어, 趯趯은 메뚜기가 뛰는 모습의 의태어다. 풀벌레가 感覺言語인 청각의 메신저라면, 고사리를 캐는 행위는 임을 만나고 싶어하는 行動言語다. 의성어와 의태어를 반복해서 사용한 것은, 이 노래가 '붓(筆)을 든 시인'이 아니라 '호미(鋤)를 든 농민'에게서 왔음을 말하는 것이 아닐까?

찌릇찌릇 풀벌레, 폴짝폴짝 메뚜기	喓喓草蟲 趯趯阜螽 요 요 초 충 적 적 부 종
그대 보지 못해 우울한 마음 충충해	未見君子 憂心忡忡 미 견 군 자 우 심 충 충
그대를 본다면 그대를 만난다면	亦既見止 亦既覯止 역 기 견 지 역 기 관 지

들뜬 내 마음 가라앉으련만 　我心則降(아심즉강)

저 남산에 올라 고사리를 캐네 　陟彼南山 言采其蕨(척피남산 언채기궐)

보이지 않는 그대, 걱정스러운 내 마음 애타네 　未見君子 憂心惙惙(미견군자 우심철철)

그대를 본다면 그대를 만난다면 　亦既見止 亦既觀之(역기견지 역기관지)

내 마음 기쁘련만 　我心則說(아심즉열)

저 남산에 올라 고사리를 뜯네 　陟彼南山 言采其薇(척피남산 언채기미)

보이지 않는 그대, 내 마음 슬픔에 아프니 　未見君子 我心傷悲(미견군자 아심상비)

그대를 본다면 그대를 만난다면 　亦既見之 亦其觀止(역기견지 역기관지)

내 마음 편해지련만 　我心則夷(아심즉이)

◆ 계절의 끝에 선 벼메뚜기, 여치, 귀뚜라미(五月~十月) 『詩經』, 「豳風」

이 詩는 절기가 바뀜에 따라 변하는 자연의 모습과 농경 시대 농민들의 일과 삶인 時俗을 보여 주는 초기 月令歌로 생각된다. 겨울이 오기 전 농민들이 해야 할 일들이 그림처럼 전개된다. 이 시는 후일 많은 시인이 앞다투어 노래한, 농민의 삶을 담은 詩賦 田家詞의 싹이 되지 않았을까? 같은 계절과 시간을 공유하는 벼메뚜기, 여치, 귀뚜라미는 함께 초대받은 귀한 손님들이다. 귀뚜라미가 들에 있다 처마 밑으로, 다시 방 안으로 끝내는 침상 아래까지 들어오는 이 '空間的 이동'은 겨울을 앞둔 '時間的 이동'의 또 다른 표현이다. 메뚜기 같은 해충이든 노래를 부르는 귀뚜라미든 살아 있는 생물들에 대한 『시경』의 차별 없는 사랑을 만난다.

오월엔 메뚜기 다리 비비며 울고 　五月斯螽動股(오월사종동고)

유월엔 여치가 깃 흔들며 운다 　六月莎雞振羽(유월사계진우)

칠월엔 귀뚜라미 들에 있더니 　七月在野(칠월재야)

팔월엔 집 처마 밑에 이르고 　八月在宇(팔월재우)

구월엔 방 안으로 들어오고	九月在戶 구 월 재 호
시월엔 침상 밑까지 들어온다	十月蟋蟀 入我床下 시 월 실 솔 입 아 상 하
쥐구멍 틀어막고 연기 피우며	穹窒熏鼠 궁 질 훈 서
아! 내 가족들아!	嗟我婦子 차 아 부 자
북쪽 문은 모두 막고 문틈도 바른다	穹塞向墐戶 궁 색 향 근 호
곧 해가 바뀌니, 집 안으로 들어와 편히 쉬어라	曰爲改歲 入此室處 왈 위 개 세 입 차 실 처

◆ 풀벌레 날으는 밤에 고요히 앉아(夜坐) 黃玹(1855~1910)

사람 소리 그치니 달은 마을 비추고	人喧初息月臨村 인 훤 초 식 월 림 촌
시냇물 소리 높이 들리는 곳 저 하늘 밖은 어둡네	衆澗聲高空外昏 중 간 성 고 공 외 혼
풀벌레들 맑게 갠 하늘에 줄지어 날고	林豸森飛連霽色 임 치 삼 비 련 제 색
정원 돌보는 이 나무뿌리 가로 베고 한데서 자네	園丁露宿枕橫根 원 정 로 숙 침 횡 근
산에 일군 밭 호미로 김 다 매면 품삯도 준비해야지	山田鋤了須防雇 산 전 서 료 수 방 고
제사 지내고 가져온 社酒 아직 술동이에 남아 있고	社酒持來剩在樽 사 주 지 래 잉 재 준
뽕과 삼으로 가득한 이야기들 역시 재미없으니	滿說桑麻亦無味 만 설 상 마 역 무 미
이제부터는 서로 보면서 다른 말을 듣는 게 좋으리	從今相見待他言 종 금 상 견 대 타 언

- 「매천 한시 향 머금은 번안 시조」, 장희구, (사) 한국한문교육연구원 이사장, 광양만뉴스.
- 梅泉에게는 같은 이름의 또 다른 순수 한시 「夜坐」가 있다.

하루를 가장 길게 살다 간 하루살이
蜉蝣, mayfly, Shadefly

하루살이는 하루살이목(ephemera目)에 속하는 곤충으로 전 세계에 약 2,500여 종이 서식하고 있으며, 석탄기 때부터 지구에 살았다고 하니, 대부분의 생물들처럼 우리 인간보다는 확실히 지구 생물의 대선배인 것이 틀림없다.

하루살이 유충은 귀한 집 자손이라 1~3급수에만 산다고 알려져 있어, 오염된 물에 사는 깔따구와는 태어난 물부터가 다르다. 그리고 깔따구는 한 쌍의 날개만 달고 태어나지만 하루살이는 두 벌의 화려한 날개로 날아다니니 시인들의 눈길을 끌었을 것이다.

하루살이는 羽化하고 나면 하루밖에 살지 못하지만, 羽化한 후의 화려한 시간 때문에 천적들의 위협을 피해 개울물 속에서 幼蟲으로 산 귀한 시간을 잊어서는 안 된다. 우화하는 그 순간부터 입은 기능을 다해 물기 외에는 아무것도 먹지 못하고, 하루라는 짧고도 긴 시간을 오로지 불빛 따라 이리저리 헤매며 神이 명한 종족 번식의 사명을 다하다가 사라지는 것이 이들 하루살이의 운명이다.

이들은 모기처럼 전염병을 옮기거나 물지는 않지만, 대량으로 출몰하여 낮게 날아다니니 사람들에게는 적잖은 불편과 고통을 주는 것이 사실이다.

감수성 있는 시인들은 하루살이들이 하는 말을 듣는다.

"물 아래서는 물고기가, 물 위에서는 우리 하루살이가 주인이다!"

대한민국 수도 한강 상류에 자주 출몰하는 이들 하루살이에게 한때 '덕소 팅커벨'이란 아름다운 애칭이 붙은 적이 있었는데, 물 위의 주인에게 걸맞은 호칭이라고 할 수 있겠다.

잠자리나 거미, 개구리들은 하루밖에 살지 못하고 사라지는 이 하루살이의 자연스러운 죽음의 시간을 기다려 주지 못하고 저승길을 재촉하는 매정한 천적들이다.

짧고 화려한 삶을 살다 간 하루살이가 남긴 짧은 유언이, 그들이 날던 허공에 남아 오늘도 감수성이 뛰어난 시인들의 가슴을 울린다.

"짧은 생을 살다 가는 우리를 애석하게 여기지 마라.
우리는 빛을 사랑했고, 긴 하루를 살았다. 하늘 아래 어떤 생물보다 긴 하루를."

하루살이, 펜화, 최양식

◆ 짧은 羽化로 이룬 아름다운 날개(蜉蝣) 『詩經』, 「曹風」

화려한 인생도 하루살이처럼 짧은 시간 속에 사라지는 '羽化의 시간'임을 노래하고 있다. "산뜻하고 선명한 하루살이의 날개"에서 이 시각적 修飾語에 홀리면, "시간적 유한성을 담은 하루살이"라는 僞裝하지 않고 드러나 있는 詩語를 잃어버린다.

'고단한 삶을 하루살이의 삶에 비유하며 돌아가 쉴 것'을 이야기하는데, 이 또한 전쟁과 삶의 桎梏이 끝나기를 갈망하는 춘추전국시대 민중의 '彷徨과 諦念의 메타포(metaphor)'다.

하루살이의 날개 그 의상 산뜻하구나	蜉蝣之羽 衣裳楚楚 부 유 지 우 의 상 초 초
마음에 가득한 근심 나 이제 돌아가리라	心之憂矣 於我歸處 심 지 우 의 어 아 귀 처
하루살이의 날개, 화사한 옷 걸치고	蜉蝣之翼 采采衣服 부 유 지 익 채 채 의 복
마음에 가득한 근심, 나 이제 돌아가 쉬리라	心之憂矣 於我歸息 심 지 우 의 어 아 귀 식

하루살이 굴 파고 나오니 그 베옷 눈같이 희네
蜉蝣掘閱 麻衣如雪
부유굴열 마의여설

마음에 가득한 근심, 나 이제 돌아와 기쁘다
心之憂矣 於我歸說
심지우의 어아귀설

◆ 하루살이가 내 머리털 하나라도 움직일 수 있을까? 權尙夏『寒水齋集』

權尙夏(1641~1721)는 조선 후기의 성리학자로 尤庵 宋時烈의 학문적 적통을 이었다. 저서는 『寒水齋集』, 『三書輯疑』가 있다. 자신을 지켜나가려는 성리학자의 굳은 다짐이 서려 있다. 그런데 하루밖에 살지 못하는 하루살이가 이 詩에서 별다른 이유 없이 수난을 겪고 있는 듯하다. 하루살이가 뭘 그리 잘못했다고 그러시는지.

내 마음이 공정하고 나의 일이 바르다면
吾心克公 吾事克正
오심극공 오사극정

비록 수많은 하루살이가 있다 하더라도
則雖有百千蚍蜉
즉수유백천비부

어찌 내 머리털 한 올이라도 움직일 수 있겠는가
何足以動 吾一髮哉
하족이동 오일발재

『詩經』에서 미움받아 '歷史의 公敵' 된 쉬파리
青蠅, botfly

쉬파리는 靑蠅 또는 蒼蠅이라고도 하며 파리목 쉬파릿과에 속하는 곤충이다.

몸길이는 6~19mm 정도, 보통 암컷이 수컷보다 크며, 우리나라에는 31종이 서식한다.

푸른 파리라 불리고 이쁘게도 생겼지만, 깨끗하지 않은 곳에서 태어나 주로 죽은 동물 사체나 썩은 고기 등을 가리지 않고 먹으며 산다.

살아 있는 동물의 몸에 알을 낳고 기생하며 피를 빨아 먹고 살아가는 삶이니, 태어날 때부터 인간을 비롯한 모든 살아 있는 생물에게 미움받는 증오의 삶(life of hate)을 산다.

이 詩에서는 쉬파리를, 군자를 모함하는 간신배로 지칭하고 있어, 만물에 비교적 너그러움을 보여 온 『시경』이 미워한 첫 번째 곤충이 되었다.

"앵앵대는 쉬파리 울타리에 앉았네. 참소하는 사람 너무 많아 온 나라 어지럽힌다네(營營靑蠅 止于棘 讒人罔極 交欄四國)"라는 『시경』 구절의 쉬파리에 대한 미움의 시작은 후세의 많은 詩와 賦에서 앞다투어 인용하면서, 끝내는 단지 하늘이 주신 天稟대로 살아갈 뿐인 쉬파리를 인간 사회의 '歷史의 公敵'으로 만들고 말았다.

◆ 미움받는 쉬파리 『詩經』, 「靑蠅」

앵앵거리는 쉬파리 울타리에 앉았네	營營靑蠅 止于樊 영 영 청 승 지 우 번
어쩌나 저 어린 군자 헐뜯는 말 믿지 말게	豈弟君子 無信讒言 기 제 군 자 무 신 참 언
앵앵대는 쉬파리 가시나무에 앉았네	營營靑蠅 止于棘 영 영 청 승 지 우 극
헐뜯는 사람 너무 많아 온 세상 어지럽히네	讒人罔極 交欄四國 참 인 망 극 교 란 사 국
앵앵하는 쉬파리 개암나무에 앉았네	營營靑蠅 止于榛 영 영 청 승 지 우 진
헐뜯는 사람 너무 많아 우리 두 사람 사이도 얽어매네	讒人罔極 構我二人 참 인 망 극 구 아 이 인

파리, 네임펜, 엄재홍 화백

◆ 신 식초는 초파리를 부르고 荀子

荀子(BC 316~BC 238)는 중국 전국시대 말기의 유교 사상가로 이름은 荀況이다. 性惡說을 내세우며 禮를 통해 인간의 악한 본성을 선하게 만들어 나가야 한다고 주장했다. 송대 성리학 이래 유가에서는 異端으로 치부했으나, 청나라 말기에 와서야 비로소 재평가받게 되었다. 荀子는 유가의 이상주의적 세계관에 현실주의적 사상을 덧입힌 사상가로 평가된다.

땔나무를 가지런히 펼쳐 놓아도 불은 마른 쪽부터 붙고 — 施薪若一 火就燥也
시 신 약 일 화 취 조 야

평지가 고른 듯하지만 물은 습한 곳으로 스며든다 — 平地若一 水就溼也
평 지 약 일 취 습 야

초목은 밭두둑에 나지만 새와 짐승은 무리 지어 살고 — 草木疇生 禽獸群焉
초 목 주 생 금 수 군 언

만물은 제각기 끼리끼리 모인다 — 物各從其類也
물 각 종 기 류 야

이 때문에 과녁이 설치되면 화살이 이르게 되고 — 是故 質的場而弓矢至焉
시 고 질 적 장 이 궁 시 지 언

숲과 나무가 무성하면 도끼가 찾아들며 林木茂而斧斤 (임목무이부근)

나무가 그늘을 이루면 뭇 새가 깃들여 쉬고 樹成陰而 衆鳥息焉 (수성음이 중조식언)

시어 빠진 식초는 초파리를 불러 모은다 醯酸蜹聚焉 (혜산예취언)

그래서 잘못된 말은 화를 부르고 잘못된 행동은 욕을 부른다 故言有召禍也 行有招辱也 (고언유소화야 행유초욕야)

• 『荀子』, 김학주 옮김, 을유문화사, 2008.

◆ 쉬파리를 미워하며(憎蒼蠅賦) 歐陽脩 『古文眞寶』, 「後集」

醉翁 歐陽脩(1007~1072)는 중국 송대 인종~신종 때의 정치가, 시인, 문학자, 역사학자이며 자는 醉翁, 六一居士다. 唐宋八大家의 한 사람으로, 이 글에서 보는 것처럼 산문의 대가다. 『新唐書』, 『新五代史』 등을 편집, 저술하였으며, "취한 노인의 뜻은 술에 있지 않노라(醉翁之意不在酒)"라는 명구가 담긴 기행문 「醉翁亭記」와 명문 「秋聲賦」는 오늘날까지도 많은 학자들이 연구논문 주제로 삼는 훌륭한 작품이다. 그의 작품은 『歐陽文忠公全集』으로 정리되어 있다.

그는 어려서부터 韓愈를 깊이 추앙했으며, 고문 부흥운동을 일으켰다. 蘇軾과 蘇轍 같은 뛰어난 인재를 발굴하여 큰 문장가로 키우기도 했다.

대문장가인 歐陽修는 글쓰기에 대하여 다음과 같은 명언을 남겼다.

"많이 읽고(看多, 多讀), 많이 쓰고(做多, 多作), 많이 생각해야 한다(商量多, 多思)"

• **唐宋八大家** 韓愈, 柳宗元, 歐陽修, 蘇洵, 蘇軾, 蘇轍, 曾鞏, 王安石

「쉬파리를 미워한다」는 글 「序文」에서 歐陽修는 『詩經』 「小雅」 篇의 「靑蠅」 시구의 맥을 이어 쉬파리를 미워하며 아첨과 참소꾼으로 비유한다.

파리란 생물, 하늘로부터 받은 몸은 극히 작지만 蠅之爲物 賦形至微 (승지위물 부형지미)

다른 생물에게 주는 해는 아주 무겁다네 害物至重 (해물지중)

간사한 사람과 아첨꾼들이라 군주의 덕을 해치고	猶姦人邪佞 以敗君德, 유 간 인 사 녕 이 패 군 덕
검고 흰 것을 바꾸며, 모든 생물에게 해 끼치는 것을	變黑白, 以爲物之害 변 흑 백 이 위 물 지 해
이 시인은 이들을 파리에 의탁하여 비유한다	此詩人托物比興 차 시 인 탁 물 비 흥
쉬파리야! 쉬파리야! 나는 네가 살아가는 것을 탄식한다	蒼蠅蒼蠅 吾嗟爾之爲生 창 승 창 승 오 차 이 지 위 생
벌이나 전갈처럼 독 있는 꼬리도 없고	旣無蜂蠆之毒尾 기 무 봉 채 지 독 미
모기나 등에처럼 날카로운 털뿔도 없으니	又無蚊蝱之利觜 우 무 문 맹 지 리 자
다행히 사람들이 널 두려워하지는 않지만	幸不爲人之畏 행 불 위 인 지 외
어찌하여 너는 사람에게 즐거움을 주지는 못하느냐	胡不爲人之喜 호 불 위 인 지 희
너의 몸은 아주 작으니 욕심 채우기는 쉬울 테니	爾形至眇 爾欲易盈 이 형 지 묘 이 욕 이 영
술잔에 남은 찌꺼기나	盃盂殘瀝 배 우 잔 력
도마 위에 남아 있는 비계 정도면 될 것이니	砧几餘腥 침 궤 여 성
바라는 바야 작고도 작겠구나	所希秒忽 소 희 초 홀
그게 지나치면 감당키 어려우리만	過則難勝 과 즉 난 승
그런데 무엇이 부족해 그리 힘들게 찾아다니며	苦何求而不足 고 하 구 이 부 족
이리도 하루 내내 앵앵거리며 날아다니느냐	乃終日而營營 내 종 일 이 영 영
냄새 좇아, 향기 찾아, 가지 않는 곳 없구나	逐氣尋香 無處不到 축 기 심 향 무 처 부 도
눈 깜박할 사이에 이리도 잘도 모여드니	頃刻而集 경 각 이 집
아마 누군가 서로 알려 주었겠구나	誰相告報 수 상 고 보
너는 생물 중에 비록 작은 미물이지만	其在物也雖微 기 재 물 야 수 미
그 해는 지극히도 중하구나	其爲害也至要 기 위 해 야 지 요
화려한 서까래 밑의 넓은 처마 집의	若乃華榱廣廈 약 내 화 최 광 하

진귀한 대자리 깐 모난 침상 위에서도	珍簟方牀 진 점 방 상
더운 바람 불어오는 찌는 더위의	炎風之燠 염 풍 지 욱
여름날은 길기도 하여	夏日之長 하 일 지 장
정신은 어둡고 숨이 막혀 땀은 죽같이 흐르고	神昏氣蹙 流汗成漿 신 혼 기 축 류 한 성 장
팔다리는 축 늘어져 들어올릴 수도 없는데	委四肢而莫擧 위 사 지 이 막 거
흐릿한 두 눈은 어슴푸레하기만 하여	眊兩目其茫洋 모 양 목 기 망 양
오직 베개 높이 베고 한잠 자고 일어나면	惟高枕之一覺 유 고 침 지 일 각
숨 막히는 더위 잠시라도 잊길 바랐건만	冀煩歊之暫忘 기 번 효 지 잠 망
도대체 내가 너에게 무슨 잘못을 했다고 생각하기에	念於爾而何負 염 어 이 이 하 부
내가 이런 재앙을 당해야만 하느냐	乃於吾而見殃 내 어 오 이 견 앙
머리에 찾아오고 얼굴에 부딪히며	尋頭撲面 심 두 박 면
소매 속에 들어가고 바지 속을 파고 들어가며	入袖穿裳 입 수 천 상
더러는 눈썹 끝에도 앉고	或集眉端 혹 집 미 단
눈두덩 따라 기어다니니	或沿眼眶 혹 연 안 광
눈을 아무리 감으려 해도 다시 깨어나게 되고	目欲瞑而復警 목 욕 명 이 복 경
팔이 저려 오는데도 휘저으며 물리쳐야 하니	臂已痹而猶攘 비 이 비 이 유 양
이런 때에는 공자님인들	於此之時 孔子 어 차 지 시 공
어찌 周公을 어슴푸레하게라도 만나볼 수 있겠으며	何由見周公於髣髴 하 유 견 주공 어 방 불
莊子는 어찌 꿈속에 나비 되어 날아오르겠는가	莊生安得與胡蝶而飛揚 장 생 안 득 여 호 접 이 비 양
하릴없이 남자 하인들과 계집종들에게	徒使蒼頭丫髻 도 사 창 두 아 고
큰 부채로 부치게도 해 보지만	巨扇揮颺 거 선 휘 양

혹 머리를 숙이고 팔은 늘어뜨린 채　或頭垂而腕脫 혹 두 수 이 완 탈

더러는 선 채로 졸다가 자빠지기도 하니　或立寐而顚僵 혹 입 매 이 전 강

이것이 쉬파리가 끼치는 그 첫 번째 害다　此其爲害者一也 차 기 위 해 자 일 야

또 지붕 우뚝한 높은 집에서 귀한 손님 맞아　又如峻宇高堂 嘉賓上客 우 여 준 우 고 당 가 빈 상 객

시장에서 술과 포를 사다가 자리 깔고 잔치 베풀며　沽酒市脯 鋪筵設席 고 주 시 포 포 연 설 석

한가하게 하루의 남은 여가를 즐기려고 하면　聊娛一日之餘閑 료 오 일 일 지 여 한

네놈들 떼 지어 몰려오니 어찌 당해 낼 수 있겠느냐　奈爾衆多之莫敵 내 이 중 다 지 막 적

혹은 그릇과 접시에 모여들고　或集器皿 혹 집 기 명

더러는 술상과 선반에 진 치고　或屯几格 혹 둔 궤 격

그 때문에 술에 빠지거나　因之沒溺 인 지 몰 익

더러는 좋은 술에 취해　或醉醇酎 혹 취 순 주

더러는 뜨거운 국에 몸을 던져　或投熱羹 혹 투 열 갱

그 몸을 잃어버리기도 하니　遂喪其魄 수 상 기 백

비록 죽은들 후회야 없으리라 생각되지만　諒雖死而不悔 양 수 사 이 불 회

얻을 것을 탐하는 자들이 또한 경계를 삼을 만하다　亦可戒夫貪得 역 가 계 부 탐 득

특히 꺼려 해야 할 놈은 붉은머리 쉬파리인데　尤忌赤頭 우 기 적 두

景跡이라는 이놈이 한번 적시고 더럽히면　號爲景跡 一有霑汚 호 위 경 적 일 유 점 오

사람은 아무도 이를 먹을 수가 없다　人皆不食 인 개 불 식

어찌 같은 무리를 끌어오고 친구를 불러와서　奈何引類呼朋 내 하 인 류 호 붕

머리를 흔들고 날개를 펄럭거리며　搖頭鼓翼 요 두 고 익

모였다 흩어지길 순식간에 해대고　聚散倏忽 취 산 숙 홀

오고 가는 것 실처럼 이어지니 往來絡繹(왕래락역)

손님과 주인이 술잔을 권커니 잣거니 하며 方其賓主獻酬(방기빈주헌수)

의관을 엄숙하게 꾸미고 있다가도 衣冠儼飾(의관엄식)

나로 하여금 손을 휘젓게 하고 발을 구르게 하며 使吾揮手頓足(사오휘수돈족)

용모를 바꾸고 낯빛을 잃게 한다 改容失色(개용실색)

이럴 때 王衍은 어느 여가에 淸談을 논하겠으며 於此之時 王衍何暇於淸談(어차지시 왕연하가어청담)

賈誼는 어떻게 늘 하던 탄식인들 크게 하겠느냐 賈誼堪爲之太息(가의감위지태식)

이것이 쉬파리가 끼치는 두 번째 害다 此其爲害者二也(차기위해자이야)

또한 젓갈 같은 식품과 又如醯醢之品(우여혜해지품)

장조림은 때가 될 때까지 이를 잘 담가 두어야 하고 醬臡之制 及時月而收藏(장니지제 급시월이수장)

독과 항아리 뚜껑을 굳게 동여매 두어야 한다 謹缾甖之固濟(근병앵지고제)

그래도 놈들은 무리의 힘으로 구멍을 내고자 하며 乃衆力以攻鑽(내중력이공찬)

온갖 묘수를 다해 틈새 있는지를 엿본다 極百端而窺覬(극백단이규기)

큰 고깃덩이와 살찐 희생 祭物에 至於大胾肥牲(지어대자비생)

좋은 안주나 맛난 음식 같은 것을 덮을 때는 嘉殽美味蓋(가효미미개)

덮개가 터져 드러나거나 작은 틈이라도 생기면 蓋藏稍露而罅隙(개장초로이하극)

지키는 이가 혹 깜빡 졸든지 해서 守者或時而假寐(수자혹시이가매)

조금이라도 엄한 방비를 소홀히 하면 纔少怠於防嚴(재소태어방엄)

잠깐 사이에 종족의 씨를 남겨 已輒遺其種類(이첩유기종류)

이들을 키우고 번식시키고 말 것이니 莫不養息蕃滋(막불양식번자)

고기는 끝내 질척거리고 썩게 된다 淋漓敗壞(임리패괴)

이럴 때 친척이나 벗이 갑자기 들이닥치면	使親朋卒至 사 친 붕 졸 지
내놓을 것이 없으니 기쁨이 없어지고	索爾以無歡 색 이 이 무 환
종들은 근심이 쌓여 이 때문에 죄를 짓게 된다	臧獲懷憂 因之而得罪 장 획 회 우 인 지 이 득 죄
이것이 그 세 번째 害다	此其爲害者三也 차 기 위 해 자 삼 야
이것들은 모두 드러난 큰 것일 뿐이니	是皆大者 시 개 대 자
나머지는 낱낱이 그 이름을 들기조차 어렵구나	餘悉難名 여 실 난 명
아, 『詩經』 「止棘」 詩가 六經으로 전해 오고 있다	嗚呼 止棘之詩 垂之六經 오호 지 극 지 시 수 지 육 경
여기서 시인이 사물을 널리 아는 것 보겠는데	於此見詩人之博物 어 차 견 시 인 지 박 물
『시경』의 比興 기법을 정교히도 사용했구나	比興之爲精 비 흥 지 위 정
사람 헐뜯고 나라 어지럽히는 이를 네게 풍자함이 마땅하다	宜乎以爾刺讒人之亂國 의 호 이 이 자 참 인 지 난국
이러니 진정으로 너를 미워하고도 미워할 만하구나	誠可嫉而可憎 성 가 질 이 가 증

• 『唐宋八大家文抄』, 이상하 역주, 전통문화연구회, 2012.

「憎蒼蠅賦」에 인용된 古典 註

『論語』「述而」 篇에서 孔子(BC 551~BC 479)가 周의 周公을 뵙지 못해 탄식하였다. "심하구나. 나의 쇠약함이여! 나 오랫동안 주공을 다시 꿈에 뵙지 못했는데(子曰 甚矣吾衰也 久矣吾不復夢見周公)" 구양수는 파리가 이리 잠 못 들게 하니 "공자께서도 꿈에서나마 주공을 어찌 만나볼 수 있겠느냐?"라고 한다. 쉬파리의 탓이 적지 않았으리라.

王衍(256~311) 西晉의 高士, 字는 夷甫. 그는 명리를 떠나 淸談을 좋아하고 老莊에 심취했다고 한다. 『晉書』「王衍列傳」에서 "왕연의 신선처럼 고상한 자태는 마치 옥으로 만들어진 보배나무 숲과 같다(王衍神姿高徹如瑤林瓊樹)"라는 말에서 연유한 것으로 보인다.

賈誼(BC 200~BC 168) 前漢 초기 사상가. 20대 초반에 쓴 正論文인 「過秦論」에서 진나라의

흥망을 예리하게 분석하고, 이를 거울삼아야 한다며 개혁 정책을 건의하였으나 제대로 채택되지 않았다. 끝내는 長沙로 귀양 가면서 湘水에서 「弔屈原賦」를 지으며, 민중의 삶이 피폐해지는 것을 보고 깊이 '탄식'했다고 한다(『神書』 10권 56편).

『莊子』「齊物論」'胡蝶之夢' 장자가 꿈에 나비가 되어 날았다. 깨어서 보니 꿈에 장자가 나비가 된 것인지 나비가 꿈에 장자가 된 것인지 알 수 없었다. 나비와 장자가 근본적으로 다르지 않다는 物我一體의 인식론적 경지를 표현한 듯하나, 이 胡蝶之夢을 두고 후세의 철학적 논쟁은 아직도 계속되고 있다.

『詩經』「小雅」止棘의 詩「靑蠅」에 나오는 쉬파리를 奸臣에 비하는 시구

앵앵 쉬파리 가시나무에 앉았네	營營靑蠅 止于棘 (영영청승 지우극)
참소하는 사람 너무 많아 온 나라 어지럽힌다네	讒人罔極 交欄四國 (참인망극 교란사국)

◆ 파리를 미워하며(蠅) 容齋 李荇(1478~1534)

李荇은 燕山君, 中宗代 문신, 성리학자, 시인으로 글씨, 그림, 문장에 두루 뛰어났다. 연산군의 생모 폐비 윤씨의 복위를 반대하다가 충주, 함안, 거제에 유배되기도 했다. 벼슬은 우의정에 이르렀으며, 저서로는 『容齋集』이 있다. 동물 시를 많이 남겨 동물 시인 「演雅」로 명성을 날린 宋代 黃庭堅이 이끌었던 '江西詩派'에 비견되어 '海東 江西詩派'로 불렸다. 여러 차례의 流配生活은 絕唱의 詩를 낳게 하였고, 그가 몰두했던 性理學을 백성들의 삶의 현장인 經世의 學으로 이끌어 내는 계기가 되었다.

조물주는 어떤 한 생물을 특별히 더 꺼려도 하시련마는	造物偏多忌 (조물편다기)
어찌 이렇게 고약한 무리를 번성하게 하시는지	翻令惡類滋 (번령악유자)
赤頭는 송나라 때 歐陽脩의 「憎蒼蠅賦」에서 나타났고	赤頭徵宋賦 (적두징송부)
「止棘」은 周의 노래인 『詩經』「靑蠅」에서 비유하였지	止棘譬周詩 (지극비주시)

어느 누가 파랗게 날 선 칼로 이들을 쫓아낼까 — 誰賴蒼刀逐(수뢰창도축)

하릴없이 탄식하노니 하얀 옥에 혹 흠 남길까 하니 — 空嗟白玉疵(공차백옥자)

바라건대 저 천지 바깥으로 던져 — 願投天地外(원투천지외)

봉황이 제 모습 갖추고 오는 걸 다시 보리라 — 更見鳳來儀(갱견봉래의)

- 이 시에서 '赤頭'는 歐陽脩의 「憎蒼蠅賦」에서 쉬파리 중에서도 더욱 피해야 할 놈은 붉은머리를 한 놈이니 이름은 景跡이라 한다. "이것들이 한번 적시고 더럽혀 놓으면 사람은 아무도 먹을 수 없게 된다(尤忌赤頭號爲景迹 一有霑汚人皆不食)"는 것을 이른 말이다.
- '止棘'은 『詩經』「小雅」 篇의 「青蠅」에 "營營青蠅止于棘(앵앵 하는 쉬파리 가시나무에 앉았네)"를 이른 말이며, '更見鳳來儀'는 『書經』「益稷」 제9장의 "韶를 아홉 번 연주하자 봉황이 와서 춤을 추었다(簫韶九成鳳凰來儀)"를 불러온 것이다.

◆ 햇볕 쬐는 파리 楊萬里(1127~1206)

楊萬里는 南宋의 시인으로 남송 4대가 중의 한 사람이다. 吉州 사람으로 시에 속어를 가리지 않고 잘 썼으며, 자유 활달한 시풍을 견지했다. 多作으로 평생 무려 2만여 수의 시를 썼다고 하며, 그중 4,232편이 남아 있다. 당시의 시풍을 주도하던 黃庭堅을 중심으로 하던 江西詩派의 典故方式에서 벗어나, 자연에 눈을 돌리면서 諧謔的이고 통속적인 것을 시에 받아들이기를 거부하지 않았다. 그의 시는 먼 옛날 송대의 시가 아니라, 현대 시인들과 거의 다름없는 시정과 눈으로 사물을 관찰하고 이를 비교적 자유로운 방식으로 표현하고 있다. 현재 전하는 楊萬里의 문집은 『誠齋集』이며 총 133권이다.

개미, 파리, 참새와 까마귀 등 주변의 동물을 黃庭堅의 詩「演雅」 못지않게 그의 시에 초대하고 있으며, 현대시적 관찰과 표현기법이 돋보이며 한시의 운율에도 크게 얽매이는 것 같지 않다. 다만, 그의 시에는 철학적 깊이와 삶의 처절한 고뇌가 부족하다는 일부의 비평도 없지는 않다. 「새싹 돋은 버드나무(新柳)」란 시에서는 "수양버들이 물속에 잠긴 것이 아니라 물속의 수양버드나무 그림자가 나무를 잡아당긴다(未必柳條能蘸水 水中柳影引他長)"라고 표현한다.

이제 그의 시 「凍蠅, 얼어 버린 파리」를 만나보자.

창문 너머로 우연히 햇볕 쬐는 파리를 본다 隔窗偶見負暄蠅 (격 창 우 견 부 훤 승)

두 다리 비비며 맑은 아침 햇살 즐기고 있네 雙脚挼挲弄曉晴 (쌍 각 뇌 사 농 효 청)

해그림자 옮겨 가려 하자 이를 먼저 알아채고는 日影欲移先會得 (일 영 욕 이 선 회 득)

갑자기 다른 창으로 날아가 앉으며 파르르 소리 낸다 忽然飛落別窗聲 (홀 연 비 락 별 창 성)

이처럼 파리를 바라보는 시인의 눈은 생명에 대한 외경과 따뜻함이 배어 있고, 현대 시인들이 가진 날카로운 관찰의 눈과 표현 감각을 함께 느낄 수 있을 것 같다. 빛(光)에서 시작한 詩는 소리(音)로 끝이 난다.

- 『楊萬里詩選』, 양만리 지음, 이치수 옮김, 지식을만드는지식, 2017.
- 『楊萬里詩文集』, 校注 王琦珍, 江西人民出版社, 2006.

◆ 백성들의 還生인 파리를 애도함(弔蠅文) 茶山 丁若鏞(1762~1836) 『與猶堂全集』

「弔蠅文」은 다산이 유배 중에 직접 눈으로 본 조정의 무능과 일선 관리들의 수탈로 피폐해진 백성들의 삶을 탄식하는 글이다. 『詩經』과 歐陽脩의 글 「憎蒼蠅賦」에서는 쉬파리를 아첨과 참소를 일삼는 간신과 관리에 비유하고 있지만, 다산은 이 글에서 쉬파리를 기아로 죽어 간 백성들의 혼백이 돌아온 還魂의 미물이라고 한다. 그러므로 파리는 죽여 없앨 것이 아니라 오히려 음식을 차려 그 혼을 위로해야 한다고 말한다.

무능한 조정을 질타하고 세상을 일깨우는 글이다. 당시 중앙 조정은 당파적·문벌적 정쟁에 빠져 있었고, 지방은 일선 관리와 아전들의 수탈로 쇠약해질 대로 쇠약해져 조선은 이미 망국의 길을 향해 가고 있었다. 이것이 바로 당시 실학파 선비들이 느끼고 있던 痛恨의 조선 세계였다. 시대는 달라졌어도 눈물 없이는 이 글을 읽기 어렵다. 「弔蠅文」에서 반복되는 82자에 달하는 '只'字는 파리가 앉은 모습이라고 한다. 하나의 문장이나 시에서 같은 글자의 사용을 가능한 한 피하고자 했던 문장론적 견지에서 보더라도, 하나의 글에 거의 백 개에 가깝도록 한 글자를 반복 사용한 것은 지극히 창의적인 대학자 다산 선생의 의도적인 표현이다.

「弔蠅文」은 '파리에 대한 弔蠅文'이 아니라, 600년 '조선 왕조에 대한 弔朝鮮文'인 것처럼 생각된다. 농민의 아픔을 담은 田家詞類의 極致味를 보이는 글이다.

嘉慶 庚午年(1810, 순조 10년) 여름에	嘉慶庚午之夏 가 경 경 오 지 하
파리가 크게 일어	蒼蠅大作 창 승 대 작
집 안에 가득 차더니	充牣室屋 충 인 실 옥
점점 번성하여 온 산과 골짜기를 뒤덮었다	戢舂蕃息 漫山蔽谷 집 의 번 식 만 산 폐 곡
고층 누각에서도 얼어 죽지 않아	層構傑閣 曾莫凝凍 층 구 걸 각 증 막 치 동
술집과 떡 가게에도 구름같이 진 쳐 소리가 우레 같았다	酒戶餠市 雲屯雷閧 주 호 병 시 운 둔 뇌 홍
노인들은 탄식하며 궤변이라 말하고	耇老歎嗟 指爲怪變 구 로 탄 차 지 위 괴 변
젊은이들은 화내며 싸워 없애 버려야 한다고 생각해	少年發憤 思與搏戰 소 년 발 분 사 여 박 전
파리 잡는 통을 놓아 걸리게 하거나	或設笱筒 使其離罥 혹 설 구 동 사 기 이 견
혹은 독약을 놓아 취하게 해 없애고자 하였다	或置酖毒 殲以瞑眩 혹 치 탐 독 섬 이 명 현
나는 말한다 아, 지금 파리들을 죽여서는 안 된다	余曰噫嘻 時不可殺 여 왈 희 희 시 불 가 살
이 파리는 굶어 죽은 백성들이 몸을 바꾼 것이다	時惟餓莩之轉身 시 유 아 부 지 전 신
아, 기구하게도 살아났구나	嗟乎 崎嶇而得活 차 호 기 구 이 득 활
슬프게도 지난해 닥친 대기근에	哀去年之大饑 애 거 년 지 대 기
또 고통스러운 추위까지 겪어 냈으니	又苦寒之栗烈 우 고 한 지 율 렬
이로 인해 역병(瘟疫)까지 생겼고	因之以瘟疫 인 지 이 온 역
이어 가죽 벗기고 살 도려내는 관의 수탈을 당하였다	承之以剝割 승 지 이 박 할
쌓인 시체가 길에 가로놓여 끝없이 이어졌고	積尸橫路 載顚載連 적 시 횡 로 재 전 재 련
시체 버린 삼태기와 들것이 언덕을 뒤덮었다	虆梩被阜 류 리 피 부
관도 수의도 없는 시체에 더운 바람 불고 날은 더워지니	不襚不棺 風薰暑歊 불 수 불 관 풍 훈 서 효
살은 썩어 문드러져 시체에서 나온 물이 고여	肌肉腐壞 舊淋新瀝 기 육 부 괴 구 림 신 력

그것들이 변해 모두 구더기가 되었으니
渟滀翳薈 化而爲蛆
정축예회 화이위저

냇가 모래보다 만 배나 많은 구더기에 날개가 나니
萬倍河沙 迺羽迺翼
만배하사 내우내익

날아서 인가로 날아드는 것이다 아, 파리들아
飛入人家 嗚呼蒼蠅
비입인가 오호창승

그대들 어찌 우리와 같은 부류라고 하지 않겠는가
豈非我類
기비아류

그대 삶 생각하면 눈물이 고여 흘러내린다
念爾之生 汪然出淚
염이지생 왕연출루

이에 밥과 반찬 장만해 놓고 와서 모이기를 청하니
於是具飯爲殽 普請來集
어시구반위효 보청래집

서로 전하고 알려 함께 드시도록 이에 조문 글 올린다
傳相報告 是嘬是咂 乃弔曰
전상보고 시최시잡 내조왈

파리야 날아와 이 음식 소반에 모여라
蠅兮飛來陳盂盤只
승혜비래진우반지

소복이 담은 흰 쌀밥에 국도 간 맞춰 끓여 두었고
有饛白飯 和羹酸只
유몽백반 화갱산지

잘 익은 술과 단술에 국수 만두까지 곁들였으니
酒醴醲薰 雜麵饅只
주예농훈 잡면만지

너희 마른 목 축이고 타는 간을 적셔라
霑君之渴喉 潤君之焦肝只
점군지갈후 윤군지초간지

파리야 날아오너라 훌쩍거리지만 말고
蠅兮飛來 無啜泣只
승혜비래 무철읍지

너의 부모 모시고 처자식도 데리고 와서
挈爾父母 妻子合只
설이부모 처자합지

한번 실컷 포식하여라 걱정할 것 없이
聊玆一飽 無於悒只
료자일포 무어읍지

너희 옛집 살펴보니 쑥대로 가득 찼고
觀君之故室 蓬蘽盈只
관군지고실 봉유영지

댓돌은 무너지고 벽과 문짝은 찌그러졌네
崩檐敗壁 戶攲傾只
붕염패벽 호의경지

밤엔 박쥐 날고 낮엔 여우가 우네
伏翼夜飛 狐晝鳴只
복익야비 호주명지

그대 옛 밭 살펴보니 가라지 싹만 자랐네
觀君之故田 童粱茁只
관군지고전 동량줄지

금년은 비가 많아 흙이 부드러워졌지만
今年多雨 泥滑滑只
금년다우 니활활지

마을엔 사는 사람 없고 거친 땅은 일구는 이 없네
衖無居人 蕪而不垡只
항무거인 무이불벌지

파리야 날아와 이 기름진 고깃덩이에 앉아라
蠅兮飛來 麗以腴只
승혜비래 여이유지

살진 소 다리, 살집도 깊으니
肥牛之臑 鬻倫膚只
비우지노 죽륜부지

초장에 파도 썰어 넣고 농어 생선회도 쳐 놓았으니
酢醬蔥 膾魚鱸只
초장총 회어노지

너희 굶주린 창자를 채우고
塞君之莩腸
새군지부장

얼굴을 활짝 펴게
視顔色敷只
시안색부지

도마 위에 남은 고기 무리에게 먹이게
砧有餘腥 饗君徒只
침유여성 향군도지

너희 시체 이리저리 언덕 위에 널려 있는데
君之恒幹 衡從壟只
군지항간 형종농지

옷도 못 걸치고 모두 거적에 쌓여 있다
無所衣被 薪草籠只
무소의피 신초농지

꿈틀꿈틀 어지러이 우물거리면서
詰屈沸騰 紛蠢動只
힐굴비등 분준동지

옆구리에 차고 넘쳐 콧구멍까지 가득 찼네
氾濫脅幹 滿鼻孔只
범람협간 만비공지

이에 허물을 벗고
於玆蟬脫
어자선탈

구속에서 벗어나 송장만 길가에 있으니
脫梏拲只 惟路有僵
탈곡공지 유로유강

길 가던 사람 놀라고 어린애는 어미 가슴 파고들며
行人竦只 嬰孩攎胸
행인송지 영해거흉

죽은 어미 젖을 빨고 있다
猶吮湩只
유연동지

마을에서는 썩은 시체 묻지 않으니 산엔 무덤도 없고
里不埋胔 山無塚只
이불매자 산무총지

움푹 패인 구덩이에 그냥 채워 잡초만 무성하다
塡坑塞塹 雜草蓊只
진갱새참 잡초옹지

살쾡이가 와서 뜯어 먹으며 기뻐 춤추는데
貍來搰食 喜跳踊只
이래골식 희도용지

여기저기 구멍 많은 해골 이리저리 나뒹군다
髑髏圜轉 多穴孔只
촉루환전 다혈공지

너는 이미 나방 되어 날아가고 번데기만 남았구나
君旣蛾飛 有遺蛹只
군기아비 유유용지

파리야 날아서 고을 안에는 들어가지 마라
蠅兮飛來 無入縣只
승혜비래 무입현지

굶주린 사람 엄밀히 얼굴색으로 가리는데
鵠形菜色 嚴簡選只
곡형채색 엄간선지

서리가 붓대롱 잡고 낯빛 보고 가린다
胥吏握管 察其面只
서리 악관 찰기면지

대나무처럼 빽빽이 늘어선 사람 중 다행히 간택된들
立如蜜竹 幸一揀只 (입여밀죽 행일간지)

물같이 멀건 죽 한 모금 얻어 마시면 그만
淡鬻如水 纔一咽只 (담죽여수 재일열지)

쌀벌레 아래위로 어지러이 날아다닌다
有飛者蟲 上下眴只 (유비자충 상하현지)

돼지같이 살찐 건 호기 부리는 아전뿐인데
膚如腯豕 是豪掾只 (부여돌시 시호연지)

서로 짜고 공로를 보고하니 가상하다고 나무람 없다
敷同奏功 嘉而無譴只 (부동주공 가이무견지)

보릿고개 되니 진휼소가 파해 연회를 베푸는데
登麥罷賑 張筵宴只 (등맥파진 장연연지)

북소리 피리 소리 요란하고
擊鼓其鏜 簫管囀只 (격고기당 소관전지)

이쁜 기생들은 춤추며 돌면서
曼睩蛾眉 舞回旋只 (만록아미 무회선지)

교태 지으며 부채로 얼굴을 가린다
含嬌作態 遮紈扇只 (함교작태 차환선지)

비록 음식 많다 한들 그대 마음껏 먹을 순 없으니
雖有豊膳 君不可流羨只 (수유풍선 군불가류선지)

파리야 날아와 관 안으로는 들어가지 마라
蠅兮飛來 無入館只 (승혜비래 무입관지)

깃대 창대 삼엄하게 벌여 꽂혀 있다
旗纛森張 棨戟璨只 膮膷盈望 (기독삼장 계극찬지 효향영망)

돈육, 우육국 푹 물러 소담하고 메추리구이, 붕어지짐
爛璀璨只 炶鶉煎鰿 (란최찬지 점순전적)

오리국에 꽂무늬 아름다운 중배끼 꿀약과
臛鳧鴈只 粔籹蜜餌 (학부안지 거여밀이)

실컷 먹고 즐기며 어루만지고 구경하지만
雕花蔓只 滿志喜悅 撫以玩只 (조화만지 만지희열 무이완지)

큰 부채 흩날리니 그대는 엿볼 수도 없으리라
揮颺巨扇 君無所窺覸只 (휘양거선 군무소규한지)

長吏는 주방에 들어가 음식을 살피는데
長吏入廚 視饎爨只 (장리입주 시희찬지)

쟁개비에 고기 지져 가며 입으로는 불을 분다
倭銚爇肉 口吹炭只 (왜조열육 구취탄지)

계피물, 단물에 칭찬도 많지만
桂釀蔗漿 騰稱讚只 (계양자장 등칭찬지)

호랑이와 표범 같은 문지기가 막아서서
虎豹守閽 毅方捍只 (호표수혼 의방한지)

애처로운 호소 물리치며 쓸데없는 소란 피지 말라네
麾斥哀籲 無雜亂只 (휘척애유 무잡란지)

안에는 고요해 시끄럽지 않게 음식 먹고 있고	寂而不譁 飮食衎衎只 적 이 불 화 음 식 간 간 지
아전은 술청에 앉아 제 맘대로 판결하여	吏坐酒家 倩題判只 이 좌 주가 천 제 판 지
역마로 보고서 날려 이 고을은 편안하다네	馳驛飛書 閭里晏只 치 역 비 서 여 리 안 지
길에는 굶는 사람 없고 걱정 없이 태평하다네	道無捐瘠 太平無患只 도 무 연 척 태 평 무 환 지
파리야 날아와 부디 혼으로라도 돌아오지 말게	蠅兮飛來 無還魂只 승 혜 비 래 무 환 혼 지
어두운 데 오래 거하는 걸 모르는 그대를 축하한다	賀君之無知 長昏昏只 하 군 지 무 지 장 혼 혼 지
죽은 뒤에도 재앙은 남아 형제에게 넘어가니	死有餘殃 詒弟昆只 사 유 여 앙 이 제 곤 지
유월에는 조세 독촉하는 아전이 대문을 두드리는데	六月催租 吏打門只 유 월 최 조 이 타 문 지
그 소리 마치 사자 울음같이 산악을 흔든다	聲如獅吼 山岳掀只 성 여 사 후 산 악 흔 지
가마솥을 빼앗고 송아지와 돼지까지 끌고 간다	私其錡釜 曳犢豚只 사 기 기 부 예 독 돈 지
사람은 관가로 몰아붙여 곤장을 마구 쳐 대니	驅之入縣 株困臀只 구 지 입 현 주 곤 둔 지
집으로 돌아오면 너부러져 염병까지 만나	歸而委頓 遘癘瘟只 귀 이 위 돈 구 려 온 지
풀 베이듯 물고기 문드러지듯	草薙魚爛 초 치 어 란
괴로움과 원망이 천지사방에 가득 찬들	群煩冤只 天地四方 군 번 원 지 천 지 사 방
호소할 데 없고	無所告只 무 소 고 지
숨넘어가는 백성들 어쩌지도 못하고 슬퍼할 수조차 없다	民莫不阽 不可悼只 민 막 불 점 불 가 도 지
어진 이는 위축되고 소인 무리 날뛰며	彦聖負屈 衆胥媢只 언 성 부 굴 중 서 모 지
봉황은 입 닫으니 까마귀가 짖어 댈 뿐이다	鳳凰噤口 烏鴉噪只 봉 황 금 구 오 아 조 지
파리야 날아가려거든 또 북쪽으로 날아가거라	蠅兮飛來 又北飛只 승 혜 비 래 우 북 비 지
북쪽으로 천 리 날아 구중궁궐 가거든	北飛千里 入金扉只 북 비 천리 입 금 비 지
그대 속마음 하소연하고 그 깊고 슬픈 마음 전하라	愬君之衷 情宣深悲只 소 군 지 충 정 선 심 비 지

포악한 행위 드러내지 않고 시비를 가릴 수 없다	不吐彊禦 無是非只 불 토 강 어 무 시 비 지
해와 달이 밝게 비치어 그 빛을 펴시니	日月昭明 舒光輝只 일 월 소 명 서 광 휘 지
仁으로 정치를 펴고 신명에 告함에는 圭를 쓴다	發政施仁 告用圭只 발 정 시 인 고 용 규 지
우레와 천둥같이 울려 하늘의 위의를 감격시키면	如雷如霆 激天威只 여 뢰 여 정 격 천 위 지
벼와 기장 잘 되어 백성들은 굶주리는 일 없으리라	禾黍穰穰 民無饑只 화 서 양 양 민 무 기 지
파리야 날아오너라, 그때 남쪽으로 오너라	蠅兮飛來 乃南歸只 승 혜 비 래 내 남 귀 지

- "유월에는 조세 독촉하는 아전이 대문을 두드리는데(六月催租 吏打門只), 그 소리 마치 사자 울음같이 산악을 흔든다(聲如獅吼 山岳掀只)"는 구절은 梅堯臣의 田家語에 보이는 "마을 아전은 내 집 대문 두드리고(里胥扣我門), 낮부터 저녁까지 차 달이듯 독촉하네(日夕苦煎促)"와 맥을 같이하는 田家詞類의 글로 생각된다.

茶山, 與猶堂 丁若鏞(1762~1836)

茶山 丁若鏞 선생은 문장과 경학에 뛰어났고 磻溪 柳馨遠과 星湖 李瀷의 실학을 계승하고 집대성하였다. 19년간 長鬐와 康津에서 긴 유배 생활을 하였고, 그동안 무려 600권의 책을 저술한 대학자다. 특히 『牧民心書』, 『經世遺表』, 『欽欽新書』, 『麻科會通』, 『我邦疆域考』, 『周易事典』 등 그의 저서는 철저히 이용후생의 실학에 바탕을 두었다. 수원성 축성과 한강의 舟橋 설치 등에 동원된 起重架說에 따른 滑車轆轤(도르래)와 擧重機의 고안 등 다산의 과학적 지식과 기술은 당시로서는 가히 혁신적이라 할 수 있다. 2021년 유네스코 세계기념인물로도 선정되었다. 특히 그의 작품은 우리가 이 책에서 만나는 쉬파리, 모기, 벼룩, 고양이, 개구리 등 살아 있는 모든 생물에 대하여 깊은 연민과 사랑을 담고 있다.

- 『정본 여유당전서 14』, 다산학술문화재단, 2013.
- 『국역다산시문집』, 정약용 지음, 민족문화추진회 편역, 1982.

◆ 썩은 생선으로는 파리를 쫓을 수 없다 『呂氏春秋』

『呂氏春秋』는 BC 239년(진시황 8년) 진나라 재상이자 巨商이었던 呂不韋가 전국의 논객과 식객 3,000명을 전술 편집한 백과사전류 책이다. 총 26권 160편으로 구성되어 있다. 각 권은 12권의 紀, 8권의 覽, 6권의 論으로 분류된다. 道家思想을 바탕으로 諸子百家의 사상을 두루 망라하고 있다. 後漢의 역사가 班固(AD 32~92)는 『漢書藝文志』에서 이를 雜家로 분류하고 있다. 『呂氏春秋』는 『呂覽』이라고도 불린다.

썩은 생선으로 파리를 쫓으려고 하면	以茹魚去蠅 이 여 어 거 승
파리는 도리어 더 몰려들어 막을 수가 없는데	蠅愈至 不可禁 승 유 지 불가 금
이는 파리가 쏠리는 방법으로 쫓으려 하기 때문이다	以致之之 道去之也 이 치 지 지 도 거 지 야

- 『呂氏春秋』, 홍승직 역해, 고려원, 1997.
- 『呂氏春秋』, 정하현 옮김, 소명출판, 2011.

『呂氏春秋』 속의 故事成語

掩耳盜鈴 귀를 막고 방울을 훔친다는 뜻이니 얕은꾀로 남을 속이는 것(「不苟論」, 「自知」 篇)
刻舟求劍 칼을 물에 빠뜨리고서 움직이는 배에다 표시를 하는 어리석은 짓(「察今」 篇)
伯牙絕絃 거문고 彈琴의 名人 伯牙가 知己인 鍾子期가 죽자 거문고 줄을 끊음(「列子」)
池魚之殃 연못에 던진 보석을 찾으려 물을 다 퍼내, 애꿎은 물고기만 죽음(「必己」 篇)
齊人攫金 훔치려는 금은 보고 주인은 보지 못했다고 변명, 앞뒤를 가리지 않고 자기 이익만
齊人攫金 챙김(「去宥」 篇)
竊鈇之疑 옆집 아이가 도끼를 훔쳤다고 공연히 의심하는 것(「去尤」 篇)
三年不飛又不鳴 3년을 날지도 않고 울지도 않고 때를 기다림(「審應覽」)
掣肘 팔굽을 당겨 무엇을 말리는 것. 공자의 제자 복자천에 얽힌 고사임(「具備」 篇)

곤충계의 무법자, 同族飽食과 殺夫飽食하는 사마귀
螳螂, mantis

곤충강 사마귀목의 절지동물로서 2,400여 종이 서식한다. 몸이 크고 갈색 또는 녹색이며, 큰 겹눈과 3개의 홑눈이 있다. 앞다리가 사람의 팔처럼 구부러져 있고 가시가 달려 있어, 한번 잡히면 빠져나가지 못한다. 공격적인 육식동물이어서 곤충 외에 도마뱀 같은 파충류도 드물게는 사마귀의 공격에 목숨을 잃는다.

메뚜기와 많이 닮아 보이지만 분류학적으로는 오히려 바퀴벌레나 흰개미 쪽에 더 가깝다. 수명은 7~8개월 정도로 풀벌레 중에서는 상대적으로 긴 편에 속한다. 몸 색깔과 모양을 나뭇가지, 꽃이나 잎 등 주변 환경에 맞춰 변신하기 때문에 수많은 곤충이 사마귀의 뛰어난 위장 변신술에 속아 귀한 생명을 잃는다.

대형 종 왕사마귀는 상대의 힘을 가리지 않고 겁 없이 덤벼드는데, 아마도 이런 데서 제후의 '수레를 막아서는 사마귀(螳螂拒轍)'란 말이 나왔을 것이다. 언제나 생태계의 균형을 고려하는 神은 곤충계의 무적 포식자인 이 사마귀에게도 빠짐없이 天敵을 준비해 두었는데 장수말벌, 대형 거미, 지네, 전갈 등이 바로 그들이다. 그러나 번식 때의 암사마귀에게는 보이는 것이 다 먹잇감이다. 神의 명을 받은 天敵들조차도 이때는 도리어 암사마귀의 먹이가 될 수 있으므로 조심한다고 한다.

사마귀는 나방, 잠자리, 파리, 매미를 주로 사냥한다. 개미는 덩치는 작지만 무리 지어 다니면서 '개미산(formic acid)'이란 강력하고 무서운 '생화학 무기'로 공격한다. 때문에 곤충계의 악명 높은 사마귀도 이 개미에게는 달리 뾰족한 대책이 없다.

사마귀는 '이슬만 먹고 산다(?)'라며 시인들이 칭송하는 매미를 사냥하는 까닭에 오랜 세월 매정한 사냥꾼으로 비난받아 온 것이 사실이다.

사마귀는 자기 종족을 잡아먹는 지구상 1,500종의 同族飽食(cannibalism) 동물 중 하나인데, 더 고약한 것은 짝짓기 중에 수컷을 잡아먹는 것이다. 배가 고파서일까?

하지만 딱히 그런 것 같지만은 않다. 행인지 불행인지 사마귀의 이 天稟은 긴 세월 동안 말 많은 옛 시인들에게도 용케 들키지 않고 오늘에 이른 듯하다. 이 문제로 사마귀를 고발하거나 기소한 詩는 여태 보지 못했다. 그러나 이처럼 무서운 암사마귀도 자기 자식 사랑만큼은 지극한 것으로 알려져 있다. 이 또한 신이 주신 天稟인가?

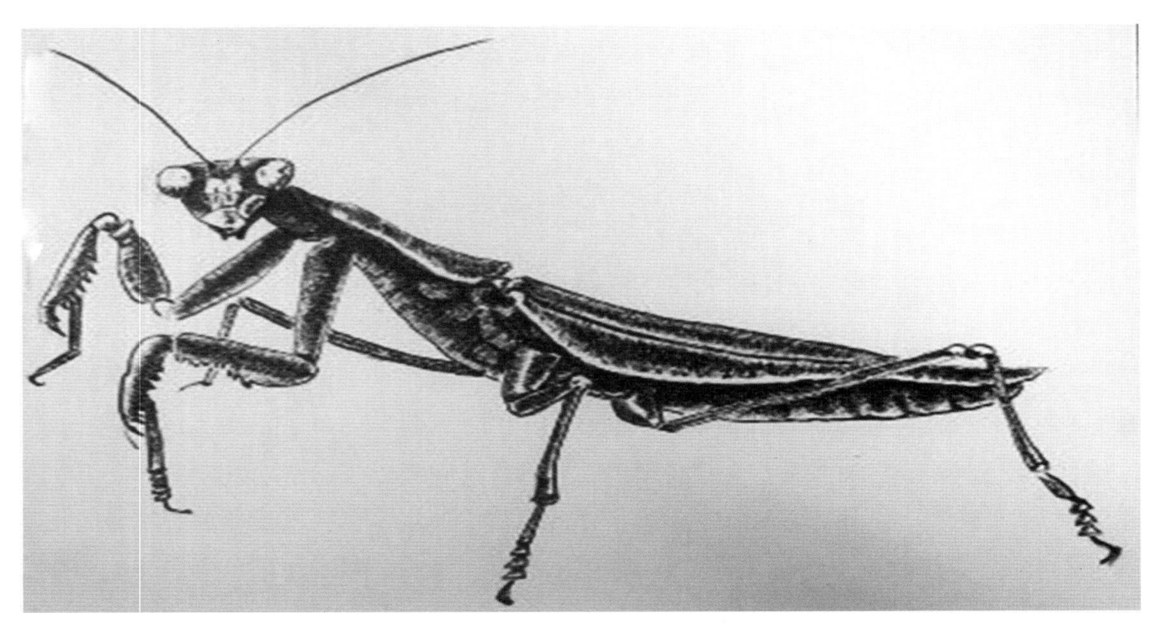

사마귀, 펜화, 최양식

同族을 잡아먹는 '殺族', 짝을 잡아먹는 '殺夫', 매미를 잡는 '捕蟬', 각별한 자식 사랑도 모두 사마귀의 天稟이다. 사마귀는 '제후의 수레를 막아 세운 螳螂拒轍' 고사에서 보듯 톱날 달린 근육질의 앞다리를 흔들어 대며, 오늘도 햇볕이 들어오지 않는 컴컴한 숲의 밤과 낮을 지배하고 있다.

◆ 위험을 잊어버린 매미, 사마귀, 까치 사냥꾼 『莊子 外篇』, 「山木」

劉向이 편찬한 『說苑』, 「正諫」에도 비슷한 내용이 실려 있는데, 당시 민간에 떠돌던 어금버금한 이야기를 수집하거나 편집하는 과정에서 내용이 다소 변질된 것일 수도 있다.

螳螂捕蟬, 螳螂窺蟬, 螳螂在後 등의 고사성어는 모두 이 寓話에서 비롯한 것으로 보인다. 눈앞에 보이는 작은 이익 때문에 앞으로 닥칠 큰일을 놓치거나 이로써 위험해진다는 의미다.

莊周(莊子)가 조릉의 울타리 안에서 노닐 때에 — 莊周遊乎雕陵之樊 (장 주 유 호 조 릉 지 번)

남쪽에서 온 별난 까치 한 마리를 보았는데	睹一異鵲自南方來者 도 일 이 작 자 남 방 래 자
날개 넓이 7척에 눈 직경이 1촌이나 되었다	翼廣七尺目大運寸 익 광 칠 척 목 대 운 촌
장주의 이마를 스치듯 지나가 밤나무 숲에 머물렀다	感周之顙而集於栗林 감 주 지 상 이 집 어 율 림
장주가 말하길 이는 무슨 새인가	莊周曰此何鳥哉 장 주 왈 차 하 조 재
날개는 큰데 날지 못하고 눈은 큰데 보지 못하네	翼殷不逝 目大不覩 익 은 불 서 목 대 불 도
바지 걷고 급히 뛰어가 새총을 잡고 당기려는데	蹇裳躩步 執彈而留之 건 상 곽 보 집 탄 이 류 지
매미 한 마리 그늘에서 위험한 걸 잊고 있는 걸 보았다	睹一蟬方得美蔭而忘其身 도 일 선 방 득 미 음 이 망 기 신
사마귀가 앞발을 들어 매미를 잡으려 한다	螳螂執翳而搏之 당 랑 집 예 이 박 지
매미 잡을 생각에 사마귀도 자신의 위험을 잊고 있었다	見得而忘其形 견 득 이 망 기 형
별난 까치도 사마귀 잡을 생각에 자기 위험을 잊었다	異鵲從而利之 이 작 종 이 리 지
장주가 놀라 말하되	莊周怵然曰 장 주 출 연 왈
아, 생물이란 본래 서로 해를 끼치는구나	噫 物固相累 희 물 고 상 루
利에 빠진 蟬, 螳螂, 異鵲 등 생물은 서로를 부르는구나	二類相召也 이 류 상 소 야
그래서 새총을 버리고 되돌아 달아나려 했는데	捐彈而反走 연 탄 이 반 주
산지기가 쫓아와 장주에게 욕을 했다	虞人逐而誶之 우 인 축 이 수 지
돌아온 장주는 사흘간이나 기분이 나빴다	莊周反入 三日不庭 장 주 반 입 삼 일 부 정
이에 제자 인저가 물었다.	藺且從而問之 인 저 종 이 문 지
선생님, 요사이 무슨 일로 기분이 안 좋으십니까?	夫子何爲頃間甚不庭乎 부 자 하 위 경 간 심 부 정 호
장주 말하되, 바깥 형체에 정신 쏟느라 자신을 잊었네	莊周曰,吾守形而忘身 장 주 왈 오 수 형 이 망 신
탁한 물만 보다 맑은 연못을 잃어버렸다네	觀於濁水而迷於淸淵 관 어 탁 수 이 미 어 청 연
또, 나는 선생님이 말씀하시는 걸 들었는데	且吾聞諸夫子曰 차 오 문 제 부 자 왈

세속에 들어가서는 세속을 따라야 한다	入其俗,從其俗 입 기 속 종 기 속
지금 나는 조릉 안에서 놀다가 나를 잊고 말았네	今吾遊於雕陵而忘吾身 금 오 유 어 조 릉 이 망 오 신
이상한 까치가 이마를 스치고 지나가기에	異鵲感吾顙 이 작 감 오 상
율림 속에 들어가 놀다가 자신의 본모습을 잊고 있었는데	遊於栗林而忘眞 유 어 율 림 이 망 진
율림 산지기가 나를 밤 훔친 범인으로 처벌해야 한대서	栗林虞人以吾爲戮 율 림 우 인 이 오 위 륙
그래서 내가 기분 나빠(不逞)하는 것이다	吾所以不庭也 오 소 이 불 정 야

- 당시 여러 典籍이나 민간에서 떠돌던 내용을 제자나 후인들이 수집해 『莊子』를 편집하는 과정에서 내용의 변화가 있었던 것으로 보인다.
- 모든 생물은 서로 상관관계를 맺고 있다(物固相累二類相召也)는 말과 같이, 장자가 "까치를 잡기 위해 새총을 들고 있다가 놀라서 달아나는데 산지기가 쫓아와 莊子를 혼내는 모습"을 상상하는 것이 그리 자연스러워 보이지만은 않는다.
- 장자가 "바깥 형체에 정신을 쏟느라 자신을 잃었다(吾守形而忘身)"는 것까지는 쉬 이해할 수 있는 말이지만, 제자 인저(藺且)가 들었다고 덧붙인 말 "세속에 들어가서는 세속을 따라야 한다(入其俗, 從其俗)"는 말씀은, 늘 寓話로 '脫世俗의 세계'를 설파해 온 莊子의 다른 가르침을 생각할 때 이해하기 쉽지만은 않다.
- "율림 산지기가 장자를 밤 훔친 도둑으로 처벌해야 한다고 혼냈다"는 말과 그 때문에 "莊子의 기분이 3일간 나빴다(三日不庭)"는 것은 참 인간적인 모습이다.
- 名著 『莊子』를 편집한 이의 깊고 오묘한 뜻을 헤아리지 못하는 필자의 어리석음이다.
- 『莊子, 內篇, 外篇, 雜篇』, 박일봉 역저, 육문사, 2014.

◆ 매미를 엿보는 사마귀, 참새가 노린다(螳螂窺蟬) 『說苑』, 「正諫」

『說苑』은 前漢 말 劉向이 편찬했는데, 모두 20편으로 구성되어 있다. 선현들의 행적과 우화 등을 수록, 위정자들의 訓戒讀本으로 활용하였다. 『莊子 外篇』, 「山木」과 비슷한 내용을 담고 있다. 눈앞의 이익에 팔려 자신에게 닥칠 더 큰 위험을 깨닫지 못하고 큰일을 망치는 것을 경계하는 글이다. 螳螂在後, 螳螂捕蟬, 螳螂搏蟬, 黃雀伺蟬도 비슷한 의미를 담은 고사성어다.

吳王이 荊나라를 치려고 좌우 신하들에게 말하기를	吳王欲伐荊 告其左右曰 오왕욕벌형 고기좌우왈
감히 간언하는 자가 있으면 죽이겠다	敢有諫者死 감유간자사
舍人 중에 少孺子란 자가 있었는데	舍人有少孺子者 사인유소유자자
간하고 싶었으나 감히 간하지를 못하고	欲諫不敢諫 욕간불감간
돌멩이를 연못에다 튕기며 후원에서 놀고 있다가	則懷丸操彈 遊於後園 즉회환조탄 유어후원
이슬에 옷만 적셨다. 그러기를 사흘이 지나서	露霑其衣 如是者三旦 노점기의 여시자삼단
吳王이 묻되 너는 와서 어찌 이리 힘들게 옷을 적시고 있느냐	吳王曰 子來何苦霑衣如此 오왕왈 자래하고점의여차
少孺子가 대답하기를	對曰 대왈
후원에 있는 나무 위에 매미 한 마리가 있습니다	園中有樹 其上有蟬 원중유수 기상유선
매미가 높은 곳에 머물며 이슬을 마시며 슬피 울면서	蟬高居悲鳴飮露 선고거비명음로
사마귀가 자기 뒤에서 노리는 줄을 모릅니다	不知螳螂在其後也 부지당랑재기후야
사마귀는 몸을 굽혀 나무에 붙이고 매미를 잡으려는데	螳螂委身曲附欲取蟬 당랑위신곡부욕취선
참새가 바로 곁에 있다는 것은 모르고 있습니다	而不知黃雀在其傍也 이부지황작재기방야
참새는 목을 늘여 사마귀를 쪼으려고 하는데	黃雀延頸欲琢螳螂 황작연경욕탁당랑
참새도 자기를 겨누는 총이 아래에 있음을 모릅니다	而不知彈丸在其下也 이부지탄환재기하야
이 셋은 모두 바로 앞의 이익을 얻으려고 애쓰면서	此三者 皆務欲得其前利 차삼자 개무욕득기전리
그 뒤에 있는 걱정거리를 돌아보지 않는 것입니다	而不顧在其後之有患也 이불고재기후지유환야
吳王이 말했다 옳도다 이에 왕은 起兵을 그만두었다	吳王曰 善哉 乃罷其兵 오왕왈 선재 내파기병

◆ 제후의 수레를 세운 사마귀(螳螂拒轍) 『韓詩外傳』, 『莊子』, 『淮南子』

『韓詩外傳』은 西漢時代 韓嬰이 전래의 고사와 설화를 활용한 『시경』 해설서로 『내전』 4권,

『외전』 6권을 저술하였으나 『외전』만 전한다. 모두 310장으로 구성되어 있으며, 典故의 寶庫로 높이 평가된다. 螳螂拒轍은 螳螂之斧, 螳臂當車와 같은 의미다.

"나무가 고요하고자 하나 바람이 멈추지 않고, 자식이 봉양하고자 하나 어버이는 기다려 주지 않는다(樹欲靜而風不止 子欲養而親不待)"는 孝思想의 名句와 고사성어 '風樹之嘆'은 모두 『韓詩外傳』이 그 出典이고, 『孔子家語』 「致思」 篇에 나온다.

齊나라의 莊公이 사냥을 나가는데	齊莊公出獵 제 장 공 출 렵
벌레 한 마리가 다리를 들고 수레바퀴를 향해 달려들었다	有一蟲擧足將搏其輪 유 일 충 거 족 장 박 기 륜
장공이 마부에게 "이것은 무슨 벌레냐?"	問其御曰 此何蟲也 문 기 어 왈 차 하 충 야
답하되 저것은 사마귀라는 벌레입니다.	對曰,此所爲螳螂者也 대 왈 차 소 위 당 랑 자 야
이 벌레는 나아갈 줄은 아는데 물러갈 줄은 모릅니다	其爲蟲也 知進而不知却 기 위 충 야 지 진 이 부 지 각
자기 힘을 헤아리지 않고 적을 가벼이 보는 놈입니다	不量力而輕敵 불 량 력 이 경 적
장공이 말하되	莊公曰 장 공 왈
이것이 사람이었으면 천하의 용감한 무사가 됐을 것이다	此爲人而必天下勇武矣 차 위 인 이 필 천 하 용 무 의
이에 수레를 돌려 사마귀를 피해 갔다	廻車而避之 회 차 이 피 지

소리 높여 노래 부르는 매미
蟬, cicada

매미는 昆蟲綱 노린재목 매밋과에 속하는 곤충으로 전 세계에 1,500여 종이 서식하는 것으로 확인되고 있으며, 우리나라에는 말매미, 유지매미, 쓰름매미, 털매미, 참매미 등 15종이 살고 있다고 한다. 우리말 '매미'는 의성어 '맴'에 접미사 '이'를 붙여 '매미'가 된 것으로 보인다. 몸길이는 80~100mm 정도이며, 머리가 크고 튀어나온 겹눈과 3개의 홑눈, 날개는 두 쌍이다. 수컷은 배 아래쪽에 잎사귀 모양의 발성기관이 달려 있으며, 암컷은 그 자리에 알을 낳는 긴 산란관이 있어 소리를 낼 수 없다. 수컷 울음은 求愛의 소리다.

神은 암컷에게 종족 번식을 위한 産卵이라는 성스러운 역할을 맡기고, 수컷에게는 목숨이 다하고 氣盡할 때까지 끝없이 울어야 하는 통곡의 역할을 주었다.

매미는 불완전변태 과정을 거치며, 유충은 13~17년간 땅속이나 나무둥치 속에서 수액을 먹고 자라다가 지상으로 올라와 껍질을 벗고 成蟲이 된다. 화려한 羽化를 마친 성충의 수명은 땅속이나 나무둥치 속 어둠에서 보낸 시간과는 견줄 수 없을 만큼 짧아 대개 보름에서 한 달 정도다.

그나마 이들의 짧고 화려한 생명을 노리는 천적들은 참새, 까치, 까마귀 등 조류와 다람쥐, 거미, 사마귀, 말벌,

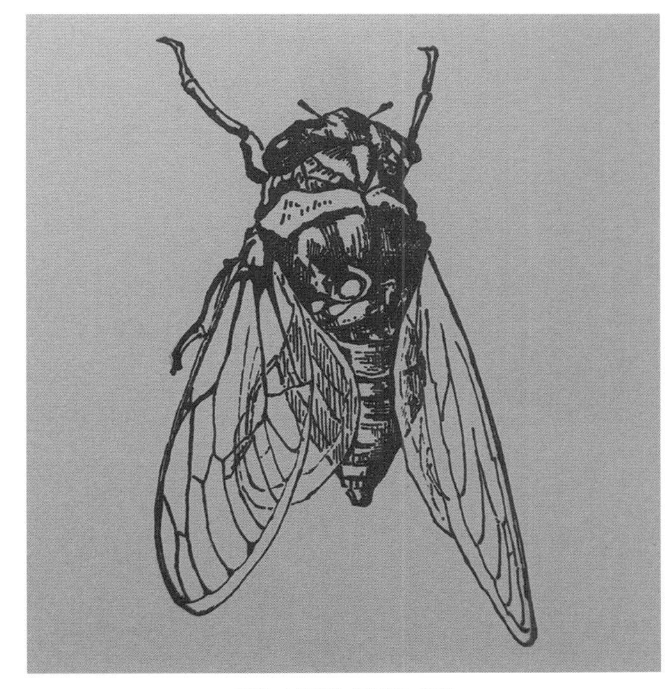
매미, 네임펜, 엄재홍 화백

개미 등이다. 오늘도 이들은 매미들의 요란한 소리를 멈추게 하려고 숨죽이며 다가가고 있다. 매미는 요란한 자신들의 노랫소리가 죽음을 부른다는 것을 알까? 시인들은 한낮부터 새벽이 올 때까지 소리 높여 우는 매미의 울음소리가 바로 생명을 재촉하는 재앙을 부른다고 먹을 튀기며 안타까워했지만, 매미들은 오늘도 그 소리를 멈추지 않는다.

陸雲은 「寒蟬賦」에서 "매미가 文, 淸, 廉, 儉, 信 등 다섯 가지 德을 가졌다"고 하여 매미를 높이 받들었다. 歐陽脩는 「鳴蟬賦」에 매미 울음소리가 현악기 소리와 비슷하다고 기록했는데, 놀랍게도 현대 생물과학자들과 비슷한 견해다.

高麗末의 李奎報는 「放蟬賦」에서, 거미에게 먹힐 위기에 처한 매미를 놓아주며 욕심 없는 매미를 욕심 많은 거미에게서 구해 준다고 말했다.

唐의 駱賓王은 「감옥에서 매미 소리를 듣고」라는 시 「在獄咏蟬」에서, 매미는 "이슬이 무거워 날아가기도 어렵고, 바람이 심해 울음소리 잠기기 쉬우니"라고 했는데, 정말 탁월한 시적 감각과 표현이라 생각한다.

虞世南이 읊은 시 「詠蟬」에 나오는, "높은 데 있어 그 소리 멀리 들리는 것이지, 가을바람이 전해 준 것 아니다"라는 표현도 참 아름답다.

◆ 봄가을을 모르는 매미 莊子(BC 369~BC 286) 「逍遙遊」 篇

莊周에 관한 최초의 전기는 司馬遷의 『史記』다. 莊子는 蒙 사람으로 이름은 周며, BC 369~BC 286년 사이에 활동한 것으로 추정된다. 그가 주장하는 근본은 모두 老子의 말에 뿌리를 두고 있다. 글 대부분이 寓言 형식을 빌렸으며, 주류였던 儒家와 墨家思想에 대한 부정적 논리를 처음으로 수립, 無와 虛의 세계를 통해 道와 인간이 하나가 될 수 있다고 했다.

왕조나 집단보다 개인이란 존재를 더 중시했으니, 당시로서는 가히 혁명적 사상이었다.

아침에 났다가 저녁에 죽는 버섯은 초하루와 그믐을 모르고	朝菌不知晦朔 조균부지회삭
여름에 났다 사라지는 매미는 봄가을을 모른다	蟪蛄不知春秋 혜고부지춘추
이것들은 모두 그 명이 짧아서다	此小年也 차소년야

◆ 바람결에 실려 오는 저녁 매미 소리　王維(699~761)
ㅡ망천에서 한가하게 거하며 裵秀才에게

王維는 盛唐의 대표적 시인이자 自然詩風의 시로 유명하고 불교에 심취하여 詩佛, 維摩詰居士로 불렸다. 孟浩然과 함께 王孟으로 불리었으며, 그림에도 능해 南宗畫 창시자로 일컫는다. 蘇軾은 "王維의 詩 속에는 그림이 있고, 그림 속에는 詩가 있다(詩中有畫, 畫中有詩)"고 평하였다.

차가운 산 도리어 푸른빛 띠고	寒山轉蒼翠 한 산 전 창 취
가을 냇물 종일 내내 졸졸 흐르네	秋水日潺湲 추 수 일 잔 원
지팡이 짚고 사립문 밖에 서서	倚杖柴門外 의 장 시 문 외
바람결에 들려오는 저녁 매미 소리를 듣는다	臨風聽暮蟬 임 풍 청 모 선
나루터에는 지는 해 걸려 있고	渡頭餘落日 도 두 여 락 일
마을엔 외로운 연기 한 줄기 피어오르고	墟里上孤煙 허 리 상 고 연
다시 楚나라 隱士 狂人 接輿(陸通)와 취하고	復値接輿醉 부 치 접 여 취
다섯 그루 버드나무 앞에서 미친 노래 부르네	狂歌五柳前 광 가 오 류 전

- **接輿** 『論語』「微子」 제5장의 接輿(陸通)에 관한 내용을 시에 인용한 것이다. 공자와 같은 시대를 산 인물로, 초나라 昭王 때 정치 현실을 보고 미친 척하며 벼슬에 나가지 않았다.
  『莊子』에서 전하는, 접여(接輿)가 孔子에게 했다고 하는 山木自寇之箴 ㅡ 산의 나무는 스스로 자신을 베고, 기름은 자신을 태워 불을 밝힌다. 계수나무는 먹을 수 있어 베이고 옻나무는 칠할 수 있어서 베인다. 그러나 사람들은 쓸모 있는 것의 쓰임은 알면서, 쓸모없는 것의 쓰임은 모른다(山木自寇 膏火自煎 桂可食故伐之 漆可用故割之 人皆知有用之用 而不知無用之用也. 『莊子』, 「人間世」 篇)."
- 『唐詩全書』, 金達鎭 역해, 민음사, 1987.

◆ 늦가을 매미(蟬)의 다섯 가지 德 陸雲(262~303) 「寒蟬賦」

陸雲은 三國時代 吳나라 西晉時代 문학가이자 관리로, 문장에 능한 兄 陸機와 함께 二陸으로 불렸다. 陸運은 문장 449편과 新書 10편을 저술했다. 멀리 남쪽 선비들의 대표 격으로 북쪽에서 벼슬하였으나, 八王의 亂에 연루된 형 육기에 연좌되어 42세 젊은 나이에 사형을 당했다. 아쉽게도 刑을 받아 짧은 생애를 마쳤지만, 주옥같은 글을 후세에 남겨 天壽를 누린 다른 어떤 시인들보다도 큰 명성을 후세에 길이 떨쳤다. 특별히 陸雲의 「寒蟬賦」는 후일 많은 시인들이 사랑하고 인용하는 名詩가 되었다.

文	머리에 관대가 있으니 가히 문인의 기상을 가졌고	頭上有緌則其文也 두 상 유 유 즉 기 문 야
淸	기운을 머금고 이슬 마시니 맑고 깨끗하며	含氣飮露則其淸也 함 기 음 로 즉 기 청 야
廉	곡식을 먹지 아니하니 청렴하다 할 것이고	黍稷不享則其廉也 서 직 불 향 즉 기 렴 야
儉	거처를 위해 둥지 따로 만들지 않으니 검소하고	處不巢居則其儉也 처 불 소 거 즉 기 검 야
信	때에 맞춰 그 본분을 지키니 신의를 갖추었다	應候守常則其信也 응 후 수 상 즉 기 신 야

◆ 현악기 소리 같은 매미 소리(鳴蟬賦) 歐陽脩(1007~1072)

歐陽脩의 賦 형식인 이 글은 매미 소리를 듣고서 독특한 견해로 설명하고 있다. 매미가 귀뚜라미나 메뚜기와 같은 방식으로 소리를 내는 것은 아닌데, 그 소리가 피리와 같은 관악기가 아니고 현악기 소리와 같다고 해석했다. 매미의 생물학적 구조는 실제로 발성기관이 현악기와 비슷한 구조를 가지고 있으므로, 그때도 이미 이것을 세밀히 관찰한 듯하다.

여기 한 생물 있어 나무 끝에서 우는데	爰有一物鳴于樹顚 원 유 일 물 명 우 수 전
맑은 바람 끌어와 긴 휘파람처럼 부는데	引淸風而長嘯 인 청 풍 이 장 소
가느다란 나뭇가지 껴안은 채 길게 탄식하네	抱纖柯而永歎 포 섬 가 이 영 탄

맴맴 하고 우는 소리 피리 소리와는 달라　嘒嘒非管(혜혜비관)

냉냉 하는 소리 마치 현악기 소리 같구나　泠泠若絃(령령약현)

찢어지는 소리로 부르다 다시 목메듯 흐느끼고　裂方號而復咽(열방호이복열)

처량하게 끊어지려다가 다시 이어지네　凄欲斷而還連(처욕단이환연)

토하는 외로운 운율 가늠하기 어렵지만　吐孤韻以難律(토고운이난율)

五音의 자연스러움 품고 있네　含五音之自然(함오음지자연)

나 그것이 무슨 생물인지 알지 못하지만　吾不知其何物(오부지기하물)

그 이름을 불러 매미라 한네　其名曰蟬(기명왈선)

• 『歐陽脩 詞選』, 홍병혜 옮김, 지만지, 2009.

◆ 맑고 고결한 매미는 늘 배고프다(蟬)　玉谿生 李商隱(812~858)

玉谿生 李商隱은 晩唐의 시인, 관료이자 修辭主義 문학의 거인으로 杜牧과 함께 晩唐의 대표 시인으로 꼽힌다. 그의 시는 관능적이고 상징적이며 耽美主義 색채를 띠고, 특히 愛情詩에 독보적인 경지를 보인다. 시에 고전을 인용하고 활용하는 典故的 방식을 즐겨 사용해 시의 내용에 철학적이고도 美學的인 풍요를 가져왔다. 그의 문학적 스승은 杜甫이며 『李義山詩集』을 남겼다.

높은 곳에 있어 배부르기 어려우니　本以高難飽(본이고난포)

부질없이 애쓰며 소리로 한을 달랜다　徒勞恨費聲(도로한비성)

새벽 되어서야 울음소리 잦아들고 끊어지려는데　五更疏欲斷(오경소욕단)

한 그루 나무 무심히 푸르다　一樹碧無情(일수벽무정)

낮은 벼슬살이 물 위의 나무 인형처럼 떠다니니　薄宦梗猶泛(박환경유범)

내 고향 전원 이미 황폐해졌으리	故園蕪已平 고 원 무 이 평
번거롭게도 그대 나를 이리 잘 일깨워 주는데	煩君最相警 번 군 최 상 경
집안 청빈한 것이야 나도 마찬가지인 것을	我亦擧家淸 아 역 거 가 청

- 薄宦梗猶泛 벼슬이 낮아 이곳저곳으로 떠다니는 나무 인형 같은 신세와 비유함. 『戰國策』에 蘇秦이 진나라로 가려는 孟嘗君을 만류하며 한 寓話 속 이야기로 '흙 인형과 복숭아 나뭇가지'가 나눈 대화다. 흙 인형이 복숭아 나뭇가지에게 말하기를 "비가 오더라도 나는 흙이니 부서지면 서쪽 강둑의 흙으로 돌아가면 그뿐이나(土則復西岸耳), 너는 복숭아 나뭇가지이니 사람을 만들어도 비 오면 표류하여 어디로 갈지 모른다(漂漂者將何如耳)"
- 『唐詩全書』, 金達鎭 역해, 민음사, 1990.

◆ 감옥에서 듣는 매미 소리(在獄咏蟬) 駱賓王(640~684)

駱賓王은 初唐 시인, 初唐 四傑의 한 사람으로 꼽힌다. 唐 高宗이 薨한 후 공포정치로 천하를 이끌어가던 則天武后는 당시 자신의 치세와 실정을 신랄하게 공격한 낙빈왕의 檄文 討武后檄, "先帝 무덤 한 줌 흙 채 마르지 않았는데 六尺 孤兒 어디에 있나(一杯土未乾 六尺孤安在)? 보아라 오늘의 이 도성 누구의 천하가 되어 있는지(試看今日之城中 竟是誰家之天下)"를 보고 文才에 놀라 詔를 내려 駱賓王의 문장 수백 편을 모아 『駱丞集』을 편찬하게 했다.

가을 하늘에 매미 소리 울려 퍼져	西陸蟬聲唱 서 륙 선 성 창
감옥에 갇힌 죄수 깊은 생각에 잠기네	南冠客思侵 남 관 객 사 침
검은 머리 매미 이리 날아와	堪玄鬢影 감 현 빈 영
하얀 머리 내게 와서 우는 것	來對白頭吟 내 대 백 두 음
이슬 무거워 날아서 나아가기도 어렵고	露重飛難進 노 중 비 난 진
바람 많아 울음소리 쉬 가라앉으려니	風多響易沉 풍 다 향 역 침
고결함 믿어 주는 자 아무도 없는데	無人信高潔 무 인 신 고 결

누가 내 마음 드러내어 줄까? 誰爲表予心(수위표여심)

- **西陸** 가을 하늘(『隋書』)의 고대 한어.
- **南冠** 초나라 樂官 鍾儀는 옥사에서도 楚의 冠을 착용함.
- 『唐詩全書』, 金達鎭 역해, 민음사, 1990.

◆ 매미 소리는 가을바람이 전해 준 것 아니라네(咏蟬) 虞世南(558~638)

虞世南은 文人 歐陽脩, 褚遂良과 함께 初唐 3대 서예가로 불리며, 楷書에 특히 능했다. 智永을 스승으로 모시고 王羲之 필법을 터득하였다. 청빈하고 욕심 없는 인물로 알려져 있는데, 이 詩가 그의 고아한 인품을 보여 주는 듯하다.

높은 데 머물고 있어 그 소리가 멀리까지 들리는 것이지, 가을바람이 전해 준 것은 아니라는 '居高聲自遠 非是藉秋風'이라는 표현에서 퍽 특이한 詩眼을 만난다.

주둥이 갓끈처럼 드리워 맑은 이슬 마시고 垂緌飮淸露(수유음청로)

성긴 오동나무에서 그 소리 흘려보내네 流響出疏桐(유향출소동)

높은 데 있어 소리 멀리까지 들리는 것이지 居高聲自遠(거고성자원)

가을바람이 전해 준 것은 아니라네 非是藉秋風(비시자추풍)

- 『集王羲之書 唐詩百首』, 于魁榮 編, 中國 文物出版社, 2007.

◆ 맑고 깨끗한 매미(蟬賦) 曺植(192~232)

曹操의 子, 曹丕의 동생인 陳思王이 쓴 매미를 칭찬하는 글이다. 형인 조비와 왕위를 두고 경쟁했으나 처세에 잘못이 잦았고, 아버지 조조가 당시 조식의 측근인 양수를 誅殺함으로써 세력이 약화되어 결국 대업은 이루지 못했다. 정치보다는 시인, 문장가로 문명이 더 높았고,

詩에도 능해 아버지 曹操, 형 曹丕와 더불어 三曹로 불린다. 兄 조비의 명에 의해 지었다고 전해지는 「七步詩」도 유명하다.

무릇 오직 매미의 맑고 깨끗함	唯夫蟬之淸素兮 (유부선지청소혜)
그 무리들 모두 북쪽에 숨어 있네	潛厥類乎太陰 (잠궐유호태음)
양기 왕성한 여름에 있어	在炎陽之仲夏兮 (재염양지중하혜)
아름다운 숲에서 노니네	始遊豫乎芳林 (시유예호방림)
실로 담백하여 욕심 적으니	實淡泊而寡欲兮 (실담박이과욕혜)
홀로 안락하며 길게 읊조린다	獨怡樂而長吟 (독이낙이장음)

◆ 첫 매미 소리(聞新蟬贈) 白樂天 白居易(772~846)

— 劉禹錫에게

매미 한 번 울 때 회화나무 두 가지만 남아	蟬發一聲時 槐花帶兩枝 (선발일성시 괴화대양지)
단지 어서 늙어 가고 싶을 뿐 그대에게 알려 주려네	只應催我老 兼遣報君知 (지응최아로 겸견보군지)
흰 머리털 급히도 나는데 청운의 꿈은 더디니	白髮生頭速 青雲入手遲 (백발생두속 청운입수지)
한잔 술 서로 권하며 자주 웃는 도리밖에	無過一杯酒 相勸數開眉 (무과일배주 상권수개미)

• 白居易의 知友 元稹은 『白氏長慶集』(백거이문집)에서 "鷄林의 상인이 백거이의 글을 구하였고 東國의 재상은 많은 돈을 내고 시 한 편을 바꾸었다" 하니, 그 이름이 당시 신라에도 알려져 있었다. 多作의 시인으로 작품이 무려 3,800여 수에 달한다. 지기인 元稹, 劉禹錫과 특히 교분이 두터웠다. 唐의 李杜韓白으로도 불린다. 「長恨歌」와 「琵琶行」이 명작으로 손꼽힌다.

◆ 슬프지 않은 매미 소리 劉禹錫(772~842)
— 白居易에게 준 매미 答詩

매미 소리 이리 맑거늘 들어보니 어디서 슬픈 소리 들리나	蟬韻極淸切 始聞何處悲	선운극청절 시문하처비
사람은 불편한 마음 늘 있고 경치는 가을 올 때쯤이니	人含不平意 景値欲秋時	인함불평의 경치욕추시
이 해도 어느새 저물어 가는데 이별 없는 집 어디 있으랴	此歲方晼晚 誰家無別離	차세방원만 수가무별리
그대 어서 늙고 싶다 했는가 그대 보낸 詩 이미 작년 詩일세	君言催我老 已是去年詩	군언최아로 이시거년시

• 劉禹錫은 中唐의 정치가·문학인으로 柳宗元과 함께 관직에 진출해 평생 知己로 지냈다. 권력을 횡행하던 宦官과 맞서 국정 혁신을 추진한 탓에 관직은 그리 순탄하게 나아가지 못했다.

◆ 나무 위의 매미 놀랄까 다가가지 못하네(園中聞蟬) 李奎報(1168~1241)

높은 버드나무 곁에 나 감히 가까이 가지 않는 것	不敢傍高柳	불감방고류
가지 위에 있는 매미 놀랄까 저어해서일세	恐驚枝上蟬	공경지상선
그러니 제발 다른 나무로 옮겨가라고 하진 마시게나	莫教移別樹	막교이별수
한 소리로 울어 대는 그 소리 듣기 즐기거니와	好聽一聲全	호청일성전
가벼운 허물 풀 새에 벗어 두고	輕蛻草間遺	경태초간유
맑은 노랫소리 가지 위에서 가냘프네	淸吟枝上嘒	청음지상혜
소리는 들려도 모습은 보이지 않는 것	聆音不見刑	영음불견형
푸른 잎 깊이 깊이 가려서일세	綠葉深深翳	녹엽심심예

• 높은 버드나무 가지에 앉아 노래 부르고 있는 매미가 놀랄까 나무 가까이에 다가가지 못하는 시인의 마음이 잘 전달되고 있다. 오늘도 매미 소리가 멈추지 않고 계속되는 것은 다른 나무로 옮겨가지 말라고 부탁한 이 시인의 간절한 바람이 매미에게 전해졌기 때문이 아닐까?

◆ 詩로 쌓은 洛下生 선생의 매미 탑 李學逵(1770~1835), 『洛下生全集』

蟬 蟬
선 선

秋日 蒼天
추일 창천

古寺裏 荒臺顚
고사리 황대전

因風迅蛻 仰露翩翾
인풍신태 앙로편현

不逐貂金貴 那須螓首憐
불축초금귀 나수진수련

紅香稷穋催熟 黃雀螳螂未前
홍향직륙최숙 황작당랑미전

幾日斷雲殘雨後 數聲踈柳古檜邊
기일단운잔우후 수성소류고회변

詩腸復値雙梅雅客 嘯旨仍隨古木清鳶
시장복치쌍매아객 소지잉수고목청연

此時厭聽淸霄鼓吹部 何事初回白日希夷眠
차시염청청소고취부 하사초회백일희이면

箏篴耳邊不待花奴解穢 柴門杖外會從摩詰驚禪
쟁적이변부대화노해예 시문장외회종마힐경선

매미 매미

가을날 푸른 하늘

오랜 절 뒤 거치른 누대 끝에서

바람에 빨리 허물 벗고 이슬 맞아 펄럭이네

초선과 귀인 쫓는 것 아닌데 어찌 바라리 쪽진 매미 머리 사랑

붉은 기장, 올벼 익으라 재촉해도 참새, 사마귀 어디에도 나타나질 않네

며칠 구름 걷히고 비 그친 뒤 매미 소리 듬성한 버들과 회나무 고목 가까이서 들리네

시인의 속마음 쌍매화를 사랑하는 문인과 같고 휘파람 소리는 고목 위 맑은 솔개를 따르네

이때 맑은 하늘에서 울려오는 고취 같은 소리 싫도록 듣나니, 무슨 일로 모처럼 이룬 낮잠을 깨우나

거문고와 피리 소리처럼 귓가에 들려오니 花奴가 唐玄宗 위하듯이 누군가 갈고를 쳐 주길 기다리지 않고

사립문 밖으로 지팡이 짚고 나가니 저 盛唐의 書畵家 王摩詰(王維)이 참선에 들었다가 문득 놀라 깨어난 듯하네

- 洛下生 선생은 매미로 塔을 쌓고 있다. 聽覺에 호소하는 매미가 선생의 도움으로 視覺的 造形을 선보인다. 詩塔의 꼭대기엔 매미(蟬)가 앉아 있고 밑바닥에는 寂寞의 禪定에 든 求道者 王摩詰이 매미(樂蟬)의 연주 소리에 깬 듯하다고 한다. 시의 시작은 소리 내는 매미 선(蟬)이고 시의 끝은 고요함이 깨어진 참 선(禪)이다. 번역한 글로 쌓은 탑은 洛下生 선생의 創造的인 造形建築術의 詩塔을 도무지 따라가지 못한 것 같다.
- 『낙하생 이학규 문학의 심층 연구』, 정은주, 학자원, 2020.
- 『낙하생 이학규의 시문학연구』, 이국진, 고려대학교 민족문화연구원, 2017.

◆ 가을 매미 소리 情이 배인 듯(聞蟬) 孤山 尹善道(1587~1671)

칠월 초사흗날	流火初三日 유화초삼일
매미 소리 처음 들으니	聞蟬第一聲 문선제일성
귀양 중인 몸이라 그 소리 달리 느껴지는데	羇人偏感物 기인편감물
변방에 사는 사람들 그 이름은 알지 못하네	塞俗不知名 새속부지명
이슬 먹고 사느라 욕심도 없으리니	飮露應無慾 음로응무욕
가을이라 그 매미 소리에 정이 담긴 듯	號秋若有情 호추약유정
풀나무 잎이 떨어지니 근심을 부르네	還愁草木落 환수초목락
기쁘질 않네 저녁 바람 이리 맑게 불어와도	未喜夕風淸 미희석풍청

- 『孤山遺稿』 4, 이승현, 이상현 옮김, 한국고전번역원, 2015.

◆ 석양에 어지러운 매미 소리(聽秋蟬) 姜靜一堂(女性 性理學者, 1772~1832)

모든 나무 가을빛을 맞았는데	萬木迎秋氣 만목영추기
매미 우는 소리 석양에 어지러이 들린다	蟬聲難夕陽 선성난석양

나 사물의 본성 깊이 깨달아 읊으며 沈吟感物性
침음감물성

숲속에서 나 홀로 헤매이네 林下獨彷徨
임하독방황

◆ 사마귀야 매미 잡지 마라(蟬) 李恒福『白沙先生集』卷之一,「三物吟」中

다만, 서늘한 하늘 향한 채 가을 이슬 마시고 只向凉霄飮秋露
지향량소음추로

높은 가지 두고 다투는 뭇 새들과는 다르네 不同群鳥競高枝
부동군조경고지

말 전하거니와 사마귀야 매미 쫓아가 잡지 말게 傳語螳螂莫追捕
전어당랑막추포

인간의 어떤 것들 어리석지 아니한가? 人間何物不眞癡
인간하물부진치

◆ 매미는 울음소리가 화를 불러(擬蟬賦) 東江 申翊全(1605~1660)

申翊全의 號는 東江, 조선 후기 문신, 서예가이며 저서는『東江遺集』(19권 3책)이 있다. 申欽의 아들로 왕실과 인척이며, 과거에 급제하였으나 規式을 어겼다는 이유로 罷榜되었다. 그 후 과거를 다시 보아 급제하였다. 서장관으로 연경에 다녀왔으며, 淸과 和議를 반대한 斥和五臣 중 한 사람이다. 주역 연구가 깊었고, 문장과 글씨에 뛰어났다.

저 매미 바르고 강직하여 伊玆蟬之耿介兮
이자선지경개혜

높은 나뭇가지에 의탁하여 홀로 숨어 지내고 廓獨潛而高寄
곽독잠이고기

여름 되니 다리 비비고 울어 대더니 屆朱明而動股兮
계주명이동고혜

가을 되니 깃을 떨어 가면서 우는구나 候蓐收而振翅
후욕수이진시

고요한 마음에 달리 구하는 것도 없을 텐데 爰恬漠其無求兮
원념막기무구혜

무슨 괴로움을 그리 깊게 느껴 구슬프게 울어 대는가 胡感厲而哀吟
호감려이애음

누르다가 드높이고, 이어졌다 다시 끊어지는 그 소리	聲抑揚而續斷兮 성 억 양 이 속 단 혜
마치 시인이 시를 그려 내는 마음을 닮았구나	類騷人之寫心 유 소 인 지 사 심
하늘이 주신 참됨을 간직하여 그 변화에 순응하고	葆天眞而順機兮 보 천 진 이 순 기 혜
곡식 먹는 것 끊고 또 독을 멀리하며	絕粒食而遠毒 절 립 식 이 원 독
푸른 숲 그늘 속에 깃들어 살며	蔭靑林而爲棲兮 음 청 림 이 위 서 혜
맑은 이슬 마셔 스스로를 윤택하게 하는구나	吸白露而自沃 흡 백 로 이 자 옥
아! 참새가 화를 불러오고	噫黃雀之惹禍兮! 희 황 작 지 야 화 혜
사마귀 끌어들여 나를 엿보게 하니	引螳螂而伺余 인 당 랑 이 사 여
표연히 높이 날아 멀리 떠나가려고 하는데	飄高擧而遠逝兮 표 고 거 이 원 서 혜
또 거미가 그물을 쳐 대는구나	又蛛網之織如 우 주 망 지 직 여
몸을 옮겨 달아나 숨으려 하는데	欲抽身而卑竄兮 욕 추 신 이 비 찬 혜
벌과 전갈이 와서 쏘아 대니	遇蜂蠆之來射 우 봉 채 지 래 사
훌륭한 정원의 무성한 숲에 그 이름 의탁하여	托名苑之茂邃兮 탁 명 원 지 무 수 혜
형체를 거두어들인 허물 고이 간직하기를 바라노라	庶斂形而藏殼 서 렴 형 이 장 각
저 교활한 동자 녀석 의기양양하구나	彼狡童之陽陽兮 피 교 동 지 양 양 혜
천천히 걸으며 곁눈질하더니	紛緩步而流眄 분 완 보 이 류 면
그물 세 곳에 구멍 터 준 옛 湯王의 인자함 알지 못한 채	昧湯仁之解三兮 매 탕 인 지 해 삼 혜
하늘이 내린 귀한 생물 해치고도 아무렇지도 않구나	暴天物而自燕 폭 천 물 이 자 연
나뭇가지는 잎 없으면 흔들리지 않고	枝罔葉而不搖兮 지 망 엽 이 불 요 혜
나무는 줄기 없으면 의지할 곳 없으니	樹靡幹而不緣 수 미 간 이 불 연
삼가 가벼운 몸으로 꿩처럼 바로 서서	竦輕軀而鸐立兮 송 경 구 이 적 립 혜

한번 날아가면 다시는 돌아오지 않을 것 같네	若將飛而未旋 약 장 비 이 미 선
부드러운 장대 하늘하늘 흔들리는데	揮柔竿之裊裊兮 휘 유 간 지 뇨 뇨 혜
처음에는 살짝 붙는 듯하더니 나중에는 얽매이고 마니	始微粘而終纏 시 미 점 이 종 전
훨훨 나는 것 그리 만족해할 만한 것 아니니	匪翩翾之足矜兮 비 편 현 지 족 긍 혜
禍福은 서로 바뀌어 오는 것을 깨달아야 할지니	悟倚伏之相禪 오 의 복 지 상 선
들으라, 조개가 낚이는 건 그 맛이 뛰어나서이고	亂曰 貝廚之釣 式味滋兮 난 왈 패 주 지 조 식 미 자 혜
공작과 비취새가 그물에 걸리는 것 그 모습 꾸며서이니	孔翠之羅 式儀賁兮 공 취 지 라 식 의 분 혜
매미야, 네 잘못이 있다면 소리 높여 울어 대기 때문이다	爾之辜兮 由聲揚兮 이 지 고 혜 유 성 양 혜
너는 어찌해서 해를 당하는지 아느냐	于何戕兮 우 하 장 혜
그리 소리 높여 울어 대니 어찌 해를 당하지 않겠는가	由聲揚兮寧不傷 유 성 양 혜 녕 부 상

◆ 이슬만 먹는 매미, 늘 배고프다 容齋 李荇(1478~1534) 『容齋集』 卷6

容齋 李荇은 燕山 中宗代 문신, 성리학자다. 글씨, 그림, 문장에 두루 뛰어났으며, 五言古詩를 잘 지었다. 서장관으로 연경에 다녀왔다. 예와 원칙을 중시했으며, 연산군의 생모 폐비 윤씨의 복위를 강력히 반대하다가 유배형에 처해졌다. 유배와 복직을 이어 가며 후일 벼슬은 좌의정에까지 이르렀으나 함경도 유배 중 사망하였다. 저서로는 『容齋集』, 『使行詩攷』 등이 있다.

容齋는 파리(蠅), 매미(蟬), 모기(蚊), 반딧불이(螢), 꿀벌(蜜蜂) 등 동물에 관해 다양한 시와 『挹翠軒遺稿』를 남기고 26세에 요절한 '東國 第一의 詩人으로 지칭(李圭景, 『五洲衍文長箋散稿』)'된 朴誾과 함께 宋代의 江西詩派에 비견하여 海東의 江西詩派로 불리었다.

洪萬鍾은 우리 한시에 대한 詩評인 『小華詩評』에서 李荇의 시를 두고 "人工으로 이룰 수 없는 천재가 있다"고 격찬했으며, 蛟山 許筠은 「蛟山詩話」에서 "우리나라의 시는 李荇을 제1로 삼아야 한다"고 평했다.

너의 그 성품은 자못 고결하거늘	爾性頗高潔 이 성 파 고 결
누가 미물인 곤충류라 말하였느냐	誰言蟲類微 수 언 충 류 미
휘파람 같은 울음소리 홀로 마음 아파	嘯風心獨苦 소 풍 심 독 고
이슬만 먹고 사니 배는 늘 고파할 터인데	飮露腹長饑 음 로 복 장 기
사마귀의 도끼는 숨어서 독을 품고 있고	螗斧潛懷毒 당 부 잠 회 독
한번 감긴 거미줄 포위 풀려나기 어려우니	蛛絲未解圍 주 사 미 해 위
몸 가지고 있다는 것 정말 짐이지만	有形眞是累 유 형 진 시 루
이 생물은 본디 무슨 다른 꾀 가지지 않았으니	非是藉秋風 비 시 자 추 풍

• 『국역 容齋 李荇文集』, 한국학술정보, 2013.

모성애가 특별한 거미
蜘蛛, Spider

거미는 거미강, 거미목의 절지동물이다. 전 세계에 48,000여 종, 우리나라에는 600여 종이 살고 있다. 몸길이는 1mm에서 30cm까지 다양하지만, 보통은 5~30mm 정도다. 머리, 가슴, 배로 나뉘는 곤충류와는 달리, 머리와 가슴이 합쳐진 머리가슴과 배 두 부분으로 나뉜다. 거미는 짧으면 1~2년, 길면 20년 정도를 산다. 다리와 눈이 여덟 개이며 독을 주사하는 송곳니가 달린 집게발이 있다.

점액을 통해 거미줄을 만드어 사는 定住性 거미가 많으나, 물거미와 게거미, 농발거미 등 이리저리 다니며 사는 배회성 거미도 있다.

이 무적의 특이한 진(陣)에 먹이가 걸리면, 진동을 느낀 거미는 바로 다가가 독을 주사하여 假死狀態로 만든 후 體液을 빨아 먹는다. 주된 먹이는 매미, 멸구, 나방, 개미 등이다. 陣法에 정통한 무적의 거미에게도 천적은 있으니 전갈, 사마귀, 지네 등이다. 거미줄은 생체의 재질로는 가장 강하다고 알려졌으며, 강철보다도 질기다. 파리, 모기 등 해충을 즐겨 잡아먹어 사람으로서는 딱히 시비할 일도 없으니, 益蟲이라 할 수 있겠다.

늑대거미는 특히 모성애가 강해 새끼를 품에 안고 다니기도 한다. 특히 葉囊거미류는 나뭇잎을 돌돌 말아 그 속에서 새끼를 기르는데, 나뭇잎 둥지 속에서 먹을 것이 없으면 자기 몸을 내어놓아 새끼들은 어미 몸을 먹고 자란다(최재천, 『최재천의 인간과 동물』).

거미는 애써 만든 줄에 자신이 감당하기 어려운 상대나 먹을 수 없는 것이 걸리면, 망설이지 않고 줄을 끊어 버리는 결단성과 과단성도 가지고 있다.

◆ 거미줄에 걸린 매미를 놓아주며(放蟬賦) 白雲居士 李奎報(1168~1241)

李奎報는 고려 무인 정권 하의 문신으로 대문장가다. 『東國李相國集』, 『東明王篇』 등의 저서가 있다. 문학적 감수성이 뛰어나며 자유분방한 문체를 보여 준다. 무인 정권 아래서 그의 立身揚名的 행태를 두고 혹평하는 이들도 없지 않으나, 별다른 개인적 흠이나 탐관적 행태에 관한 기록은 따로 보이지 않는다. 그러므로 무인 정권 아래서 살아남아 고뇌와 갈등을

거미, 연필, 최양식

안고 한 시대를 보낸 불행한 지식인으로 보는 것이 오히려 타당할 듯하다. 고뇌스러운 역사의 와중에서 꽃피운 이 시인이 우리 문학사에 끼친 영향은 지대하다.

저 영리한 거미 놈 그 무리 참 번성하네	彼黠者蛛 厥類繁滋 피 힐 자 주 궐 류 번 자
누가 너에게 기교한 재주를 주어	孰賦爾以機巧 숙 부 이 이 기 교
그물실로 배를 가득 채웠나? 그물에 걸린 매미	養丸腹於網絲 有蟬見絓 양 환 복 어 망 사 유 선 견 괘
그 소리 어찌 슬프던지 나 차마 듣지 못하고	其聲最悲 我不忍聞 기 성 최 비 아 불 인 문
매미를 날려 보냈다네	放之使飛 방 지 사 비
곁에 있던 누군가가 나를 나무라며 말하길	傍有人兮誰氏子 仍詰子以致辭 방 유 인 혜 수 씨 자 잉 힐 자 이 치 사
저 두 동물은 다 같이 작은 벌레들인데	惟玆二物 等蟲之微 유 자 이 물 등 충 지 미
거미가 그대에게 무슨 손해를 끼쳤으며	蛛於子何損 주 어 자 하 손

매미는 그대에게 무슨 도움을 주었는가

蟬於子何裨
선어자하비

매미를 살려 주면 거미는 굶게 될 테니

惟蟬之活 乃蛛之飢
유선지활 내주지기

이쪽은 고마워하겠지만 저쪽은 반드시 원망할 텐데

此雖德君 彼必冤之
차수덕군 피필원지

누가 그대를 지혜롭다 하겠는가

孰謂子智
숙위자지

그러니 어찌하여 매미를 놓아주었는가

胡放此爲
호방차위

내가 처음엔 이마를 찡그리며 답을 않고 있다가

予初矉額而不答
여초빈액이부답

문득 한마디로 품은 의심을 풀어 주려고

俄吐一言以釋疑
아토일언이석의

거미는 성질이 욕심 많고 매미는 바탕이 맑아

蛛之性貪 蟬之質淸
주지성탐 선지질청

배를 채우려는 뜻이야 이루기 어렵겠지만

規飽之意難盈
규포지의난영

이슬 먹는 창자에 무슨 다른 꾀가 있겠느냐

吸露之腸何營
흡로지장하영

탐심 많고 더러운 놈이 맑은 놈 핍박하니

以貪汚而逼淸
이탐오이핍청

내 마음이 차마 이를 참을 수 없었을 뿐

所不忍於吾情
소불인어오정

거미가 토한 실은 아주 가늘기도 하여

何吐緖之至纖
하토서지지섬

눈 밝다는 離婁라도 밝히 보긴 어려울 텐데

雖離婁猶不容睛
수리루유불용청

슬기롭지 못한 매미가 어찌 세밀히 살폈겠는가

矧玆蟲之不慧 豈覘視之能精
신자충지불혜 기첨시지능정

그냥 날아서 지나려다 갑자기 걸려 버리고 말아

將飛過而忽罥
장비과이홀견

날개를 파득파득하니 점점 더 얽히고 말아

翅拍拍以愈嬰
혈박박이유영

저 앵앵하는 쉬파리, 비계 냄새 맡고 몰려들고

彼營營之靑蠅 紛逐臭而慕腥
피영영지청승 분축취이모성

꽃을 탐하는 나비 방정맞게 펄럭거리며

蝶貪芳以輕狂
접탐방이경광

바람 따라 아래위로 멈추질 않네

隨風上下以不停
수풍상하이부정

비록 걸린들 누굴 탓하랴, 본디 자기 욕심 때문인데

雖見罹而何尤 原厥咎本乎有求
수견리이하우 원궐구본호유구

매미 너는 본래 다른 생물과 다투지 않는데　　獨女與物而無競
독 녀 여 물 이 무 경

어쩌다 이렇게 묶인 죄수 신세가 되었느냐　　胡爲遭此拘囚
호 위 조 차 구 수

이제 너 매인 것을 풀어 주며　　解爾之纏縛
해 이 지 전 박

부탁하노니 부디 높은 나무숲으로 잘 날아가　　囑汝以綢繆 遡喬林而好去
촉 여 이 주 무 소 교 림 이 호 거

맑고 그윽한 좋은 그늘 골라 살되 자주 옮기진 말고　　擇美蔭之清幽 移不可屢兮
택 미 음 지 청 유 이 불 가 루 혜

그물 치는 벌레 엿볼 테니 한곳에 오래 머물지 말고　　有此網蟲之窺窬 居不可久兮
유 차 망 충 지 규 유 거 불 가 구 혜

사마귀도 뒤에서 너 잡을 일 꾸며 댈 것이니　　螳螂在後以爾謀
당 랑 재 후 이 이 모

부디 거취를 신중히 하라, 그러면 잘못이 없으리라　　愼爾去就然後無尤
신 이 거 취 연 후 무 우

- 離婁之明 離婁처럼 시력이 밝은(『孟子』, 「離婁」 上)
  離婁는 전설적 인물로, 백 걸음 밖에서도 터럭 끝을 볼 수 있을 정도로 눈이 밝았다고 한다. 거미줄을 제대로 보지 못하고 걸려 버린 매미의 안타까운 모습을 표현하고 있다.

◆ 거미에게 패한 논쟁(蜘蛛賦)　文無子 李鈺(1760~1813)

李鈺은 정조 때 문인으로 성균관 유생 때부터 소설 문체로 세인들의 관심을 끌었으며, 문체를 바꾸라는 정조의 文體反正 지시를 따르지 아니한 벌로 軍役을 치르기도 했다. 『潭庭叢書』 안에 수록된 산문, 『藝林雜佩』에 실린 詩論과 俚言詩 65수가 전한다.

이 賦에 쓴 동물들의 글은 江西詩派의 祖宗 黃庭堅의 저명한 시 「演雅」를 연상하게 한다.

- 李子 선생의 거사　李子 선생이 처마 앞의 거미줄을 지팡이로 걷어 버리다

李子가 저녁이 서늘해 뜰을 걷다 거미를 보았다　　李子因夕之凉 出步于庭 見有蜘蛛
이 자 인 석 지 량 출 보 우 정 견 유 지 주

짧은 처마 앞에 거미가 줄을 날리며　　颺絲于短檐之前
양 사 우 단 첨 지 전

해바라기 가지에 그물을 치고 있었다　　舖網于葵花之枝
포 망 우 규 화 지 지

가로에서 세로로, 버팀줄에서 매임줄로 펴 나가며 乃經乃緯 乃綱乃維 (내경내위 내강내유)

넓이는 한 자가 넘고 짜임새는 틀에 맞으며 其幅經尺 其制中規 (기폭경척 기제중규)

촘촘해서 성글지 않아 실로 교묘하고도 기이하였다 密而不疎 實巧且奇 (밀이부소 실교차기)

李子는 거미가 품은 꾀가 있다고 여겨 李子以爲 有機心也 (이자이위 유기심야)

지팡이를 들어 그 거미줄을 걷어 버렸다 擧杖揮其絲 (거장휘기사)

• 화가 난 거미의 항변 무슨 까닭으로 애써 만든 남의 밥줄을 걷는가

다 걷고 또 마저 걷어 내려는데 盡之且欲朴之 (진지차욕박지)

거미줄 위에서 소리가 들리는 듯했다 若有呼于絲上者 (약유호우사상자)

내가 내 줄로 망을 짜 내 배를 채우려는데 我織我絲 以謀我腹 (아직아사 이모아복)

그대 무슨 까닭으로 나에게 이런 해를 끼치는가 何與於子 伊我之毒 (하여어자 이아지독)

• 성난 이자 선생의 답변 무고한 생물을 죽이는 너를 덫을 놓아 없애려는 것이다

이자가 성내어 말하기를 李子怒曰 (이자노왈)

너는 덫을 놓아 산 것을 죽이니 너는 벌레들의 적이다 設機戕生 蟲中之賊 (설기장생 충중지적)

나는 너를 없애 다른 벌레들에게 덕을 베풀고자 한다 吾且除爾 爲它蟲德 (오차제이 위타충덕)

• 거미가 웃으며 다시 어부가 물고기를 잡는 것, 어부가 포학해서인가

다시 거미가 웃으면서 말하는 것이 있었다 復有笑而語者 曰 (복유소이어자 왈)

아, 어부가 그물을 놓아 바닷물고기가 걸린 것이 噫漁夫設網 海魚惟錯者 (억어부설망 해어유착자)

어찌 어부가 포학해서이겠는가 是漁夫之虐耶 (시어부지학야)

산지기가 편 그물 때문에 들짐승이 부엌에 오르는 게 — 虞人張羅 埜獸登庖者 (우인장라 야수등포자)

어찌 산지기 虞人의 가르침 때문이겠는가 — 豈虞人之敎耶 (기우인지교야)

법관이 내건 법에 뭇 완고한 자들이 갇히는 것을 — 士師懸法 庶頑圜扉者 (사사현법 서완환비자)

그대는 어찌 법관의 잘못이라 하겠으며 — 抑士師之非耶 (억사사지비야)

그대는 伏羲氏가 그물 만든 것은 어찌 간하지 않고 — 子何不諫伏羲之網 (자하불간복희지망)

伯益이 숲을 태워 짐승을 내쫓은 것은 담지 않고 — 捄伯益之烈 (구백익지렬)

형벌을 제정한 고요(皐陶)는 책망하지 않는가 — 責皐陶之讞乎 (책고도지얼호)

무엇이 이것과 다르다고 하겠는가 — 何以異於是 (하이이어시)

또 그대는 내 그물에 걸린 놈들을 제대로 알기나 하는가 — 且子能知人吾網子乎 (차자능지인오망자호)

• 그물에 걸린 나비는 오로지 '분 바르고 꾸며 세상을 속인다'

나비란 놈 방탕한 놈이라 분단장으로 세상을 속이고 — 蝶惟浪子 粉飾欺世 (엽유랑자 분식기세)

화려한 것 좋아해 좇아 흰 꽃에 아첨하고 붉은 꽃 사랑한다 — 趨慕繁華 白佞紅嬖 (추모번화 백녕홍패)

이 때문에 내가 그물을 펴 그놈들을 잡고 있는 것이다 — 以是吾得網之 (이시오득망지)

• 파리란 놈 '똥으로 귀한 옥을 더럽히고 술과 고기를 좋아해' 제 목숨 잊는다

파리는 본래 소인배와 같아 옥에 똥을 누어 더럽히고 — 蠅固小人 玉亦見譖 (승고소인 옥역견참)

술과 고기에 목숨 잊고 이익을 밝혀 싫증 내지 않는다 — 忘生酒肉 嗜利無厭 (망생주육 기리무염)

이 때문에 내가 그물을 펴서 그놈들을 잡는 것이다 — 以是吾得網之 (이시오득망지)

- 蠅糞點玉 파리똥이 옥을 더럽힌다(青蠅一相點 白璧遂成寃, 陳子昂 詩).
- 皐陶 순임금 때 법관으로 법과 형벌을 제정했다. 해치라는 괴물로 죄를 가렸다.

• 선비 닮았다는 매미 시끄럽게 울며 잘 운다고 자랑을 멈출 줄 모르니 그물에 걸린다

매미는 자못 청렴하고 곧아 글 읽는 선비를 닮았으나 蟬頗廉直 縱似文士 (선파렴직 종사문사)

잘 운다 자랑하고 시끄럽게 부르짖으며 그칠 줄 모른다 自誇善鳴 呌聒不已 (자과선명 규괄불이)

그래서 내 그물에 걸려들고 마는 것이다 是以入吾網 (시이입오망)

• 꿀과 칼을 함께 지닌 벌 관아에 든다며 핑계 대고 봄을 탐한다

벌은 실로 늑대 같아서 꿀과 칼을 몸에 함께 지니고 蜂實猜狼 蜜釖其身 (봉실시랑 밀도기신)

망령되이 관아에 든다 둘러 대며 공연스레 봄을 탐한다 妄稱赴衙 空事探春 (망칭부아 공사탐춘)

이리하여 내 그물에 걸려들고 마는 것이다 是以入吾網 (시이입오망)

• 음흉한 모기, 낮에는 숨고 밤에만 나타나 피를 빠니 내 그물에 걸린다

모기는 가장 음흉하여 성질이 흉악한 짐승 饕餮을 닮아 蚊最陰秘 性如饕餮 (문최음비 성여도철)

낮에는 엎드려 있다가 밤에만 나다니며 사람 고혈을 빨아 대니 晝伏夜行 浚人膏血 (주복야행 준인고혈)

필시 내 그물에 걸리고 마는 것이다 吾是必網之 (오시필망지)

• 饕餮 중국 신화에 등장하는 포악한 짐승으로 青銅鍾鼎 등 祭器에 紋章이 새겨져 있다.

• 경박한 잠자리, 가만히 있지 못하고 나대다가 그물에 걸리는 것이다

잠자리는 생각 없이 행동하는 『詩經』에 나오는 경박한 공자 같아 蜻蜓無行 公子佻佻 (청정무행 공자조조)

편안히 머무르지를 못하고 바람처럼 급히 날아다닌다 不遑寧居 倏如風飄 (불황녕거 숙여풍표)

그러니 이 역시 내 그물에 걸리고 마는 것이다 吾是以亦網之 (오시이역망지)

• 公子佻佻 『시경』 「小雅」 「大東」 篇에 "경박한 공자들 저 큰길을 가네. 오가는 그 모습 내 마음 병들게 하네(佻佻公子 行彼周行 旣往旣來 使我心疚)"에서 인용.

• 다른 곤충들도 이런저런 잘못들이 있어 그물에 걸린다

그 밖에 부나방이 재앙(禍, 光)을 즐기는 것	若其它燭 蛾之樂禍 약 기 타 촉 아 지 악 화
초파리가 일을 좋아해 나부대는 것	醯鷄之喜事 혜 계 지 희 사
반딧불이는 허장성세하며 불빛을 내는 것	丹鳥之虛張熏焰 단 조 지 허 장 훈 염
하늘소(天牛)는 僭濫하게 이름자에 감히 하늘(天)을 훔치는 것	天牛之僭竊名字 천 우 지 참 절 명 자
선명한 옷(楚裳)을 걸친 하루살이 무리들	蜉蝣楚裳之輩 부 유 초 상 지 배
제후의 수레를 막아서는 사마귀 무리는	蜣螂拒轍之類 강 랑 거 철 지 류
재앙을 스스로 만들고 凶厄을 피할 줄 모르고	孼類自作 兇不知避 얼 류 자 작 흉 부 지 피
그물에 걸려 끝내 간과 뇌로 땅을 칠하게 되는 것이다	罹身網羅 肝腦塗地 이 신 망 라 간 뇌 도 지
아, 세상은 周 成康 때가 아니니 형벌 쓰지 않을 수 없고	噫世非成康 刑不可措 억 세 비 성 강 형 불 가 조
사람은 신선도 부처도 아니니 풀만 먹을 수 없고	人非道釋 餐不可素 인 비 도 석 찬 불 가 소
저들이 그물에 걸린 것은 바로 저들의 잘못이지	彼之觸網 卽彼誤也 피 지 촉 망 즉 피 오 야
거미인 내가 그물 친 것을 어찌 나의 잘못이라 하겠는가	吾之設網 豈吾忤也 오 지 설 망 기 오 오 야
또 그대가 저들에게는 자비를 베풀면서	且子於彼何愛 차 자 어 피 하 애
나에게는 어찌 이렇게 화를 내며 나의 일을 훼방하면서	於我何怒 而我之毁 어 아 하 노 이 아 지 훼
도리어 저들은 감싸고 돈단 말인가	反彼之護也 반 피 지 호 야

• 蜉蝣楚裳 『詩經』 「曹風」 「蜉蝣」 篇 "하루살이 날개 의상 선명하다. 마음의 근심거리 내게 돌아오너라(蜉蝣之羽 衣裳楚楚 心之憂矣 於我歸處)"
• 蜣螂拒轍 『淮南子』 齊 莊公의 사냥길에 수레를 막아선 螳螂을 피해 수레를 돌렸다는 古事.

• 사람들도 삼가야 인생길에 더 큰 거미를 피할 수 있을 것이다

아, 기린은 사로잡을 수 없고	於戲麒麟 不可以獲 어희기린 불가이획
봉황은 꼬여 낼 수도 없을 터이니	鳳凰不可以媒 봉황불가이매
무릇 군자는 도를 깨우쳐	君子知道 군자지도
죄지어 오랏줄에 묶이는 재앙을 만나지 않아야 할 것이다	不可以縲絏爲災 불가이류설위재
이를 거울삼아 매사에 삼가기를 힘써야 할 것이다	其監于玆 愼哉勉哉 기감우자 신재면재
부디 그대 이름 팔지 말고 그대 재주 뽐내지 마라	毋沽爾名 毋衒爾才 무고이명 무현이재
이익 때문에 화 부르지 말고 재물에 목숨 바치지 마라	毋禍于利 毋殉于財 무화우리 무순우재
날래고 망령스럽지 말며 원망하거나 시기하지 마라	毋儇而妄 毋忮而猜 무현이망 무기이시
땅은 가린 후 밟고 때는 맞추어 가고 와야 한다	擇地後蹈 時以去來 택지후도 시이거래
그렇지 않으면 세상에는 더 큰 거미 있을 터이니	否則有大 蜘蛛於世 부칙유대 지주어세
그 그물은 내 것보다 천만 배가 될 뿐이 아닐 것이다	其網不啻 我京垓也 기망부시 아경해야

• 이자 선생은 달아나 탄식하지만, 거미는 다시 그물을 친다

이자 선생이 이를 듣고 지팡이를 내던지고 달아나다가	李子聞之 擿杖而走 이자문지 적장이주
세 번이나 넘어지면서 문지방에 이르러 문에 자물쇠를 채우고	三蹶及樞 關戶下鑰 삼궐급추 관호하륜
몸을 굽혀서 탄식하기 시작했다	俯而始吁 부이시우
이에 거미는 줄을 내어 다시 처음처럼 그물을 치고 있었다	蛛出其絲 復網如初 주출기사 부망여초

• 李子聞之 擿杖而走 "이자 선생이 이를 듣고 지팡이를 내던지고 달아나다"라는 표현은 莊子가 栗林에서 새를 잡으려다가 산지기에게 밤 도둑으로 몰려 달아나려 한 것을 연상케 한다. 깨달음을 위한 도망인가, 큰 도를 만나서 오는 부끄러움인가?

• "莊子가 새총을 버리고 몸을 돌려 달아나는데 산지기가 좇아와 莊周를 욕하며 꾸짖었다(捐彈而反走 虞人逐而誶之〈『莊子 外篇』, 「山木」〉)" 장자가 자책하며 "바깥 형체에 정신을 쏟느라 자신을 잃었다(吾守形而忘身)"는 것과 같은 깨달음일까?

• 『李鈺全集』(5卷), 實是學舍 古典文學硏究會, 휴머니스트社, 2009.

◆ 거미줄에 걸린 반딧불이, 별이 움직이는 듯(蛛網) 李應禧(1579~1651)

李應禧는 조선 선조~효종 연간의 선비로 평생 벼슬길에 나가지 않았지만, 上疏로 시국에 따른 의견을 피력함으로써 덕망 있는 선비로 평판이 매우 높았다. 저서로는 『玉潭遺稿』, 『玉潭私集』이 있다. 비바람이 불고 반딧불이 걸릴 때의 거미줄이 변화하는 표현이 絕句다.

은빛 실 가득 찬 배에서 나와	銀絲生滿腹 은 사 생 만 복
처마 틈에 비스듬히 줄을 친다	簷隙掛橫斜 첨 극 괘 횡 사
비를 맞아 거미 그물 뒤집히고	帶雨飜蛛網 대 우 번 주 망
바람 불어 비단 장막 흔들리는구나	因風拂綺羅 인 풍 불 기 라
반딧불 걸리니 별이 움직이는 듯하고	螢罹星欲動 형 리 성 욕 동
금빛이 부서지는 것 달빛이 뚫고 들어온 탓	金碎月穿華 금 쇄 월 천 화
이르노라 꽃을 찾는 나비들아	爲報探花蝶 위 보 탐 화 접
날아다니다 혹 걸릴까 걱정하노라	飛飛恐見遮 비 비 공 견 차

• 『玉潭私集』, 이응희 지음, 이상하 옮김, 소명출판, 2009.

◆ **배에 가득 찬 거미의 경륜** 心淵 **金相烈**(1883~1955) 『**심연 한시집**』

담 모서리에 높이 걸린 아침 해 아름다운데	墻角高懸朝日佳 장 각 고 현 조 일 가
배에 가득 채운 경륜 일생은 만족스러우리	經綸滿腹足生涯 경 륜 만 복 족 생 애
허공에 펼친 촘촘한 그물로 陣처럼 나아가니	虛張密網行如陣 허 장 밀 망 행 여 진
마침내 날벌레들 품 안으로 끌어들이네	竟誘飛蟲引入懷 경 유 비 충 인 입 회
궂은 비 짧은 처마 밑에서 피하고	陰雨豫防依短樀 음 우 예 방 의 단 적
임에게 답하려 빈 섬돌로 내려가네	情人爲報下空階 정 인 위 보 하 공 계
마침내 거미들 여럿 모인 것 보이는데	終看蟢子成多數 종 간 희 자 성 다 수
기술을 전하는 것 본디 여러 곳에서 하는 거지	技授元能四處排 기 수 원 능 사 처 배

- 金相烈은 조선 말기와 일제 강점기 그리고 광복과 한국전쟁 등 격랑의 시간을 공유한 시인이다. 아름다운 동물시의 전통의 맥이 이어지는 것이 놀랍다. 『심연 한시집』은 2020년 遺稿를 모은 그의 손자 전 동국대 김태홍 교수에 의해 발간되었다.
- 『심연 한시집』, 김상렬 지음, 배도임 옮김, 도서출판 삼화, 2020.

무더운 여름밤의 서늘한 불빛 반딧불이
螢, firefly, lightning

반딧불이는 딱정벌레목 반딧불잇과에 속하는 곤충으로 약 1,900종이 있다. 幼蟲은 다슬기나 달팽이 같은 곤충 등의 육식을 즐기나, 成蟲은 아무것도 먹지 않고도 어둠을 밝히며 배가 고파야만 花粉이나 꿀을 먹으니 神仙이라 할 만하다.

긴 타원형의 몸길이는 4~30mm다. 배 뒤쪽의 노랑색이나 엷은 붉은색 마디의 發光器에서 빛을 낸다. 날개는 두 쌍이며, 날 때는 뒷날개만 사용한다. 귀한 집 자손은 그 태생부터 다르듯, 요람에 잠들어 있는 애벌레 때부터 빛을 내기 시작한다.

빛을 내는 원리는 生物發光에 관여하는 물질 루시페린(luciferin)이 루시페라아제(luciferase)라는 酸化酵素에 반응하여 일어난다. 열에너지가 없는 까닭에 차가우며, 파장은 500~600nm다.

전북특별자치도 무주군의 반딧불이 서식처는 천연기념물로 지정되어 있다. 무주군은 매년 6월 초 반딧불이 축제를 열어 곳곳에서 몰려온 사람들이 무주의 무더운 여름밤의 차가운 불빛을 즐긴다. 겨울도 아닌 여름밤에 곤충이 내는 빛에 무슨 열이 필요하겠는가?

- 唐의 시인 杜甫는 읊는다. "반딧불 모아 책이야 읽을 수 있으리요만, 나그네 옷에 붙어서 번쩍이네(未足臨書巻, 時能点客衣)"
- "썩은 풀은 빛이 없으나, 그것이 변하여 반딧불이 되어 여름 달밤에 빛을 낸다(腐草無光化為蛍而耀采於夏月)" 중국 古典 『菜根譚』에서 만난 구절이다.

◆ 빗속에서도 반짝이는 반딧불이(詠螢火詩) 南朝 梁 元帝 蕭繹

사람에게 붙으면 뜨겁지 않을까 의심 들고	着人疑不熱 착 인 의 불 열
풀 속에 모여 있어도 연기 없으니 이상하구나	集草訝無煙 집 초 아 무 연
날아와도 등잔 아랜 어둡지만	到來燈下暗 도 래 등 하 암
날아가면 빗속에서도 반짝거리네	翻往雨中然 번 왕 우 중 연

• 蕭繹(508~555)은 중국 남북조시대 양나라 4대 황제다. 총명하여 열 살도 되기 전에 四書五經을 암송하였고 책을 많이 수집하여 읽었는데, 西魏의 공격으로 양나라가 멸망하게 되자 절망하며 말한다. "만 권의 책을 읽었건만 오늘 내 일생을 이리 마치게 되니, 이제 이 책들이 다 무슨 소용이 있겠는가?"라고 탄식하며 고금 진귀 도서 14만 권을 모두 불태워 버렸다고 한다. 인품이 그리 훌륭하거나 빛나는 업적을 남긴 것은 아니지만, 그의 시와 그림이 후대의 模作 형태로 전해지고 있다고 한다.

◆ 책 읽기엔 부족한 빛, 서리 짙은 시월엔 어디로 가나(螢火, 반딧불) 杜甫

다행히 썩은 풀에서 나와서는 감히 해 가까이 난다	幸因腐草出 敢近太陽飛 행 인 부 초 출 감 근 태 양 비
책 읽기엔 부족해도 때론 나그네 옷에 번쩍인다	未足臨書卷 時能點客衣 미 족 임 서 권 시 능 점 객 의
바람 따라 휘장 건너 작은 것, 비 맞아 수풀가에 희미해	隨風隔幔小 帶雨傍林微 수 풍 격 만 소 대 우 방 림 미
시월 맑은 서리 짙은데 떠돌다 어디로 돌아가려나	十月淸霜重 飄零何處歸 시 월 청 상 중 표 령 하 처 귀

인간의 가축이 된 蜂帝國 용사, 벌

蜂蜜, honey bee

벌목 꿀벌과의 곤충으로 인도 북부 지역이 원산지다. 蜜源을 따라 이동하면서 환경에 맞춰 동서양의 種으로 진화하였다. 인류가 꿀벌을 이용한 것은 5,000년 이전으로 추정된다. 우리나라에서는 삼국시대에 양봉을 했다고 한다. 꿀벌屬에는 7개 종에 44개 亞種이 있다.

여왕벌만 알을 낳는다. 알들은 6일간의 애벌레 과정을 거친다. 羽化한 일벌은 21일이 지나면 일하러 나간다. 일벌은 보통 45일에서 6개월, 여왕벌은 7년 정도 산다. 하지만 至尊인 여왕도 병들고 불임이 되면 放棄되거나, 드물게는 逆謀로 弑害되거나 帝位에서 축출되기도 한다.

꿀벌은 축산법상 당당히 가축이다. 양봉업자들은 으스대며 말한다. "우리는 자기가 기른 동물을 잡아먹지 않는 유일한 축산인이다." 다른 축산인이 웃으며 대꾸한다. "키우는 가축이 모은 식량을 빼앗아 먹고 훔쳐 먹는 주제에 무슨 망발이냐?"

"빼앗아 먹는 게 아니라 바꿔 먹는 것이다. 벌이 모은 꿀을 인간이 만든 설탕과 바꾼다. 그리고 우리는 한 푼의 집세도 받지 않고 城처럼 큰 집을 무상으로 제공한다. 거기에다 꽃 따라 계절 따라 이곳저곳으로 이사하며 먼 길 오가야 하는 벌들의 수고를 덜어 주는 참으로 착한 주인이 아닌가?" 양봉인은 이처럼 스스로를 변호한다.

"또한 우리는 벌 제국 내의 역모나 분쟁 등 내정 문제에는 일절 관여하지 않는다는 방침을 오랫동안 지켜 왔다. 이런 사려 깊은 주인이 어디 그리 흔하겠는가? 다른 축산인들이야 가축 좀 기른다고 해야 백 마리, 천 마리 정도지만, 우리는 길렀다 하면 한 통에 5만씩, 보통 수십만을 기르니, 어쩌다 전쟁을 한다 해도 막강한 공군력을 가진 우리가 당연히 이기지 않겠는가? 대저 축산인은, 양봉인이 축산인 울타리에 든 것을 자랑스럽게 생각해야 할 것이다."

인간과 벌은 꿀을 원하지만, 꽃들은 다음 생을 구한다. 나비는 풍류를 즐기느라 바쁘므로, 벌이 없으면 꽃들은 햇볕 내리쬐이고 바람이 불어도 受粉(pollination) 없이 不妊(sterility) 상태로 다음 해를 기다려야만 한다. 벌들은 식물과 동물의 생태계를 이어 주는 聖스러운 媒婆(wordrow) 역할을 수행한다. 蜂帝國 내에서 소통하는 族內 주된 言語인 公用語는 몸의 언어(body language), 춤의 언어(dance language)로 철저한 族外秘(confidential)이며 결코 누설된 적이 없다. 그러나 최근 들어 인간 과학자들이 벌들의 이 내밀한 춤의 언어를 어느 정도 해독해 가고 있다고 주장하는데, 蜂帝國의 이 중대한 특급 비밀의 누설을 벌들이 좋아할지는 모르겠다.

◆ 꿀 빼앗기고 굶주리는 벌을 위한 노래(蜜蜂歌) 容齋 李荇(1478~1534)

한 그루 고목나무 하늘로 우뚝 솟아	一圍枯木天空中 일 위 고 목 천 공 중
꿀벌들 꿀 짓느라 바쁘게 오가네	蜜蜂作蜜來往通 밀 봉 작 밀 래 왕 통
세월 이미 저물어 근력이야 약해졌지만	歲華已晚筋力微 세 화 이 만 근 력 미
일할 때 어찌 비와 바람을 피하겠느냐	經營寧避雨與風 경 영 녕 피 우 여 풍
집 늘려 늘려 어느새 궁궐과도 같구나	曾房歷歷臺殿同 증 방 력 력 대 전 동
하나하나 지어 나가 마치 하늘 솜씨 훔친 듯하네	制作一一偷天工 제 작 일 일 투 천 공
군신 간에 예가 있어 문란하지 않으니	君臣有禮不可亂 군 신 유 례 불 가 란
미물이라 해서 어찌 그 충성심 없다고 하랴	豈謂微物無其衷 기 위 미 물 무 기 충
그대는 보지 못했는가	君不見 군 불 견
산속의 꽃과 풀들 저절로 향기 풍기며 아름다우니	山中花草自香美 산 중 화 초 자 향 미
기르는 새끼 벼랑의 바위 속에도 많다네	養子多在崖石裏 양 자 다 재 애 석 리
세상 사람들 이익 중시해 사는 도리 가벼이 여겨	世人重利輕生生 세 인 중 리 경 생 생
꿀 빼앗아 벌 굶어 죽는 것 개의치도 않는구나	斫蜜不問蜂餓死 작 밀 불 문 봉 아 사
아! 꿀벌이라 그리 함부로 대하지 마시게	嗟哉蜜蜂愼莫疏 차 재 밀 봉 신 막 소
항아리 속 자비 누가 다시 이와 같을 수 있으랴	甕中慈悲誰更如 옹 중 자 비 수 경 여

- 容齋, 『海島錄』의 다음 시 「甕中慈悲」 참조.
- 『국역 용재 이행 문집』 전5권, 민족문화추진회, 한국학술정보, 2013.
- 『朴誾·李荇 詩選』, 허경진 옮김, 평민사, 2022.

◆ 항아리 속에 핀 자비(瓮中慈悲) 容齋 李荇 『海島錄』 『容齋先生文集』 卷之六

토박이 사람들 山벌 잘도 찾아 꿀 뜨니 | 土人善候山蜂採蜜 (토인선후산봉채밀)
이 때문에 벌들 많이도 굶어 죽는다네 | 蜂多餓死 (봉다아사)
한 스님이 굶주린 벌들 떼 지어 있는 것 보고 | 有一僧見餓蜂群聚 (유일승견아봉군취)
가여워 거두어 독 속에 두고는 | 憐之爲收置瓮中 (연지위수치옹중)
꿀 주며 길렀더니 이에 활기를 되찾았다네 | 漬蜜以養乃得活 (지밀이양내득활)
이 벌들 다음 해 꿀 따 와 독에 가득 채워 놓고 갔다네 | 明年作蜜滿瓮而去 (명년작밀만옹이거)

- 『국역 용재 이행 문집』 전5권, 민족문화추진회, 한국학술정보, 2013.
- 『한국민족문화대백과사전』, 한국학중앙연구원.

◆ 꿀벌은 누굴 위해 꿀을 모으나(蜂, 벌) 羅隱(唐代, 833~910)

羅隱은 晩唐과 五代의 시인으로, 그에게는 좋지 않은 평판이 남아 있다. 그에게는 "모습은 순박하나 천박했고, 재주를 믿고 사람을 깔보는 성향이 있어 모두 그를 꺼리고 싫어했다(貌古而陋, 恃才忽睨, 衆頗憎忌. 『五代史譜』)"는 기록이 있다. 저서로는 『江東甲乙集』, 『淮南寓言』 등이 있다.

그의 시는 역사를 읊은 것(詠史)이 많은데, 풍자와 비꼬는 것이 특히 많아 "비록 오래된 사당의 木像이라도 羅隱의 풍자와 비꼬는 것을 피해 가지는 못했다"는 말이 있을 정도였다. 신라의 문인 崔致遠 선생과도 교류가 있었다고 한다.

평지건 산꼭대기건 가리지 않고 | 不論平地與山尖 (불론평지여산첨)
끝없는 풍광 다 차지하였다네 | 无限風光盡被占 (무한풍광진피점)
온갖 꽃들에게서 따 모은 저 꿀들 | 采得百花成蜜後 (채득백화성밀후)
누구를 위해 쓴 고생, 누굴 위해 단것 저리 구하는가 | 爲誰辛苦爲誰甛 (위수신고위수첨)

힘들게 베 짜는 베짱이

蜙, grasshopper

베짱이는 메뚜기목 여칫과 곤충이다. 몸길이는 앞날개 끝까지 30~40mm 정도 된다. 연 1회 산란하고 성충은 초여름에서 가을까지 살며 알 상태로 월동한다. 수컷이 앞날개로 암컷을 유인하는 소리 '쉬쉬'가 마치 베 짜는 소리와 닮았다고 해서 베짱이라 불렀다. 중국에서도 織造蟲, 紡織娘이라고 하므로 우리말의 뜻과 다르지 않으니 같은 소리로 들었던 듯하다. 베짱이는 생긴 것과 달리, 채식보다는 육식을 꽤 즐기는 편이다.

『이솝 우화*Aesop's Fables*』에서는 베짱이를 부지런한 개미와 비교하며 놀고먹는 천하의 게으름뱅이로 매도한다. 아이들은 젖도 떼기 전부터 이 이야기를 들으며 자란다. 요즈음 세상과 같이 '노래도 일'이라 생각했던 선구자 베짱이를 이해했던 사람과 동물이 당시에는 그리 흔치 않았으리라. 『이솝 우화』가 들어오기 전, 우리나라와 중국의 옛사람들은 베짱이를 밤새워 베를 짜는 부지런한 곤충으로 알고 있었을 테니 더더욱 그러하리라.

그러나 당송팔대가의 한 사람인 蘇東坡는 "헛 베 짜는 소리로 무엇이 이루어졌겠는가(虛織竟何成)"라고 했고, 제자인 黃庭堅도 그의 저명한 詩 「演雅」에서 "베짱이 언제 베 짜기를 제대로 한 적이나 있었는가(絡緯何嘗省機織)"라고 스승과 제자가 한목소리로 베짱이를 헛 베만 짠다(虛織)고 나무랐다.

서리도 내리기 전에 생을 마치는 베짱이가 한겨울에 개미집으로 먹을 것을 빌리러 간다는 『이솝 우화』는 저 멀리 또 다른 세상에서 온 황당한 허구일 뿐, 훗날 어른이 될 티 없이 순진한 아이들을 속이는 것이다. 부지런하다고 인간 세계에까지 소문난 개미이긴 하지만, 자비심까지 갖추었다는 말을 필자는 아직 들어 보지 못했다.

아무래도 베짱이는 그 잘하는 노래 부르는 걸 포기할 필요까지는 없겠지만, 헛 베 짠다(虛織)고 나무라는 시인들의 이 억울하기 짝이 없는 핀잔에 기죽지 말고 조상 때부터 해 오던 베 짜는 일을 계속하는 것도 이솝과 시인들에 의해 손상된 명예를 되찾는 길이 아닐까?

◆ 헛 베 짜는 베짱이(倦夜)　東坡 蘇軾(1096~1101)

잠 못 이루는 긴 밤은 싫어	倦枕厭長夜 권 침 염 장 야
작은 창은 끝내 밝아 오지 않는데	小牕終未明 소 창 종 미 명
외딴 마을에 한 마리 개 짖는 소리	孤村一犬吠 고 촌 일 견 폐
그믐달 아래 사람 가는 소리	殘月幾人行 잔 월 기 인 행
듬성한 귀밑머리 희어진 지 이미 오래인데	衰鬢久已白 쇠 빈 구 이 백
나그네 회포는 그냥 저절로 맑아지네	旅懷空自淸 여 회 공 자 청
황폐한 동산에 베짱이 우는 소리 들리는데	荒園有絡緯 황 원 유 락 위
도대체 빈 베만 짜 무엇을 이루었는가	虛織竟何成 허 직 경 하 성

- 송대 최고의 문사인 蘇軾 선생이 베짱이들의 베 짜는 소리를 헛 베만 짠다(虛織竟何成)고 나무라니, 제자들과 후대 시인들도 앞다투어 베짱이들의 밤샘 수고를 폄하해 왔다. 그래도 베짱이들은 긴 세월 동안 나름대로 최선을 다해 그들이 맡은 일을 하고 있다, 찬 바람 불어오는 늦가을까지…. 어느 날 서방에서 건너온 『이솝 우화』가 베짱이는 여름부터 늦가을까지 노래나 부르며 놀다가 찬 바람 불면 개미에게 먹을 것을 구하러 다닌다는 허무맹랑한 낭설을 퍼뜨려 남은 베짱이의 명예를 거덜낸다 할지라도….
- 『東坡全集』, 維基文庫, 自由的圖書館.

농사짓고 목축하며 살아가는 개미

蟻, ant

개미는 벌목 개밋과에 속하는 곤충이다. 1억 1천만 년에서 1억 3천만 년 전 백악기 중반에 꿀벌과 비슷한 조상에서 진화한 것으로 보고 있으며, 지구에 12,000~14,000여 종의 개미가 서식하는 것으로 추산한다. 우리나라에는 137여 종이 살고 있다고 한다. 개미는 0.75mm에서 52mm에 이르기까지 종류에 따라 크기도 다양하다. 개미는 지구 전체 생물량의 15~20%를 점한다고 하니, 가히 지구의 주인이라고 할 만하다.

개미는 집단생활을 하며 효과적인 분업과 의사소통으로 조직을 운영하고 문제를 해결한다. 병정개미, 사냥개미, 수확개미, 목축개미, 꿀단지개미, 황소개미 등 생활 방식에 따라 그 역할도 다양하게 나뉜다.

- 牧畜개미(pastoral ant)는 진딧물 등을 사육하고 적들로부터 보호해 준다. 마치 양을 키워 젖을 얻는 인간의 목축 행위와 비슷한데, 진딧물이 나누어 주는 꿀을 대가로 받으며 깊은 공생관계를 유지한다. 부전나비와는 애벌레 때부터 공생하는 관계를 유지한다(최재천, 『최재천의 인간과 동물』).
- 收穫개미(harvester ant)는 식물의 씨를 모아 왕국 식구들이 먹을 주된 식량을 확보하고 저장함으로써, 왕국의 기본 식량을 관리하는 막중한 일을 수행한다.
- 菌類개미(fungus ant)는 농사를 짓는다. 210여 종의 가위개미(leaf cutter ant)들이 나뭇잎을 이고 줄지어 가는 행렬을 볼 수 있는데, 먹기 위해서가 아니라 잘게 간 다음에 썩혀서 버섯을 재배하는 거름으로 쓰기 위해서다. 원시시대부터 불씨가 인간에게 소중했던 것처럼 햇빛 없이도 자랄 수 있는 균류는, 특히 장마로 외부 먹이 활동이 불가능할 때 개미들의 영양을 유지하는 데 매우 긴요한 식품이다. 菌類는 여왕개미가 혼인 비행을 나갈 때도 가져가는 혼수이기도 하다.
- 꿀단지개미(honey ant)는 '살아 있는 꿀 저장소'나 다름없다. 꿀을 몸속에 저장하고 있는 까닭에 잘 움직이지도 못해 거꾸로 매달려 있다가 동료들이 요청하면 꿀을 토해서 나누어 준다.
- 植物개미(plant ant)는 식물들과 공생(symbiosis)관계에 있다. 식물은 대궁이에 개미들이 살 공간을 제공해 주며, 개미는 주택 임차의 대가로 침해자들로부터 공생식물을 지키고 보호하는

역할을 한다. 중미 코스타리카의 아즈텍개미는 트럼핏나무 속에서 나무가 제공하는 단물을 먹고, 다른 넝쿨식물이나 동물들이 나무에 접근하는 것을 차단하며 공생한다. 나무 한 그루에 500만 마리의 개미가 왕국별로 방을 따로 만들어 살기도 한다(『최재천의 인간과 동물』).

- 女王개미와 수개미는 보통 4~11월 사이에 婚姻飛行을 통해 짝짓기한다. 여왕개미는 비행 후 날개가 떨어지고, 혼자서 알을 낳아 부화하면 여왕으로 등극하여 새로운 개미 제국의 治世를 시작한다.
- 수개미는 비행이 끝나면 새로운 왕국의 탄생을 보지 못하고 대부분 바로 죽는다. 개미는 알에서 태어나 유충과 번데기를 거쳐 성충이 되며, 일개미는 태어난 날부터 바로 일을 시작하여 어머니인 여왕이 다스리는 왕국에 滅私奉公하며 길지 않은 자신의 생애를 아무 조건 없이 바친다.

개미는 페로몬(pheromone)이라는 물질을 배출하여 의사소통한다. 길 위에 흐르는 미세한 페로몬 냄새가 길을 잃어버리지 않도록 해 주며, 먹이와 적이 있는 곳을 알릴 때마다 페로몬을 배출한다. 그러므로 비가 올 때는 통신에 장애가 없지 않다.

싸울 때는 개미酸(formic acid)이라는 치명적 화학물질을 쏘아 상대를 공격한다. 특히 패싸움에 능해, 막강한 천적들조차도 떼를 지어 덤벼드는 개미들에게 속수무책으로 물러서는 경우가 적지 않다고 한다.

群集生活을 하며 체계적인 분업을 통해 인간 못지않게 공동체를 경영해 나가는 이들에게도 수많은 천적이 있다. 개미귀신, 거미, 소금쟁이, 개미핥기 등이다. 이 첫 번째 먹이사슬의 위험에서 살아남은 개미는 모든 생물의 임종을 지키는 최종 포식자가 되어 마침내 생태계 먹이사슬의 마지막 帝王에 등극한다.

베르나르 베르베르의 소설 『개미』는 개미 입장에서 개미 생태를 상세히 기술하고 있는데, 개미와 인간 사이의 벽을 허물고 개미들의 생태와 이야기를 흥미 있게 그리고 있다.

일하러 가는 길, 펜화, 최양식

◆ 맷돌 위의 개미(遷居臨皐亭, 좌천되어 임고정에 거하며) 蘇東坡(1037~1101)

蘇東坡 蘇軾은 북송대의 시인, 문장가, 화가, 서예가, 정치가이며 唐宋八大家의 한 사람에 속하는 천재 예술가다. 歐陽脩에게 배웠으며, 아버지 蘇洵과 아우 蘇轍이 모두 唐宋八大家에 속한다. 명문 「前赤壁賦」는 시대와 국경을 초월한 명문으로 칭송되고 있다. 시문집으로 『東坡七集』이 있다.

소동파가 즐겨 먹던 요리 東坡肉과 叫花鷄는 杭州의 이름난 음식이다.

黃庭堅과 李奎報가 이 詩의 뒤를 이어서 「맷돌과 개미」라는 시를 지었다.

천지간에 살아가는 나의 삶	我生天地間 아 생 천 지 간
커다란 맷돌 위에 붙어 있는 개미 같아	一蟻寄大磨 일 의 기 대 마
아무리 오른쪽으로 가려 해도	區區欲右行 구 구 욕 우 행
어쩌랴, 세상의 큰 바퀴는 왼쪽으로 돌아가고 마는 것을	不救風輪左 불 구 풍 륜 좌

- **風輪** 불교 용어로 水輪, 金輪, 空輪과 함께 四輪이라 한다.
- **개미의 부지런함** 개미가 집 짓듯 근검절약하는 것(如蟻偷垤, 如蟻輸垤 積漸而成)

◆ 어찌 그리도 자주 이사를 다니는지(觀蟻 1) 宋代, 楊萬里(1127~1206)

우연히 서로 만나 자세히 길을 묻는다	偶爾相逢細問途 우 이 상 봉 세 문 도
무슨 일인지 알 수 없다네, 어찌 그리 자주 이사를 다니는지	不知何事數遷居 부 지 하 사 수 천 거
그 작은 몸에 먹으면 얼마나 먹는다고	微軀所饌能多少 미 구 소 찬 능 다 소
한 번 사냥에서 돌아올 땐 뒤따르는 수레 가득	一獵歸來滿後車 일 엽 귀 래 만 후 거

◆ 전군이 진을 갖추어 전장에(觀蟻 2)　楊萬里(1127~1206)

처음엔 한 마리 병정 오더니 쌍으로 떼 지어 오네	一騎初來只又双 일 기 초 래 지 우 쌍
전군이 함께 나서 진을 만들어 나아가네	全軍突出陣成行 전 군 돌 출 진 성 행
千夫長에게 공훈을 내리는 급보가 왔네	策勳急報千夫長 책 훈 급 보 천 부 장
강 건너 전쟁에서 갈대배 타고 돌아오네	渡水還爭一葦杭 도 수 환 쟁 일 위 항

• 『楊萬里詩選』, 양만리 지음, 이치수 옮김, 지식을만드는지식, 2017.

◆ 소처럼 힘 다해 싸우는 개미(蟻)　臥陶軒 李仁老(1152~1220)

몸을 움직이면 소처럼 힘 내어 싸우고	身動牛應鬪 신 동 우 응 투
굴이 깊으면 산 무너질까 두려워하네	穴深山恐頹 혈 심 산 공 퇴
공명은 구슬이 몇 구비인가	功名珠幾曲 공 명 주 기 곡
부귀란 처음 도는 꿈일 뿐이라	富貴夢初回 부 귀 몽 초 회

◆ 개미구멍(蟻穴)　韓非子(BC 280~BC 233) 「喩老」 篇

천 길 둑 개미구멍으로 무너진다	千丈之堤 瀆自蟻穴 / 堤潰蟻穴 천 장 지 제 독 자 의 혈 　 제 궤 의 혈
천 길 둑 개미굴로부터 무너지고	千丈之堤 以螻蟻之穴潰 천 장 지 제 이 루 의 지 혈 궤
백 척 큰 집도 작은 틈의 연기로 소실된다	百尺之室 以突隙之烟焚 백 척 지 실 이 돌 극 지 연 분

• 『韓非子』, 김원중 옮김, 휴머니스트사, 2016.

萬蟻成塔, 펜화, 최양식

羽化의 세상을 꿈꾸는 누에
蠶, 天蟲, 馬頭娘, silkworm

누에는 나비목 누에나방과 곤충으로 養蠶은 3천~4천 년 전에 인류가 발견한 가장 획기적인 일 중의 하나다. 箕子가 "백성들에게 예의와 누에 치고 비단 짜는 것을 가르쳤다(敎其民以禮儀田蠶織作)"는 『漢書地理志』의 기록으로 보아, 우리나라에서 양잠을 시작한 것은 지금으로부터 3천여 년 전이라고 본다.

갓 부화하여 검은 털을 채 벗지 못한 누에를 蟻子, 세 번째 잠자는 것을 三幼, 27일 된 것을 蠶老, 늙은 누에를 紅蠶, 번데기를 蛹, 고치를 繭이라 한다. 누에는 원통형의 몸에 머리, 가슴, 배 세 부분으로 나뉜다. 13마디를 가지고 있으며, 가슴, 배마디에 각각 3쌍과 4쌍의 다리가 있다. 11마디 등 쪽에 그들의 영예로운 종족임을 표징하는 尾角이 있다.

뽕잎을 먹으면서 24일 동안 네 차례 잠을 자며 급성장하여 5령이 되면 8cm 정도까지 자라, 뽕을 그만 먹고 고치를 짓는다. 60시간에 걸쳐 2.5g 정도의 고치를 만드는데, 한 고치에서 나는 실은 무려 1,200~1,500m이며 비단이라는 이름의 천이 된다. 고치를 짓고 들어가서 70시간이 지나면 그 속에서 번데기가 되고, 12~16일이 지나면 뚫고 나와 나방이 된다.

그러나 나방이 되어 羽化와 부활의 영예를 누리는 번데기는 그리 많지 않다. 사람이 주는 뽕잎을 먹고 사는 누에는 힘들여 고치를 만들어도, 가마솥의 끓는 물이 고치 속 번데기를 기다리기 때문이다. 밖에서 햇빛과 그늘 아래 살아가는 누에와 고치 속 번데기는 羽化하면 바로 교미하여, 잠실에 갇힌 채 羽化의 기회를 빼앗겨 버린 다른 누에의 몫까지 더하여 한꺼번에 500~600개의 알을 낳는다.

양잠은 '아주 오래된 신기술'이다. 蠶室은 온도와 습도가 늘 같아야 하고, 면역력이 약한 누에는 귀하신 몸이라 청결 유지는 필수다. 수라를 드시고 주무시는 잠실에는, 무위도식하며 더러운 곳을 가리지 않고 들락거리는 깨끗하지 못한 파리의 출입은 엄격히 통제된다. 옛사람들의 그 정성과 기술이 자못 놀랍다.

실크로드(silk road)는 '한 개의 누에고치를 푼 1km 길이의 실'들을 잇고 이어서 만든 6,400km나 되는 머나먼 길이다. 동서를 잇는 이 문명의 길, "실크로드는 정녕 사람의 길이 아니라 인간 때문에 영예로운 蟬脫과 羽化를 하지 못하고 뜨거운 물에 삶겨 버린, 한 많은 누에들이 목숨 바쳐 만든 비단길"이다.

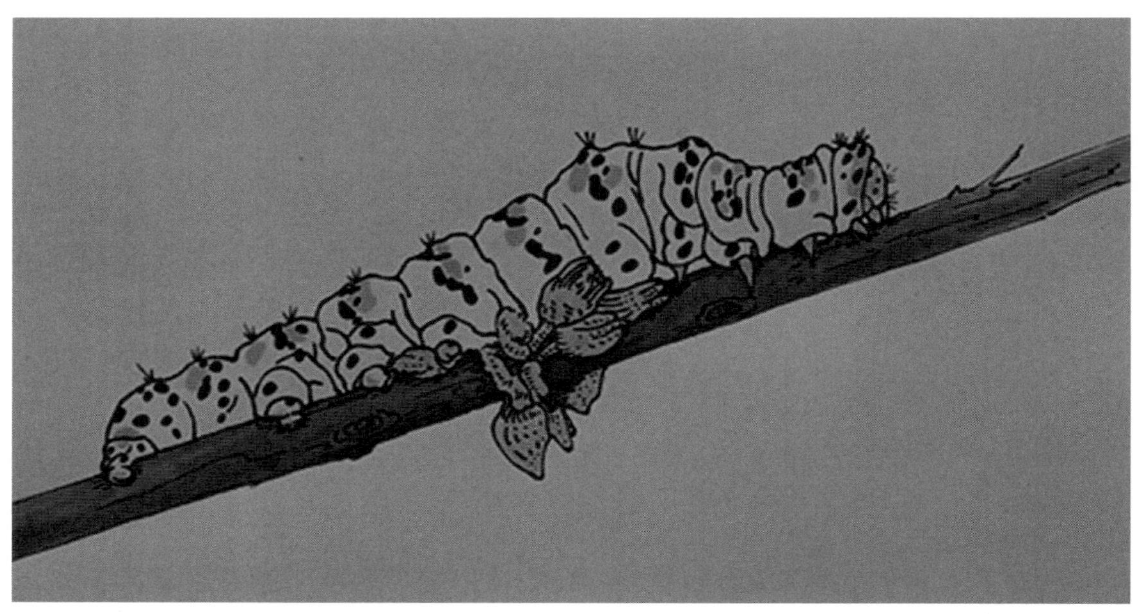

야생 누에, 펜, 엄재홍 화백

◆ 누에는 죽어야 실이 되나니　李商隱(812~858)

서로 만나기도 어렵지만 이별 또한 어려워
相見時難別亦難
상 견 시 난 별 역 난

봄바람 힘 잃으니 온갖 꽃 다 시든다
東風無力百花殘
동 풍 무 력 백 화 잔

봄누에 죽을 때 되어서야 실 다 만들고
春蠶到死絲方盡
춘 잠 도 사 사 방 진

촛불은 재가 되어야 촛농이 마르나니
蠟燭成灰淚始乾
납 촉 성 회 루 시 건

새벽에 거울 보며 머리카락 희어짐을 염려하고
曉鏡但愁雲鬢改
효 경 단 수 운 빈 개

밤에 시를 읊으며 달빛 차가움을 느낀다
夜吟應覺月光寒
야 음 응 각 월 광 한

봉래산이 여기서 그리 먼 길 아니니
蓬山此去無多路
봉 산 차 거 무 다 로

파랑새야, 나를 위해 살며시 찾아가 봐 주렴
青鳥殷勤爲探看
청 조 은 근 위 탐 간

◆ 누에 치는 여인 제 옷은 없네(蠶婦) 牧隱 李穡(1328~1396)

牧隱 李穡은 고려 말의 문신, 유학자, 시인이자 益齊 李齊賢의 제자로, 성리학을 도입한 학자 중 한 사람이다. 鄭夢周, 鄭道傳, 權近, 河崙 등 내로라하는 인물들이 모두 牧隱의 제자다. 고려 말의 圃隱 鄭夢周, 冶隱 吉再와 함께 三隱 중 한 사람이다.

성안에 누에 치는 여인 많은데 뽕잎 어찌 그리 실한가　城中蠶婦多 桑葉何其肥 (성중잠부다 상엽하기비)

뽕잎 비록 작아도 배고파 고통 겪는 누에 보지 못했네　雖云桑葉少 不見蠶苦饑 (수운상엽소 불견잠고기)

누에 날 땐 뽕잎 족했지만 누에 크면 뽕잎 적어지지　蠶生桑葉足 蠶大桑葉稀 (잠생상엽족 잠대상엽희)

아침부터 저녁까지 땀 흘려도 자기 몸의 옷은 인연 없네　流汗走朝夕 非緣身上衣 (유한주조석 비연신상의)

◆ 비단옷 걸친 사람들 양잠인 아니네(蠶婦) 張俞(북송대의 시인, 민중시)

어제 도성에 들어갔다가　昨日到城郭 (작일도성곽)

돌아올 땐 눈물로 수건 가득 적셨네　歸來淚滿巾 (귀래루만건)

온몸에 비단 감고 다니는 사람들　遍身綺羅者 (편신기라자)

누에 길러 비단 짜는 양잠인은 아니라네　不是養蠶人 (불시양잠인)

◆ 베 짜는 여인 제 몸에 걸칠 옷 없네 張俞

아, 쓰리고 아파라　辛苦吟 (신고음)

밭이랑 위에서 소 몰고 쟁기질하는 아이　壟上扶犁兒 (농상부리아)

손으로 저리 씨앗 뿌려도 배는 늘 고프고　手種腹長飢 (수종복장기)

창 아래서 베틀에 앉아 북 던지며 베 짜는 여인 　窗下擲梭女(창하척사녀)

손으로 그리 베를 짜도 자기 몸에 걸칠 옷은 없다네 　手織身無衣(수직신무의)

◆ 대문 앞 흙 다 구워도 제 집엔 기와 한 장 못 올리네 　陶者 梅堯臣 민중시

梅堯臣(1002~1060)은 중국 북송대 시인으로 호는 宛陵, 散文의 대가인 歐陽脩와 쌍벽을 이루었다. 당시 유행하던 唐詩風에서 벗어난 새로운 宋詩의 開祖이며 개척자다. 이 시는 누에를 읊은 게 아니지만, '누에 치는 여인'이나 '기와장이'의 신세가 별로 다르게 보이지 않아 함께 民衆詩로 읽는다.

대문 앞의 흙 다 파 기와 구워도 　陶盡門前土(도진문전토)

자기 지붕엔 한 장 기와 못 올리네 　屋上無瓦片(옥상무와편)

열 손가락에 진흙 한 점 묻히지 않고서도 　十指不霑泥(십지부점니)

으리으리한 고래등 같은 집에서 사는 이 있는데 　鱗鱗居大廈(인인거대하)

◆ 농민들의 넋두리(田家語) 　梅堯臣

누가 말했나 농촌 생활 즐겁다고 　誰道田家樂(수도전가락)

봄에 나온 세금 가을 되어도 못 냈는데 　春稅秋未足(춘세추미족)

마을 아전은 내 집 대문 두드리고 　里胥扣我門(이서구아문)

낮부터 저녁까지 차 달이듯 독촉하네 　日夕苦煎促(일석고전촉)

한여름엔 큰물 지더니 　盛夏流潦多(성하류료다)

백수의 큰물이 집보다 높구나 　白水高於屋(백수고어옥)

물은 이미 우리 콩밭 해치고 水旣害我菽 (수기해아숙)
메뚜기 떼 우리 조 다 먹어 치웠다 蝗又食我粟 (황우식아속)
지난달 황제의 詔書가 내려와 前月詔書來 (전월조서래)
산 사람은 모두 戶籍 다시 하라 하네 生齒復板錄 (생치부판록)
세 사람 장정 중에 한 사람을 뽑아 三丁籍一壯 (삼정적일장)
화살집을 만들게 했다네 惡使操弓韣 (악사조궁독)
고을 수장 명령은 더욱 지엄하니 州符今又嚴 (주부금우엄)
늙은 아전은 채찍 쥐고 때렸다 老吏持鞭撲 (노리지편박)
어린아이와 늙은이까지 추려 내고 搜索稚與乂 (수색치여예)
절뚝발이와 맹인들만 남겼다 唯存跛無目 (유존파무목)
농촌 사람들 감히 무슨 원망을 할까 田閭敢怨嗟 (전려감원차)
아비와 아들은 모두 슬프게 울었다 父子各悲哭 (부자각비곡)
넓은 들의 일을 어찌할 것인가 南畝焉可事 (남무언가사)
소와 송아지를 팔아 화살을 샀다오 買箭賣牛犢 (매전매우독)
걱정의 기운 변해 장맛비 되어 愁氣變久雨 (수기변구우)
솥과 항아리는 비어 죽도 남아 있지 않구나 鐺缶空無鬻 (당부공무죽)
맹인과 절뚝발이들 농사를 짓지 못하니 盲跛不能耕 (맹파불능경)
그럭저럭 죽을 날만 다가올지니 死亡在遲速 (사망재지속)
듣건대 진실로 부끄러운 것은 我聞誠所慙 (아문성소참)
헛되이 나라의 봉록을 탐낸 것이라 徒爾叨君祿 (도이도군록)
이제 도연명의 「귀거래사」를 읊으며 却詠歸去來 (각영귀거래)

- 梅堯臣이 河南 襄城縣令 재직 때 지은 시다. 災害와 賦稅, 徭役에 시달리는 농민들이 겪는 民生苦를 매우 사실적으로 표현한 작품으로, 민중시의 길을 연 초기 田家詞類의 시다. 이런 田家詞類의 글은 시대를 달리하면서도 수많은 시인들이 꾸준히 그 맥을 이어 구별되는 시의 영역을 확보했다.
- 『梅堯臣詩選』, 문명숙 편저, 문이재, 2002.

공포의 포식자, 잠자리
蜻蜓, 蜻蛉, dragonfly

잠자리의 조상은 고생대 석탄기 때부터 출현한 잠자리목에 속하는 곤충의 총칭이며, 유충은 학배기 또는 水蠆라고 한다. 전 세계에 걸쳐 5,000여 종이, 우리나라에는 100여 종이 서식하고 있다. 불완전변태를 하는 外翅類(exopterygota)이며 크기는 다양하여 19~127mm 정도다. 수명은 대개 7~56일이다.

그물처럼 얽힌 翅脈과 투명하고 얇은 翅膜으로 이루어진 두 쌍의 날개를 가졌는데, 쉴 때도 날개는 접지 못한다. 그러나 잠자리의 비행 능력은 가히 최고 수준이라 할 만하며 실잠자리는 정지, 후진 비행에도 능하다. 방향을 전환하지 않고 그대로 후진도 하는 '오래된 고생대의 신기술'을 구사하는 잠자리의 탁월한 비행 기술과 방법을 연구 중이지만, 이를 찾아내는 것이 그리 쉽지 않아 보인다.

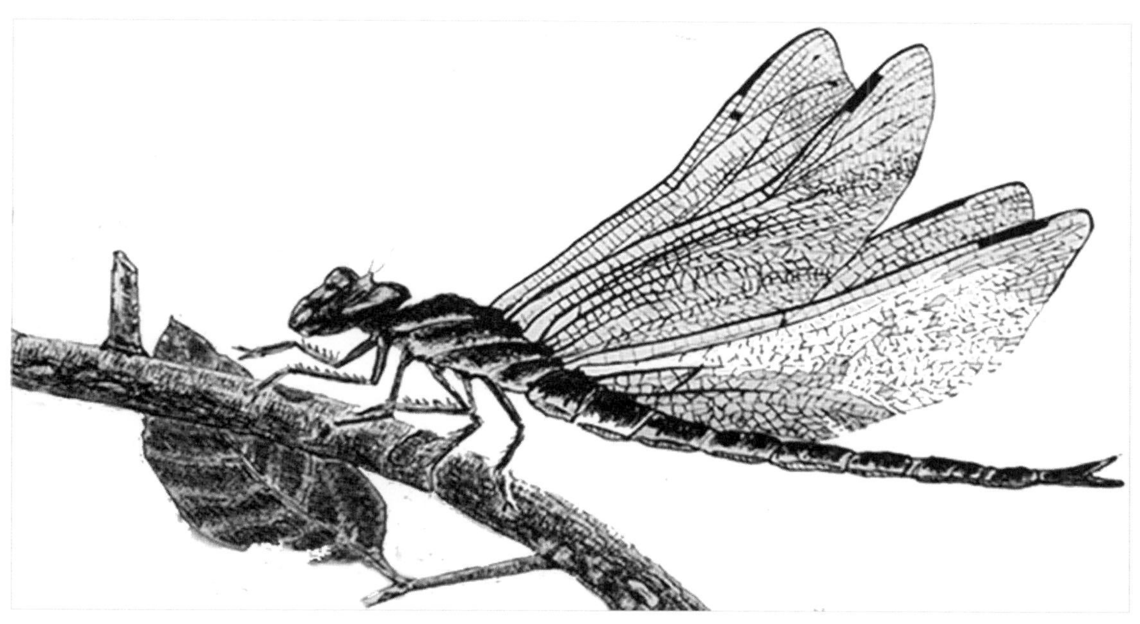

잠자리, 펜화, 최양식

큰 겹눈과 큰 턱에 털 모양의 촉각이 있다. 머리 쪽의 대부분을 차지하는 두 덩이의 큰 눈에는 작은 눈 3만여 개가 들어 있다. 이 탁월한 시력과 사마귀 다음으로 전후좌우 자유롭게 회전하는 머리를 가지고 있는 잠자리에게 속아, 하나밖에 없는 귀한 생명을 잃은 동물들의 수는 셀 수 없이 많다. 잠자리는 물속이나 물가 근처의 식물에 알을 낳는다. 어린아이들이 잠자리채를 들고 잡으러 다니니 우리 인간에게는 지극히 평화스러운 곤충처럼 보이지만, 모기와 파리, 멸구 등 곤충들을 거침없이 잡아먹는 공포의 사냥꾼이자 무자비한 포식자다. 그러나 인간에게 해를 끼치는 해충을 주로 잡아먹으므로 딱히 시비할 이유는 없을 듯하다. 가끔 꽃에 앉기는 하지만 꿀을 먹지 않는 육식주의자다.

이처럼 평화롭게 생긴 외모와 달리 '동족도 거리낌 없이 먹어 치우는 카니발리즘(cannibalism)을 信奉하는 종족'이지만, 是非를 즐기는 옛 시인들의 날카로운 눈에는 아직 들키지 않은 듯싶다. 천적은 장수말벌, 사마귀, 거미, 때까치, 동족, 그리고 한여름 내내 잠자리채를 들고 이리저리 뛰어다니며 곤충 채집하는 어린아이들도 이 天敵群의 앞자리에 포함해야 할 것 같다.

◆ 잠자리(蜻蜓) 石北 申光洙(1712~1775)

申光洙는 조선 후기의 문신으로 시가 뛰어나 '동방의 白樂天'이라는 칭호를 받았다. 39세에 진사에 올랐으나 늦은 나이인 49세에 벼슬을 시작하여 그리 화려하지는 못했다. 蔡濟恭, 李獻慶과 친교하였고 실학자 尹斗緖의 사위다. 그의 시는 주로 농촌의 피폐상과 관리의 부패 등을 소재로 삼고 있어, 민중시의 색을 강하게 띤다. 저서로는 『石北集』 16권 8책이 전한다.

산 아래 사립문 하루가 다 가도록 열려 있고	山下柴門盡日開 산 하 시 문 진 일 개
작은 뜰엔 장다리꽃 피어 있네	蕪菁花發小庭隈 무 청 화 발 소 정 외
땅으로 내려온 잠자리 되돌아 날아가다	蜻蜓到地旋飛去 청 정 도 지 선 비 거
서쪽 담장 바로 지나더니 다시 돌아오네	直過西墻更却回 직 과 서 장 경 각 회

• 『石北詩 연구』, 윤경수, 정법문화사, 1984.
• 『석북시집 해설』, 신석초, 대양서적, 1973.

◆ 고추잠자리 노는 것 보며(紅蜻蜓戲影) 靑莊館 李德懋(1741~1793)

李德懋는 조선 후기 북학파 실학자로 별명은 自稱 '책만 보는 바보(看書痴)'라고 했다. 庶孼 출신이어서 벼슬은 높이 올라가지 못했으나, 별명대로 책을 많이 읽어 매우 博學多識했다.

"남산 아래에 한 어리석은 이가 있었는데 입이 어눌해 말도 잘하지 못했고 성품은 게으르고 둔했다. 오직 책 읽는 것만을 즐겨, 춥고 덥고 배고프고 아픈 것조차 알지 못했다."

"木覓山下有痴人 口訥不善言 性懶拙 惟看書爲樂 寒暑飢病 殊不知(「看書痴傳」, 李德懋)."

규장각 檢書官으로 이름을 떨쳤으며, 柳得恭, 朴齊家, 李書九와 『四家詩集』, 『巾衍集』을 내었다. 그의 저술은 아들 이광규에 의해 『靑莊館全書』로 집성되었다.

- 「간서치전」, 『국역 청장관전서』, 영처문고, 한국고전번역원, 1980.

북경고궁박물관 소장 宋代 哥窯靑瓷魚耳香爐(13~14세기). 哥窯 유약의 특성으로 발현된 龜裂 또는 氷裂이 미적 우수성을 보여 준다.

미세한 날개 무늬 명품 도자기 가요가 氷裂한 듯하고 墻紋細肖哥窯坼
장문세초가요탁

어지러이 흩어진 얇은 날개 하나하나가 푸르다 簧葉紛披个字青
황엽분피개자청

우물가 가을 햇살 받아 비단 같은 빛을 발하니 井畔秋陽生影纈
정반추양생영힐

가늘고 아름다운 붉은 허리의 잠자리 紅腰婀娜瘦蜻蜓
홍요아나수청정

• **哥窯** 宋代 浙江省 龍泉窯 일대에서 제작된 청자의 일종으로, 표면의 미세한 균열을 氷裂이라 하여 일품으로 평가된다.

◆ 금강에서 배 타고 잠자리를 읊다(錦江舟中賦蜻蜓) 泠齋 **柳得恭**(1749~1807)

조선 후기 실학자 柳得恭은 李德懋와 함께 서얼 출신이다. 『渤海考』를 지은 지리학자이자 역사가로 북경에 두 차례 연행하였다. 북학파인 朴趾源을 사사하고, 李德懋, 朴齊家, 徐理修와 함께 奎章閣 四檢書로 불렸다.

다음은 파란 눈과 푸른 강물, 금빛 날개와 눈부신 햇빛을 연이어 대비한 것이 특히 돋보이는 逸品의 詩다.

한 마리 잠자리 이어 또 한 마리 蜻蜓復蜻蜓
청정부청정

금강의 물가로 날아오니 飛來錦水汀
비래금수정

잠자리의 파란 눈에 비친 푸른 강물 滄江映碧眼
창강영벽안

금빛 날개에 맑은 햇살 비단처럼 반짝이네 晴日纈金翎
청일힐금령

떼 지어 노는 모습 고기 떼 가는 듯 態逼群魚逝
태핍군어서

정겹게 같이 있는 모습 제비 머문 듯 情同片燕停
정동편연정

나그네 마음 둘 곳 없어 客心無住着
객심무주착

너 노는 모습 좇아 우두커니 서 있다 應逐爾亭亭
응축이정정

◆ 잠자리야 처마 쪽으론 날아가지 마라(蜘蛛綱詠) 明齋 尹拯(1629~1714)

조선조 당시 소론의 영수였던 尹拯이 노론인 우암 宋時烈과의 대립 관계를 암시하는 시다. 잠자리는 소론 측 인사, 거미는 노론 측 인사로 비추어 볼 수 있겠다. 예학에 특히 밝았고 성리학, 양명학에도 깊은 연구가 있었다고 한다.

거미가 줄을 치는데	蜘蛛結綱罟 지 주 결 강 고
가로지르다가 다음엔 아래위로	橫截下與上 횡 절 하 여 상
날 위해 잠자리에게 말 좀 전해 주게나	爲我語蜻蜓 위 아 어 청 정
처마 앞쪽으로는 제발 날아가지 말라고	愼勿簷前向 신 물 첨 전 향

미모 때문에 침에 찔려 박제되는 나비

胡蝶, 蛺, butterfly

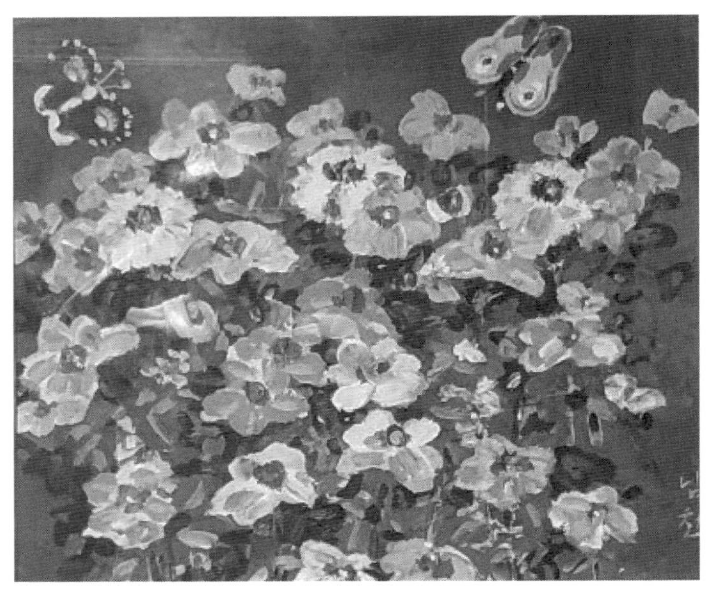

꽃과 나비, 유화, 南天 송수남 화백(최양식 소장)

나비는 나비목에 속하는 곤충으로서 전 세계에 15,000~20,000종이 살며, 우리나라에는 280여 종이 산다. 성충, 알, 유충, 번데기 등 네 과정을 거쳐 완전변태(complete metamorphosis)하는 곤충이다. 성충은 머리, 가슴, 배로 나뉘며, 머리에 한 쌍의 더듬이와 두 개의 겹눈, 두 쌍의 날개와 세 쌍의 다리가 있다. 날개를 펴면 대형은 130mm나 되는데, 25mm 정도 되는 소형도 있다.

구애는 자외선을 반사하여 시각 신호를 보내거나 페로몬을 분비하여 후각 신호를 활용하는데, 그 비밀은 노출되지 않았다. 짝짓기 후 수컷은 대부분 바로 죽고, 암컷은 몇 시간이면 알을 낳는다. 나비는 추운 것을 싫어해 햇빛을 많이 받아야 한다.

아름다운 미모로 곤충으로는 드물게 인간의 사랑을 받아왔는데, 그 미모 때문에 날개를 편 채로 귀 없는 바늘에 찔려 박제된다. 그 아름다움은 날개에 붙은 鱗粉(scales) 덕분인데, 나노(Nano) 단위의 층 구조에 빛을 반사하고 흡수하여 화려한 색깔을 띤다. 인분은 미끄러워 천적들과 거미가 적잖이 싫어한다. 몸무게에 견주어 날개가 커서 저속, 저고도 비행은 물론 장거리 비행도 가능하다.

나비는 벌처럼 꽃에 受粉을 하지만, 벌처럼 꿀을 그리 열심히 찾지도 않을 뿐더러 욕심도 별로 없어 저장할 줄은 더더욱 모른다. 그들은 冬眠할 겨울을 만나지 않는다.

짧은 生에 풍류를 즐기며 화려하게 노는 성품이라, 수분에 그리 성실한 편도 아니다. 그래선지 꽃들도 나비들에게는 벌에게만큼 媒婆로서의 역할을 크게 기대하지 않는 것처럼 보인다.

이 아름답고 연약한 나비를 공략하는 천적은 사마귀, 거미, 새, 카멜레온, 개구리와 사람이다. 나방과는 친척이지만 외모가 다소 달라 족보는 따로 운영된다.

나비(蝶, butterfly)는 날개가 화려하지만, 나방(蛾, moth)은 대개 보호색이거나 은백색이다. 나비는 고치를 만들지 않지만, 나방은 고치를 만들어 그 안에서 번데기가 된다. 나비는 낮에만 일하고 밤에는 쉬지만, 나방은 밤에만 돌아다니는 야행성이면서도 빛을 보면 환장하므로 딱히 어둠의 자식이라고 할 수는 없겠다.

나비는 앉을 때 날개를 V자로 세우지만, 나방은 날개를 ∧자로 접은 채 앉는다. 나비는 더듬이 끝이 굵은 막대기처럼 생겼지만, 나방은 빗 모양이거나 끝이 가는 작대기 모양이다. 이리 귀한 나비인 만큼 출생의 연원이야 나방과 같다 하더라도 오래전에 조상이 갈린 나방과는 大種族의 宗孫이니 族譜를 바로 세워 純血을 내세울 만하지 않겠는가?

우리말 '나비'는 1481년 『두시언해』에 '나비, 나뵈'로 나온다.

◆ 꿈속에 나비 된 장자, 나비인가 장자인가(胡蝶之夢) 『莊子 内篇』「齊物論」

장자의 '胡蝶之夢(나비의 꿈)'은 모든 생물이 제각기 다른 모습을 지니고 있지만 그 변화된 모습에도 불구하고 본질은 별 차이가 없음을 말하고 있다. 莊子의 胡蝶之夢에 대해서는 오늘날에도 철학에서 인식론적 논쟁을 계속하고 있다. 이 또한 사람의 관점에서 떠나 나비의 관점에서도 사물을 바라보게 되는 宋代의 邵康節이 말한 以物觀物의 관점을 莊子 시대에 이미 제시한 것이 아닌가 한다.

- 唐의 沈旣濟는 소설「枕中記」에서 邯鄲之夢을, 李公佐의 소설「南柯太守傳」에서는 南柯一夢을 인생무상의 뜻으로 말하는데, 이는 모두 장자의 우화에서 비롯한 것으로 보인다.

옛날 장자가 꿈에 나비가 되었다	昔者莊周夢爲胡蝶 (석자장주몽위호접)
팔랑팔랑 나비로 날아다니는 것	栩栩然胡蝶也 (허허연호접야)
마음 가는 대로 하니 품은 뜻에 맞았다	自喩適志與 (자유적지여)

그래서 스스로가 장자임을 알지 못했다	不知周也 부지주야
그러다 문득 깨고 나니 바로 장자였다	然覺 則蘧蘧然周也 연각 칙거거연주야
모르겠다, 장자가 나비 된 꿈을 꾼 것인가	不知,周之夢爲胡蝶與 부지 주지몽위호접여
나비가 장자가 된 꿈을 꾼 것인가	胡蝶之夢爲周與 호접지몽위주여
그러나 장자와 나비 사이엔 반드시 어떤 구분이 있을 것이다	周與胡蝶 則必有分矣 주여호접 칙필유분의
이것을 말하여 만물의 변화라고 하는 것이다	此之謂物化 차지위물화

• 『莊子, 內篇, 外篇, 雜篇』, 박일봉 역저, 육문사, 2014.

◆ 초여름에 재미로 지은 나비 시(初夏戱題) 徐寅(849~938)

徐寅은 唐末에서 五代 시대 사이의 문학가로 賦에 특히 능하고 博學多才하였으며, 문집으로 『徐正字詩賦』, 『釣磯文集』 등이 있다. 이 시 「初夏戱題」는 莊子의 胡蝶夢을 불렀다.

만물을 기르는 따뜻한 바람 새벽에 떨며 불어와	長養薰風拂曉吹 장양훈풍불효취
연꽃, 마름꽃 서서히 피는데 장미는 지네	漸開荷芰落薔薇 점개하기락장미
푸른 애벌레 장자의 胡蝶夢을 배워	靑蟲也學莊周夢 청충야학장주몽
남쪽 정원의 나비 되어 날아가네	化作南園蛺蝶飛 화작남원협접비

◆ 봄비에 새로 나온 나비(春雨新蝶) 金淸閒堂(1853~1890)

조선 말 여성 시인의 섬세한 감각과 詩情으로 이슬비에 나비의 날개가 젖을까 걱정하는데, 나비들은 아랑곳없이 이슬비 내리는데도 날아다닌다고 읊는다.

새로 난 나비 떼 지어 날아다니는데 　新蝶已成叢(신접이성총)

이슬비 맞으며 이리저리 뒤섞여 나네 　紛飛細雨中(분비세우중)

알지 못하나, 두 날개 다 젖는 것 　不知雙翅濕(부지쌍시습)

봄바람 부는 대로 제멋에 춤추네 　猶自舞春風(유자무춘풍)

◆ 떼로 싸우는 나비 / 마을에서 맞는 늦은 봄(村居暮春) 　梅泉 黃玹

조선 말의 시인 황현은 늦은 봄을 읊는다. 어느새 봄은 늦어 꽃은 지고 버들강아지 날리는 계절의 변화하는 모습을 본다. 밤새 내린 비로 푸른 파초가 새로이 솟아나는 모습에서, 망국을 앞두고 있던 조선의 내일에 한 줄기 희망을 투영하고자 했던 것은 아닐까?

1910년 매천 선생은 遺詩를 남기고 자결로써 생을 마감하였다. 늦은 봄에 나비들이 싸우는 광경은 평화로운 모습이 아니라, 열강의 위협 속에 있었던 당시 조선의 모습을 떠올리게 한다.

대나무 창 열흘 만에 처음으로 활짝 열어젖히니 　竹牖經旬始暢開(죽유경순시창개)

맑게 갠 하늘에 고운 해 연못 누대에 가득하네 　晴天姸日滿池臺(청천연일만지대)

몰랐는가 늦은 봄 이미 이리 지난 줄 　不知春暮已如許(부지춘모이여허)

버들강아지 솜털 흩날리며 가고 또 오네 　飛絮紛紛去又來(비서분분거우래)

복숭아꽃 붉고 배꽃은 희더니 이미 가지에 지고 　桃紅李白已辭條(도홍리백이사조)

눈 돌리는 사이에 봄빛은 차츰 시들어 가네 　轉眼春光次第凋(전안춘광차제조)

좋구나, 서쪽 처마 끝에 연이어 내린 밤비에 　好是西簷連夜雨(호시서첨연야우)

푸르고 푸른 한 그루 파초가 솟아 나오네 　靑靑一本出芭蕉(청청일본출파초)

한 마리 나비 서쪽에서 날아오니 또 한 마리 동쪽에서 　一蝶西來一蝶東(일접서래일접동)

우연히 모인 나비 무리 떼 지어 싸움하네 　偶然群蝶鬪成叢(우연군접투성총)

세상 싸움이라 어찌 이와 다를까 　世間戰伐何曾異 세간전벌하증이

지팡이 짚고 한가히 처음부터 끝까지 이를 바라보노라 　倚仗閑看閱始終 의장한간열시종

◆ 날 나방　茶山『易經』

날 나방이 불에 뛰어들고 　飛蛾投燭 비아투촉

숫양이 뿔로 울타리를 들이받으며 어쩌지 못하는 상황 　羝羊觸蕃 저양촉번

◆ 나비를 애도하다(哀胡蝶)　李鈺(1760~1813)

계해년(1803년) 늦은 봄날, 때마침 화려한 나비 한 마리가 바람에 휩쓸려 연못물에 빠져 죽은 것을 보고, 슬프고 애처로워 이 글을 지어 조문한다(癸亥春暮 適見有彩蝶爲風飄墮池水而死 余哀而憐之作詞以弔之).

나비가 팔랑팔랑 　胡蝶兮褊褼 호접혜편선

팔랑거리는 모습이 어여뻐 　褊褼兮可憐 편선혜가련

입은 옷 찬란한데 　被服兮陸離 피복혜육리

또 어찌 팔랑팔랑 춤추나 　又何爲兮僊僊 우하위혜선선

붉은 비단 옷고름 매고 　丹錦兮爲襘 단금혜위괴

검은 비단은 소매가 되어 　玄錦兮爲褹 현금혜위예

하얀 비단은 바지 되었으니 　素錦兮爲裾 소금혜위거

다섯 색이 뒤섞여 허리띠가 되었네 　襍五綵兮爲帶 잡오채혜위대

털 적삼 비췻빛 치마에 　氍毹衫兮翡翠裙 구유삼혜비취군

공작 깃을 겹으로 얽었다 — 孔雀羽兮雙綴 (공 작 우 혜 쌍 철)

하얀 봉황은 알록달록 — 白鳳兮媥爛 (백 봉 혜 반 란)

내 수레에 멍에 하여 구슬 고리로 단장해 — 駕我車兮整瑤環 (가 아 거 혜 정 요 환)

나비야 나비야 — 胡蝶兮胡蝶 (호 접 혜 호 접)

너와 더불어 청산에 놀리라 — 與女游兮靑山 (여 여 유 혜 청 산)

청산은 지금 3월이라 — 靑山兮三月 (청 산 혜 삼 월)

꽃피는 철 다하지 않아 — 芳菲兮未歇 (방 비 혜 미 헐)

매화는 이미 졌어도 — 梅花兮已落 (매 화 혜 이 락)

계수나무꽃은 앞으로 피려 하고 — 桂花兮將發 (계 화 혜 장 발)

난초꽃은 향기가 짙어지고 — 蘭花兮馥馥 (난 화 혜 복 복)

복숭아꽃은 황홀하고 — 桃花兮恍惚 (도 화 혜 황 홀)

정향꽃 봉오리는 못처럼 송이송이 — 丁香兮百結 (정 향 혜 백 결)

모란꽃은 흐드러지고 — 牡丹花兮鬱鬱 (모 란 화 혜 울 울)

아침에 나와 청산으로 가 — 朝發兮靑山 (조 발 혜 청 산)

저녁엔 꽃 사이에서 자고 — 夕宿兮花間 (석 숙 혜 화 간)

꽃에서 잘 수 없으면 — 花間兮不可 (화 간 혜 불 가)

잎에서나 쉬다 가지 — 葉低兮可攀 (엽 저 혜 가 반)

배고프면 꽃향기 맡고 — 饑食兮花香 (기 식 혜 화 향)

목마르면 꽃이슬 마시고 — 渴飮兮玉漿 (갈 음 혜 옥 장)

잘 놀며 스스로 만족하여 — 優游兮自得 (우 유 혜 자 득)

봄과 더불어 날아 보자 — 與三春兮翺翔 (여 삼 춘 혜 고 상)

나비야 나비야	胡蝶兮胡蝶 호 접 혜 호 접
너는 어찌 이리저리를 오가다	爾胡爲兮踥可 이 호 위 혜 첩 가
봄물은 넘실거리고	春水兮渙渙 춘 수 혜 환 환
봄바람은 매서우니	春風兮獵獵 춘 풍 혜 렵 렵
치마는 젖고 날개는 부러져	裳沾兮翼折 상 첨 혜 익 절
어찌 물에 떨어지고 말았느냐	胡蝶墮兮跕跕 호 접 타 혜 접 접
물총새 깃털 모아 배를 만들고	集翠羽兮爲船 집 취 우 혜 위 선
고래수염 잘라 노를 삼고	絕鯨須兮爲檝 절 경 수 혜 위 즙
애처로워 널 구하려 했건만	愛之兮欲救 애 지 혜 욕 구
물 가운데로 흘러가 버려 가까이도 못 갔구나	蕩中流兮不可接 탕 중 류 혜 불 가 접
나비야 바람 따라	胡蝶兮隨風 호 접 혜 수 풍
끝내는 물 가운데서 죽고 말았구나	終然夭兮水之中 종 연 요 혜 수 지 중
산의 꽃들 아직 지지 않았으니	山花兮未落 산 화 혜 미 락
누굴 위해 붉은 꽃은 흐드러졌는가	爲誰兮紛紅 위 수 혜 분 홍
파리는 날아와 웅웅거리고	蠅飛兮靃靃 승 비 혜 확 확
벌은 날아와 붕붕거리네	游蜂兮鑿鑿 유 봉 혜 착 착
잠자리는 날개를 팔락거리고	蜻蛚兮薄薄 청 열 혜 박 박
메뚜기는 뛰어오르고	阜螽兮躍躍 부 종 혜 약 약
모두가 즐거이 제자리를 차지했는데	衆皆樂兮得所 중 개 락 혜 득 소
너만 홀로 어찌하여 그리 물 위에 떠도는가	女獨爲兮飄泊 여 독 위 혜 표 박
누구를 원망하고 누구를 탓하랴	誰怨兮誰尤 수 원 혜 수 우

이미 스스로를 가벼이 하고 놀기만 좋아했구나 既自輕兮復好游
기자경혜부호유

강은 물결치고 날은 이미 저물었으니 江有波兮日已暮
강유파혜일이모

눈 들어 아득히 바라보니 나만 슬프게 할 뿐 目渺渺兮使余愁
목묘묘혜사여수

나비야 돌아와 胡蝶兮歸來
호접혜귀래

떨어지는 꽃과 함께 흘러가렴 與落花兮同流
여락화혜동류

• 李鈺, 「哀胡蝶」, 『完譯 李鈺全集』, 실시학사 고전문학연구회 옮기고 엮음, 휴머니스트, 2009.

모든 동물이 천적인, 인간의 가축이 된 지렁이

蚯蚓, 土龍, earthworm

지렁이는 지렁이아강에 속하는 環形動物(annelid)의 총칭이다. 전 세계에 3,100여 종이 서식하며, 우리나라에는 60종 정도가 산다. 몸길이는 2~5mm에서 크게는 2~3m 되는 것도 있다. 수명은 3~4년으로 알려져 있다.

지렁이 덕분에 땅은 비옥한 토질을 유지한다. 지렁이가 배설한 흙을 糞便土(worm castings)라고 한다. 대한민국 축산법은 땅속에 사는 지렁이를 가축으로 분류하고 있다. 지렁이는 한 번도 얼굴을 보지 못한 畜主인 인간을 위해 낚싯밥, 약재, 화장품 등 다양한 용도에 그들의 벌거벗은 몸을 바친다.

빛을 싫어하는 어둠의 자식이지만, 비가 오면 숨을 쉬기 위해 흙 속에서 나와야만 한다. 암수 한몸의 雌雄同體(hermaphroditism)지만 다른 개체들과 정자를 교환하며 수태한다. 알 하나당 보통 3마리 정도가 부화한다고 한다.

땅속에서만 살아가는 앞 못 보는 지렁이의 딱한 사정을 봐주지 않고 사정없이 공격하는 인정머리라곤 도무지 없는 천적은 두더지, 개구리, 두꺼비, 새, 설치류, 지네, 사마귀 등이니 생명 있는 모든 동물이 지렁이의 천적이다.

그러나 아무래도 지렁이를 가축으로 기르는 사람이야말로 가장 큰 천적이 아닐까 싶다. 다른 생물에게 어떠한 해도 끼치지 않고 먹이사슬의 맨 아래에 위치하는 이들은 안타깝게도 피하거나 방어할 수단을 전혀 가지고 있지 않다. 대형 조류들은 지렁이를 먹어도 배부르지는 않으니 간식거리로 먹는다고 한다.

신은 이처럼 천적 대응 능력이 전혀 없고 눈도 없이 암흑 속에 살아가는 무력한 지렁이들을 위하여 한 가지 귀한 선물을 주었으니, '몸이 절단되는 심각한 신체 손상을 입어도 머리 부분만 살아 있으면 복원'할 수 있는 기적 같은 능력이다.

復元(restoration)인가, 復活(resurrection)인가?

◆ 지렁이탕은 들지 않으리 蔡濟恭「答李參判獻慶書」『樊巖集』

樊巖 蔡濟恭(1720~1799)이 1789년 관직에서 물러나 병들어 누워 있을 때, 참판 李獻慶이 편지를 보내 지렁이탕을 조제해 먹도록 권유하자 이를 정중히 사양하면서 답한 글이다. 채제공은 당시 남인의 영수로 정조의 최측근이었다. 영조~정조대 명신으로 화려한 관로에 좌의정, 우의정, 영의정까지 삼정승을 다 지냈다.

살기를 즐겨하고 죽기를 싫어하는 것은 — 喜生惡死 (희생오사)

지렁이나 나나 같다네 — 蚯蚓與我同也 (구인여아동야)

무릇 지렁이는 위에서는 마른 흙 먹고 — 夫蚓也, 上食枯壤, (부인야 상식고양)

아래에서는 황천 물을 마시니 — 下飮黃泉 (하음황천)

일찍이 나와는 다투는 바 없었다네 — 則未嘗與我有所競也 (칙미상여아유소경야)

뱀의 이빨도, 또 모기의 주둥이도 없으니 — 旣無蛇虺之牙 又無蚊蚋之喙 (기무사훼지아 우무문예지탁)

일찍이 나에게 어떤 해독도 끼친 바 없었다네 — 則未嘗與我有所毒也 (칙미상여아유소독야)

지금 내가 우연히 얻은 병 때문에 — 今乃因我偶然之病 (금내인아우연지병)

저 허다한 목숨 죽여서 — 戕彼許多之命 (장피허다지명)

불에 익히고 고아 탕약으로 만들어 — 火以煨之 融使爲水 (화이외지 융사위수)

과연 한 번 마셔 바로 효험을 본다 할지라도 — 果能一服卽效 (과능일복즉효)

덕 본 자는 비록 다행한 일이겠지만 — 見效者雖幸 (견효자수행)

효험을 준 지렁이에게는 — 使之效者 (사지효자)

이 또한 불행이 너무 심한 것이 아닌가 — 不亦爲不幸之甚乎 (불역위불행지심호)

지금 지렁이를 탕약으로 만드는 처방은 — 今者 煨蚓之法 (금자 외인지법)

비록 그 크고 작은 차이에도 불구하고 — 雖曰大小不倫 (수왈대소불륜)

생물을 죽여 나를 이롭게 함이니 그 마음은 같다네 戕物而益我 其心同也
장 물 이 익 아 기 심 동 야

나는 이 일을 좋아하는 걸 참을 수 없다네 吾不忍爲此也善乎
오 불 인 위 차 야 선 호

杜甫의 시에 말하기를 杜工部詩曰
두 공 부 시 왈

집에서 닭이 벌레와 개미 잡아먹는 것 싫어하나 家中猒鷄食蟲蟻
가 중 염 계 식 충 의

닭이 팔려 나가 도리어 삶아 먹히는 것을 모르네 不知鷄賣還遭烹
부 지 계 매 환 조 팽

이것은 어진 이나 군자의 말씀이라네 此仁人君子之言也
차 인 인 군 자 지 언 야

두보가 아니라면 내가 누구에게 돌아가겠소 微工部 吾誰與歸
미 공 부 오 수 여 귀

• 『樊巖集』, 蔡濟恭, 韓國古典飜譯院, 2017.

◆ 날카로운 발톱도 이빨도 없는 지렁이(螾) 荀子(BC 298~BC 238)

荀子는 戰國時代 後期 철학자로 이름은 況이며, 일찍이 子夏와 孟子를 批判하고 孔子思想으로 돌아가야 한다고 주장했다. 荀子의 禮는 孔子보다 법적인 부분이 강하고 道家의 영향도 적지 않다.

韓愈가 荀子에 대해 신랄하게 비판한 이래 송대에서 시작된 性理學 논의에서도 荀子는 부정되어 왔으나, 淸나라 때에 와서야 현실주의가 강한 그의 유가 사상은 다시 照明을 받게 되었다. 荀子는 孟子의 性善說에 반하여 性惡說을 주장했다.

지렁이는 날카로운 발톱과 이빨이 없고 螾無爪牙之利
인 무 조 아 지 리

억센 근육과 뼈도 없다 筋骨之强
근 골 지 강

위에선 진흙을 먹고 아래에선 황천의 샘물을 먹으니 上食埃土 下飮黃泉
상 식 애 토 하 음 황 천

그것은 마음 씀이 하나이기 때문이다 用心一也
용 심 일 야

• 『荀子』, 김학주 옮김, 을유문화사, 2008.

◆ 맨몸의 지렁이(蚯蚓) 玉潭 李應禧(1579~1651) 『玉潭遺稿』

맨몸에 걸친 게 아무것도 없으니	裸身無所着 나 신 무 소 착
긴 여름 진흙 속에서 나와	長夏出於泥 장 하 출 어 니
바짝 마른 흙 배고플 때 먹고	槁壤飢餐物 고 양 기 찬 물
황천의 물은 목마를 때 마시네	黃泉渴飮資 황 천 갈 음 자
지렁이 삶은 즙은 종기의 독을 치료하고	爛汁醫瘡毒 난 즙 의 창 독
지렁이 기름은 이질에 효험 있다네	眞膏聖痢治 진 고 성 리 치
세상에 있는 아주 작은 미물이지만	世間微細物 세 간 미 세 물
그 주는 혜택은 정말 기묘하다네	流澤自玄奇 유 택 자 현 기

- 前 4句는 지렁이의 생을, 後 4句는 사람에게 주는 유익함을 읊고 있다.
  玉潭의 시는 고단한 백성들의 삶을 표현한 시가 많다. 특히 그의 連作詩「萬物」篇 280수는 화목, 과실, 곡물, 약초, 어물, 악기, 의복 등 그야말로 만물을 두루 망라하여 폭넓게 수록했는데, 일종의 백과사전과도 같다.
- 『玉潭遺稿』, 이응희, 이상하 옮김, 이종묵 해제, 소명출판, 2010.

산란 위해 吸血하는 암컷 모기
蚊, mosquito

모기는 1억 7천만 년 전 쥐라기 후기부터 등장한 것으로 추정된다. 節肢動物門 파리목 모깃과에 속하는 곤충이다. 전 세계에 걸쳐 3,500여 종이 있으며, 우리나라에는 50여 종이 서식하는 것으로 알려져 있다.

모기는 주로 고인 물에 알을 낳으며 산란 후 3일 만에 부화하여 유충이 되고, 애벌레인 장구벌레는 물속에서 성장하며 천적들의 무수한 공격에도 다행히 살아남으면 1~2주 후에 성충인 모기가 된다.

모기 머리에는 한 쌍의 더듬이가 있고, 한 쌍의 날개, 여섯 개의 다리를 가졌다. 크기는 보통 15mm 미만이고 무게는 2~3mg 정도며, 1초에 무려 1,000~2,000번의 날갯짓을 한다. 야행성 동물로 더듬이에 긴 털 많은 것이 수컷, 몇 개 등근 털 있는 것이 암컷이다.

모기는 평소에는 나비나 벌처럼 품위 있게 꽃의 꿀을 먹으며 신선처럼 고고하게 살지만, 암컷은 난소 발육과 산란을 위해 부득이(?) 吸血을 해야 한다. 암컷이 종족 보존을 위해 흡혈에 열중하는 동안, 수컷은 한여름 밤의 이 악명 높은 흡혈 행사에는 동참하지 않고 종이 다른 種族인 벌, 나비와 함께 이 꽃 저 꽃으로 날아다니면서 꿀을 마시는 등 신선놀음을 계속하며 찬 바람이 불 때까지 그럭저럭 시간을 보내다 사라진다.

암컷 모기는 흡혈할 때 혈액 응고를 막기 위해 히루딘(hirudin)이라는 활성물질을 타액과 함께 주입하는데, 인체 내에서 이를 방어하기 위해 급히 분비하는 히스타민(histamine)과 반응하여 피부가 부풀며 가려워진다.

이를 알았는지 茶山은 「憎蚊」에서 모기에게, 피만 빨지 독은 왜 불어넣느냐고 나무란다.

모기에게 피를 빨려 봐야 그 손실 양이 물리는 사람이나 생물에게 그리 크게 위협이 되는 것은 아니겠지만, 말라리아, 황열병 등 치명적 질병에 감염될 위험이 있다. 실제로 이 작은 모기에게 물려 연간 50만~100만 명이 생명을 잃으므로 결코 가볍게 생각할 일은 아니다.

천적인 미꾸라지, 메기, 잉어 등 수중생물이 幼蟲인 장구벌레는 모기가 되는 날을 학수고대하는데, 이 무수한 위기를 넘기면 공포의 성충 모기가 된다. 그러나 神으로부터 생태계 균형의 명을 받은 박쥐, 잠자리, 사마귀, 거미 등 육상동물들은 가까스로 성충이 된 이 모기들을 기다리며 길지도 않은 그들의 삶을 끊임없이 위협한다.

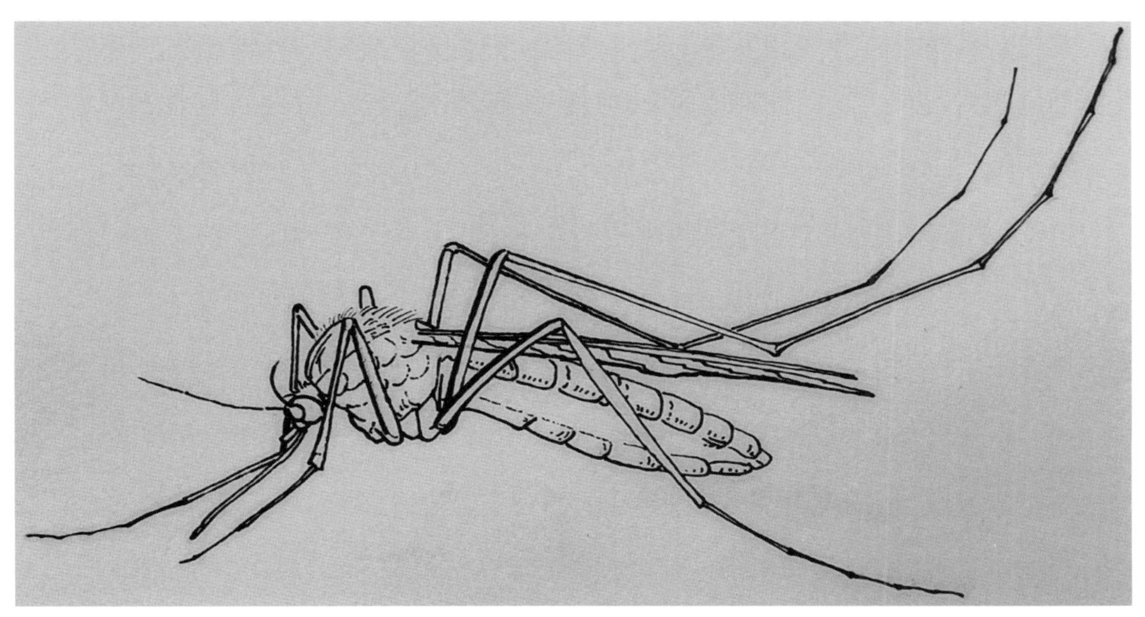

모기, 네임펜, 엄재홍 화백

◆ 피를 빨면 그만이지 독은 왜 불어넣는지(憎蚊) 茶山 丁若鏞(1762~1836)

茶山의 이 글은 「憎蚊」이라는 제목과 달리 모기를 그리 미워하지는 않는 듯싶다. 인간을 몹시 성가시게 하고 괴롭히는 미물에 대하여 그들이 주는 고통과 불편, 힘든 모든 것을 글로 토로하기는 했지만, 자세히 읽어 보면 다산이 모기를 진정으로 미워한다고 느껴지지는 않는다.

그의 글에 나타난 쉬파리, 모기, 이, 벼룩, 나방, 기러기, 양, 고양이, 쥐, 개구리 등 살아 있는 것들에 대하여 단순한 시와 문장의 遊戱로서가 아니라, 모든 생명 있는 것들이 가진 타고난 본성과 천품을 잘 이해하고 이를 깊은 연민과 애정으로 표현하는 듯싶다.

茶山 선생은 사람의 눈으로 사물을 바라보고 있지만(以我觀物), 그 나(我)의 경지는 이미 사물의 입장에서 사물을 바라보는 以物觀物의 높은 지경에까지 이른 것으로 보인다.

미워한다고 말한 모기에게 마지막으로 한 茶山의 말은, "모기야 내가 너를 불러들였으니 네 탓은 아니다(蚊由我召 非汝愆)"이다.

사나운 호랑이가 울 밑에서 울어도 나는 코 골며 잘 수 있고 猛虎咆籬根 我能齁齁眠
맹 호 포 리 근 아 능 후 후 면

뱀이 처마 끝에 걸려 꿈틀대는 것도 누워서 볼 수 있지만 倏蛇卦屋角 且臥看蜿蜒
수 사 괘 옥 각 차 와 간 완 연

한 마리 모깃소리 앵 하고 귀에 들려오면 一蚊嚶然聲到耳
일 문 앵 연 성 도 이

기가 질리고 간담이 떨어지고 속이 불탄다 氣怯膽落腸內煎
기 겁 담 락 장 내 전

털침 박아 피 빨았으면 만족해야지 揷嘴吮血斯足矣
삽 취 연 혈 사 족 의

어찌하여 뼈에다 독까지 또 불어넣느냐 吹毒次骨又胡然
취 독 차 골 우 호 연

베이불 덮어쓰고 이마만 내어놓으면 布衾密包但露頂
포 금 밀 포 단 로 정

부스럼 같은 만 개의 혹이 나 부처님 머리같이 되고 癗萬顆如佛巔
뇌 만 과 여 불 전

비록 스스로 때려 쳐 봐야 역시 헛치기일 뿐이며 頰雖自批亦虛發
협 수 자 비 역 허 발

물린 넓적다리를 급히 때려 봐도 이미 가 버린 뒤니 髀將急拊先已遷
비 장 급 부 선 이 천

힘내어 싸워 봐도 소득 없이 잠만 못 이루게 되니 力戰無功不成寐
역 전 무 공 부 성 매

찌는 듯한 여름밤 길기가 일 년 같구나 漫漫夏夜長如年
만 만 하 야 장 여 년

네놈 몸은 지극히 작고 그 족속도 한없이 천하면서 汝質至眇族至賤
여 질 지 묘 족 지 천

어찌 사람을 만나면 침을 흘려 대느냐 何爲逢人輒流涎
하 위 봉 인 첩 류 연

밤에 다니는 것은 진실로 도둑질을 배우는 것인데 夜行眞學盜
야 행 진 학 도

사당에 陪享된 賢人처럼 어찌 혈식을 하는가 血食豈由賢
혈 식 기 유 현

기억하건대, 내가 奎章閣의 大酉舍 校書로 일할 때 憶曾校書大酉舍
억 증 교 서 대 유 사

당 앞의 푸른 소나무에 백학이 진 치고 있으니 蒼松白鶴羅堂前
창 송 백 학 나 당 전

유월에도 날파리들 얼어붙은 듯 일어나지 못하고 六月飛蠅凍不起
유 월 비 승 동 불 기

늦가을까지 매미 소리 들으며 푸른 대자리에서 쉬곤 했는데 偃息綠簟聞寒蟬
언 식 록 점 문 한 선

지금은 흙바닥 같은 데 볏짚 깔고 있으니 如今土床薦藁鞂
여 금 토 상 천 고 갈

모기야, 내가 너를 불렀으니 네 탓은 아니로구나 　　蚊由我召非汝愆
문 유 아 소 비 여 건

• **血食君子** 성균관과 서원에서 날것(생고기) 제물을 올리는데, 배향된 성인과 현인을 지칭함.

◆ 모기와 등에를 말하다(蚊虻說) 申晸(1628~1687)『汾厓遺稿』卷十『雜著』

申晸은 申欽의 손자, 申翊全의 아들로 인조, 효종, 현종, 숙종 때의 문신이며 시문과 글씨에 뛰어났다. 왕명을 받아 지방 수령들의 시정을 감찰하는 암행어사로도 활동하여 이름을 날렸다. 저서로는 『汾厓集』, 『汾厓遺稿』 등이 있다.

조부 申欽, 아버지 申翊全, 본인 申晸에 이르기까지 벼슬과 문장으로 명문가의 맥을 이었다. 화성에 모기 많음을 걱정하는 현감에게 申晸은, 지방관의 虐政과 收奪이 모기보다 더 무섭다고 이 글로써 일깨우고 있다.

모기 놈 살가죽을 깨물어 대는데

화성 현감이 말하기를 　　花城縣監 曰
화 성 현 감 왈

화성은 들이 넓은 고을입니다 　　花城野縣也
화 성 야 현 야

넓은 벌판을 앞에 두고 험한 바위 둘러 있으며 　　前臨曠原旁阻巖阜
전 림 광 원 방 조 암 부

잡초와 빽빽한 숲 둘러싸여 우거졌는데 　　雜卉叢林環植而蓊菀焉
잡 훼 총 림 환 식 이 옹 울 언

여름에서 가을로 바뀌니 모기 등에 떼가 일어나 　　夏秋之交蚊虻起而爲群
하 추 지 교 문 맹 기 이 위 군

큰 놈은 파리만 하고 작은 놈은 개미만 한데 　　大者如蠅少者如蟻
대 자 여 승 소 자 여 의

다리를 잇고 날개를 붙여 사람 살가죽 무는데 　　聯股接翅噆人肌膚
연 고 접 시 참 인 기 부

독한 놈 만나면 간혹 종기도 앓게 되지요 　　其毒者往往病瘡疽
기 독 자 왕 왕 병 창 저

부지런히 방비하려고 해 질 때면 모기장으로 가리고 　　是以防之甚勤 向晡而掩幃
시 이 방 지 심 근 향 포 이 엄 위

밤이 되면 촛불을 꺼야만 합니다 　　當夜而却燭
당 야 이 각 촉

걱정에 걱정을 석 달이 넘어서야 마침내 그치니 閔閔以居三數月乃已
민 민 이 거 삼 수 월 내 이

고을의 현감도 이를 걱정하는 것입니다 邑宰患之
읍 재 환 지

밤에 살갗 물어 대는 모기보다 대낮에 백성 골수와 고혈을 빠는 관리가 더 나쁘다

신정이 대답하여 말하되 申晸 對曰
신 정 대 왈

내가 듣고 웃으며 말하기를 余聞而笑曰
여 문 이 소 왈

미물도 사람처럼 하늘에게 균일한 성품을 받았지요 夫物之與人均稟於天
부 물 지 여 인 균 품 어 천

사람이 스스로 귀히 여기고 미물이라 천히 여기나 人雖自貴而賤物
인 수 자 귀 이 천 물

하늘이 보면 과연 누가 귀하고 누가 천할까요 自天而觀果孰貴而孰賤耶
자 천 이 관 과 숙 귀 이 숙 천 야

땅과 냇물에 그물로 날고 닫는 놈 잡아 삶는 게 今夫陸羅而川網供飛走於炰鼎者
금 부 륙 라 이 천 망 공 비 주 어 포 정 자

사람의 일상이지요 人之常也
인 지 상 야

이미 생물을 먹었는데 생물이 안 된다 할 것인가 人旣食於物則物獨不可以食於人乎
인 기 식 어 물 칙 물 독 불 가 이 식 어 인 호

또 사람과 미물, 미물과 사람 서로 다른 류인데 且人之於物 物之於人異類也
차 인 지 어 물 물 지 어 인 이 류 야

하물며 모기 등에는 형상을 감추고 흔적을 숨겨 況蚊虻潛形閟迹
항 문 맹 잠 형 비 적

낮에는 나타나지 못하고 不敢晝見
불 감 주 견

필시 밤의 어둠을 틈타 사람 잠든 뒤 구하러 오니 必乘夜之昏瞰人之睡而後有求焉
필 승 야 지 혼 감 인 지 수 이 후 유 구 언

이를 오히려 사람이 두려워하고 꺼리는 것입니다 是猶爲畏忌也
시 유 위 외 기 야

지금 같은 사람으로 백성 보살필 권한 가진 자들이 今有同類於人而受字撫之柄
금 유 동 류 어 인 이 수 자 무 지 병

대낮에 태연히 백성의 골수를 뽑고 고혈을 빠니 白晝儼然推髓而吮膏
백 주 엄 연 추 수 이 연 고

이는 모기가 살갗 깨무는 것보다 훨씬 심하지요 其爲毒不啻蚊虻噆膚之患而已
기 위 독 부 시 문 맹 참 부 지 환 이 이

그대 이를 통해 백성이 괴로워하는 바를 알겠지요 子於此 知赤子之所病乎
자 어 차 지 적 자 지 소 병 호

현감의 백성 걱정은 훌륭하나 부디 경계하십시오	邑宰善之請以爲戒 (읍 재 선 지 청 이 위 계)
이에 이 글로써 드리는 것입니다	書此以貽之 (서 차 이 이 지)

• 『汾厓遺稿』 卷10 『雜著』 「蚊虻說」, 돌지둥[宋錫周](https://gudo57.tistory.com)

◆ 구름처럼 몰려와 작살처럼 찌르는 죽도 모기 떼 李學逵(1770~1835)

李學逵는 조선 후기의 문인으로 綾州, 金海 등지에서 24년의 유배 생활을 거치며 저술과 詩作을 계속했다. 이처럼 긴 유배는 그의 시적 고뇌를 더욱 깊게 했고, 백성들의 삶을 깊이 이해하는 田家詞類의 시풍을 짙게 풍기게 했으며, 流配文學의 지평을 넓히고 시적 風趣까지 더했다.

茶山과도 교유하며 그 학문적 地境을 넓혔으며, 조선 왕조가 끝나고도 세월이 많이 흐른 1985년에 그간 흩어져 있던 자료를 모아 『洛下生全集』이 발간되었고, 문집으로는 『因樹屋集』이 전한다.

죽도 모기 새끼들 구름처럼 진 지어 오니	竹島蚊兒陣似雲 (죽 도 문 아 진 사 운)
불암 모기 떼와 견줄 만큼 많이도 오구나	較來多少佛巖群 (교 래 다 소 불 암 군)
서리 오기 전 날카로운 주둥이로 작살처럼 찔러 대니	霜前利喙銛於刺 (상 전 이 훼 섬 어 자)
중양절 떡장수 할머니 치마 속이 걱정되는구나	愁殺重陽餠媼裙 (수 살 중 양 병 온 군)

• 『洛下生全集』 상·중·하, 아세아문화사, 1985.
• 『낙하생 이학규의 시문학 연구』, 이국진, 고려대학교민족문화연구원, 2017.

◆ 아침에는 파리, 저녁에는 모기(朝蠅暮蚊) 李荇(1478~1534)

칠월인데 날씨는 오히려 찌는 듯 무덥고	七月猶蒸溽 칠 월 유 증 욕
날 저물면 모기 떼 돌아온다	群蚊日暮廻 군 문 일 모 회
날카로운 가시로 살갗을 물어 대고	噆膚攢利棘 참 부 찬 리 극
가벼운 우렛소리 내며 귓가를 어지럽힌다	亂耳殷輕雷 난 이 은 경 뢰
일어나려니 등잔불 다해 꺼지려 하고	欲起燈還盡 욕 기 등 환 진
잠은 오지 않아 베개를 밀치노라	無眠枕屢推 무 면 침 루 추
된서리 내릴 때가 비록 멀진 않았지만	嚴霜雖不遠 엄 상 수 불 원
난초, 혜초 먼저 꺾일까 두렵네	蘭蕙恐先摧 난 혜 공 선 최

- **蘭蕙恐先摧** 『世說新語』의 "寧爲蘭摧玉折 不作蕭敷艾榮(비록 난초가 꺾어지고 옥이 부서질지언정, 쑥부쟁이처럼 더부룩하게 우거지지는 않겠다)"이라는 표현을 차용한 것이다.
- **蘭摧玉折** 귀한 사람의 죽음을 의미한다.

먹으면 얼마나 먹는다고 불에 그슬리나? 이
蝨, 虱, louse

이는 이목 잇과에 속하는 곤충으로 사람에게 기생하는 種이다. 몸길이는 0.5~6mm 정도이며, 머리는 작고 가슴과 배는 넓은 장타원형이다. 머리 끝부분에 입이 있어 숙주의 피부를 뚫고 피를 빨아먹는다. 수명은 1~1.5개월이다. 부화한 암컷이 산란하기까지 20일이 채 안 걸린다. 주거와 활동 장소에 따라 머릿니, 옷니, 사면발니로 나뉜다. 알은 서캐(쌔가리)라고 한다.

『구약성경』「출애굽기」 8장 16~17절에서는 모세와 아론이 지팡이로 땅의 티끌을 치니 이가 되어 애급 사람의 몸과 생축에게 올랐다고 한다.

필자가 어렸을 때는 아이들의 머리털과 옷 속에 이가 득실거렸다. 옷을 벗어 솔기에 숨은 이를 찾아 손톱으로 눌러 죽인다. 이가 무서운 남자아이들은 머리를 아예 빡빡 밀어 버렸고, 여자아이들은 솔이 촘촘한 참빗으로 머리를 빗어 내려 서캐가 나오면 불에 그슬렸다. 옷 속의 이를 다 잡을 수 없어서 가마솥에 삶거나 불에 그슬려 죽였다. 그래도 안 되면 하얀 DDT 가루를 옷이나 머리에 뿌려 아예 박멸하기도 했다.

여러 사람이 함께 봉놋방이나 초당에 누우면 이(虱)들은 새로운 피 맛을 보기 위해 하룻밤에 여덟 사람의 등을 넘는다. 숙주들이 코를 고는 사이, 이(蝨)들의 민족 대이동과 먹이 교환이 이루어진다. 이동 중에 同族을 만난 이(蝨)들은 서로 그간의 안부와 지금까지 거친 여러 숙주의 피 맛을 묻는다. 어제까지 棲息하던 숙주가 누구였는지는 점점 알 길이 없어진다. 붉은 피는 섞이며 따뜻하고 안전한 옷 솔기도 바뀐다. 날이 밝으면 밤새 옮긴 또 다른 숙주의 옷 솔기에서 잠든 채로 '먼 여행길을 떠난다.'

"열 걸음조차 날지 못하는 쉬파리가 천리마의 궁둥이에 붙어 천릿길 가듯(蠅之飛不過十步若附驥尾日馳千里)."

문득, 이(虱)들의 탄식과 절규가 들린다.

"인간들아, 우리가 먹으면 얼마나 먹는다고, 살면 얼마나 산다고, 한 달 남짓이면 떠나고 말 세상인데 팔십을 넘어 사는 그대 인간들이, 한 모금 피가 아까워서 화롯불에 우리를 그슬리고 가마솥에 물을 끓여 대며 그대와 나눈 귀한 피를 손톱 끝에 묻혀 말리는가?"

◆ 이(蝨)나 개(犬)나 살기를 원하는 것은 같다(蝨犬說) 李奎報『東國李相國集』

고려 천재 시인이자 문장가인 李奎報가 손님과의 대화 형식을 통해, 모든 생명이 경중 없이 소중하다고 강조하며 사물의 본질을 바라보도록 일깨우는 글이다.

어떤 손님이 내게 말하기를, 어제 저녁녘에 보니	客有謂予曰 昨晩見 객유위여왈 작만견
어떤 불량한 사람이 큰 몽둥이로	一不逞男子以大棒子 일불령남자이대봉자
돌아다니는 개를 두들겨 패서 죽이는데	椎遊犬而殺者 추유견이살자
그 모습 보기에도 하도 애처로워	勢甚可哀 세심가애
실로 마음이 아파 견딜 수가 없었습니다	不能無痛心 불능무통심
이제부터 저는 맹세컨대 개, 돼지고기를 먹지 않겠습니다	自是誓不食犬豕之肉矣 자시서불식견시지육의
이 말을 듣고 나는 이렇게 말했다	予應之曰 여응지왈
어제 어떤 사람이 불기 있는 화로를 끌어안고	昨見有人擁熾爐 작견유인옹치로
이를 잡아 불에 그슬리고 있어	捫蝨而烘者 문슬이홍자
마음이 아파 견딜 수가 없었네	予不能無痛心 여불능무통심
나는 이제부터 다시는 이를 잡지 않기로 다짐했다네	自誓不復捫蝨矣 자서불복문슬의
손님은 민망해하며 말하길, 이는 하찮은 微物이 아닙니까	客憮然曰 蝨微物也 객무연왈 슬미물야
저는 커다란 동물이 죽는 것을 보고	吾見厖然大物之死 오견방연대물지사
애처로운 생각이 들어서 드린 말씀인데	有可哀者故言之 유가애자고언지
선생께서 이리 대하시니 나를 놀리시는 것입니까	子以此爲對 豈欺我耶 자이차위대 기기아야
나는 말하기를, 무릇 혈기가 있는 모든 생물은	予曰 凡有血氣者 여왈 범유혈기자
머리 검은 사람으로부터	自黔首 자검수

소, 말, 돼지, 양, 곤충, 개미에 이르기까지　至于牛馬猪羊昆蟲螻蟻(지우우마저양곤충누의)

모두 살기를 원하고 죽는 걸 싫어하는 마음은 한가지라네　其耽生惡死之心未始不同(기탐생오사지심미시부동)

어찌 커다란 생물만 죽음을 싫어하고　豈大者獨惡死(기대자독오사)

작은 생물은 그러하지 않겠는가　而小則不爾耶(이소즉불이야)

그런즉 개와 이의 죽음은 한가지라네　然則犬與蝨之死一也(연즉견여슬지사일야)

그래서 그것을 들어 맞추어 대응한 것이지　故擧以爲的對(고거이위적대)

어찌 감히 일부러 그대를 놀리겠는가　豈故相欺耶(기고상기야)

그대가 이것을 못 믿겠다면　子不信之(자불신지)

그대의 열 손가락을 한 번 깨물어 보시게　盍齕爾之十指乎(합흘이지십지호)

엄지만 아프고 그 나머지는 아프지 않겠는가　獨拇指痛 而餘則否乎(독무지통 이여즉부호)

한 몸에 있는 것은 크고 작은 것을 막론하고　在一體之中 無大小支節(재일체지중 무대소지절)

모두 피와 살이 있기 때문에　均有血肉(균유혈육)

그 느끼는 아픔은 모두 같은 것이라네　故其痛則同(고기통즉동)

하물며 그 목숨(氣息)은 모두 하늘로부터 물려받은 것인데　況各受氣息者(황각수기식자)

어찌 저건 죽음을 싫어하고 이건 죽음을 좋아하겠느냐　安有彼之惡死而此之樂乎(안유피지오사이차지요호)

그대는 물러나서 눈을 감고 고요히 생각해 보게　子退焉 冥心靜慮(자퇴언 명심정려)

그리하여 달팽이 뿔을 소의 뿔과 같이 보고　視蝸角如牛角(시와각여우각)

메추리를 큰 봉새처럼 같이 보게나　齊斥鷃爲大鵬(제척안위대붕)

그런 뒤에야 나는 그대와 더불어 도를 말하겠네　然後吾方與之語道矣(연후오방여지어도의)

◆ 우물 속의 달(詠井中月) 李奎報

산사에 계신 스님 달빛을 탐하여 山僧耽月色(산승탐월색)

한 병에 달을 물과 함께 길어 가네 并汲一瓶中(병급일병중)

절에 이르면 바로 깨달으리 到寺方應覺(도사방응각)

병을 기울이면 달도 비어 있는 것을 瓶傾月亦空(병경월역공)

◆ 춥고 배고프면 도적질한다(飢寒作盜) 星湖 李瀷(1681~1763)

星湖 李瀷은 조선 후기 유학자, 실학자로서 평생을 벼슬하지 않고 야인으로 보내며 궁핍하게 살았다. 『星湖僿說』과 『藿憂錄』, 『李子粹語』 등 많은 저서를 남겼다.

『성호사설』은 조선 말의 여러 가지 폐단을 근원적이고 구체적으로 개혁하려는 웅지가 담긴 40년간의 역작이다. 天地門, 萬物門, 人事門, 經史門, 詩文門 등 5개 부문으로 나누어 3,057개 항목이 담긴 방대한 백과사전적 저술이다. 安鼎福(1712~1791), 權哲身(1736~1801) 등 뛰어난 門人들을 많이 배출하여 조선 후기에 하나의 학파를 이루었다.

어리석은 백성은 배고픔과 추위가 닥쳐오면 愚民迫於飢寒(우민박어기한)

도둑질해서라도 살고자 하는데 作盜而求生(작도이구생)

이것은 이(蝨)와 같다 其猶蝨乎(기유슬호)

옷 솔기에 붙어사는 이는 사람을 물지 않고는 蝨處依縫非咬人(슬처의봉비교인)

살아 나갈 수가 없다 將無以爲生(장무이위생)

이미 그 형체를 갖추고 있으니 旣有形軀(기유형구)

죽음을 면하려고 하는 것은 이상할 것이 없다 求所以免死無怪也(구소이면사무괴야)

이가 죽더라도 사람을 물지 않는 게 과연 옳을까 在蝨寧死而不咬人可乎(재슬영사이불교인가호)

물어서 사람의 피부를 상하게 하면 咬而傷膚(교이상부)
사람이 이를 느끼지 못할 리가 없으니 人未有不覺之理(인미유불각지리)
사람은 역시 부득이 불에 쬐어 죽일 수밖에 없다 人亦不得已而烘(인역부득이이홍)
물지 않으면 굶어 죽고 如得投不咬飢死(여득투불교기사)
물면 불에 쬐어서 죽는다 咬又烘死矣(교우홍사의)
어리석은 백성이 도둑질해서라도 살려고 하는 것을 愚民作盜求生(우민작도구생)
부득이 사로잡기도 하나 雖不得已而禽投(수부득이이금투)
그 정이 용서할 만한 게 있다 然情有可恕(연정유가서)
曾子 말하길 曾子曰(증자왈)
사정을 알면 불쌍히 여기고 이를 기뻐하진 마라 其情家矜而勿喜(기정가긍이물희)

• 『한국의 실학사상』, 강만길, 이익성 해제, 옮김, 삼성출판사, 1990.

◆ 걸인의 배 위에서 우렛소리 듣는 이(蝨, 虱) 金炳淵(1807~1863)

굶주리면 피 빨고 배부르면 떨어지니 飢而吮血飽而擠(기이연혈포이제)
삼백 곤충 중에 가장 下等이로다 三百昆蟲最下才(삼백곤충최하재)
멀리서 오는 손님 품 안에서는 한낮을 시름하고 遠客懷中愁午日(원객회중수오일)
곤궁한 사람의 배 위에서는 우렛소리를 듣는구나 窮人腹上聽晨雷(궁인복상청신뢰)
생긴 모양은 비록 보리 같으나 누룩이 되긴 어렵고 形雖似麥難爲麯(형수사맥난위국)
風자 못 이룬 虱자니 매화꽃 떨어뜨리지 못하겠네 字不成風未落梅(자불성풍미낙매)
묻노니 너는 감히 신선의 仙骨도 침범할 수 있겠느냐 問爾能侵仙骨否(문이능침선골부)

마고 할멈이 머리를 긁으며 天臺에 앉았더라　　麻姑搔首坐天臺
마 고 소 수 좌 천 대

- 이(虱)는 배고픈 乞人의 배 위에서는 우렛소리(靁)를 듣고, 생긴 것은 보리(麥)같이 생겼지만 누룩(麯)이 되지 못하고, 바람 風字의 옆이 터진 이 슬(虱)字로는 매화꽃을 떨어뜨리지 못한다고 표현한다. 과연, 조선이 낳은 천재 시인이다.
- 『김삿갓 시집』, 김병연 지음, 이명우 엮음, 집문당, 2017.

피 빨고 튀는 벼룩

蚤, Flea

벼룩목에 속하는 곤충으로 피를 빨아먹는 체외 기생충이다. 세계적으로 약 1,500종이 서식하는 것으로 알려져 있다. 몸길이는 2~4mm로 아주 작고 적갈색이다. 주로 인간, 포유류, 조류의 피를 빨며 산다. 피를 빨아먹는 데 적합하도록 날개가 퇴화되어 隱翅類라고도 한다. 모기처럼 흡혈을 위한 관을 가지고 있다.

몸에 비해 다리가 매우 길어 가장 높게는 18cm, 가장 멀리는 33cm 정도 도약하는데, 자기 몸길이의 200배를 뛰는 셈이니 모든 동물 중 거품벌레 다음으로 점프력이 뛰어나다고 한다. 섭씨 15도 이상에서만 생존이 가능하다.

번데기를 거쳐 성충이 되는데, 평균수명은 6개월에서 1년 반이다. 길지 않은 삶의 시간을 탄식하며 한 숙주의 털 속에 5,000개 이상의 알을 낳는다. 오래 살지 못하는 벼룩이므로 그 알도 낭비할 시간이 없다. 2일에서 2주면 바로 孵化하고, 부화하면 뛰어난 천품대로 이내 사정없이 물고 신나게 뛴다.

피를 빨 때 기생충이나 병원균이 체내로 함께 들어갈 수 있으며, 이로 말미암아 티푸스균, 조충(촌충)류 등이 흑사병과 발진열 등의 질병을 전염시킬 수도 있다.

벼룩은 한 숙주의 이곳저곳을 옮겨 다니며 아예 그림을 그리듯이 피를 빤다. 한 숙주의 피 맛이 팔, 다리나 이곳저곳 무는 부위에 따라 다를 것 같지도 않은데, 참 이상한 일이다. 성질 급하고 호기심 많은 벼룩이라 어쩌면 심심해서 그런지 모를 일이다.

김삿갓(金炳淵)은 벼룩이 자신의 살갗 위에 그려 놓은 吸血과 盜血의 흔적을 "복숭아꽃 활짝 핀 봄 경치 보는 듯하네(剩得桃花萬片春)"라고 표현했다. 詩人인가? 詩仙인가?

이(蝨)는 그나마 숙주와 체온을 나누면서 사는 사이지만, 벼룩은 숙주와 함께 살아가는 동물은 아니다. 아무 때나 나타나 게릴라처럼 피를 빨고는 오래 머물지 않고 미련 없이 튄다. 아이들 말로 이게 바로 먹튀의 원조가 아닐까? 그것도 피를 빠는 잔인한 먹튀.

◆ 모기, 벼룩 마음대로 덤벼드는 여름밤 길어(蚊蚤) 茶山(1762~1836)

찌는 더위에 산 중턱에 있는 절에 오를 생각하니	炎歊思走寺 (염효사주사)
쇠약하고 피곤한 몸으로 고갯길 오르기 겁나네	衰疲畏陟嶺 (쇠피외척령)
모기 벼룩 함부로 덤벼 대니	蚊蚤恣侵虐 (문조자침학)
여름밤은 괴롭고 긴 것처럼 느껴지네	夏夜覺苦永 (하야각고영)
깊은 밤엔 더욱 미칠 것 같구나	更深每發狂 (경심매발광)
옷 벗고 마을 우물에서 목욕하니	解衣浴村井 (해의욕촌정)
긴 바람 불어 내 얼굴 스쳐 가니	長風吹我面 (장풍취아면)
듬성듬성한 숲은 가리기 어렵고	疎林觖藩屛 (소림결번병)
그대 구름같이 높은 곳에 누워 있을 것 생각하니	憶汝雲臥高 (억여운와고)
드러누워 쉬니 살과 뼈까지 차갑다	偃息肌骨冷 (언식기골랭)

◆ 스님의 손톱에 눌려 생을 마치는 벼룩(蚤) 一休宗純(1394~1481)

一休宗純은 일본의 무로마치시대(室町時代) 臨濟宗 禪僧이자 시인이다. 皇家의 후손이라는 설도 있는데, 性情이 매우 자유분방하여 거침없는 無碍行을 일삼았다고 하며, 수많은 禪語와 逸話가 전해 온다.

때인가 티끌인가 이게 무슨 생물인가?	垢也塵也是何物 (구야진야시하물)
보고 또다시 봐도 뼈도 없는 미물이네	元來見來更無骨 (원래견래경무골)
비록 사람 피 빨아 통통하게 살쪘어도	雖爲喰人十分肥 (수위식인십분비)
비쩍 마른 스님의 손톱에 눌려 생을 다하네	瘦僧一捻歿生涯 (수승일념몰생애)

◆ 벼룩이 문 자리, 피부에 핀 복숭아꽃일세(蚤, 벼룩) 金炳淵(1807~1863)

모양은 대추씨같이 생겼어도 용기는 빼어나	貌似棗仁勇絶倫 모 사 조 인 용 절 륜
이(半風=虱)와는 친구 삼고 전갈(蝎)과는 이웃 되어	半風爲友蝎爲隣 반 풍 위 우 갈 위 린
아침에는 자리 틈에 몸을 숨기니 있는 곳 알 길 없고	朝從席隙藏身密 조 종 석 극 장 신 밀
저녁엔 이불 속으로 들어와 다리 물려고 가까이 오네	暮向衾中犯脚親 모 향 금 중 범 각 친
뾰족한 주둥이에 물릴 때면 뒤져볼 마음 생기지만	尖嘴嚼時心動索 첨 취 작 시 심 동 색
붉은 몸 뛰는 곳마다 번번이 놀라서 꿈 깨네	赤身躍處夢驚頻 적 신 약 처 몽 경 빈
날 밝은 뒤 살갗 위 반점들 살펴보면	平明點檢肌膚上 평 명 점 검 기 부 상
복숭아꽃 활짝 핀 봄 경치 보는 듯하네	剩得桃花萬片春 잉 득 도 화 만 편 춘

- 蘭皐 金炳淵 선생의 시는 세밀한 관찰과 표현 언어의 디테일에서 빛을 발한다. 벼룩은 대추씨같이 생겼으나 용기는 절륜하고 半風인 이(虱)와는 친구 삼는다는 말은 같은 숙주 몸의 피를 빠는 동료인 까닭이고, 전갈과 이웃이라 함은 근지럽게 흡혈하는 이(虱)와는 달리 깜짝 놀랄 정도로 따갑게 물어 대기 때문일 것이다.
- 蘭皐 선생은 날이 밝은 뒤 벼룩들이 밤새도록 吸血한 痕迹들을 살피면서 "복숭아꽃 활짝 핀 봄 경치"로 표현함으로써, 자신의 몸까지도 物象化해서 보는 모습이 자못 이채롭다. G. W. F. 헤겔이 말한 對自的(pour soi) 境地와 宋代 철학자 邵康節 邵雍 선생의 '사물의 눈으로 사물을 본다는 以物觀物의 경지'를 다시 한번 蘭皐 선생의 이 시에서 떠올리게 된다. 詩人의 세계일까? 神仙의 경지일까?

냄새까지 고약한, 피를 빠는 빈대
臭蟲, 床蝨, bedbug

빈대는 노린재목 빈댓과에 속하는 곤충이다. 벽 틈에 산다고 壁蝨, 자라처럼 납작해서 鼈虱이라고도 하는데, 전 세계에 23속, 75종이 서식하는 것으로 알려져 있다.

빈대는 몸길이가 6mm 정도이며 납작하고 타원형이다. 영어 이름 bedbug처럼 침대 밑에 떼 지어 사는데, 한자로도 '침상의 이'인 床蝨이라고 부르니 동서양이 호칭에 있어서 크게 다르지 않다는 것이 흥미롭다.

빈대는 원래 박쥐에 기생하다가 언제부터인가 숙주를 인간으로 바꾸었다고 한다. 이, 벼룩, 모기, 빈대는 '인간의 피를 빠는 4種의 惡蟲'이나 그중에서도 빈대는 시력이 특히 나빠서 어두운 곳에 있다가 밤이면 나타나 물기 시작한다. 그런데 맛을 보는 정도가 아니라 아무 데나 찌르고 飽食하면서 宿主의 몸을 초토화시킨다. 여기에 더해 고약한 냄새까지 풍겨 대므로 인간이 가장 싫어하는 벌레 중 하나가 되었다.

수컷 빈대는 별도로 성기를 가지고 있지 않은 암컷의 몸을 아무 데나 자신의 성기로 찔러 정액을 주입하는, 外傷性 射精(traumatic insemination)으로 특이한 짝짓기를 한다. 몸이 찔리는 고통을 겪으며 受精한 암컷은 한 번에 100~250개의 알을 낳고, 알은 1~2주 만에 부화한다. 그러고는 배우지도 않은 피 빠는 일을 바로 시작하는데, '빈대 붙는 부모'를 닮아선지 자투리 시간도 허투루 낭비하는 법이 없다.

덩치가 커서 그런지 흡혈 양은 모기의 열 배가 넘는다고 한다. 빈대도 모기처럼 피를 빨 때 마취나 혈액 응고 방지를 위해 자기 몸속의 히루딘(hirudin)이란 활성물질을 주입한다. 빈대에 물리더라도 별다른 전염병에 감염되지는 않지만, 알레르기성 가려움증 때문에 심하게 긁음으로써 피부가 많이 상하므로 항히스타민제의 처방이 필요하다.

제2차 세계대전 후 DDT 살포로 박멸된 것으로 알려졌으나, 최근 들어 선후진국을 가리지 않고 곳곳에서 빈대가 출몰한다는 보고가 있다. 최근 우리나라에서도 빈대가 나타난다는데, 일부에서는 갑자기 나타난 이 빈대가 해외 관광객들이 데리고 온 유입종이라며, 앞으로 등장할지 모를 토종 빈대설을 은근히 차단하는 분위기다. 그러나 우리보다 훨씬 오래전부터 이 땅에 살고 있던 토종 빈대가, 그들을 잡기 위해 태운 초가삼간의 잿더미 속에서 운 좋게 살아남아 오늘 우리가 사는 이 세상에 다시 모습을 드러내는 건 아닌지 어찌 알겠는가?

빈대의 천적은 바퀴벌레다. 빈대를 잡기 위해 바퀴벌레를 이용하고, 이 바퀴벌레를 잡기 위해 다시 개미를 활용하는 연쇄 천적 활용 방법이 강구되기도 한다. 그러나 소금물이나 50도 이상의 고온 방역으로 빈대를 물리치는 것이 더 효과적이라고 한다.

◆ 한밤중 빈대와 선비의 전투(鼈蝨) 洛下生 李學逵(1770~1835)

李學逵 선생이 유배 중에 빈대에 관해 읊은 한시인데, 그 묘사가 매우 구체적이다. 이상주의적 관념 세계에 빠져 있던 조선의 관리들을 현실 세계와 민중의 삶 속으로 이끌어 내는 소중한 통로는 언제 찾아올지 모르지만 한 번씩 겪게 되는 流配라고 할 수 있다.

이 시는 그의 다른 동물 시와 함께 流配文學의 白眉로 꼽히고 있다.

이에 떼 들어 달려드니 斯乃擧族來(사내거족래)

마치 무슨 명을 받아 달려드는 것 같구나 有若趣召令(유약취소령)

천창에서 주르륵 비 오듯 떨어지고 天囱悄悄零(천창초초령)

달빛 서린 휘장 뒤에서 스물스물 기어 나오네 月幮隱隱迸(월주은은병)

떼 지어 물어뜯기니 힘들고 약해져 儜弱困衆唼(영약곤중삽)

무리 지은 놈들에게 물려 여위어 가고 瘦損飫群命(수손어군명)

피부를 긁어 대니 마치 옴 붙은 것 같다 爬膚痒如疥(파부양여개)

손바닥으로 내려치니 냄새 아주 고약하다 摑掌臭靡淨(괵장취미정)

등불 밝혀 이놈들 섬멸하고자 하면 呼燈快殲劉(호등쾌섬류)

벽을 살피고 기민하게 엿보고 둘러보니 視壁捷邏遉(시벽첩라정)

천천히 날카로운 눈으로 엿보다가는 徐宜利眼窺(서의리안규)

잽싸게 손으로 내리쳐야 하네 敏欲衆手倩(민욕중수천)

정치보다 더 무서운 호랑이 있다지만 有虎怵於政(유호출어정)

어찌하면 만 길이나 되는 물길 만나 安得萬仗流(안득만장류)

더위 틈타 마음껏 헤엄이나 쳐 볼까 乘涼肆游泳(승량사유영)

오랫동안 끄무레해도 비는 내리지 않는데 久陰天不雨(구음천불우)

하물며 찜통 같은 더위 심할 때에야 矧當炎敲盛(신당염고성)

이곳 사는 이들 누워서 코까지 골아 대는데 居人臥猶鼾(거인와유한)

외로운 나그네 눈 뜬 채 앉아 지새운다 獨客坐如瞠(독객좌여당)

남쪽 지방은 본디 사물이 뒤섞여 南荒物化交(남황물화교)

독한 냄새가 경계도 없이 풍겨 오니 臭毒正無竟(취독정무경)

슬퍼하다 보면 그럭저럭 아침이 되고 말 터이니 惆悵遂至朝(추창수지조)

단지 외로이 시만 읊을 뿐이로구나 惟以發孤詠(유이발고영)

- 『낙하생전집』, 한국한문학연구회 편, 아세아문화사, 1961.
- 『한국한문학사』, 이가원, 을유문화사, 1961.

◆ 잠 못 들게 하는 옥산 시골집 빈대(宿玉山村舍 苦蝎不成寐) 南景羲(1748~1812)

작은 벌레에 시달려 잠을 잃어버린 채 受制微蟲失睡鄕(수제미충실수향)

몇 번씩이나 베개 밀치고 일어나 이리저리 허대네 幾回推枕起彷徨(기회추침기방황)

늙고 쇠약해져 세월 짧음 늘 탄식해 오다가 臨衰每歎光陰短(임쇠매탄광음단)

이제 와선 도리어 여름밤 긴 것 걱정하고 있다네 到此翻愁夏夜長(도차번수하야장)

南景羲는 스스로 호를 '어리석음이 심해 고칠 수 없는 고질병에 든 자'란 뜻의 癡菴(癡者愚之甚者也 若癡者 於人爲疾沈固 不可醫)이라 했는데, 靑莊館 李德懋가 『看書痴傳』에서 자신을 '책만 보는 바보'라는 뜻의 '看書癡'라고 칭한 것을 연상케 한다.

南景羲는 정조 때 문과에 급제하였으나 높은 자리에는 이르지 못하였고, 사간원 정언, 예조좌랑을 지내다 비교적 이른 나이인 45세에 고향 慶州로 낙향했다. 이후 더 이상 벼슬길에 나가지 않고 제자들을 가르치며 학문에 전념하였다. 저서로는『癡菴文集』12권 6책이 전한다.

생의 늘그막에 늘 세월 짧음을 탄식해 온 터였지만, 빈대에 물려 잠 못 이루고 일어나 이리저리 허대다 보니 여름밤이 오히려 길게 느껴진다고 한다. 효과적인 驅蟲 수단이 별로 없었던 당시 사람들이 겪었던 고충을 짐작하게 하는 시다.

과연 모기, 이, 벼룩, 빈대 등의 四蟲은 사람을 괴롭히고 피를 빨아 대어 오랫동안 사람들에게 미움받아 온 악당들이 분명하다.

• 『한국민족문화대백과사전』

책은 먹은 적 없다는 좀벌레

蠹魚, 銀魚, 衣魚, 書魚, silverfish, fishmoth

좀벌레는 곤충강 좀목의 곤충으로 데본기 중기에 출현하여, 현존하는 곤충 중 가장 오래된 까닭에 살아 있는 화석으로 불린다. 몸길이는 1cm 정도이며 생긴 모양이 물고기를 닮은 데다 어떤 것은 은빛 비늘까지 있어서 銀魚라고도 하는데, 영어로는 silverfish니까 동서양이 같은 뜻으로 부르는 게 흥미롭다. 전 세계에는 약 550종의 좀벌레가 있는 것으로 보고되어 있다.

좀벌레는 빛과 추운 것을 특히 싫어하며, 어두운 세상에서 종이, 풀, 옷, 전분 등을 주로 먹고 사는 菜食主義者(vegitarian)다. 책에 구멍을 내는 벌레(蠹魚嗜書)로 잘못 알려져 선비들의 미움을 받아왔지만, 최근에서야 귀한 책에 구멍을 내는 것은 좀벌레가 아니라 딱정벌레족의 일종인 빗살수염벌레로 밝혀져 긴 세월 동안 억울한 죄를 덮어쓴 혐의를 마침내 벗게 되었다.

실제로 좀벌레는 책을 즐겨 먹는 식성도 아닐 뿐더러, 책 읽기를 즐겨하는 것은 더더욱 아니다. 그런데 다른 종족이 낸 책 구멍에 대한 혐의까지 뒤집어썼으니 어찌 억울하지 않겠는가? 歷史의 法廷에서는 좀벌레에 대한 辯護가 긴요할 것 같다.

오랜 옛날『韓非子』「五蠹」篇에서부터 가해지기 시작한 좀벌레에 대한 蔑稱과 汚名은 쌓이고 쌓여 나중엔 좀도둑, 좀스럽다 등 자잘한 성품의 사람을 일컫거나 사물에 조금씩 해를 끼치는 사람이나 물건을 나쁘게 비유하는 데도 쓰이고 있다. 그러나 좀벌레는 산처럼 쌓여 온 그 汚名에 비해 모기나 빈대, 벼룩과 같은 惡蟲類처럼 사람의 피를 빤다든지 몹쓸 질병을 옮기는 것도 아니니, 딱히 이들을 싸잡아 미워할 일만은 아닌 것 같다. 이 땅에 天稟대로 살아가는 귀한 생명을 가진 곤충이니….

◆「五蠹」篇,『韓非子』49篇

한비자가「五蠹」篇에서 말하고 있는 五蠹란 나무를 갉아먹는 害蟲처럼 나라를 갉아먹는 다섯 가지 부류의 좀과 같은 인간이 있다고 하며, 이를 제거해야만 나라가 제대로 될 수 있다고 주장한다. 學者, 說客, 游俠, 權門世族, 惡德 商工人 등이 그들이다.

첫 번째 좀 曲學阿世하는 학자들 一蠹

선왕의 도를 일컬으며 인의를 빙자하여
其學者 則稱先王之道以籍仁義
기학자 칙칭선왕지도이적인의

용모와 옷차림을 꾸미고 변설을 늘어놓으며
盛容服而飾辯說
성용복이식변설

현행법을 의심케 하고 군왕 마음을 어지럽게 한다
以疑當世之法 而貳人主之心
이의당세지법 이이인주지심

두 번째 좀 合從連橫을 일삼으며 사익을 추구하는 논객들 二蠹

거짓과 사기로 바깥의 힘을 빌려
其言古者 爲設詐稱 借於外力
기언고자 위설사칭 차어외력

제 욕심을 채우고 나라의 이익을 뒤로하는 무리
以成其私 而遺社稷之利
이성기사 이유사직지리

세 번째 좀 칼 차고 狐假虎威하는 범법자들 三蠹

칼을 차고서는 무리를 끌어모아
其帶劍者 聚徒屬
기대검자 취도속

절개와 지조를 지킨다며 자기 이름을 내걸고
立節操 以顯其名
입절조 이현기명

나라가 금하는 법들을 제멋대로 어긴다
而犯五官之禁
이범오관지금

네 번째 좀 權門勢家에 빌붙어 사는 사람들 四蠹

권력에 빌붙어 사사로이 재물을 쌓고
其患御者 積於私門
기환어자 적어사문

뇌물 바치고 요인에게 붙어 힘 안 들이고 산다
盡貨賂 而用重人之謁 退汗馬之勞
진화뢰 이용중인지알 퇴한마지로

다섯 번째 좀 불량품을 팔고 買點賣惜하는 상공인들 五蠹

못된 상공인들은 좋지 않은 물건을 비싸게 팔며
其商工之民 修治苦之器
기상공지민 수치고지기

불량품을 끌어모아 쌓아놓고 때를 기다려 聚不靡之財 蓄積待時
취불미지재 축적대시

농부들에게 팔아 폭리를 취한다 而侔農夫之利
이모농부지리

따라서 어지러운 나라의 풍속은 而是故亂國之俗
이시고란국지속

이 다섯 부류의 나라를 좀먹는 사람들이 만든다 此五者 邦之蠹也
차오자 방지두야

군주가 이 다섯 부류의 사람들을 없애지 못하면 人主不除 此五蠹之民
인주부제 차오두지민

바르게 살려는 사람들을 기르지 못하게 되어 不養耿介之士
부양경개지사

천하의 나라가 깨어져 망하게 되거나 則海內雖有破亡之國
칙해내수유파망지국

조정이 소멸되어도 역시 괴이한 일이 아니다 削滅之朝 亦勿怪矣
삭멸지조 역물괴의

◆ 책 좋아하는 나, 전생에 좀벌레(書魚)였나 澹軒 李夏坤(1677~1724)

李夏坤은 조선 후기 선비, 장서가로 충북 진천의 藏書閣인 萬卷樓의 주인(揷架萬卷書)이었고 자신을 耽書癡라 불렀다. 그의 萬卷樓는 당시 지식인들의 지적 활동의 공동 산실이었다.

집이 가난하니 다만 다섯 수레 책만 있을 뿐 家貧只有五車書
가빈지유오거서

이밖에 남은 물건 하나도 없네 此外都無一物餘
차외도무일물여

죽으나 사나 책 곁을 떠나지 못하니 生死不離黃卷裡
생사불리황권리

나 전생에 아마 좀벌레였나 봐 前身應是食仙魚
전신응시식선어

◆ 개구리, 제비, 꿩이 우는 까닭(三物說) 花溪 柳宜健(1687~1760)

花溪 柳宜健은 조선 후기의 선비로, 본관은 서산이며 경주에서 출생했다. 늦게 진사시에 합격했으나 과거에는 나가지 않고 경주 화곡에 花溪書堂을 짓고 학문에 정진하였으며, 옥산서원 원장을 네 번이나 역임했다. 星曆과 易學에 밝았는데 후인들은 북송대의 數理哲學과 象數學의 大家 邵康節에 비하여 東方康節이라고 일컬었다. 저서로 1883년 목판본 『花谿集』, 『卦變疑義』를 남겼다.

개구리 개굴개굴, 제비 지지배배, 까치 깍깍 운다	蛙閤閤燕喃喃雉角角 와 합 합 연 남 남 치 각 각
이에 꿩이 제비에게 묻기를 너는 왜 지지배배하니	於是雉問燕曰爾喃喃何 어 시 치 문 연 왈 이 남 남 하
제비가 답해 지지배배했다	燕答喃喃 연 답 남 남
제비가 개구리에게 묻기를 너는 왜 개굴개굴하니	燕問蛙曰爾閤閤何 연 문 와 왈 이 합 합 하
개구리가 답해 개굴개굴했다	蛙答閤閤 와 답 합 합
개구리도 꿩들에게 묻기를 너희는 왜 깍깍하니	蛙又問諸雉曰爾角角何 와 우 문 제 치 왈 이 각 각 하
꿩들이 역시 답하길 깍깍했다	雉亦答角角 치 역 답 각 각
개구리가 개굴개굴하나 스스로 이를 알지 못하고	故蛙之閤閤 蛙自不知 고 와 지 합 합 와 자 부 지
제비가 지지배배하지만 스스로 이를 알지 못하고	燕之喃喃 燕自不知 연 지 남 남 연 자 부 지
꿩은 깍깍하지만 스스로 이를 알지 못한다	雉之角角雉自不知 치 지 각 각 치 자 부 지
개구리가 듣기로는 개구리는 개굴개굴할 수 없고	蛙之聽蛙不閤閤 와 지 청 와 부 합 합
제비가 듣기로는 제비는 지지배배할 수 없으며	燕之聽燕不喃喃 연 지 청 연 불 남 남
꿩이 듣기로는 꿩은 깍깍할 수 없다	雉之聽雉不角角 치 지 청 치 불 각 각
세 생물은 각기 자기들의 말로 말하지만	之三者各言其言 지 삼 자 각 언 기 언
소리가 같으면서도 다르니 어찌 이상하다 아니할까	其聲之不同 何足怪 기 성 지 부 동 하 족 괴
고로 깨친 사람은 소리로서 듣지 않고 마음으로 듣는다	故至人不以聲聽聲 而以心聽之 고 지 인 불 이 성 청 성 이 이 심 청 지

개굴개굴은 지지배배와 같고 지지배배는 깍깍과 같다 閤閤猶喃喃也 喃喃猶角角也
합합유남남야 남남유각각야

나는 이 세 생물에게서 특별한 느낌을 가지게 되었다 吾於三物有感
오어삼물유감

北宋의 저명한 象數學者 邵康節은 사물을 바로 보려면 자신의 눈(以我觀物)이 아니라 그 사물의 눈으로 사물을 바라보라(以物觀物)고 하였다. 나아가 東方康節로 불리는 花溪 先生은 이 글에서 소리를 제대로 듣기 위해서는 귀로 들을 것이 아니라 마음으로 들으라고 한다. 마음으로 듣는다면(以心聽物) 생물들이 낸 소리의 뜻을 제대로 알 수 있을까?

그러나 우리가 들으려고 하는 생물들의 소리는 긴 세월 동안 한 번도 누설된 적이 없는 철저한 族外秘(confidential)다. 화계 선생이 글에서 말한 것처럼 생물들이 목이 터져라 질러 대는 소리의 뜻과 이유를 우리 인간이 모른다고 해서, 소리를 낸 그들까지 모른다고 감히 말할 수 있을까?

먼저, 우리에게는 소리를 내는 생물의 귀로 소리를 듣고자 하는 以物聽物의 귀가 필요하지 않을까? 세상에 이유 없이 내는 생물의 소리가 어디 있겠는가? 다만 우리가 모를 뿐이다. 만물은 평정을 잃으면 소리를 내고, 그 평정을 깨뜨리려고 할 때 소리가 난다(大凡物不得其平則鳴, 「送孟東野序」, 韓愈).

◆ 한 편의 시에 초대된 44種의 동물들(演雅) 黃庭堅

黃庭堅(1045~1105)의 字는 魯直, 號는 山谷, 北宋代의 대문호이자 서예가로, 蘇軾 문하 제일의 제자였으나 官路는 그리 순탄하지 못했다. 蘇軾의 詩學을 계승하여 그와 더불어 蘇黃이란 칭호를 얻었으며, 江西詩派의 祖宗으로 추대받았다. 蘇軾의 제자인 그는 詩人으로서는 杜甫를 특히 존경했다고 한다.

그의 「演雅」詩에서는 무려 44종 이상의 생물들이 등장하고 있으니, 아마도 『시경』 이래 역사상 가장 많은 동물이 한자리에 초대된 큰 잔치가 아닐까 싶다.

생물들에 대한 깊은 애정과 이를 바라보는 날카로운 안목이 없었다면 어찌 이 글을 쓸 수 있었겠는가? 7자로 구성한 짧은 시구로, 초대한 동물의 본성과 행태를 정확하게 꿰뚫어 묘사했다. 이 글로 演雅體라는 자연시의 새로운 시풍이 크게 유행하고 시대와 국경을 넘어 전승된다.

시는 세상을 단순히 보이는 대로 그려 내는 문장이 아니다. 더러는 신과 자연이 감추고 있는 보이지 않는 세상을 꿰뚫어 보기도 하는 통찰의 언어다. 눈에 보이는 것만 그리는 시인에게는 가슴을 울리는 영혼이 없다. 보이지 않는 세상을 꿰뚫어 보는 시인은 그의 맑은 영혼을 그 공간적·시간적 경계를 넘어 만세에 길이 전한다. 이러한 시인에 山谷 黃庭堅 선생의 이름도 들어가지 않을까 싶다.

누에는 스스로 자기 몸을 얽어 고치 만들고 — 桑蠶作繭自纏裏(상잠작견자전리)

거미는 그물 엮어 둘러막는다 — 蛛蝥結網工遮邏(주모결망공차라)

제비는 거처할 집 없어 집 마련에 바쁘고 — 燕無居舍經始忙(연무거사경시망)

나비는 풍광 좋아 먹이 잡는 일 그만두었다 — 蝶爲風光勾引破(접위풍광구인파)

늙은 왜가리 돌 물어 알 옆에 두고 물기 빨아 말리니 — 老鶬銜石宿水飲(노창함석숙수음)

어린 벌 관아에 달려온 듯 꿀 가져와 바치네 — 穉蜂趨衙供蜜課(치봉추아공밀과)

까치는 좋은 소식 전하느라 어찌 한가히 있겠는가 — 鵲傳吉語安得閑(작전길어안득한)

닭은 새벽 일어남 재촉하느라 감히 누워 있질 못하네 — 雞催晨興不敢臥(계최신흥불감와)

기운이 천 리에 뻗어 파리는 천리마 꼬리에 붙고 — 氣陵千里蠅附驥(기능천리승부기)

헛되이 일생을 보내네 개미는 맷돌에 붙어 돌며 — 枉過一生蟻旋磨(왕과일생의선마)

이(蝨)는 물 끓는 소리 듣고도 여전히 피를 빨아 대네 — 蝨聞湯沸尙血食(슬문탕비상혈식)

참새는 제 집 다 지었다고 기뻐하며 서로 축하하네 — 雀喜宮成自相賀(작희궁성자상하)

갠 하늘에 날개 치느라 하루살이는 마냥 즐겁고 — 晴天振羽樂蜉蝣(청천진우락부유)

빈 구멍에 자식 커서 나나니벌로 자랐음을 자축하네 — 空穴祝兒成蜾蠃(공혈축아성과나)

쇠똥구리는 쇠똥 굴리며 이름난 蘇合香을 천히 여기고 — 蛣蜣轉丸賤蘇合(길강전환천소합)

나방은 불 가까이 와서는 타 죽어도 좋다고 하네 — 飛蛾赴燭甘死禍(비아부촉감사화)

우물가 굼벵이 배 좀 먹듯 살쪄 있고 — 井邊蠹李螬苦肥(정변두이조고비)

나뭇가지 끝에서 이슬 마시는 매미 늘 굶주리네　　枝頭飮露蟬常餓 지두음로선상아

땅강아지 틈새에 엎드려 사람 말 엿듣고　　天螻伏隙錄人語 천루복극록인어

날도래 벌레 모래 머금고 그림자 지나가길 기다리네　　射工含沙須影過 사공함사수영과

수리부엉이 지붕을 쪼다니 정말 괴상하고　　訓狐啄屋眞行怪 훈호탁옥진행괴

갈거미는 기쁜 소식 알려 주니 아주 많아도 좋으리　　蠨蛸報喜太多可 소소보희태다가

가마우지는 몰래 물고기와 새우의 사정 엿보고　　鸕鷀密伺魚鰕便 노자밀사어하편

백로는 진토에 몸 더럽혀지는 것 개의치 않네　　白鷺不禁塵土涴 백로불금진토완

베짱이 언제 한 번 베 짜기 제대로 한 적 있는가　　絡緯何嘗省機織 락위하상성기직

뻐꾸기는 부지런해야 할 파종일 응한 적 없었네　　布穀未應勤種播 포곡미응근종파

다섯 가지 재주 가진 날다람쥐 비둘기 능력 없다 비웃네　　五技鼯鼠笑鳩拙 오기오서소구졸

발 많은 노래기는 절름발이 자라를 가련타 하네　　白足馬蚿憐鼈跛 백족마현련별파

늙은 大蚌은 배 속의 진주가 바로 자신의 적이고　　老蚌胎中珠是賊 노방태중주시적

초파리는 항아리 속에서 보는 하늘이 얼마나 큰지나 알까　　醯鷄甕裏天幾大 혜계옹리천기대

사마귀 긴 팔 믿고 螳螂拒轍로 큰 수레에 맞서나니　　螳螂當轍恃長臂 당랑당철시장비

반딧불이는 불빛 자랑하며 밤에만 돌아다니네　　熠燿宵行矜火照 습요소행긍화조

제호새는 그래도 술 사 오라고 권할 줄은 안다마는　　提壺猶能勸沽酒 제호유능권고주

어린 참새 그저 곡식 낟알 쪼는 것만 알 뿐이로다　　黃口只知貪飯顆 황구지지탐반과

백로는 혀 나불거려도 세상 누구 문제 삼지 않고　　伯勞饒舌世不問 백로요설세불문

앵무새는 사람 말 하게 되자 새장에 갇힌 신세 되었다　　鸚鵡纔言便關鏁 앵무재언편관쇄

봄 개구리와 여름 매미는 갈수록 시끄럽게 울어 대고　　春蛙夏蜩更嘈雜 춘와하조갱조잡

흙 속 지렁이, 벽 빈대 어이 그리 가느다란 소릴 내나　　土蚓壁蟫何碎瑣 토인벽담하쇄쇄

강남의 들과 물 하늘처럼 푸르고	江南野水碧於天 강 남 야 수 벽 어 천
거기에 흰 갈매기 있어 나와 같이 한가하구나	中有白鷗閑似我 중 유 백 구 한 사 아

• 『黃庭堅詩詞選』, 오태석 옮김, 지식을만드는지식, 2023.

◆ 여덟 가지 벌레를 읊은 시(群蟲八詠)　白雲居士 李奎報(1168~1241)

1. 우둘투둘 밉게 생긴 두꺼비(蟾)

울퉁불퉁 혹불 난 모양이 미움받을 만하고	痱磊形可憎 비 뢰 형 가 증
어기적거리며 걸어가는 게 또한 껄끄럽기도 하구나	爬皻行亦澁 파 사 행 역 삽
뭇 벌레들아, 또한 두꺼비를 가볍게 여기지 마라	群蟲且莫輕 군 충 차 막 경
두꺼비는 월궁 향해 들어갈 줄도 안다네	解向月宮入 해 향 월 궁 입

• 解向月宮入 『抱朴子』에 나오는 선녀 姮娥와 남편 羿의 이야기다. 인간 세상으로 귀양을 와서 남편 예가 崑崙山 西王母에게 받은 불사약 한 개를 항아에게 주어 신선이 되게 하였다. 그러나 옥황상제는 항아 혼자만 신선이 된 것을 괘씸하게 여겨 항아를 달의 廣寒宮에 유배를 보냈는데, 항아는 서럽게 울다가 마침내 두꺼비로 변했다는 것이다.

2. 두 뿔이 서로 싸우는 달팽이(蝸)

사람 보면 자주 뿔 움츠리고	見人頻縮角 견 인 빈 축 각
집 있어 몸을 내보이거나 감추기도 하지만	有屋解藏身 유 옥 해 장 신
한 몸의 두 촉수 蠻觸이 싸우게는 하지 마라	莫教蠻觸戰 막 교 만 촉 전
천 리에 걸쳐 피가 나루를 이루게 될 터이니	千里血成津 천 리 혈 성 진

• 莫敎蠻觸戰 『莊子』, 『雜篇』 第25篇 「則陽」, 「蝸牛角上爭寓話」에서 "달팽이 오른쪽 뿔인 만씨(蠻氏)와 왼쪽 뿔 촉씨(觸氏)의 싸움"을 인용함.

3. 처마에 그물 치고 침 꽂을 때만 기다리는 거미(蛛)

처마에 그물을 드리우고 — 緣簷懸縠網(연첨현곡망)

벽 따라 얽으며 돈 되는 소굴 만드네 — 罥壁作錢窠(견벽작전과)

언제 신나게 침 한 번 꽂을 걸 기다리며 — 好趁穿針一(호진천침일)

교묘한 과일에 다가와 애걸한다네 — 來棲乞巧瓜(내서걸교과)

• 처마 밑에 그물을 쳐 놓고 먹잇감 기다리는 거미 모습을 묘사한 시.

4. 애써 고치 만들어도 삶기고 마는 누에(蠶)

실을 토해 교묘한 재주 다 부려 — 吐絲工騁巧(토사공빙교)

고치를 만들지만 도리어 삶기고 마네 — 作繭反逢煎(작견반봉전)

똑똑한 듯하지만 돌이켜보면 어리석으니 — 似詰還似癡(사힐환사치)

나만 홀로 너를 가련해하노라 — 吾於汝獨憐(오어여독련)

5. 쫓아도 도망가지 않는 파리(蠅)

닭 우는 것으로 잘못 알게 한 너 파리가 미운데 — 疾爾誤鳴鷄(질이오명계)

흰 옥에 네 똥 남길까 두려워하노라 — 畏爾點白玉(외이점백옥)

쫓아 버려도 또한 달아나지를 않으니 — 驅之又不去(구지우불거)

글씨 쓰던 魏의 王思에게 쫓기는 것 당연하리 — 宜見王思逐(의견왕사축)

• 王思怒蠅 삼국시대 魏國의 王思가 글을 쓰는데 붓 끝에 파리가 앉아, 쫓아도 쫓아도 계속 날아들어서 화가 나 붓을 던지고 부수었다는 고사. 모기 보고 칼 뽑는다는 見蚊拔劍, 소 잡는 칼을 닭 잡는 데 쓴다는 牛刀割鷄도 비슷한 의미로 쓰인다.

6. 맷돌 바퀴 따라 도는 개미(蟻)

구슬에 구멍 뚫어 그 가운데를 지나가고	穴竅珠中度 혈 규 주 중 도
맷돌 수레바퀴 따라 그 위를 달린다	隨輪磨上奔 수 륜 마 상 분
누가 알리, 느티나무 아래에서	誰知槐樹下 수 지 괴 수 하
따로 한세상 떠억 차지하고 있는 줄을	別占一乾神 별 점 일 건 신

• **隨輪磨上奔** 宋, 黃庭堅의 詩, 「演雅」의 句 "개미는 맷돌에 붙어 헛되이 일생을 보내는구나(枉過一生蟻旋磨)"라는 구절과 軌를 같이하는 것으로 보이나, 실제로 시의 淵源은 모두 이 책이 소개하는 蘇東坡의 시 「遷居臨皐亭」이다.

7. 불룩하게 솟은 배를 가진 개구리(蛙)

노하지도 않고 눈 부릅뜨지도 않고	無怒亦無瞋 무 노 역 무 진
희멀겋고 길게 불룩한 배를 가졌구나	皤然長迸腹 파 연 장 병 복
소리 내는 두 곳 너 자랑하지 마라	兩部爾莫誇 양 부 이 막 과
사람들이 장차 씨 없는 국화를 불태우리라	人將焚牡菊 인 장 분 모 국

• **兩部爾莫誇** 『南史』「孔稚珪傳」에 공치규 집 앞 잡초를 베지 않아 거기서 개구리가 우니까 치규가 "이것으로 鼓吹를 대신한다"고 하였다.

• **人將焚牡菊** 사람들이 씨 없는 국화를 불태워, 그 재로 개구리를 죽일 수 있다고 경고하는 것이다.

8. 눈이 콩 조각 쪼개어 놓은 것같이 생긴 쥐(鼠)

눈이 마치 콩 조각 쪼개 놓은 것 같아	眼如劈豆角 안 여 벽 두 각
어두운 곳 엿보며 미친 듯 밟고 다닌다	伺暗狂蹂蹈 사 암 광 유 도
네 맘대로 내 담장을 뚫으며	任爾穿我墉 임 이 천 아 용
도도한 기세 모두 도적이로구나	滔滔皆大盜 도 도 개 대 도

• "내 담장을 뚫으며(穿我墉)"는 『詩經』『召南』「行露」의 "누가 쥐에게 이빨이 없다고 했나? 그럼 어떻게 내 담장 뚫었나(誰謂鼠無牙 何以穿我墉)?"에서 비롯한 듯하다.

◆ 『周易』의 벌레(蚇蠖, looper, inchworm) 『周易』

자벌레가 굽히는 것은 바로 펴기 위함이고	尺蠖之屈 以求伸也 척 확 지 굴 이 구 신 야
용과 뱀이 칩거함은 몸을 보존하려는 것	龍蛇之蟄 以存身也 용 사 지 칩 이 존 신 야
이치 깊이 하여 신묘한 경지에 들어 널리 쓰기 위함이고	精義入神 以致用也 정 의 입 신 이 치 용 야
이롭게 써 몸을 편안히 하는 것은 덕을 숭상하기 위함이다	利用安身 以崇德也 이 용 안 신 이 숭 덕 야

• 『周易完全解釋』 전2권, 장치정 지음, 오수현 옮김, 판미동, 2018.

◆ 莊子의 유언 莊子(BC 369~BC 286) 「列御寇」 篇

장자가 죽음을 앞두게 되자	莊子將死, 장 자 장 사
제자들은 스승의 장례를 후하게 치르기를 원했다	弟子欲厚葬之, 제 자 욕 후 장 지
이를 안 장자께서	莊子曰 장 자 왈

나는 천지를 棺槨으로 삼고	吾以天地爲棺槨, 오 이 천 지 위 관 곽
해와 달로 장례 행렬의 連璧으로	以日月 爲連璧, 이 일 월 위 연 벽
하늘의 별들을 含玉으로	星辰爲珠璣, 성 신 위 주 기
만물을 저승길에 가져갈 선물로 삼으려고 한다	萬物爲齎送, 만 물 위 재 송
나의 장례 도구는 다 갖추어진 셈이 아니겠느냐	吾葬具豈不備邪, 오 장 구 기 불 비 사
여기다 무엇을 더 보태려고 하느냐	何以加此 하 이 가 차
제자가 말했다	弟子曰, 제 자 왈
까마귀와 솔개가 선생님의 유해를 먹을까 두렵습니다	吾恐烏鳶之食夫子也 오 공 오 연 지 식 부 자 야
장자께서 답하시길	莊子曰, 장 자 왈
풍장으로 위에 있으면 까마귀와 솔개가 먹고	在上爲烏鳶食, 재 상 위 오 연 식
매장으로 아래에 있으면 땅강아지와 개미가 먹는다	在下爲螻蟻食, 재 하 위 누 의 식
그렇다면, 이쪽에서 빼앗아서 저쪽에 주게 되는 것인데	奪彼與此何其偏也 탈 피 여 차 하 기 편 야
이를 어찌 불공평한 일이라 하지 않겠느냐	以不平平其平也不平 이 불 평 평 기 평 야 불 평

• 『莊子, 內篇, 外篇, 雜篇』, 박일봉 역저, 육문사, 2014.

Ⅱ. 옛글 속으로 날아온 새들

새는 1억 5천만 년 전부터 獸脚類 공룡이 조류로 진화했다고 한다. 각질의 깍지로 덮여 있는 부리와 비늘이 있는 다리 등 날개 외의 뼈대와 구조는 파충류와 비슷하고, 깃털과 앞다리가 날개로 변화된 점은 현생 동물에서는 볼 수 없는 특이한 구조다. 지구상에 생장하고 있는 새는 모두 1만여 종이며, 가장 작은 새는 벌새이고 가장 큰 새는 타조다.

새의 먹이는 종류에 따라 꿀, 열매, 곤충, 쥐, 물고기, 작은 새 등 다양하다. 10개 안팎의 비교적 적은 수의 알을 낳아 어미의 체온으로 부화시킨다. 많은 種들은 계절에 따라 이주하는데, 이런 새를 철새(migratory bird), 한곳에 머무는 새를 텃새(resident bird)라고 한다.

조류는 다른 동물에 비해 비교적 지능이 높은 편이다. 특히 까마귀, 앵무새, 까치 등은 침팬지에 가까운 지능을 가지고 있다. 어떤 새는 먹이를 물 위에 흘려 놓고 이것을 보고 올라온 물고기를 잡기도 한다. 대부분의 새는 낮에 활동하지만, 올빼미 등 猛禽類는 밤에 활동하는 야행성 조류다.

흥미로운 것은 옛사람들은 별 이유도 없이 어떤 새를 편애하거나 어떤 새는 미워했다는 것이다. 托卵하는 뻐꾸기를 군자라 칭송하고, 비둘기는 까치집을 뺏는 나쁜 새로 지탄하며, 나뭇가지를 가려 앉을 줄 안다는 이유를 들어 꾀꼬리를 칭찬하고, 배불러서 쉬고 있는 사다새는 게으르다고 흉을 본다. 어떤 새는 운다고 하고 어떤 새는 노래한다고 하며, 까치는 益鳥라 하고 까마귀는 害鳥라 한다. 신의 없는 교유를 烏鳥之狡라고 하여 까마귀와 같은 교유를 지탄한다.

까치가 기쁜 소식을 전해 주고 깨끗한 모습을 지녔다며 시인들이 칭찬을 아끼지 않지만, 실제로 농민들은 농작물을 해치는 害鳥로 생각하여 싫어한다. 시인들과 일반 사람들로부터 이유 없이 미움을 받는 까마귀는 온갖 해충을 먹어 치워 인간에게 적지 않은 덕을 끼치는 새다. 머리가 좋기로 정평이 난 까마귀들은 억울해하고 있을지 모른다. 옛글과 역사의 법정에서 뚜렷한 근거도 없이 폄훼되어 온 까마귀의 이지러진 명예를, 이 시대를 살아가는 우리가 이제라도 일으켜 세워 줄 때가 되지 않았을까?

『시경』에 맨 먼저 초대받은 큰 새, 물수리
雎鳩, osprey

『시경』의 첫째 편 「周南」에 처음으로 초대된 행운의 새는 수리목 물수리과의 물수리로서 몸길이는 약 60cm, 날개를 펴면 2m 정도가 되는 大形鳥다. 무게는 1.4kg가량 나간다. 사냥을 위해 발달한 갈고리 모양의 부리와 발가락은 크고도 날카롭다. 강, 호수, 바다 물고기에게는 하늘에서 갑자기 소리 없이 내려와 물속까지 휘저어 대는 공포의 물고기 사냥꾼이다.

한 배에 2~4개 알을 낳아 35일간 품어 부화시킨다. 봄과 가을에 관찰되는 겨울 철새이며, 최근 환경오염 등으로 개체수가 줄어 여러 나라에서 천연기념물로 지정, 보호하고 있다.

紂를 정벌하고 천하를 평정한 武王이 제후국을 巡狩하며 풍속을 살폈는데, 『시경』 첫 편의 시 「關雎」처럼 聖人의 교화를 입은 것을 「周南」, 賢人의 교화를 입은 것을 「召南」이라 했다.

◆ 요조숙녀는 군자의 좋은 짝(關雎) 『詩經』, 「周南」

꾸르륵꾸르륵 물수리 하수의 모래톱에서 놀고	關關雎鳩 在河之洲 관 관 저 구 재 하 지 주
아리땁고 정숙한 아가씨 군자의 좋은 짝일세	窈窕淑女 君子好逑 요 조 숙 녀 군 자 호 구
들쭉날쭉 마름풀 이리저리 건지네	參差荇菜 左右流之 참 차 행 채 좌 우 류 지
아름답고 참한 아가씨 자나깨나 구하네	窈窕淑女 寤寐求之 요 조 숙 녀 오 매 구 지
구하여도 얻지 못해 자나깨나 생각하네	求之不得 寤寐思服 구 지 부 득 오 매 사 복
생각하고 생각하다 이리저리 몸을 뒤척이네	悠哉悠哉 輾轉反側 유 재 유 재 전 전 반 측
들쭉날쭉 마름풀 이리저리 뜯네	參差荇菜 左右采之 참 차 행 채 좌 우 채 지
곱고 참한 아가씨 금슬 같은 친구로 사귀려네	窈窕淑女 琴瑟友之 요 조 숙 녀 금 슬 우 지
들쭉날쭉 마름풀 이리저리 뜯네	參差荇菜 左右芼之 참 차 행 채 좌 우 모 지
아름답고 참한 아가씨 종과 북 치며 즐기려네	窈窕淑女 鐘鼓樂之 요 조 숙 녀 종 고 악 지

노래보다 몸가짐으로 칭찬받는 꾀꼬리

黃鳥, oriole, cacique

『시경』을 비롯해서 옛사람들에게 가장 많은 사랑을 받아 초대받은 새는 아마도 꾀꼬리(Black-Naped Oriole)일 것이다. 시간을 넘어 이어온 꾀꼬리에 대한 사랑의 비밀은, 아무래도 별다른 처신과 빼어난 미모보다는 동족 새들과 시인들의 넋을 빼놓는 노래 솜씨일 듯하다. 이처럼 시각보다는 청각에 충성하는 꾀꼬리는 참새목 꾀꼬리과에 속하는 여름 철새다.

노란색과 검은색이 조화를 이루고 있어 黃鳥라고도 불리며, 주로 곤충류를 잡아먹는다. 몸길이는 24~28cm, 부리는 3.3cm, 암컷은 3~4개의 알을 낳으며, 모성애가 특히 강해서 새끼가 위험해지면 아무리 큰 적과도 목숨을 걸고 싸우는 강인하고도 용감한 어미새다.

이제 3천 년 전 『시경』에 초대된 꾀꼬리를 만나보자.

공자님도 칭찬한 새이지만, 그 사유는 꾀꼬리가 나뭇가지를 가려서 앉는다면서 아무 데나 앉는 사람을 나무라기 위해 한 말씀이기는 하다. 차라리 노래를 잘한다고 칭찬하는 게 더 낫지 않았을까 싶다.

◆ 꾀꼬리 관목에 모여 앉아(葛覃) 『詩經』 「周南」

칡넝쿨 산골짜기로 퍼져나가 그 잎 무성하네	葛之覃兮 施于中谷 維葉萋萋 갈지담혜 시우중곡 유엽처처
노란색 꾀꼬리 날아들어 관목에 모여들어	黃鳥于飛 集于灌木 황조우비 집우관목
꾀꼴꾀꼴 울어 대는 그 소리 아름다워라	其鳴喈喈 기명개개

◆ 꾀꼬리 소리, 어머니 마음 위로 못 해(凱風) 『詩經』, 邶風

산들바람 남쪽에서 저 가시나무 어린 싹에 불어오는데	凱風自南 吹彼棘心 개풍자남 취피극심

가시나무 싹 어리고 여려 어머니께서 수고롭게 기르시네 棘心夭夭 母氏劬勞
극 심 요 요 모 씨 구 로

맑고 고운 꾀꼬리 고운 소리로 우는데 睍睆黃鳥 載好其音
현 환 황 조 재 호 기 음

일곱 아들 있지만 어머니 마음 위로하지 못하네 有子七人 莫慰母心
유 자 칠 인 막 위 모 심

◆ 공자님도 칭찬한 꾀꼬리 『大學』, 「傳三章」

『시경』에 "방기 천 리여, 오직 백성들 머물 곳이다" 詩云邦畿千里 維民所止
시 운 방 기 천 리 유 민 소 지

또 『시경』에 "꾀꼴꾀꼴 우는 꾀꼬리 숲 언덕에 머무는구나 詩云緡蠻黃鳥 止于丘隅
시 운 민 만 황 조 지 우 구 우

공자께서는 새도 머무를 곳을 알거늘 子曰於止 知其所止
자 왈 어 지 지 기 소 지

사람이 새만도 못할 수 있겠는가" 하였다 可以人而不如鳥乎
가 이 인 이 불 여 조 호

• 『大學·中庸』, 박일봉 편저, 육문사, 2012.

◆ 유리왕의 노래 黃鳥歌 高句麗 瑠璃王(BC 19~AD 18)

팔랑팔랑 나는 꾀꼬리 암수 함께 노니는데 翩翩黃鳥 雌雄相依
편 편 황 조 자 웅 상 의

외로운 이 몸 생각하니 누구와 함께 돌아갈꼬 念我之獨 誰其與歸
염 아 지 독 수 기 여 귀

◆ 봄은 어디로 갔을까(淸平樂) 黃庭堅(宋代 詩人, 1045~1105)

봄은 어디로 돌아갔을까 春歸何處
춘 귀 하 처

적막하여라, 간 길 알 수 없네 寂寞無行路
적 막 무 행 로

봄이 간 곳 아는 사람 혹 있다면	若有人知春去處 약 유 인 지 춘 거 처
불러 돌아와 함께 머물게 하라	喚取歸來同住 환 취 귀 래 동 주
봄은 종적조차 없으니 누가 알리	春無蹤迹誰知 춘 무 종 적 수 지
그래도 꼭 알고 싶다면 꾀꼬리에게 물어보리	除非問取黃鸝 제 비 문 취 황 리
백 번 울어도 알아듣는 이 없으니	百囀無人能解 백 전 무 인 능 해
바람에 실려 장미꽃 지나 날아가 버렸네	因風飛過薔薇 인 풍 비 과 장 미

◆ 봄이 오면 꾀꼬리 실컷 울게 하리(感春) 申欽(1566~1628)

벌은 꽃술 빨고 제비는 진흙 쪼는데	蜂唼花鬚燕唼泥 봉 삽 화 수 연 삽 니
비 온 뒤 깊은 정원에 푸른 이끼 가지런하다	雨餘深院綠苔齊 우 여 심 원 록 태 재
봄이 오면 마음 상할 일 끝없으리니	春來無限傷心事 춘 래 무 한 상 심 사
꾀꼬리에게 말해 실컷 울게 하리	分付流鶯盡意啼 분 부 류 앵 진 의 제

• 『象村集』, 申欽, 한국고전종합DB(https://db.itkc.or.kr).

한 알 모이 두고 닭과 싸워야 하는 참새
雀, sparrow

참새는 참새목 참샛과에 속하는 텃새다. 잡식성이지만, 곡식이 익기 전에는 벌레를 주로 잡아먹는다. 추수기가 가까워지면 사람들은 참새들의 왕성한 식욕이 두려워 서둘러 허수아비를 만들어 세우고, 짚으로 새끼 꼬아 만든 채찍으로 귀 찢어지는 '때기장' 소리를 내서 쫓는 등 참새 잡는 여러 가지 방법을 개발하여 대처해 왔다.

그러나 긴 겨울 동안 초가지붕 속에서 멀리 있는 봄을 기다리는 참새 집에 더벅머리 청년들이 손을 넣는 일은, 곡식 훔쳐먹는 참새를 멸절하려는 굳은 결의에서라기보다는 둥지 속에 잠든 새를 잡아 구워 먹으려는 '긴 겨울밤의 破寂이고, 맨손으로 하는 原初的 娛樂'이다.

최근 들어서는 참새의 개체수가 비둘기에 비해 많이 줄었다고 한다. 요즈음 농부들은 옛날처럼 참새들과 곡식알, 벼 이삭을 두고 승강이하는 일에 그리 열심인 것 같지 않다. 이 시대의 惡童들 역시 참새들과 다투거나 놀 여유는 더더욱 없는 듯싶다.

사람들은 하는 일도 별로 없는 비둘기에겐 먹이를 주면서 참새에게는 주지 않으니, 벼 이삭 하나 없는 황량하고 기나긴 겨울을 보내야 하는 참새는 힘들다. 재주껏 훔치거나 마당에 떨어진 몇 톨 곡식과 벌레를 두고 덩치 크고 성질 고약한 닭과 싸울 수밖에 없는 딱한 처지다.

참새는 그 바쁜 중에도 모래 목욕을 꽤 즐기는 편인데, 淸潔浴이라기보다는 기생충을 쫓아내기 위한 防蟲浴이라고 한다. 깃털 속에 숨은 기생충을 몰아내고 오지 않은 질병을 미리 대비하는 참새들의 지혜로운 방역 습성은, 전염병 대처에 골몰하는 우리 시대 사람들도 배울 만하다.

* 참새들의 이야기

지금 저희들 참새는 이쁜 얼굴 비치는 맑은 냇가에서 물을 먹고 있답니다. 요사이는 사람들이 웬일인지 전보다 무겁게 늘어진 가을 벼 이삭 몇 톨 먹는다고 그리 심하게 구박하지는 않네요. 인심이 우리 조상들 때보다는 적잖게 후해졌나 봐요. 그럼요! 이 작은 몸으로 우리가 먹으면 얼마나 먹겠어요. 이거 비밀이긴 한데요, 실은 우리가 추운 겨울바람과 서리 속에서 신나게 노래를 부른 덕분에, 그 넓은 논밭에 오뉴월 긴 햇볕이 들고 비바람 고루 불어 해마다

비 갠 후 참새, 펜화에 일부 채색, 허진석 화백

풍년 든다는 것을 사람들이 알기나 할까요?

그래서 우리 참새들은 사람들에게 섭섭한 마음이 적지 않답니다. 큰 덩치에 명색이 새면서도 날아다니는 것보다 땅바닥을 뒤뚱거리며 걸어 다니길 더 좋아하는 비둘기 녀석들하고 우릴 제발 더는 차별하지 마세요. 긴 겨울 내내 이 땅을 지켜 온 저희에게도 몇 톨 곡식알 정도는 좀 나눠 주시기도 하고요. 붉은 벼슬 곤두세운 채 마당을 헤집고 다니며 텃세 부리는 덩치 큰 닭하고 싸우는 것도 이제는 지겹게 느껴지네요.

덩치가 크나 작으나 어쩌다 이 세상에 온 人生이나 鳥生, 살아가기는 다 마찬가지랍니다.

◆ 참새가 어찌 내 집에 구멍을 『詩經』, 「召南」

『시경』엔 아름다운 자연을 읊은 노래나 戀詩만 있는 것은 아니다. 어느 시대나 사람 살아가는 것은 마찬가지다. 부끄러운 불륜이나 혼인의 불행을 보여 주는 離婚의 詩도 있다. 이 시는 시집온 여자가 친정으로 가 버리자 소송을 통해 되돌아오게 하려는 남편의 爭訟에 대해, 처음엔 이슬을 꺼리듯 소극적인 자세를 보이다가 나중에는 소송에 굴하지 않고 당당히 대응하는 강한 의지를 내보인다. 저항과 대립을 선언하고 女權의 깃발을 높이 든 '3천 년 전의 自由夫人'이다.

이슬길에 옷 젖을까 걱정되어	厭浥行露 (염 읍 행 로)
이른 아침이나 밤에는 어찌 다니지 않나요	豈不夙夜 (기 불 숙 야)
가는 길에 이슬 많다 말씀하시나요	謂行多露 (위 행 다 로)
누가 참새에게 뿔이 없다고 했나요	誰謂雀無角 (수 위 작 무 각)
그렇다면 어찌 내 집에 구멍 뚫었나요	何以穿我屋 (하 이 천 아 옥)
누가 그대에게 힘이 없다 했나요	誰謂女無家 (수 위 여 무 가)
어찌 그리 빨리 나를 감옥으로 보내려 하나요	何以速我獄 (하 이 속 아 옥)
비록 나를 감옥으로 보낸다 해도	誰速我獄 (수 속 아 옥)
날 아내로 삼지는 못하리	室家不足 (실 가 부 족)
누가 쥐에게 이빨이 없다고 말했나요	誰謂鼠無牙 (수 위 서 무 아)
그렇다면 어찌 내 담장을 뚫었나요	何以穿我墉 (하 이 천 아 용)
누가 그대에게 세력이 없다고 했나요	誰謂女無家 (수 위 여 무 가)
어찌 나를 그리 빨리 소송에 불러냈나요	何以速我訟 (하 이 속 아 송)
아무리 소송으로 나를 불러낸다 하여도	雖速我訟 (수 속 아 송)
나는 그대를 따르지 않을래요	亦不女從 (역 불 여 종)

• 『시경』, 공자 엮음, 최상용 옮김, 2021, 일상이상.
• 『시경』, 공자 엮음, 홍성욱 역해, 1999, 고려원.

◆ 칼 뽑아 그물 베어 참새를 날려보내다(野田黃雀行) 曺植(192~232)

높은 나무에는 울어 대는 바람 많고	高樹多悲風 고 수 다 비 풍
바닷물은 그 파도 높이 일 것이니	海水揚其波 해 수 양 기 파
날카로운 칼 손에 들지 않았는데	利劍不在掌 이 검 부 재 장
친구 사귄들 어찌 많기야 하겠는가	結友何須多 결 우 하 수 다
울(籬) 사이 놀던 참새 보이지 않더니	不見籬間雀 불 견 이 간 작
매 보고 놀라 스스로 그물에 몸 던지네	見鷂自投羅 견 요 자 투 라
그물 친 사람이야 참새 얻어 좋아하겠지만	羅家得雀喜 나 가 득 작 희
소년은 참새 보며 슬퍼하네	少年見雀悲 소 년 견 작 비
칼 뽑아 그물 찢어 버리니	拔劍捎羅網 발 검 소 라 망
참새는 훨훨 날아가게 되었네	黃雀得飛飛 황 작 득 비 비
훨훨 푸른 하늘 날아가던 참새	飛飛摩蒼天 비 비 마 창 천
내려와 소년에게 고맙다 인사하네	來下謝少年 내 하 사 소 년

◆ 힘들게 얻은 곡식 다 쪼아 먹어 버리니(沙里花) 益齊 李齊賢(1287~1367)

참새들 어디선가 와서는 도로 날아가네	黃雀何方來去飛 황 작 하 방 래 거 비
일 년 농사 어찌 되든 알 바 없다네	一年農事不曾知 일 년 농 사 불 증 지
늙은 홀아비 혼자 밭 갈고 김매어 지은 농사	鰥翁獨自耕耘了 환 옹 독 자 경 운 료
밭의 벼와 기장, 다 쪼아 버리네	耗盡田中禾黍爲 모 진 전 중 화 서 위

• 高麗時代에 구전하던 民謠를 선생이 漢譯한 것으로 보이는데, 당시의 힘든 농사일과 참새들로 말미암아 농작물 피해를 겪는 농민들의 고충이 잘 드러나 있다.
• 四窮 = 鰥寡孤獨 = 홀아비(鰥), 과부(寡), 고아(孤), 자식 없는 늙은이(獨) (『孟子』, 「梁惠王 下」)

◆ 문 앞에 새 잡는 그물을 치다(門前雀羅) 『史記』

하규의 적공이 말하기를	下邽翟公有言 하 규 적 공 유 언
처음 내가 정위가 되었을 때	始翟公爲廷尉 시 적 공 위 정 위
찾아오는 손님이 문 앞에 가득 찼더니	賓客闐門 빈 객 전 문
나중에 벼슬에서 물러나게 되자	及廢, 급 폐
문 앞에 참새 그물을 칠 정도로 한산했다	門外可設雀羅 문 외 가 설 작 라
그런데 다시 정위로 복직하자	翟公復爲廷尉 적 공 복 위 정 위
찾아오는 손님들이 전처럼 몰려들려고 했다	賓客欲往 빈 객 욕 왕
적공이 대문에 크게 써 붙이길	翟公乃大署其門曰 적 공 내 대 서 기 문 왈
생사를 한 번 오가야 비로소 오가는 정을 알고	一死一生乃知交情 일 사 일 생 내 지 교 정
빈부를 한 차례 거쳐 봐야 사귀는 태도를 알고	一貧一富乃知交態 일 빈 일 부 내 지 교 태
귀천을 한 번씩 오가야 사귀는 정이 드러난다	一貴一賤交情乃見 일 귀 일 천 교 정 내 견
급암과 정당시에게도 이 말이 적용된다, 슬픈 일이여!	汲鄭亦云 悲夫! 급 정 역 운 비 부

• 時勢의 변화에 따라 변하는 인심을 표현한 것이다. 秋史 金正喜 선생이 귀양 중에 그리고 쓴 「歲寒圖」에도 이 글이 引用되었다.
• 『사기』, 사마천 지음, 소준섭 편역, 현대지성, 2016.

◆ 추운 날 햇빛 기다리는 참새(寒雀) 楊萬里(1127~1206)

수많은 참새들 추운 날 빈 뜰에 내려앉아	百千寒雀下空庭 백 천 한 작 하 공 정
매화 가지 끝에 옹기종기 저녁에 날 개었다고 말하네	小集梅梢語晩晴 소 집 매 초 어 만 청
별다르게 떼 지어 나에게 죽어라 떠들더니	特地作團喧殺我 특 지 작 단 훤 살 아
갑자기 놀란 듯 흩어지더니 고요하여 아무 소리도 없네	忽然驚散寂無聲 홀 연 경 산 적 무 성

- 송나라의 저명한 楊萬里 시인은 추운 날 매화나무 가지 위 참새들이 "날 개었다"고 하는 소리를 들었다 한다. 그런데 시인도 다 들은 것 같지는 않다. 떼 지은 참새들이 죽어라 떠들어 대다 사라진 그 말의 뜻이 무엇인지, 죽어라 떠들었다니 중요한 말일 것 같기는 한데….
- 『양만리 시선』, 양만리 지음, 이치수 옮김, 지식을만드는지식, 2017.

잘 날지는 못해도 미모를 뽐내는 꿩
雉, pheasant

꿩은 닭목 꿩과에 속하는 텃새다. 세계적으로 182종이 있는 것으로 알려져 있다. '수컷은 장끼, 암컷은 까투리, 새끼는 꺼병이', 품격 있는 새라 性과 나이에 따라 그 명칭이 별다르다.

머리 양쪽에 긴 羽角이 있다. 수컷은 몸길이 80~90cm, 꼬리와 깃이 40~50cm로 암컷에 비해 화려하다. 암컷은 몸길이 55~65cm다. 곡식이나 지렁이, 곤충 등을 먹고 살며, 한배에 보통 6~20개의 알을 낳고 22일간 품는다.

꿩은 날 수 있는 거리가 비록 짧지만, 시속 40~60km 정도이므로 제법 속도가 있는 새다. 그러나 스스로 나는 게 별로 신통치 않다고 생각해서인지, 나는(飛) 것보다는 달리기(走)를 더 즐기는 편이다. 하지만 도망가다 급하면 몸과 꼬리는 다 드러내어 놓은 채 머리만 처박고 있는 이상한 모습을 보이기도 하는데, 사람으로서는 이해하기 어렵다. 감수성이 뛰어난 시인들에게도 그 사유는 제대로 말하지 않은 듯하다.

이 아름다운 새의 뛰어난 미모에 대해 별다른 존경심도 표하지 않은 채 공격을 멈추지 않고 "미인보단 먹는 게 먼저지(food before beauty)"라고 외쳐 대는, 도대체 審美眼이 결여된 천적들은 여우와 족제비, 담비, 매, 부엉이, 너구리 등이다. 그러나 인간의 사냥으로 희생되는 雉族의 숫자도 적지 않으니, 아마 天敵群의 명단에 인정머리 없는 인간의 이름도 수월찮게 오르게 될 것 같다.

꿩은 판소리 「장끼전」에도 등장하여 이 백성을 오랫동안 즐겁게 해 왔고, 조선시대 왕후 대례복인 翟衣에도 꿩을 수놓았으니 귀하시기가 그지없다.

용인시, 원주시, 하남시는 잘 날지는 못하지만 스스로 아름다움을 뽐내는 미모와 품위를 갖춘 이 새에게 깊은 존경을 표하며 '市鳥'로 지정하여 깍듯이 모시고 있다.

꿩, 연필화, 최양식

◆ 흰 꿩도 눈 앞에선 그 빛을 잃고 마네(雪賦) 南朝 宋 謝惠蓮(397~433)

눈 내린 뜰에는 옥계단 열 지어 있고	庭列瑤階 정 렬 요 계
숲에도 옥색 덮인 나무 솟아나	林挺瓊樹 임 정 경 수
흰 학도 눈빛에 그 깨끗함 빼앗기고	皓鶴奪鮮 호 학 탈 선
흰 꿩조차 그 빛 잃고 말았네	白鷴失素 백 한 실 소

- 눈빛이 너무 밝아 백학(皓鶴)도 흰 꿩(白鷴)도 눈 앞에선 빛을 잃었다고 하니, 이 시의 주인은 학도 꿩도 아니다. 시제 「雪賦」처럼 눈(雪)이다. 꿩과 학의 굴욕이다.
- 『사령운 사혜련 시』, 주기평 외 6인 옮김, 학고방, 2016.

◆ 강나루엔 꿩 울면 아침이라(匏有苦葉) 『詩經』, 邶風

박에는 쓴 잎 있고 나루엔 물 깊은 곳 있네 — 匏有苦葉 濟有深涉 (포유고엽 제유심섭)

물 깊으면 옷 입은 채 건너고 얕으면 옷 걷고 건너리 — 深則厲 淺則揭 (심즉려 천즉게)

넘실거리는 강나루에 꿩은 울며 나네 — **有瀰濟盈 有鷕雉鳴** (유미제영 유요치명)

나루 물 가득 차도 바퀴 축은 적시지 못하리 — **濟盈不濡軌** (제영불유궤)

암꿩은 울며 수꿩을 찾네 — 雉鳴求其牡 (치명구기모)

끼륵끼륵 기러기 울면 해 돋는 아침 되네 — 雝雝鳴鴈 旭日始旦 (옹옹명안 욱일시단)

사내가 아내를 맞을 땐 얼음 녹기 전이라야 한다네 — **士如歸妻 迨氷未泮** (사여귀처 태빙미반)

뱃사공이 다들 불렀는데 나는 건너지 않았다 — 招招舟子 人涉卬否 (초초주자 인섭앙부)

사람들 건너도 나 안 건넌 건 내 임 기다려서일세 — 人涉卬否 卬須我友 (인섭앙부 앙수아우)

- 이 詩의 '時間은 박(匏)이 익어가는 가을'이고, '空間은 건너야(濟) 하는 강'이다. 화자의 의지는 물이 깊든 얕든 어떤 여건이든 사랑하는 이에게 다가가기 위해 시간과 공간을 뛰어넘는 것이다.

꿩과 기러기를 서로 짝 찾는 사람에 비유하며, 얼음이 녹기 전까지는 결혼하기를 바라고 있다. 그리고 자신은 기다리는 사람이 오기 전에는 결코 배를 타고 떠나지 않을 것임을 다짐하며, 물 차오르듯 다가오는 時間의 압박에 결연히 저항한다.

아름다운 감정의 편린들은 3천 년이라는 세월이 흐르고 정서가 달라졌지만, 이 詩는 여전히 우리에게 共感의 울림을 남긴다.

- 『시경』, 공자 엮음, 최상용 옮김, 2021, 일상이상.

◆ 세 종류의 꿩 이야기(三雉說, 訓子五說 中) 姜希孟(1424~1483)

꿩의 성질, 음탕한 것 좋아하고 싸움 잘해	雉之性 好淫而善鬪 치지성 호음이선투
한 마리 수컷이 여러 암컷을 거느리고	一雄率群雌 일웅솔군자
산등성이에서 먹이 쪼고 물을 마신다	飮啄於山梁間 음탁어산량간
매년 봄여름 울창한 숲속에서	每春夏之交 叢灌薈鬱 매춘하지교 총관회울
암꿩이 꿕꿕 울어 수컷이 그 소리 한 번 들으면	雌鳴粥粥 雄者一聞其聲 자명죽죽 웅자일문기성
날개 퍼덕이며 오는데 사람이 다가와도 의심 않는다	則必振翮而至 逼人而不疑 칙필진핵이지 핍인이불의
이는 다른 수컷이 암컷과 같이하는 데 화가 나서다	是怒其他雄之畜雌者也 시로기타웅지축자자야
사냥꾼이 꾀를 내어 꾸민 나뭇잎으로 가려	虞者中其機 飾木葉爲翳 우자중기기 식목엽위예
수컷을 잡아 먹잇감 삼아 산기슭에 가지고 들어가	捕雄雉爲餌 持入山麓 포웅치위이 지입산록
대나무를 잘라 만든 피리를 불어 암컷 소리를 내고	折管吹之作雌鳴 절관취지작자명
먹이 꿩으로 장난삼아 예쁜 암꿩 모습을 지으면	弄餌作媚雌之狀 농이작미자지상
수꿩이 화난 모습으로 갑자기 앞에 나타난다	於是雄雉駕怒 倏至於前 어시웅치가로 숙지어전
이때 사냥꾼이 그물로 덮쳐 하루 수십 마리를 잡는다	虞者以畢覆之 日獲數十 우자이필복지 일획수십
내가 사냥꾼에게 물어	余問虞者 여문우자
꿩의 욕심은 모두 같은가, 아니면 무슨 차이가 있는가	雉之欲同歟 其有差殊歟 치지욕동여 기유차수여
사냥꾼이 말하기를	虞者云 우자운
많기는 하나 같지는 않은데 대개 세 종류가 있다	類萬不同 然大槩有三 유만부동 연대개유삼
낮은 산기슭에 천 마리 꿩이 떼 지어 있는데	殘山短麓 雉有千群 잔산단록 치유천군
내가 날마다 꿩을 좇아 잡는데	吾逐日而捕 오축일이포
어떤 놈은 한 번 오면 한 번에 덮쳐 잡고	或有一至一覆而得者 혹유일지일복이득자

어떤 놈은 두 번째 와서 두 번을 덮쳐 잡기도 하고	再至再覆而得者 재지재복이득자
어떤 놈은 한 번 못 잡으면 끝내 안 잡히기도 한다	或有一覆不得而終其身免捕者 혹유일복부득이종기신면포자
어찌 그런가	曰何也 왈하야
사냥꾼이 말하기를	虞者曰 우자왈
가리개 메고 숲에 기대 피리 불며 먹이로 꿩 놀리면	吾荷翳倚林 吹管弄餌 오하예의림 취관롱이
꿩이 이에 머리 기울여 들으며 목을 늘여 바라보다가	雉乃側腦而聽 延頸而望 치내측뇌이청 연경이망
땅 가까이로 날아내릴 때 마치 무엇을 던지는 듯하고	襯地而飛 其來也如擲 친지이비 기래야여척
멈출 때는 마치 내리꽂는 것 같으며	其止也如植 기지야여식
나를 가까이하면서도 눈도 안 깜박이는 놈은	近吾而目不瞬者 근오이목부순자
한 번에 덮치면 잡을 수 있으니	一覆可獲也 일복가획야
이 꿩은 아주 홀린 나머지 화를 잊어버리는 놈이고	此雉之最惑而忘其禍者也 차치지최혹이망기화자야
한 번 불고 한 번 놀리면 못 들은 듯하다가도	一吹一弄而若不聞 일취일롱이약불문
두 번 불고 두 번 놀리면 마음이 조금 움직여	再吹再弄而心稍動 재취재롱이심초동
춤추며 돌면서 날다가 땅과 한 길 거리로 날아	鼓舞回翔 去地尋丈而飛 고무회상 거지심장이비
올 땐 겁난 듯하고 멈출 때는 생각이 있는 듯하다	其來也若有懼 其止也若有思 기래야약유구 기지야약유사
욕심에 끌려 내게 다가오면 한 번에 덮쳐 잡는데	然迷於慾而逼於吾 則吾得一覆 연미어욕이핍어오 칙오득일복
꿩이 미리 방비한 탓인지 바로 벗어나 날아간다	而雉以預防 故旋脫而飛 이치이예방 고선탈이비
나는 화가 나 다음 날 그 꿩이 방심하길 기다려	吾怒其然也 翌日 竢其怠也 오노기연야 익일 사기태야
가리개를 더 크게 수리해 산기슭으로 갈 때	增修其翳 卽麓之時 증수기예 즉록지시
피리 불며 먹이로 꿩을 놀려 참인 듯 틈도 없이 해	吹管弄餌 迫眞而不少釁 취관롱이 박진이부소이
그런 뒤에라야 그것을 잡게 된다	然後僮得捕之 연후동득포지

이 꿩은 조금 경계심을 가져 화 있을지를 아는 놈이요	此雉之稍警而知有禍者也 차치지초경이지유화자야
사람 발자국 소리를 들으면 일어나	其有聞跫音而決起 기유문공음이결기
깍깍 소리 내며 날아 구름에 들다 숲속으로 뛰어들어	閣閣然飛 搏雲霄 投林樾 각각연비 박운소 투림월
돌아보는 틈도 보이지 않는 놈이 가장 잡기 어렵다	而不暇顧者最難捕 이불가고자최난포
나는 화가 나서 마음에 다짐하여	吾怒其然也 誓于心曰 오노기연야 서우심왈
이놈을 못 잡으면 나는 이 짓 그만두리라	所不得此者 吾無事術矣 소부득차자 오무사술의
날마다 숲으로 가 온갖 틈을 엿보아도	日往山林 窺覦百端 일왕산림 규유백단
사람 꺼리는 그 기질은 오히려 같다	其忌人也猶是也 기기인야유시야
내가 몸 감춘 채 숨죽이고 고목처럼 하여	吾乃潛形屛息 凡若枯木 오내잠형병식 범약고목
온갖 술책을 다 부린 뒤에야 꿩은 가까이 나타난다	盡吾術 然後雉乃近前 진오술 연후치내근전
욕심 적은데 경계심이 앞서 잠깐 가까이하다 바로 멀어져	然欲心微而戒心勝 故乍近乍遠 연욕심미이계심승 고사근사원
위축된 듯 잡는 기계가 제 위에 있는 듯 여긴다	縮縮然若有機械臨其上者 축축연약유기계림기상자
내가 기회를 봐서 끝내려면 번개가 치는 것 같지만	吾乘便畢之 閃若掣電 오승편필지 섬약체전
꿩도 그림자 보고 피하니 그 민첩함이 귀신 같다	雉亦見影而避 其敏如神 치역견영이피 기민여신
이런 뒤부터는	自此之後 자차지후
피리나 먹잇감으로는 꼬일 수도, 그물로도 덮칠 수 없고	非管餌之所可誘 罾畢之所可羅 비관이지소가유 증필지소가라
초연하길 암수의 욕정이 없는 듯하니	澹然若無雌雄之慾者焉 담연약무자웅지욕자언
내가 어찌 감히 틈을 봐서 내 기술을 펼 수 있겠나	吾安敢投其隙而展吾術乎 오안감투기극이전오술호
이 꿩은 가장 영특해서 해를 멀리하는 놈이다	此雉之最靈而遠害者也 차치지최령이원해자야
내가 이 세 종류의 꿩을 살펴보자면	吾以此三者觀之 오이차삼자관지
허황한 것 좋아하는 자들 세상의 경계로 삼기 족하다	足以警世之好荒者矣 족이경세지호황자의

계나 맺고 벗과 잔치나 열고 정에 끌리고 색에 빠져 夫結契燕朋 徑情耽色
부결계연붕 경정탐색

사람 말을 잘 안 듣고 엄한 아버지도 가르치지 못하고 不恤人言 嚴父不能教
불휼인언 엄부불능교

좋은 벗도 나무라지 못하고 뻔뻔스레 못된 짓을 하며 良友不能嘖 靦然爲非
양우불능책 전연위비

거리끼는 바가 없어 스스로 죄의 그물에 걸려 無所忌憚 自罹罪罟
무소기탄 자리죄고

평생 깨닫는 자는 한 번에 바로잡을 수 있는 부류요 終身不悟者 一覆可獲之類也
종신불오자 일복가획지류야

처음에는 비록 욕심에 미혹되어도 始雖以欲而迷
시수이욕이미

화가 닥칠 조짐을 알아차려 함부로 행동하지 않으며 亦能知有禍機而不敢肆
역능지유화기이불감사

한 번 어려운 일을 겪으면 회한이 마음을 괴롭히나 一有所窘 悔恨疚懷
일유소군 회한구회

그러나 오히려 본래의 정을 잊지 못해서 然猶本情未忘也
연유본정미망야

놀이 즐기는 친구가 서로 꿰고 及其燕昵之朋 相引以誘
급기연닐지붕 상인이유

곱고 아름다운 말로 서로 화내어 부르게 되면 艶媚之辭 相招以怨
염미지사 상초이원

그 부끄러움은 날아가 버린 듯 잊어버리고 則翻然忘其愧恥
칙번연망기괴치

다시 그 전철을 밟아 마침내 화의 그물에 걸리니 復蹈前轍 而終履禍機
부도전철 이종리화기

이것이 두 번째 덮쳐서 잡는 부류요 此再覆而獲之類也
차재복이획지류야

성정이 정숙, 굳건해 맑게 수양하길 귀히 여기면 若稟情貞堅 淸修自寶
약품정정견 청수자보

색을 좋아하는 것을 멀리하고 가까이하지 않으며 遠好色而不近
원호색이부근

음탕하고 황당한 걸 부끄러워하고 달가와하지 않으며 恥淫荒而不屑
치음황이부설

놀기 좋아하는 벗과 있는 곳에서 움직임이 없으면 然與燕朋相處 不爲所動
연여연붕상처 불위소동

저쪽이 온갖 계략으로 같이하겠다고 해 則彼以百計中之 期同於己
칙피이백계중지 기동어기

그런 다음 그만둘 것이나 한 번 소홀히 하게 되면 然後已也 一念之忽
연후이야 일념지홀

위험을 모르고 어려움이 가까워야 잘못을 알고 不知所陷 幾近於亂而知悔
부지소함 기근어란이지회

놀기 좋아하는 친구 끊고 도움 되는 친구 따르며	絶燕朋 從益友	절연붕 종익우
전의 잘못 떠올려 부끄러워하며 새로워지려 해	想前非而忸怩 思日新而矜惕	상전비이뉴니 사일신이긍척
마침내 좋은 선비 되어 이름 중하게 될 것이니	卒爲善士 名重一時	졸위선사 명중일시
한 번에 잡히지 않고 평생 잡히는 걸 면한 부류다	此乃一覆不獲 終身免捕之類也	차내일복불획 종신면포지류야
나는 이것을 깊이 생각해 보니	吾窮思之	오궁사지
내가 기계를 잘 만들고 신기한 기술로	吾之善機械騁奇術	오지선기계빙기술
수꿩 잡는 건 놀기 즐기는 벗이 착한 부류를 꼬여	羅雉群雄者 正猶燕朋之誘引善類	나치군웅자 정유연붕지유인선류
음란하고 사악한 곳으로 휘몰아 가는 것이다	驅納淫邪之地也	구납음사지지야
꿩이 피리 소리와 먹이 유혹에 빠지지 않음이 적듯	噫雉之能不從管餌之誘者寡矣	희치지능부종관이지유자과의
사람도 그럴듯이 꾀는 말에 따르지 않는 자가 적다	人之能不從佞諛之說者寡矣	인지능부종녕유지설자과의
아, 부모 마음이 한 번에 잡히는 부류이길 바라겠느냐	噫父母之情 願爲一覆而獲之類歟	희부모지정 원위일복이획지류여
종신토록 잡히는 걸 면하는 부류가 되길 원하겠느냐	願爲終身免捕之類歟	원위종신면포지류여
마땅히 본분을 살펴 소홀하지 않아야 할 것이다	汝當察其分也 毋忽	여당찰기분야 무홀

• 姜希孟(1424~1483)은 조선 세조 때 문신으로 작품에 조선 초기의 농서라 할 수 있는 『衿陽雜錄』과 민담과 설화를 모은 『村談解頤』, 徐居正이 사후에 엮은 『私淑齋集』이 전하며 화가로서도 일가를 이루었다.

『사숙재집』에 실린 「訓子五說」은 아들에게 전하는 다섯 가지 이야기다. 「盜子說」은 도둑 아버지가 아들에게 도둑 기술을 가르치는 이야기, 「啗蛇說」은 뱀을 잡아먹는 사람들 이야기, 「登山說」은 다리 저는(蹇) 아들이 먼저 산에 오른다는 이야기, 「三雉說」은 세 종류의 꿩 중 잡히지 않는 꿩 이야기, 「溺桶說」은 습관적으로 잘못된 행실을 이어 온 아들에 관한 이야기다. 「三雉說」은 세 종류의 꿩에 빗대어 인간의 심성을 바로잡아야 한다는 자녀 교육의 秀作으로 높이 평가된다.

• 『國譯 私淑齋集』, 세종대왕기념사업회, 1999.

兵法에 능하고 노래 잘 부르는 기러기

鴻, wild goose

기러기는 기러기목 오릿과의 철새다. 목이 길고 다리는 짧으며, 몸은 크고 몸빛은 암갈색인데 깃털은 방수가 잘된다. 몸무게는 1.5~4kg 정도이며, 북반구에서 번식하여 겨울에 남쪽으로 이동한다.

전 세계에 14종의 기러기가 있는 것으로 알려졌으며, 대한민국에는 흑기러기, 회색기러기, 쇠기러기, 흰기러기 등이 보인다.

우리가 집에서 키우는 거위는 기러기를 家禽化한 것이라고 한다. 사람들은 기러기가 날아가는 隊形을 본떠서 陣法化했는데, 병법에서는 이를 雁行陣이라 한다.

그리고 금슬이 무척 좋아서 한쪽이 죽으면 다른 기러기와 짝짓기를 하지 않는다고 알려져 고대 중국에서는 청혼 예물로 널리 쓰였다. 일부일처제이고 금슬 좋은 것은 사실이지만, 최근 조류학자들의 연구와 관찰에 따르면 기러기도 다른 조류처럼 짝을 잃고 남은 쪽은 짧은 애도 기간도 없이 바로 재혼하는 데 별로 주저함이 없는 것 같다고 한다.

사별한 새들이 종족 보존과 번식을 위해 하늘이 주신 숭고한 역할을 다하고자 애쓰는 일을 두고 사람이 이러쿵저러쿵하는 건 별로 온당치 않은 일 같다. 천명에 순응하며 사는 이 새를 애꿎게 소환해서 인생사의 윤리 교재로 쓸 것이 아니라 사람은 사람 일이나 잘하면 되지 않을까 싶다.

한국인들이 가을이 오면 부르는 가요에 "기러기 울어 예는 하늘 구만리"로 시작하는 가슴 아린 노래가 있다. 기러기들도 이 노래를 꽤 즐기는 것 같다. 다만 그들은 하늘 높이 날 때만 이 노래를 부른다고 한다.

多國籍 鳥族인 이 기러기들도 노래는 K-POP의 모국어인 한국어로 부르지 않을까 싶다. 그래서 세상 저 먼 곳까지 K-POP이 흘러갔는지 모른다. 고마운 K-POP 전령사들이다!

비상, 펜화, 허진석 화백 그림 / 기러기

◆ 물가를 날아오르는 놀란 기러기(驚雁) 丁若鏞(1762~1836)

동작나루 서쪽에 갈고리 같은 그믐달	銅雀津西月似鉤 동 작 진 서 월 사 구
한 쌍의 놀란 기러기 물가를 건너 나르네	一雙驚雁度沙洲 일 쌍 경 안 도 사 주
오늘 밤 눈 내린 갈대숲에서 함께 잠들지만	今宵共宿蘆中雪 금 소 공 숙 노 중 설
내일은 머리 돌려 제각기 헤어져 날아가리	明日分飛各轉頭 명 일 분 비 각 전 두

◆ 햇살 따라 모래톱에 앉은 기러기(平沙落雁) 李仁老(1152~1220)

송나라 화가 宋迪의 「瀟湘八景圖」에 고려의 李仁老 선생이 畫題詩로 쓴 것이다.

물은 멀고 하늘 아득한데 비스듬히 내리는 햇살 水遠天長日脚斜(수원천장일각사)

햇살 따라온 기러기 물가에 내려앉는다 隨陽征雁下汀沙(수양정안하정사)

낮게 날아 누런 갈대 흔드니 눈꽃이 날린다 低拂黃蘆動雪花(저불황로동설화)

줄지어 나르며 푸른 가을 하늘 가르네 行行點破秋空碧(행행점파추공벽)

◆ 물고기 그물에 기러기가 걸리다니(新臺) 『詩經』, 「邶風」

새 누각 산뜻하고 강물은 세차게 흐르네 新臺有泚 河水瀰瀰(신대유체 하수미미)

고운 임 구하였더니 꼽추 병신이라니 燕婉之求 籧篨不鮮(연완지구 거저불선)

새로 지은 누각 상쾌하고 하수는 펀펀하게 흐르네 新臺有洒 河水浼浼(신대유쇄 하수매매)

아름다운 임 찾아왔는데 꼽추는 죽지도 않았네 燕婉之求 籧篨不殄(연완지구 거저부진)

물고기 그물 쳤더니 기러기가 걸렸다네 魚網之設 鴻則離之(어망지설 홍즉이지)

고운 임 찾아왔건만 이리 못난 사람 얻게 될 줄을 燕婉之求 得此戚施(연완지구 득차척시)

- 衛 宣公이 아들 伋을 齊나라의 여성에게 장가들게 했다. 아들의 신부로 오는 여성이 아주 아름다운 절색이라는 소문을 들은 宣公이 마음을 바꾸어 그 여인을 자신이 취하기로 하고, 그녀를 위해 河水 가에 새 건물(新臺)을 지었다. 신부로 온 여성은 젊은 멋진 왕자를 만날 것을 상상했는데 왕자의 늙은 아버지를 신랑으로 맞아야 하는 기막힌 상황에 놓인 것이다. 이 시에서는 아름다운 임 대신에 '꼽추'를 만났다 하고, "물고기 그물을 쳐놓았는데 기러기가 걸렸다(魚網之設 鴻則離之)"며 탄식하는 것은 이 사실을 늦게서야 알게 된 신부의 기막힌 마음을 나타낸 것이다.
- 故事成語의 寶庫인 『시경』이 여기서 또 하나의 고사성어를 낳았다. 이는 『채근담』이 魚網之設 鴻卽罹其中이라고 다시 받는다(『채근담』 전집 149장). 그리고 우리는 이 책에서 함께 찾아가고 있는 동물들의 긴 이야기에 이 물고기와 기러기를 더한다.
- 『시경』, 공자 엮음, 최상용 옮김, 2021, 일상이상.

성실한 우편배달부 비둘기

鳩, pigeon, dove, culver

비둘기는 비둘기목 비둘깃과 308종의 새를 총칭하며 멧비둘기, 홍비둘기, 염주비둘기 등 여러 종류가 야생종과 집비둘기로 크게 나누어진다. 몸길이는 30cm가량이고, 부리는 짧고 다리는 가늘고 짧으며, 날개는 큰 편이다. 알은 보통 1~2개를 낳는데, 큰 모이주머니에 먹이를 저장해 두었다가 새끼에게 먹이는 자애로운 모정을 가지고 있다. 수명은 10~20년 정도로 다른 조류에 비하면 다소 긴 편이다.

비둘기는 성질이 온순하고 특히 歸巢性이 강해 고대부터 우편배달부인 傳書鳩(homing pigeon, carrier pigeon)로 널리 활용되었다. "비둘기의 마음은 늘 콩밭에 있다"며 음식만 탐하는 새로 비하하는데, 생명 있는 동물 치고 먹는 걸 가볍게 여기는 동물이 어디 있을까? 이제라도 비둘기에 대한 우리 인간 중심의 편파적인 희롱은 그만두는 게 나을 성싶다.

「創世記」에 홍수 뒤 노아가 물이 빠졌는지 알아보기 위해 방주에서 비둘기를 내보내자 올리브 가지를 물고 돌아와 땅이 드러났음을 알려 주었다. 「마태복음」에 그리스도가 요한에게 세례를 받을 때 성령이 비둘기의 모습으로 나타났다고 하여, 기독교에서는 비둘기가 성령과 평화의 상징이 되었다. 이처럼 비둘기는 인간과 가까이 지내며 그들의 삶을 오늘까지 이어왔다.

오늘도 영국 런던 트라팔가광장(Trafalgar Square)의 비둘기는 52m나 되는 대영제국의 영웅 넬슨 제독의 기념탑(Nelson's Column)과 양차 세계대전 때도 움직이지 않고 150년간 자리를 지켜 온 네 마리 검은 사자의 머리를 움직이지 않는 검은 나뭇가지 정도로 생각하며 자신들의 똥으로 하얗게 뒤덮는다.

그러나 비둘기들은 최근 저명한 작가에 의하여 다섯 번째로 설치된 붉은 사자에게는 쉽사리 다가가지 않고 똥도 싸지 않는다고 한다. 새로 나타난 사자가 움직이지 않는 것은 다른 네 마리 사자와 별반 다름이 없지만, 수시로 천둥 같은 咆哮를 뱉어 이 평화를 사랑하는 다소 오만한 비둘기들을 깜짝깜짝 놀라게 한다고 한다.

◆ 비둘기들아 오디를 따 먹지 마라(氓) 『詩經』, 「衛風」

뽕잎 떨어지기 전 그 잎 참 싱싱한 듯했지요	桑之未落 其葉沃若 (상지미락 기엽옥약)
비둘기들아 오디를 따 먹지 말아라	于嗟鳩兮 無食我甚 (우차구혜 무식아심)
여자들아 사내들과 너무 빠지진 마라	于嗟女兮 無與士耽 (우차녀혜 무여사탐)
사내들이 빠지는 것이야 할 말이 있겠지만	士之耽兮 猶可說也 (사지탐혜 유가설야)
여자들이 빠지는 건 달리 말할 수가 없지	女之耽兮 不可說也 (여지탐혜 불가설야)

- '싱싱한 뽕잎'은 젊음을 상징한다. 話者는 젊은 후배 여성들에게 지나치게 애정에 탐닉하면 안 된다고 충고한다. 당시 여성들의 사회적 제약이 남성에 비해 더 많았음을 알 수 있다. 1~2줄의 뽕나무와 잎은 '비둘기의 세상'의 비유지만, 3~4줄은 돌아온 先譬後情의 현실 속 '인간의 세상'이다. 그리고 여기서 경계해야 하는 사내는 오디를 따 먹는 '인간 세상의 비둘기'를 의미한다.

◆ 지팡이 위의 한 마리 비둘기(鳩杖) 豹菴 姜世晃(1713~1791)

지팡이 위, 한 마리 비둘기	杖上有一鳥 (장상유일조)
날아가지도 울지도 않는데	不飛又不鳴 (불비우불명)
몸에는 눈같이 흰옷 걸쳐	身被白雪衣 (신피백설의)
마치 이 나라에 임금님 喪난 것과 같네	如一東土喪 (여일동토상)

- 豹菴 姜世晃은 조선 영조~정조 때 문신이자 서화가로 김홍도의 그림 스승으로 알려져 있다. 그의 시는 蘇軾이 王維의 시를 보고 말한 것처럼 시 속에 그림이 보이는 것 같다. 詩의 視覺化로 그의 詩에는 그림이, 그림의 言語化로 그림에는 詩가 있다. 그의 『松都紀行帖』은 서양화적 원근법이 사용된 實景山水畵이며, 그의 명화 「陶山書院圖」는 보물 제522호로 지정되어 있다.
- 『표암 강세황 산문전집』, 강세황 지음, 박동욱, 서신혜 옮김, 소명출판, 2008.
- 『표암유고』, 강세황 지음, 김종진, 변영섭, 정은진 옮김, 지식산업사, 2010.

패싸움 잘하고, 잠든 고양이 털 뽑는 까치

鵲, magpie

까치는 참새목 까마귓과 까치속의 새다. 덩치는 작지만 특히 패싸움을 잘한다고 해서 하늘의 조폭으로 불리며, 독수리와 같은 猛禽類들도 떼를 지어 설쳐대는 까치들에게는 함부로 대하지 않는다고 한다.

쥐들의 저승사자로 불리는 고양이는 그 타고난 게으른 성품 때문에 하루 17시간을 非夢似夢의 잠으로 보내다가 까치에게 꽁무니를 쪼이고 털을 뽑히는 수모를 당하기 일쑤다. 심지어 밥그릇까지 통째로 빼앗기는 고양이의 처량한 모습도 종종 보게 된다. 이 초라한 고양이의 모습을 본 쥐들이 그들의 제왕이면서 무서운 천적인 고양이에 대한 畏敬心을 그대로 유지할 수 있을는지, 쥐들의 구멍 안팎 세상을 계속 지배할 수 있을는지 모르겠다.

그러나 '밤의 제왕' 올빼미나 수리부엉이, '하늘의 제왕' 검독수리에게는 아무리 까칠하고 패싸움 잘하는 까치도 함부로 까불지는 못한다고 한다.

까치는 잡식성으로 벌레, 개구리, 나무 열매, 물고기 등 먹이를 가리지 않는다. 그러나 사람들은 까치를 대표적인 길조로 여겨, 행운과 희소식을 가져다주는 전령사로 생각해 왔다. 머리가 아주 좋으며, 6세 정도 인간의 지능을 가졌다고 한다. 포유류를 제외하고는 거울 속에 비친 자기 모습을 알아보는 몇 안 되는 머리 좋은 조류 중 하나다. 거울 속 자신의 모습을 보고 부리 아프게 쪼아대는 꿩과는 참으로 다르다. 따라서 추수기가 가까워지면 참새에게는 다소 효과가 있다고 소문난, 곡식밭에 세워 두는 허수아비가 머리 좋은 까치에게는 논밭 가운데에 사람들이 은혜롭게 마련해 준 다소 특이한 나뭇가지요, 敬鳥堂일 뿐이다. 까치는 특히 과일을 좋아해서 비닐하우스에 한 번 들어갔다 하면 이 과일 저 과일 맛보며 모든 과일을 초토화시키고 만다. 그래서 특히 과수 농가에서는 까치를 미워한다.

사람들이 미워하는 데다 까치가 둥지 트기 좋은 미루나무도 점점 없어져 가고 있어, 그늘 없고 위험하기 짝이 없는 전봇대에 나뭇가지 대신 철사 조각을 엮어 집을 짓고 산다(『인간과 동물』, 최재천).

서울시 강서구에는 특히 까치가 많이 사는데, 그들의 은밀한 왕국 직할 영지인 까치산이 있다. 까치들은 종종 그들의 왕국을 나와 먼 길 나들이를 하는 경우가 있다. 서울시는 이런 까치들의 대중교통 이용에 편의를 제공하기 위해 까치산 바로 아래에 까치산역을 별도로

네임펜, 엄재홍 화백

신설했다. 그런데 이 역도 다른 역처럼 까치는 별로 보이지 않고 사람들만 붐빈다. 열차 칸 양쪽 끝에 마련한 敬鳥(老)席인가를 이용하는 까치들도 보이지 않는다고 한다. 사람 어르신들을 불편하게 하고 싶어하지 않는, 머리 좋고 경우 바른 까치들의 배려일지도 모른다.

까치는 대개 한 번 쓴 둥지를 다시 사용하지 않고 새로 짓는다고 한다. 헌 집보다는 새집을 좋아하는 깔끔한 천성 때문인지, 기생충이 겁나서 방역을 하려 해서 그런 건지 모르겠다(『생명이 있는 것은 다 아름답다』, 최재천).

미루나무를 많이 심으면 까치가 몰려들고 전봇대 둥지가 사라질까?

대한민국 동남부 지역의 산업도시인 포항에는 까치가 유독 많다. 그 이웃 도시인 경주와 울산에는 까마귀가 많다. 늦가을 철에는 전깃줄이 늘어지고 들판이 온통 새까맣게 덮일 정도다. 그래서 그런지 『三國遺事』「奇異」編에도 까마귀가 등장하여 우리 역사 기술에도 다소간 기여하고 있는 셈이니, 이를 보면 까마귀는 이 지역에 오래전부터 살았던 것임에는 틀림이 없다. 그런데 이 글은 까치들을 위한 자리인데 까마귀가 다소 오래 머무는 것 같다.

어쨌든 까치는 오랫동안 이 땅에 살아오면서 최근 상승하고 있는 대한민국의 국운에 힘입어 개최된 평창 동계올림픽의 화려한 마스코트가 되어 세계인들의 사랑을 받기도 했다.

그 선명한 흰색과 청색 날개, 그리고 맑고 청아한 울음소리는 그간 하늘의 '日進'으로 떼싸움 잘하고 심심찮게 말썽을 피워 온 까치의 그리 좋지 않은 묵은 이미지를 탈색시키고 화합과 평화의 올림픽 상징으로 등극하게 하기에 충분했다. 그러나 영예로운 대한민국의 國鳥 지위에까지 오르는 데는 성공하지 못했다.

한국이 낳은 저명한 화가 장욱진(張旭鎭, 1917~1990)이 평생 남긴 730여 점의 유화 작품 중 440점의 작품에 까치가 등장한다. 초등학교 시절부터 까치를 그리기 시작한 그는 자신의 心象을 끈질기게 그림에 투영시켜 왔다. 그래서 사람들은 그를 '까치 화가'라고 부른다.

* 까치의 이야기

저의 하얀 드레스와 청색 꼬리 이쁘지 않나요? 패션으로는 제가 조류계에서 제법 앞서 나가는 편이랍니다. 제비들도 소문을 들었는지 상당히 오래전부터 우리의 뛰어난 패션을 흉내 내는데, 사람들은 燕尾服이라는 제비의 짝퉁을 만들어 입고 으스댄다고 하네요. 제비 패션의 원조는 우리 까치랍니다.

그리고 오늘도 저희는 참 바쁘답니다. 몸단장하랴, 세상에 기쁜 소식 전하랴, 덩치 믿고 까불어 대는 큰 새 녀석들 혼내 주랴…. 이제는 소문이 나서 그런지 어지간히 큰 새들도 우리한테 함부로 덤비지는 못한답니다. 그간 우리 까치族은 조류계에 적지 않은 명성을 쌓아 온 것이 사실입니다. 일부에서는 '작은 조폭들'이라고도 부른다는데, 뭐 힘없는 까치 떼가 살려고 뭉치는 것이니 그리 나무라실 것은 아니라고 생각합니다. 심심하면 晝夜長川 시도 때도 없이 비몽사몽간에 낮잠만 자는 고양이 녀석들 털 뽑는 재미도 쏠쏠하답니다.

◆ 까치집은 비둘기 차지(鵲巢) 『詩經』, 「召南」

까치가 지은 집에 비둘기가 들어와 사네	維鵲有巢 維鳩居之 유 작 유 소 유 구 거 지
저 아가씨 시집갈 때 백 대의 수레로 맞이하네	之子于歸 百兩御之 지 자 우 귀 백 량 어 지
까치가 집 지어 놓으니 비둘기가 차지하네	維鵲有巢 維鳩方之 유 작 유 소 유 구 방 지

저 아가씨 시집갈 때 백 대의 수레가 전송하네 　　之子于歸 百兩將之 (지자우귀 백량장지)

까치가 지어 놓은 집에, 비둘기로 가득 찼네 　　維鵲有巢 維鳩盈之 (유작유소 유구영지)

저 아가씨 시집갈 때 백 대의 수레를 이루네 　　之子于歸 百兩成之 (지자우귀 백량성지)

- 「周南」 篇의 대표 詩로 「關雎」를 든다면 「召南」 篇에서는 「鵲巢」를 들 수 있다. 시집가는 여인을 축하하는 노래다. 까치(鵲)는 생긴 것처럼 똘똘하고 깐진 편이어서 집도 야무지게 잘 짓는다. 그러나 비둘기(鳩)는 먼 하늘길 오가며 편지 전하느라 바빠선지 집 짓는 솜씨는 별로라, 전문 주택건설업자로 명성을 쌓은 까치가 만들어 놓은 새집에 어영부영 들어가 집세도 안 내며 뭉개고 사는 다소 뻔뻔하고 대책 없는 불량 세입자로 알려져 있다. 詩에서 까치는 신부를, 비둘기는 신랑을 각각 상징한다. 혼인에서 백 대의 수레가 맞이하는 것은 제후家의 결혼 의례다.
- 공자가 아들 伯魚에게 읽으라고 한 시도 「周南」의 「關雎」와 「召南」의 「鵲巢」 등일 것으로 생각된다.
- **之子** = 指夫人也(부인), **兩** = 一車也(한 수레), **御** = 迎也(맞이하다), **方** = 有之也(차지하다), **盈** = 滿也(가득 차다), **成** = 成其禮(예를 올리다)

◆ 수숫대 위에 잠든 까치 – 새벽길(曉行) 　燕巖 朴趾源

한 마리 까치 수숫대 위에서 홀로 머물고 　　一鵲孤宿蜀黍柄 (일작고숙촉서병)

달 밝아 이슬 흰데 논에는 물소리 　　月明露白田水鳴 (월명로백전수명)

나무 아래 작은 초가집 바위같이 둥근데 　　樹下小屋圓如石 (수하소옥원여석)

지붕 위 박꽃 별처럼 밝네 　　屋頭匏花明如星 (옥두포화명여성)

- 燕巖 朴趾源(1737~1805)은 천재이고 시대의 異端兒였다. 그는 조선 실학의 마지막 줄기를 장식한 학자였고 독특한 문체를 구사하며 산문에 특히 능했지만, 시에서도 세상을 보는 그의 날카로운 관찰의 눈과 기법이 발견된다. 이 시는 시라기보다는 그림처럼 느껴진다. 초가집 지붕 위에 핀 박꽃이 별처럼 밝다고 한다. 박꽃의 그 밝음은 어둠 속에서 빛나는 달빛에서 받은 것인가, 아니면 별빛에서 내려온 것인가, 아니면 박이 싹트기 전부터 가지고 있던 하늘이 준 天稟의 밝음일까? 燕巖 선생은 아실지 모르겠다.

◆ 배(船) 같은 조각달 두고 어찌 烏鵲橋만 쳐다보나(山行)　燕巖 朴趾源

이랴, 소 후리는 소리 흰 구름 이는 곳에서 나오고	叱牛聲出白雲邊 질 우 성 출 백 운 변
깎아지른 산등성이 비늘 같은 푸른 밭둑 하늘에 꽂혔네	危嶂鱗塍翠插天 위 장 린 승 취 삽 천
견우와 직녀는 어찌 건널 오작교가 달리 필요한가	牛女何須烏鵲渡 우 녀 하 수 오 작 도
은하수 서쪽 언덕에 배 같은 달 떠 있는데	銀河西畔月如船 은 하 서 반 월 여 선

- 叱 소를 모는 소리, 嶂 가파른 산, 塍 밭두둑
- 燕巖은 은하수를 바라보면서 견우직녀는 하늘에 걸린 조각달을 배 삼아 건너면 될 것을, 어찌 까막까치가 오작교 다리 놓을 때를 기다리는지 묻고 있다.
- 『연암집』, 박지원 지음, 신호열, 김명호 옮김, 돌베개, 2007.

금슬 좋은 소문에 예의까지 바른 제비
燕, swallow

제비는 참새목 제빗과의 철새다. 벼랑이나 처마 밑에 해조류나 진흙을 침과 섞어 둥지를 짓고 산다. 제비는 귀소 본능이 매우 강하고 비교적 알뜰한 편이어서 한번 지은 집은 쉬 허물지 않고 다음 해에 돌아와서도 리모델링을 하거나 간단히 손봐서 그냥 사용하는 자원절약형, 환경친화형 건축가다.

최근 제비가 멸종 위기에 처해 있다는데, 주로 환경 오염과 농약에 따른 피해 때문인 것으로 보인다.

날개 길이 11~12cm, 꼬리 길이 7~10cm, 몸무게 12~22g 정도다. 한배에 보통 3~7개의 알을 낳고, 연 2회 번식한다. 알은 13~18일 만에 부화한다. 새끼는 암수가 함께 기르므로 조류계에선 비교적 드물게 공동육아에 앞장서는, 가히 선구적인 페미니스트라 할 만하다.

날아다니는 곤충을 주로 잡아먹으며, 시속 50km로 날아 덩치에 비해 비행 능력과 사냥 실력이 매우 뛰어나다. 4월~11월은 개미들이 맑은 날을 골라 혼인비행을 떠나는 계절이다. 그러나 이날은 개미들의 잔칫날이 아니라 제비들의 잔칫날이 되어 버리고, 개미들에게는 혼례식이 아닌 장례식이 되는 경우가 적지 않다. 이날 여왕개미와 수개미들이 날카로운 포크를 든 채 기다리는 제비들의 공격에서 살아남지 못하면, 새 여왕이 통치하는 개미 왕국은 개국하지 못한다.

제비들은 함께하던 동료가 죽으면 땅에 내려와서 빈소를 오랫동안 떠나지 않고 정중하게 문상하며 조의를 표하는 예의 바른 새로 알려져 있다.

대한민국 우체국은 오랫동안 제비 마크를 기관의 상징으로 사용해 왔는데, 주인인 제비에게 초상권 사용료나 제대로 지불했는지 모르겠다. 귀한 지적재산권에 대한 존경을 표함과 아울러 일 년에 한두 번 정도는 까치밥으로라도 그 보상을 해야 할 텐데, 별로 그런 것 같아 보이지 않는다. 이 땅에 살아온 사람들에게 고전 교과서인 『흥부전』에서 제비는 의리 있는 새, 하늘을 대신하여 권선징악을 실현하는 상당히 폼나는 새로 등장한다. 파티나 결혼식에서 남성들이 입는 품위 있는 燕尾服도 제비들의 멋있는 뒤태를 보고 디자인한 것이다.

그런데 1980년대 대한민국에서, 예의를 숭상하는 제비들의 명예를 심히 손상시키는 다소 고약한 용어가 탄생하여 제비에게 적잖은 불편을 끼쳤다. 그것은 '제비족'이라는 별난 호칭이다.

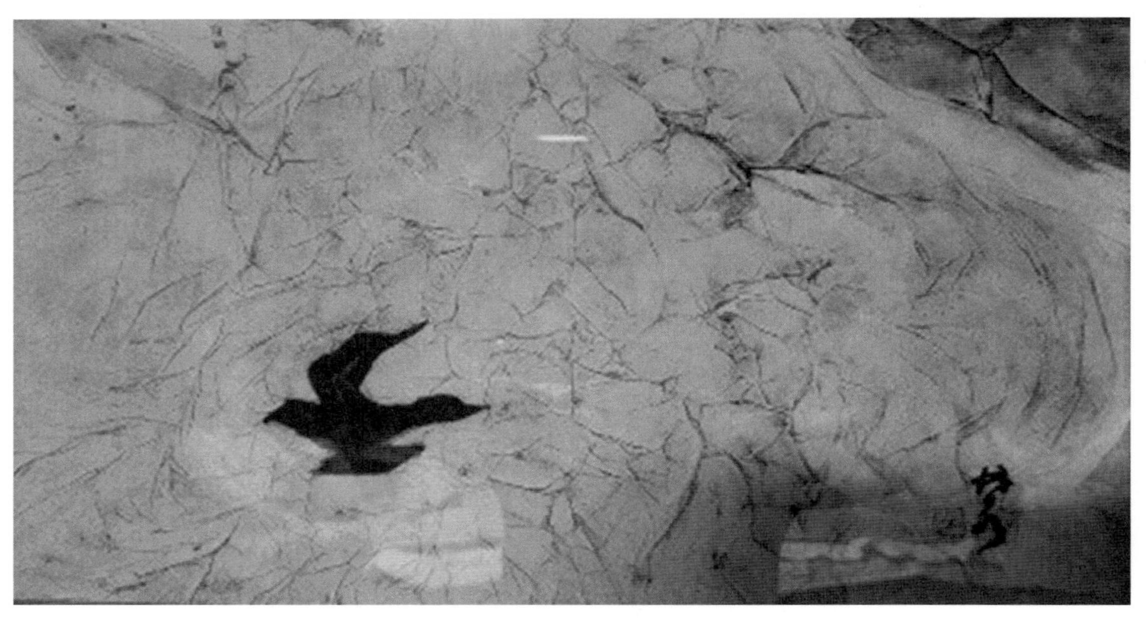

창공을 나르는 새, 한지에 부분 채색화, 林泉 최복은 화백(최양식 소장)

그런데 林泉 선생님 그림 속의 새는 어느 쪽으로 날아가고 있나요? 오른쪽인가요, 아니면 왼쪽인가요? 어쨌든 선생님이 그리고 계시는 아름다운 세상으로 향하고 있겠지요.

그러나 나뭇가지를 떠나 높이 날고 있는 새들에겐 어느 쪽이든 상관이 없을지도 모르겠네요. 멀리 떠나가야 할 시간은 아직 이르지 않았고, 지금은 이미 높은 곳에 올라와 있으니 꽃과 벌레 그리고 벗들이 있는 곳이라면 언제든 어디로든 날아갈 수 있을 테니까요.

저 새가, 우리가 살고 있는 아름다운 세상에 오래오래 머물다 갈 수 있기를 바랍니다.

◆ 이별의 순간을 제비가 함께(燕燕) 『詩經』, 『邶風』

제비들 날고 날아 앞서거니 뒤서거니 하는데	燕燕于飛 差池其羽 연 연 우 비 　 차 지 기 우
돌아가는 그녀 멀리 들까지 나가 배웅하며	之子于歸 遠送于野 지 자 우 귀 　 원 송 우 야
바라보아도 보이지 않아 눈물만 비 오듯 흐르네	瞻望不及 泣涕如雨 첨 망 불 급 　 읍 체 여 우

제비들 날아 오르락내리락하네 燕燕于飛 頡之頏之
연연우비 힐지항지

돌아가는 그녀 멀리까지 나가 보내고 之子于歸 遠于將之
지자우귀 원우장지

바라봐도 미치지 않아 우두커니 서서 눈물만 흘리네 瞻望不及 佇立以泣
첨망불급 저립이읍

제비들 날아오르니 아래위로 그 소리 들리네 燕燕于飛 下上其音
연연우비 하상기음

멀리 남쪽에서 그녀 보내며 遠送于南
원송우남

바라봐도 보이지 않아 진실로 내 마음 힘드네 瞻望不及 實勞我心
첨망불급 실로아심

중씨(戴嬀)는 믿을 만하니 그 마음 미덥고 깊네 仲氏任只 其心塞淵
중씨임지 기심새연

끝까지 온화하고 따뜻하리니 제 몸 착하고 삼가서 終溫且惠 淑愼其身
종온차혜 숙신기신

선왕을 생각하는 마음으로 나를 북돋아 주었네 先君之思 以勖寡人
선군지사 이욱과인

- 이 시는 4장으로 구성된『시경』최초의 이별 시다. 衛 莊公의 正妃였던 莊姜에게 자식이 없어 진나라 출신 莊公의 귀첩 대규(戴嬀)가 나은 完을 아들로 삼은 뒤 나중에 왕으로 등극하였지만 다른 첩의 아들에게 시해당한 뒤 아들 完을 잃은 대규가 고국인 진나라로 돌아가려고 하자 莊姜이 전송하면서 지은 시다. 제비가 자유롭게 나는 것을 보면 계절은 봄이다. 동성인 여성 사이의 이별 시인데도 이별의 정회는 이성 간의 이별 못지않게 자못 깊다.

- 이 시에 대해 後世의 두 詩人이 激讚하는 평가를 보자.
  淸의 王士禛 "이 시는 만고에 빛나는 離別詩의 始祖다(萬古送別詩之祖)"
  宋의 許顗 "이 시는 정말 귀신도 울리는 이별 노래다(眞可以泣鬼神)"
  혹 이 평가에 공감하기 어렵게 느낀다면 그것은 오랜 時間이 벌려 놓은 間隙 때문일까, 살던 곳이 달라서일까, 사람 마음의 갈래가 본디 복잡해서일까? 모르겠다.

◆ 때늦게 움직이는 제비(晩燕) 白居易

온갖 새들 새끼 기르는 일 마쳤건만 百鳥乳雛畢
백조유추필

가을 제비 홀로 때를 놓쳤네 秋燕獨蹉跎
추연독차타

토지신 제삿날인 秋社日(9월)이 가까이 다가왔는데	去社日已近 거 사 일 이 근
진흙 물고 오다니 무슨 생각인가	銜泥意如何 함 니 의 여 하
때늦은 것 깨닫지 못하고	不悟時節晚 불 오 시 절 만
아무 소용 없이 힘만 많이 쓴네	徒施功用多 도 시 공 용 다
인간의 일도 너와 같을지니	人間事亦爾 인 간 사 역 이
제비가 집 짓는 것만은 아닐세	不獨燕營窠 부 독 연 영 과

◆ 배 안으로 날아온 제비(燕子來舟中) 杜甫(712~770)

호남의 나그네 되니 어느새 봄도 지나갔는데	湖南爲客動經春 호 남 위 객 동 경 춘
진흙 문 제비 두 번이나 새로 찾아왔네	燕子啣泥兩度新 연 자 함 니 량 도 신
옛날 고향집의 주인 알아보고는	舊入故園曾識主 구 입 고 원 증 식 주
지금 제삿날 社日에 멀리서 나를 바라보는 듯	如今社日遠看人 여 금 사 일 원 간 인
가여워라 가는 곳마다 살 둥지 지어야 하는데	可憐處處巢居室 가 련 처 처 소 거 실
나그네로 떠도는 이 몸과 무엇이 다르랴	何異飄飄託此身 하 이 표 표 탁 차 신
잠시 돛대에 앉아 지저귀더니 다시 날아가	暫語船檣還起去 잠 어 선 장 환 기 거
꽃 쪼아 물에 떨구니 눈물로 수건 더욱 젖시네	穿花落水益沾巾 천 화 낙 수 익 고 건

- 난리를 피해 여러 곳을 떠돌던 杜甫가 배 안으로 날아든 제비를 보고 지은 시로, 제비와 相憐하는 아련한 슬픔이 느껴진다. 自然合一의 詩情과 전쟁의 난리 속에 고단한 삶을 살아가고 있는 시인의 고뇌에 찬 모습을 보여 주는 전형적인 두보의 詩다.
- 『唐詩全書』, 김달진 역해, 민음사, 1987.

◆ 집 없는 제비의 시름(古詩 27首 中 8)　茶山 丁若鏞

제비가 처음 날아와서는	鷰子初來時 연 자 초 래 시
지지배배 쉬지 않고 말하네	喃喃語不休 남 남 어 불 휴
말하는 뜻 비록 잘 알 수 없지만	語意雖未明 어 의 수 미 명
집 없는 시름 호소하는 것 같아	似訴無家愁 사 소 무 가 수
느릅홰나무 늙어 구멍도 많은데	楡槐老多穴 유 괴 로 다 혈
어찌 그곳에는 머물지 않는지	何不此淹留 하 불 차 엄 류
제비가 다시 지지배배 지지배배	燕子復喃喃 연 자 부 남 남
마치 사람과 대화를 나누는 듯	似與人語酬 사 여 인 어 수
홰나무 구멍은 황새가 와서 쪼고	楡穴鸛來啄 유 혈 관 래 탁
느릅나무 구멍은 뱀이 와서 뒤진다네	槐穴蛇來搜 괴 혈 사 래 수

◆ 제비의 시름(鷰)　丁若鏞(1762~1836)『茶山詩文集』第5卷

— 제비의 집 신축을 허락하며

제비가 茶山의 堂上에 집을 지으려고 해서 선생이 이를 자꾸 헐어 버렸더니 제비가 위치를 뒤로 물려가며 다시 지으려고 사정하는 듯해, 이를 안쓰러워한 선생이 집 짓는 것을 허락하고 난 뒤 이 시를 읊었다고 한다(越鷰巢於堂上屢塗屢毁退丐屋梠憐而許之感作一詩. 「茶山日記」).

제비란 놈 생각하는 지혜가 있어	越鷰有智慮 월 연 유 지 려
둥지 지을 땐 꼭 뱀을 피해서 짓네	營巢必辟蛇 영 소 필 벽 사
제비가 바탕이 그리 예쁘고 곱진 않지만	縱無嬌艶質 종 무 교 염 질

정성이 이리 지극하니 어찌할 수가 없네　奈此至誠何(내차지성하)

야박하게 대해도 도리어 매달리며 사정해 오며　恩薄猶依戀(은박유의련)

깊이 걱정하며 돌봐주길 바라니　憂深望護訶(우심망호가)

세상 살아가는 이치를 보는 것 같네　生成見物理(생성견물리)

그간 집 없음을 부끄러워하며 떠돌았더니　漂泊愧無家(표박괴무가)

시계 없는 세상의 새벽을 깨운 닭
鷄, 雞, chicken, cock, hen

닭은 닭목 꿩과에 속하며 가축화된 조류로, 지구상에서 개체수가 가장 많다. 일 년에 도축되는 닭은 600억 마리이며, 특정 시점 닭의 수는 연간 도축되는 수보다는 적은 230억 마리 정도라고 한다. 닭의 수명은 5~10년 정도이나 家禽化된 이들이 천수를 누리는 경우는 아주 드물다. 닭은 인류의 가장 중요한 단백질 공급원이고, 달걀을 공급한다.

동양에서는 십이지 동물 중 조류로는 유일하게 神으로 등극한 새다. 우리 한국인은 닭의 울음소리도 구분해서 듣는 민족이다. '암탉은 꼬꼬꼬, 수탉은 꼬끼오, 병아리는 삐악삐악한다'고 듣는다. 시계 없는 세상에서 옛사람들은 닭 울음소리로 하루를 시작했으며, 孟嘗君은 食客의 닭 울음소리 흉내 내는 재주를 활용하여 목숨을 구했다. 닭은 그리 멀리 날지는 못하지만 급하면 얼떨결에 날아서, 귀한 생명을 구하는 데는 아쉬운 대로 부족함이 없다.

곤충, 지렁이, 지네, 씨앗 등 가리지 않고 뭐든 먹는다. 그러나 닭에게 술이나 초콜릿을 주면 안 된다. 알코올 분해 효소가 전혀 없는 이들에게 무슨 일이 일어날지 모르기 때문이다. 암탉은 보통 18~20주가 되면 하루에 하나꼴로 달걀을 낳지만, 욕심을 내어 검은 천으로 양계장을 둘러싸면 세월 가는 줄 모른 채 하루에 3개씩도 낳는다고 한다. 이 경우 극심한 칼슘 부족으로 큰 고통을 겪어 수명을 재촉하게 되니, 그간 시계 없는 세상에서 목 터지게 새벽을 깨워 온 공로와 유일하게 십이지신에 오른 존귀한 신분을 생각해서라도 무리하게 산란을 재촉하고 권장하는 일은 되도록 자제하는 것이 좋겠다. 병아리는 5개월이면 다 큰다.

비록 시원스럽게 날지도 못하고 신체조건도 비교적 약한 조류라서 천적이 많기도 하지만, 가장 큰 천적은 아무래도 나날이 달걀을 낳아 바치고 눈물 없는 울음으로 시간을 알려 줄 뿐 아니라 집 안에 기어다니는 해충들을 말끔히 처리해 주는 혜택을 무상으로 누리며 살아가는 배은망덕한 인간일 것이다.

간혹 머리가 나쁜 사람을 닭대가리라고 핀잔을 주는 경우가 있는데, 이런 말도 그리 좋은 표현이 아니므로 점잖은 분들은 삼갈 필요가 있다. 닭은 숫자 개념도 있고, 음식물의 질과 양도 구분할 줄 알며, 모이 주는 주인을 알아보기도 한다.

닭고기를 꽤나 즐기는 프랑스인들의 영예로운 國鳥는 닭이다.

◆ 닭은 횃대에 오르는데 부역 간 우리 임은(君子于役) 『詩經』, 「王風」

부역 간 우리 임 돌아올 기약 알지 못하네　君子于役 不知其期 (군자우역 부지기기)

언제쯤이나 돌아올까　曷至哉 (갈지재)

닭은 횃대에서 울고 해는 저물어　雞棲于塒 日之夕矣 (계서우시 일지석의)

양과 소 다 내려왔는데 부역 간 우리 임　羊牛下來 君子于役 (양우하래 군자우역)

나 어찌 그이를 그리워하지 않겠어요　如之何勿思 (여지하물사)

부역 간 우리 임 오실 날도 달도 모르는데　君子于役 不日不月 (군자우역 불일불월)

언제나 만날 수 있을까, 닭은 홰에 깃들고　曷其有佸 雞棲于桀 (갈기유괄 계서우걸)

날 저물어 양과 소도 다 말뚝에 묶였는데　日之夕矣 羊牛下括 (일지석의 양우하괄)

부역 간 우리 임 부디 주리거나 목마르지 않기를　君子于役 苟無飢渴 (군자우역 구무기갈)

• 周 平王 治世(BC 770~BC 720) 당시 부역 나간 낭군을 그리는 시다. 닭은 횃대에서 울고 양과 소도 산에서 다 내려왔는데, 임은 돌아올 기약이 없다. 임에 대한 간절한 그리움을, 낭군이 주리거나 목마르지 않고 부디 평안하기를 기원하는 것으로 마무리하고 있다.

• **佸** 힘쓸 괄, 모일 **會**, **括** = 至也, 묶을 괄, **桀** = 말뚝 걸, **苟** = 우선 구, 진실로 구

◆ 울어도 보내고 싶지 않은 임(雞鳴) 『詩經』, 「齊風」

닭 울었어요 조정엔 이미 중신들로 가득 찼겠어요　雞既鳴矣 朝既盈矣 (계기명의 조기영의)

닭이 운 게 아니었다면 쇠파리 소리였나 봐요　匪雞則鳴 蒼蠅之聲 (비계즉명 창승지성)

동쪽이 밝았네요 이미 조회가 한창이겠네요　東方明矣 朝既昌矣 (동방명의 조기창의)

동쪽이 밝은 게 아니라면 아마 달빛이었나 봐요　匪東則明 月出之光 (비동즉명 월출지광)

날벌레 앵앵 날고 당신과 같은 꿈 꾸고 싶지만　蟲飛薨薨 甘予子同夢 (충비홍홍 감여자동몽)

신하들 모였다 돌아갈 테니 저 때문에 미움 사는 일 없길　　會且歸矣 無庶予子憎
회차귀의 무서여자증

• 어진 왕이 부인과 자고 있는데, 부인이 닭이 울었다고 한다. 닭이 운 게 아니라 쉬파리 우는 소리였다. 동녘이 밝았다고 했는데, 그것은 창에 비친 달빛이었다. 날이 밝아오는 것을 안타까워하며, 날 밝으면 헤어져야 하는 것을 아쉬워하는 모습이 눈에 보이는 듯하다. 오래 같이 있고 싶은 왕과 부인의 간절한 마음과 함께, 이를 절제하고 경계하고자 하는 부인의 귀한 마음이 잘 나타나 있다. 이런 시를 두고 공자는 『詩經』의 3백 편 시를 한마디로 말해 생각함에 사특함이 없다고 말하지 않았을까 싶다(詩三百 一言以蔽之曰 思無邪, 『論語』「爲政」 篇).

◆ 그대의 닭을 빌려 타고 돌아가리다(借鷄騎還)　徐居正 『太平閑話滑稽傳』

1482년에 徐居正이 편찬한 笑話集으로, 원본은 전하지 않으며 『古今笑叢』 등 몇 異本이 전한다. 서거정은 세상의 근심을 잊어버리고자 친구들과 한 우스갯소리들을 모아 쓴 것이라고 했다. 선비들을 독자로 삼고 있는 품격 있는 유머집이다.

김 선생은 우스갯소리를 잘했다　　金先生善談笑
김선생선담소

어느 날 친구 집을 방문했는데　　嘗訪友人家
상방우인가

주인이 술자리를 마련했는데　　主人設酌
주인설작

안주로 내어놓은 것이 푸성귀밖에 없었다　　只佐蔬菜
지좌소채

먼저 주인이 김 선생에게 미안해하며 말하길　　先謝曰
선사왈

집은 가난하고 시장은 멀어　　家貧市遠
가빈시원

맛을 곁들이실 만한 것이 없습니다　　絕無兼味
절무겸미

담백한 것뿐이라 이거 부끄럽습니다　　惟淡白 是愧耳
유담백 시괴이

그때 마침 닭무리가 어지러이 마당을 쪼며 다니고 있었다　　適有群鷄 亂啄庭
적유군계 난탁정

김 선생이 말하기를　　金曰
김왈

대장부는 천금을 결코 아까워하지 않는 법이니　大丈夫 不惜千金 (대장부 불석천금)

마땅히 오늘은 내 말(馬)을 잡아 술안주로 할까 하오　當斬吾馬佐酒 (당참오마좌주)

주인이 말하기를　主人曰 (주인왈)

아니 말을 잡고 나면 무얼 타고 돌아가려 하시오　斬馬 騎何物以還 (참마 기하물이환)

김 선생이, 주인장 집의 닭을 빌려 타고 갈까 하오　金曰 借鷄騎還 (김왈 차계기환)

주인이 크게 웃고는 얼른 닭을 잡아 음식을 대접했다　主人大笑 殺鷄餉之 (주인대소 살계향지)

◆ 때를 아는 것, 어찌 너에게 미치랴(詠鷄)　尹善道『孤山遺稿』卷一

물성이 비록 치우치고 막혔다 하더라도　物性雖偏塞 (물성수편색)

하늘로부터 받은 것 중엔 밝은 것도 있으리니　稟賦有明處 (품부유명처)

우리 인간이 본디 가장 신령하다고 말하지만　吾人固最靈 (오인고최령)

밤의 때를 아는 데야 어찌 너에게 미치겠느냐　時夜誰及汝 (시야수급여)

새벽 기운이 이르면 스스로 꼬끼오 하며 울고　氣至自咿喔 (기지자이악)

대롱 속의 재가 陽律과 陰呂에 응하듯 하나니　若灰管應呂 (약회관응려)

扶桑의 닭 소리에 응해 천하의 닭들이 운다는 것도　鳴應扶桑鷄 (명응부상계)

실로 헤아려 들을 만한 말이 아닐진대　貫惟無稽語 (관유무계어)

하물며 사람이 만들어 낸 가짜 닭 소리를 듣고　矧肯聽人假 (신긍청인가)

마음이 흔들려 常道를 잃기야 했겠는가　雷同失常敍 (뇌동실상서)

이에 알겠다, 孟嘗君의 식객이　乃知孟嘗客 (내지맹상객)

때마침 너와 소리를 같이 냈음은　適與汝同擧 (적여여동거)

식객이 田文을 능히 속인 것이지만 客能欺田文
객 능 기 전 문

田文이 秦을 속이고 떠난 것이 아니리라 非文欺秦去
비 문 기 진 거

- 尹善道의 「詠鷄」는 닭을 의인화하여 전국시대의 孟嘗君이 食客 중 닭과 개의 소리를 내는 鷄鳴狗盜의 奇人이 있어 秦을 속이고 목숨을 구한 고사를 인용하여, 당시 조선 조정을 종횡하던 간신들을 빗대어 비판한 작품으로 평가된다. 부산광역시 기장군 기장읍 죽성리의 黃鶴臺 정상에 「詠鷄」 시비가 세워져 있다.
- **律呂** 동양의 12율 음계로, 살아 있는 모든 생물이 태어나는 생명의 근원을 이른다. 陽律(황종, 태주, 고선, 유빈, 이칙, 무역)과 陰呂(대려, 협종, 중려, 임종, 남려, 응종)로 나뉜다(『樂學軌範』).
- **扶桑** 동쪽 바다 속 상상의 나무. 扶桑의 산 위에서 금빛 닭이 울면 천하의 닭들이 모두 따라 울어 새벽이 밝는다는 이야기가 있다.

* 닭들의 이야기

옛날에는 개에게도 쫓겨 지붕으로 도망가는 신세였지만, 이젠 고양이도 개도 상대가 되지 못한다. 누가 감히 鷄公의 앞을 막으랴? "내 가족과 내 땅은 나 계공이 지킨다." 보라! 잘난 인간들의 세상도, 우리 없으면 밝아오는 새벽을 어찌 미리 알겠으며 내가 낳은 그 수많은 달걀은 도대체 어디서 어떻게 구할 것인가? 아니, 알이 없다면 인간들이 하루도 먹지 않고 살 수 없는 그 많은 빵들은 도대체 어떻게 만들 것인가?

또한 마당을 헤집으며 논밭 속을 기어다니는 모래알보다 많은 저 벌레들은 누가 잡을 것인가? 우리가 없는 세상에서 인간 홀로 하루라도 살아갈 수 있을 것인가?

아! 이젠 버릇없는 참새를 혼내며 넓은 마당을 어슬렁거리던 鷄公보다는, 좁아터진 닭장 속에서 배고프고 목마른 鷄生을 보내는 한 많은 鷄族들이 더욱 많구나! 十二支神의 鷄族이여!

◆ 때는 노기등등 눈에는 불꽃 이네(鷄) 金炳淵(1807~1863)

새벽 알리는 일 혼자 도맡아 하고 擅主司晨獨擅雄
천 주 사 신 독 천 웅

붉은 관모 푸른 발톱 유난히도 크구나	絳冠蒼距拔於叢 강 관 창 거 발 어 총
달 속 옥토끼 놀라게 하여 흰빛을 감추었네	頻驚玉兎旋臟白 빈 경 옥 토 선 장 백
매번 해 속 금까마귀 불러내어 붉은빛 발하게 하네	每喚金烏卽放紅 매 환 금 오 즉 방 홍
싸울 땐 노기등등 눈에는 불꽃 이네	欲鬪努嗔瞳閃火 욕 투 노 진 동 섬 화
큰 소리로 북 치듯 활개 치며 바람을 일으키네	將鳴奮鼓翅生風 장 명 분 고 시 생 풍
五德의 이름 높여 세상의 본보기 되고	名高五德標於世 명 고 오 덕 표 어 세
桃都山 꼭대기에서 세상 향해 울어 대던 영물이여	迥代桃都響徹空 형 대 도 도 향 철 공

- 桃都山 중국의 전설상 산. 산꼭대기에 桃都라는 큰 나무가 있는데, 나뭇가지가 3천 리나 된다. 여기에 금빛 나는 닭이 있는데 해 뜨면 이 천계가 울고 천하의 닭이 모두 따라 울었다.(『藝文類聚』 권9)
- 鷄有五德 魯나라 哀公 때 田饒가 말한 닭의 다섯 가지 덕(文·武·勇·仁·信)에 비유(『韓詩外傳』).

닭, 종이에 묵채, 吳承雨 화백(최양식 소장)

머리에 관을 쓴 것은 文, 발에 갈퀴를 가진 것은 武, 적에 맞서 싸우는 것은 勇, 먹을 것을 보고 서로 불러 나누니 仁, 밤을 지켜 때를 잃지 않고 알리니 信.

- 鷄有五常 닭의 다섯 가지 덕을 五常(仁·義·禮·智·信)에 비유. 서로 불러 나누어 먹으니(相呼取食仁之德也) 仁, 싸움에서 물러서지 않으니(臨戰不退義之德也) 義, 의관을 바로 하고 있으니(正其衣冠禮之德也) 禮, 항상 주위를 경계하니(常戒防衛智之德也) 智, 시간 알림에 잘못이 없으니(無違時報信之德也) 信.

◆ 못 우는 놈 잡아먹고 잘 우는 놈 기른다 慵齋 成俔(1439~1504)『虛白堂集』

못 우는 놈 잡아먹고 잘 우는 놈 기르니 — 烹不能鳴養善鳴(팽 불 능 명 양 선 명)

울기만 잘해도 내 속이 시원하구나 — 善鳴猶足暢吾情(선 명 유 족 창 오 정)

은하수는 밤에 고요하니 새벽 알기 어렵고 — 星河夜靜難知曉(성 하 야 정 난 지 효)

병아리, 연필, 최양식 / 날개도 없는데 공중에 매달린 거미, 먹어도 될까?

종루 소리는 작은 바람 소리에도 시각 바뀌는 것 못 알리네	鐘漏 風微未報更 종루 풍미미보경
베개맡 근심거리 자주 기어 들어와	枕上睡蛇頻自遯 침상수사빈자둔
가슴속 걱정거리 편안치 못하네	胸中愁緖不能平 흉중수서불능평
이불 안고 뒤척이며 잠들지 못하는데	擁衾輾轉無眠處 옹금전전무면처
기쁘다네, 들려오는 꼬끼오 첫닭 소리	喜聽嘐嘐弟一聲 희청교교제일성
번뇌의 독사가 그대 마음속에 자고 있는 것	煩惱毒蛇睡在汝心 번뇌독사수재여심
비하건대 검은 살모사가 그대 집에 자는 것과 같으니	譬如黑蚖在汝室睡 비여흑원재여실수
마땅히 계율의 갈고리로 일찍이 물리쳐야 한다	當以持戒之鉤 早摒除之 당이지계지구 조병제지
자고 있는 뱀 나가야 편히 잠들 수 있으리니	睡蛇旣出 乃可安眠 수사기출 내가안면

- **睡蛇** 번뇌로 마음이 불안한 상태를 가리키는 불교 용어(『遺敎經論』).
- 밤하늘의 은하수도 새벽을 알리지 못하고 종루는 작은 바람에도 시각을 제대로 알려 주지 못하는데 닭이 새벽을 깨워 주어 편히 잠들 수 있다고 한다.

◆ 울어야 할 때 울지 않는 닭을 나무람(啞鷄賦) 金富軾 『東文選』 卷之一

해는 어두워져 세밑 향해 가니	歲崢嶸而向暯 세쟁영이향막
낮은 짧고 밤은 길어져 괴롭다	苦晝短而夜長 고주단이야장
어찌 등불 없어 책 읽지 못하랴만	豈無燈以讀書 기무등이독서
병으로 스스로 힘없어 그리 못하니	病不能以自强 병불능이자강
다만 뒤척이다 잠들지 못하고	但展轉以不寐 단전전이불매
온갖 걱정거리 속에서 엉키는구나	百慮縈于寸腸 백려영우촌장
생각건대 닭의 횃대 가까이 있어	想鷄塒之在邇 상계시지재이

조만간 날개 퍼덕이며 한번 크게 울리라 여겨	早晚鼓翼以一鳴 조 만 고 익 이 일 명
잠옷 걸친 채 일어나 고요히 앉아	擁寢衣而幽坐 옹 침 의 이 유 좌
창틈으로 밝아오는 새벽 미명 보다가	見牕隙之微明 견 창 극 지 미 명
갑자기 문 열고 나가 바라보니	遽出戶以迎望 거 출 호 이 영 망
별들은 가득 차 서쪽으로 기울어 있다	參昴澹其西傾 참 묘 담 기 서 경
동자 녀석 불러 바로 일으켜	呼童子而今起 호 동 자 이 금 기
닭이 죽었는지 살았는지를 물어보았다	乃問鷄之死生 내 문 계 지 사 생
이미 잡아 제사상에 올린 것도 아닌데	既不羞於俎豆 기 부 수 어 조 두
승냥이와 삵에게 해 당한 걸 보고 두려워서인가	恐見害於狸猩 공 견 해 어 리 성
어찌 머리를 숙이고 눈을 감은 채	何低頭而瞑目 하 저 두 이 명 목
끝내 입 닫고는 소리조차 없는가	竟緘口而無聲 경 함 구 이 무 성
『시경』「국풍」에서는 너를 군자로 생각하여	國風思其君子 국 풍 사 기 군 자
비바람에도 울음을 그치지 않는다고 칭찬했는데	嘆風雨而不已 탄 풍 우 이 불 이
이제 울어야 할 때 도리어 고요하니	今可鳴而反嘿 금 가 명 이 반 묵
어찌 그 天理를 거스르는 것이 아니겠느냐	豈不違其天理 기 불 위 기 천 리
무릇 개가 도둑을 알고도 짖지 않고	夫狗知盜而不吠 부 구 지 도 이 불 폐
고양이가 쥐를 보고 쫓지 않는 것은	猫見鼠而不追 묘 견 서 이 불 추
제 구실 못 하긴 마찬가지일 것이니	校不才之一揆 교 부 재 지 일 규
비록 잡아 죽여도 마땅할 것이지만	雖屠之而亦宜 수 도 지 이 역 의
다만 옛 성인이 경계하신 가르침에	惟聖人之敎誡 유 성 인 지 교 계
죽이지 않는 것이 어진 것이라 하였으니	以不殺而爲仁 이 불 살 이 위 인

네가 마음속에 고마운 마음을 안다면	倘有心而知感 당 유 심 이 지 감
잘못을 뉘우치고 스스로 새로워지거라	可悔過而自新 가 회 과 이 자 신

◆ 닭아 미안해! 깨워 준 새벽에 길 떠나지 못해서(早發) 李秉淵(1671~1751)

한 마리 닭 울자 다른 닭 또 울어	一鷄二鷄鳴 일 계 이 계 명
작은 별 큰 별 다 떨어지는데	小星大星落 소 성 대 성 락
문 나갔다 다시 들어오며	出門復入門 출 문 부 입 문
조금씩 조금씩 길 떠날 준비해	稍稍行人作 초 초 행 인 작
나그네 새벽 틈타 길 나서려는데	客子乘曉行 객 자 승 효 행
주인은 보낼 수 없다고 하네	主人不能遣 주 인 불 능 견
말채찍 쥔 채 주인에게 다시 돌아오니	持鞭謝主人 지 편 사 주 인
부끄럽기 그지없어라, 새벽녘 닭과 개 번거롭게 해	多愧煩鷄犬 다 괴 번 계 견

• 李秉淵은 시집『槎川詩抄』2권을 저술로 남겼다. 당시로서는 대단하게 長壽했다 할 팔십 평생에 무려 1만 3천 수가 넘는 시를 썼다고 한다. 당시 강남의 문사들이 명나라 이후 이 시에 견줄 만한 작품이 없다고 할 정도였으며, 중국에서도 이병연의 시를 극찬했다. 현재는 500수만 전한다. 鄭敾과 李秉淵은 金昌翕을 스승으로 함께 모신 평생의 절친이었다. 謙齋 鄭敾과의 친밀한 교유를 바탕으로 詩畫交涉의 성취를 이루어 당시에는 左槎川 右謙齋로 불렸다고 한다. 이 시는 방문한 집에 폐를 끼칠까 싶어 새벽에 몰래 길을 떠나려던 계획이, 주인의 간곡한 만류로 이룰 수 없게 되자 목청 다해 새벽잠을 깨워 준 닭과 개에게 미안해하는 마음을 정겹게 잘 표현했다.

밤의 제왕, 공포의 저승사자 부엉이·수리부엉이

鴞, True Owl, eagle owl

부엉이는 올빼미목 올빼미과 부엉이류에 속하는 새를 총칭하는 맹금류다. 몸길이는 20~70cm, 다리는 굵고 짧다. 체중은 암컷 1.75kg, 수컷 1.2~3.2kg 정도지만 날렵하다. 대부분 야행성이나 쇠부엉이는 낮에 활동한다.

밤눈이 밝아 한밤중에 소리 없이 날아와 사냥하기 때문에 파충류와 새들에겐 공포의 저승사자, 밤의 帝王으로 불린다. 특히 얼굴이 고양이를 닮아서 猫頭翁이라 부르며, 羽角을 지닌 새에 걸맞게 매우 청결한 습성을 지녀서 몸단장도 열심히 하고 더러운 것을 대단히 싫어한다. '귀도 아니고 뿔도 아닌 깃털'이 머리 위에 솟아 있는 이 羽角은 오직 밤의 帝王族인 부엉이들만의 威儀 넘치는 상징이다.

옛날부터 부엉이에게는 제 어미를 잡아먹는 불효 새라는 근거 없는 오명이 따라다녔으나 이는 사실이 아니라고 한다. 누구든 술자리에서 부엉이가 불효 새라고 근거 없는 이야기를 떠들어 댔다면, 그날은 돌아가는 밤길을 조심하는 게 좋을 것이다. 羽角 달린 밤의 제왕이 소리 없이 다가와 유언비어의 진원을 호되게 따질지 모르기 때문이다.

멸종 위기 2급의 천연기념물이다. 부엉이는 하늘의 제왕이기도 하지만 물에서 수영을 멋있게 하는 모습이 더러 관찰되곤 하는데, 이 또한 하늘을 나는 새들의 시기에 찬 부러움을 산다.

부엉이는 과거 한때 대한민국의 어느 지역에서인가 수많은 닭을 살상한 죄목으로 포획되어 수갑을 찬 채 경찰서에 끌려온 적이 있다. 경찰서에서도 난동을 멈추지 않고 조사 중인 경찰을 폭행하는 만행을 저질렀지만, 天然記念物法에 따라 아무런 처벌 없이 저들이 살고 있는 법 없는 세상인 야생으로 훈방된 적이 있다.

그들은 실로 야생과 인간 세상에 걸쳐 특혜와 특권을 누리는 무법자다.

야생의 부엉이에게는 自然主義와 保護는 있어도 法治主義와 處罰은 없다.

충청남도 아산시는 부엉이의 이런 前過를 介意하지 않고 市鳥로 추대하여 깍듯이 모신다.

부엉이, 연필, 최양식 / 밤의 제왕, 羽角이 정말 멋있다. 뿔도 아니고 살도 아닌 이것을
사람들은 털뿔이라고 부른다. 부엉이족의 상징이지만 올빼미에게는 없다.

◆ 배 속엔 썩은 쥐가 든 부엉이(鵂三物吟 中) 白沙 李恒福(1556~1618)

머리 돌려 틈 엿보다 사람에게 무엇 빼앗아 나르고	側頭伺隙掠人飛 측 두 사 극 략 인 비
배부르면 하늘 떠도니 누가 그대를 알아보리	飽滿盤天誰識汝 포 만 반 천 유 직 여
때로는 난새, 고니랑 어울려 맘대로 놀기도 하지만	時同鸞鵠恣遊嬉 시 동 난 곡 자 유 희
다만 그 속엔 온통 썩은 쥐가 들어 있구나	只是中心在腐鼠 지 시 중 심 재 부 서

- 側頭伺隙 掠人飛 側頭란 올빼미와 부엉이의 목이 270도까지 돌아가는 것을 표현, 伺隙은 이 자세로 빈틈을 엿본다는 뜻이다. 掠人飛란 사람에게서 무엇인가를 낚아챈다는 의미다. 사람이 가진 먹이를 낚아채는 이런 드문 일이 실제 있었는지, 아니면 밤에 움직이는 부엉이를 인간의 모습으로 의인화한 것인지 알 수 없다.
- 부엉이가 비록 난새나 고니와 더불어 놀지만 그 배 속에는 썩은 쥐가 가득하다니, 조정의 간신에 빗댄 정치 풍자시다. 白沙 李恒福의 시는 이런 풍자시가 많다. 그리고 아마도 그에게 부엉이는 그리 좋은 새가 아니었던 것으로 보인다.

◆ 매화나무에 모인 부엉이(墓門) 『詩經』, 「陳風」

묘지문 밖 대추나무 도끼로 자르는데	墓門有棘 斧以斯之 묘 문 유 극 부 이 사 지
그 사람 나쁜 것, 온 나라 사람 다 알고 있지	夫也不良 國人知之 부 야 불 량 국 인 지 지
알아도 멈추지를 않으니 옛날 그대로일세	知而不已 誰昔然矣 지 이 불 이 수 석 연 의
묘지문 밖 매화나무 부엉이들 모여 머무르네	墓門有梅 有鴞萃止 묘 문 유 매 유 효 췌 지
그 사람 나쁜 사람이라 노래로 알리는데	夫也不良 歌以訊之 부 야 불 량 가 이 신 지
알려 줘도 돌아보지 않으니 엎어져야 내 생각하리	訊予不顧 顚倒思予 신 여 불 고 전 도 사 여

- **訊** 물을 신, 알리다, **萃** 모이다, **止** 머무르다, **鴞** 부엉이, **斯** 이 사, 쪼개다, 斯 = 析

- 이 시는 정치 풍자시로 이해된다. 대추나무는 가시나무로도 번역되니, 나쁜 나무를 베듯 악인을 제거해야 한다는 뜻이 담긴 듯하다. 매화나무는 墓門 앞에 같이 자라는 좋은 나무이므로 이 또한 세상 속에 섞여 있는 선과 악, 좋은 사람과 나쁜 사람이 함께 있는 聖俗의 세상을 표현한 것으로 보인다.
- 부엉이의 노래는 민중의 소리를 전하는 메신저, 우리 시대적 표현으로는 언론과 여론으로 이해하면 될 듯하다. 부엉이의 경고를 알아듣지 못하는 경우를 적시하고 있다. 시의 마지막 句 "알려 줘도 돌아보지 않으니 엎어져야 정신 차리겠느냐(訊予不顧 顚倒思予)"는 무서운 표현은 "불의에 대하여 저항하는 '혁명의 기류'가 강하게 엿보인다. 이 詩는 孟子보다도 훨씬 앞선 革命思想의 元祖다."

부의 상징, 밤의 숲을 지배하는 올빼미

鴞, owl

올빼미목 부엉이류이나 눈이 단일 색인 種이 올빼미다. 신장 37~46cm, 날개폭 81~105cm, 체중 385~800g이다. 암컷이 수컷보다 훨씬 크다. 부엉이와 마찬가지로 목이 270도까지 돌아간다. 귀의 좌우 위치가 서로 달라, 소리 나는 곳을 정확히 파악하는 능력이 있다.

夜行性이라 밤늦게까지 부지런히 일한다. 잠자지 않고 열심히 일하는 사람을 올빼미族(night owl)이라고 하는데, 영광스러운 새의 족보, 貴鳥譜에 제 키 높이도 날지 못하는 인간이 제멋대로 그 족보에 이름을 올리려 한다면 올빼미들이 어떻게 생각할지 모르겠다.

영역 침범을 용서하지 않는 맹금류 올빼미를 만만히 보고 가까이 다가가면 큰일 난다. 이때는 특히 눈을 조심해야 한다. 1937년 영국의 사진작가 에릭 호스킹은 올빼미 둥지를 가까이 가서 찍으려다 공격을 받아 왼쪽 눈을 잃었다(An Eye for a Bird)고 한다. 당시 올빼미는 침입자로부터 자기 집을 지키기 위한 정당방위라고 주장했다. 그 주장은 받아들여졌으며, 동물과 올빼미를 제대로 이해하는 자비심 많은 피해자의 호소로 다행히 免訴되어 더 이상 문제가 되지는 않았다.

올빼미는 부엉이류에 속하지만, 부엉이들의 영예를 상징하는 '머리 쪽에 난 뼈도 아니고 귀도 아닌 그 멋있는 羽角'은 가지고 있지 않다.

동양에서 올빼미는 특히 부의 상징으로 귀한 대접을 받고 있다. 웬만한 집에서는 나무, 도자기와 구리로 올빼미 형상을 만들어 至誠으로 모신다. 아래 「碁詞腦歌」는 禪詩類 鄕歌의 漢譯인 듯하다.

◆ 碁詞腦歌　眞覺國師 慧諶 『無衣子詩集』 卷上

그대 우희조를 보았는가	君看憂喜鳥 군 간 우 희 조
푸른 산등성이에 높이 있어	高在碧山嶠 고 재 벽 산 교
세상의 가소로운 일 들으며	聞世可笑事 문 세 가 소 사

한바탕 소리 다해 웃어젖혔건만 — 放聲時一笑 (방성시일소)

어쩌다 고기 탐하는 올빼미를 따라 — 偶隨貪肉鴟 (우수탐육치)

마을까지 멀리 나들이 나가 노닐다 — 聚落遠遊嬉 (취락원유희)

한순간 그만 그물에 걸려들어 — 忽爾入羅網 (홀이입라망)

몸 벗어날 것 기약조차 할 수 없게 되었네 — 出身無可期 (출신무가기)

마음이란 경계에 이끌려 생기는 것 — 心生須托境 (심생수탁경)

그냥 깊은 골짜기에서 느긋이 살아가면 될 것을 — 窮谷宜棲遲 (궁곡의서지)

• 憂喜鳥는 수행자를 뜻하는 가상의 새다. 세속을 탐하는 올빼미 등과 어울려 수행의 길에서 벗어나 어려움을 겪게 된 수행자의 모습을 경계하는 眞覺國師가 禪詩다.

◆ 올빼미야! 올빼미야! 내 집 허물지 마라(鴟鴞) 『詩經』, 「豳風」

올빼미야! 올빼미야! 이미 내 새끼 잡아갔으니 — 鴟鴞鴟鴞 既取我子 (치효치효 기취아자)

내 집까진 허물지 마라, 사랑으로 지성으로 키웠는데 — 無毁我室 恩斯勤斯 (무훼아실 은사근사)

내 어린 자식 불쌍하기 그지없구나 — 鬻子之閔斯 (죽자지민사)

하늘에서 장맛비 내리기 전에 서둘러 — 迨天之未陰雨 (태천지미음우)

저 뽕나무 뿌리 캐다가 둥지 입구 얽어 놓으면 — 徹彼桑土 綢繆牖戶 (철피상토 주무유호)

둥지 아래 있는 너희들 감히 나를 모욕하겠는가 — 今女下民 或敢侮予 (금녀하민 혹감모여)

내 손수 일하여 물억새를 긁어모아 — 予手拮据 予所捋荼 (여수길거 여소랄도)

쌓고 모아 두려니 내 입이 다 헐도록 일했건만 — 予所蓄租 予口卒瘏 (여소축조 여구졸도)

아직 내 쉴 집이 없기 때문이라 — 曰予未有室家 (왈여미유실가)

내 날개는 모지라지고 나의 꼬리는 찢어지며	予羽譙譙 予尾翛翛 여 우 초 초 여 미 소 소
내 집은 위태로워 비바람에 흔들리니	予室翹翹 風雨所漂搖 여 실 교 교 풍 우 소 표 요
나 오직 두려워 소리 내어 울 뿐이로다	予維音嘵嘵 여 유 음 효 효

• **譙譙** 깃이 모자라지게 된. 꾸짖을 초, **翛翛** 날개 찢어질 소, **翹** 꼬리 깃 교, **翹翹** 치켜세울 교, **漂** 떠돌 표, **嘵**＝**懼** 두려워할 효, **迨** 미칠 태, **牖** 창 유, **鴟鴞** 올빼미, **鬻** 죽, 팔다, 속이다, **拮** 일할 길, **据** 일할 거, **捋** 집어 딸 랄, **荼** 씀바퀴 도, **瘏** 앓을 도.

• 힘이 약한 새가 올빼미의 박해를 받아 고통받는 것을 吐露하는 시다. 올빼미로 지칭되는 당시 지배계층의 착취와 압박 속에 참기 어려운 고통을 겪는 민중들의 삶과 이에 대한 저항의 심리를 새의 비유 속에 투영하고 있다. 寓言詩의 嚆矢로, 『詩經』 속에 몇 안 되는 抵抗詩지만 불평과 불만이 極에 달하여 울음소리는 크지만 저항을 위한 결단과 행동 의지는 없으며 행동하는 양심(active conscience)은 보이지 않는다.

남의 둥지에 탁란하고 군자 소리 듣는 뻐꾸기
鳲鳩, 布穀鳥, cuckoo

뻐꾸기는 뻐꾸기목 뻐꾸기과의 여름 철새다. 곤충을 잡아먹고 살며 개체수가 점점 줄어 현재는 2,500만 마리에서 1억 마리 정도 수준이라고 한다.

모든 뻐꾸기가 다 그런 것은 아니지만 120종 중 30종 정도는 다른 새 둥지에 자기 알을 모르게 슬쩍 놓아두는 소위 托卵(brood parasitism, turbidity)이라는, 인간의 눈으로 보면 치사하고도 고약한 寄生 수법으로 育雛한다. 유모로 피택되어 남의 자식을 제 자식이라 믿고 등골 빠지도록 키우는 불쌍한 새는 놀랍게도 대개 몸집이 아주 작은 딱새, 뱁새 등과 같은 소형 조류다.

자기 덩치보다 2~3배가 훨씬 넘는 남의 새끼를 제 자식인 줄 알고 배불리 먹이느라 허구한 날 생고생하는 뱁새를 보면 측은하기 그지없다. 멀리서 먹이를 잡아 와 덩치가 산만 한 새끼 뻐꾸기 녀석을 먹일 때는 어미 뱁새의 작은 머리가 새끼 뻐꾸기 입속으로 들어갔다 나와야 한다.

남의 둥지에서 부화한 새끼 뻐꾸기가 가장 먼저 하는 기막힌 일은 생존 경쟁자인 그 집 嫡統 자식들인 다른 새끼들을 親母가 지켜보는 눈앞에서 둥지 밖으로 밀어내 죽이는 乳兒殺害의 죄를 짓는 것이다. 그러나 어미는 다른 동물처럼 대개 형제간의 싸움에는 개입하지 않는다. 이들이 성장해서 저지르는 또 하나 고약한 일은 남의 둥지를 통째로 빼앗는 家屋奪取의 죄를 짓는 것이다. 탄생할 때부터 시작된 이들의 못된 짓은 그 이후의 삶에서도 계속 이어지고 있으니, 그들의 죽음은 어떤 모습일지 자못 궁금하다. 이것도 모두 창조주인 신의 不可測한 遠謀心慮의 謀略일까?

다음 詩에서는 뻐꾸기를 군자라 칭송하고 있는데, 이 뻐꾸기는 다른 집에 托卵을 하지 않고 제 자식을 직접 키우는 뻐꾸기인지도 모르겠다. 그러나 이 시에서도 어미 뻐꾸기와 새끼는 각기 다른 나무에 앉아 있는 모습을 표현하고 있는데, 이것이 뱁새에게 탁란으로 양자 보낸 것을 은유한다면 더더욱 뻐꾸기를 군자라 칭하는 것은 좀 거시기한 일이 아니겠는가?

뻐꾸기에 대한 옛사람들의 오해와 편애가 어찌 이리 지나친지 이해하기 어렵다.

◆ 뻐꾸기가 군자라니요?(鳲鳩) 『詩經』, 「曹風」

뻐꾸기 뽕나무에 앉았는데 그 새끼 일곱 마리	鳲鳩在桑 其子七兮 시구재상 기자칠혜
어진 군자여, 그 거동 한결같네	淑人君子 其儀一兮 숙인군자 기의일혜
그 모습 한결같고 마음도 묶은 듯이 단단하여라	其儀一兮 心如結兮 기의일혜 심여결혜
뻐꾸기 뽕나무에 앉았고 새끼는 매화나무에 있네	鳲鳩在桑 其子在梅 시구재상 기자재매
어진 군자여, 그 맨 띠는 비단 띠고	淑人君子 其帶伊絲 숙인군자 기대이사
그 띠는 비단 띠고 고깔에는 구슬 달렸네	其帶伊絲 其弁伊騏 기대이사 기변이기
뻐꾸기 뽕나무에 앉았고 새끼들 대추나무에 앉았네	鳲鳩在桑 其子在棘 시구재상 기자재극
어진 군자여, 그 모습 어긋남이 없네	淑人君子 其儀不忒 숙인군자 기의불특
온 천하 바로잡으시리	正是四國 정시사국
뻐꾸기 뽕나무에 앉았고 새끼는 개암나무에 있네	鳲鳩在桑 其子在榛 시구재상 기자재진
어진 군자여, 온 나라 사람 바르게 하리	淑人君子 正是國人 숙인군자 정시국인
온 나라 사람 바르게 하면 만년인들 못 가리	正是國人 胡不萬年 정시국인 호불만년

- **忒** 어긋날 특, **弁** 고깔 변, **騏** 준마 기, 흑청색 말
- 뻐꾸기는 탁란하는 새이지만 가까이 앉은 새끼를 이처럼 詩에 함께 초대한 것을 보면 탁란하지 않고 친모가 직접 기르는 경우인지도 모르겠다. 그리고 뻐꾸기를 군자라고 한 것은 아마도 앉아야 할 자리를 제대로 잘 가려서 앉는 것 때문에 그런 듯하다. 나름대로 앉을 곳을 잘 가린다고 생각할 다른 새들이 들으면 쉽사리 수긍할는지는 모르겠다. 뻐꾸기가 뭘 잘했다고!

산불 나면 불씨 옮겨 사냥하는 솔개

鳶, black kite

솔개는 솔개속 수릿과에 속하는 맹금류이며 육식성이다. 한배에 2~4개의 알을 낳고 우리나라에서는 겨울에 볼 수 있는 새다. 수명은 보통 24년 정도이나 우리나라에서는 멸종 위기 동물 2급으로 지정하여 보호하고 있다. 몸길이는 암컷은 58.5cm, 수컷은 68.5cm 남짓이다.

솔개는 산불이 나면 부리로 불씨를 옮겨 더 번지게 하고는, 이 때문에 정신을 못 차리고 이리 뛰고 저리 뛰며 허둥대는 작은 동물들을 사냥하는 다소 고약한 사냥 습성을 가지고 있다고 한다.

솔개들은 말한다. "난 불은 옮겨도 낸 불은 없다." 솔개를 위한 필자의 외로운 辯護다.

그런데 솔개가 자기 발톱과 털을 뽑아 換骨奪胎하여 그 수명을 연장한다는 世間의 이야기가 있는데, 이는 경영과 조직 혁신을 꾀하자는 인간들이 지어낸 황당한 거짓 寓話다.

인간들은 천품을 받아 평화롭게 살아가는 동물들을 걸핏하면 아무 때나 소환해서 순진한 아이들을 속이는가 하면, 자기 마음에 안 든다고 그럭저럭 굴러가는 세상을 뒤집을 궁리를 하는 데 이용한다. 솔개들이 들으면 기가 막힐 노릇이다. 아무려면 자기 발톱을 뽑아 수명을 연장하다니, 그런 天理가 있을 수 있으며 이런 科學이 존재하기나 할까? 惑世誣民이다.

◆ 솔개와 물고기는 제자리에(旱麓 其三) 『詩經』, 「大雅」

솔개 하늘로 날아오르고 물고기는 연못에서 뛴다	鳶飛戾天 魚躍于淵 연비여천 어약우연
화락하고 편안한 군자여, 어찌 사람을 교화시키지 않으리	豈弟君子 遐不作人 개제군자 하부작인

◆ 솔개의 울음소리(四禽言中) 솔개(鳶) 柳得恭『泠齊集』

비 오래 비 오래	雨來 雨來 (우래 우래)
젊은 부인 높은 회나무 쳐다보며 중얼중얼	少婦叱喃仰高槐 (소부질남앙고괴)
열흘 오던 장맛비 오늘 하루 개었네	十日淫雨一日霽 (십일음우일일제)
낭군님 비단 적삼 날개 편 듯 펄럭이는데	洗郎羅衫張毰毸 (세랑라삼장배시)

• 우리말 소리 音을 한시에 차용하여 별다른 시의 멋이 느껴진다. 솔개가 비 오래 비 오래(雨來雨來) 하고 울며 비를 불러 대는데, 낭군의 비단옷 젖을까 염려하고 안타까워하는 새댁의 마음이 보이는 듯하다.

패션 감각 뛰어난 귀족 조류 두루미

鶴, crane

두루미는 두루미목 두루밋과 조류로 겨울 철새다. 몸길이가 130~140cm나 되고 몸무게가 5~12kg 정도인 대형 조류이며 목과 다리가 길다.

수명이 80년 정도라 옛날부터 十長生에 선정되어 장수의 상징으로 존중되었고, 隱士와 高人의 풍모가 있다 하여 仙禽이라고 불린다. 멸종 위기 동물 1급으로 지정되어 있다. 몸통과 꼬리는 흰색, 날개와 목 부분은 검은색이고 머리는 붉은색이다. 그래서 丹頂鶴이라고도 불린다.

조류계에서는 황새 못지않게 패션 감각이 뛰어난 새로 정평이 나 있다.

우리나라 500원짜리 동전 앞면에 비상하는 두루미의 멋진 모습이 새겨져 있다. 일부일처제를 신봉한다고 알려져 있다. 한배에 두 개의 알을 낳아 부부가 함께 부화하고 공동으로 육아하니, 이 시대 사람들이 배울 점이 적지 않다.

덩치가 커서 삵을 제외하면 천적은 거의 없는 편이다. 괴롭히는 동물도 없으니 당연히 오래 살 수 있을 터인데, 어찌 멸종 위기 1급 종이 되고 말았는지 참으로 이상한 일이다.

그러나 鶴들도 十長生에다 千年鶴, 遼東鶴이니 하며 오래 산다고 자랑만 할 것이 아니다. 과거에는 60을 채 넘기기 어려웠던 인간의 기대수명도 이제 80을 넘어섰으니, 그대들의 자연 수명에 견주어도 결코 짧지 않다. 그러나 무엇보다 인간 출산율이 OECD국가 중에서 최저 수준인 대한민국의 우울한 사례를 他山之石으로 삼아 이제부터라도 두루미들은 분발하여 자손 낳는 일에 정성을 쏟아야 할 것이다. 그러면 애 낳기를 기꺼워하지 않는 이 땅의 젊은이들도 혹시 그대들을 따라하지 않겠는가?

두루미여! 이 나라 강산에는 그대들 좋아하는 나무 많으니 부디 오래오래 머무시게나. 그렇다고 놀지만 말고 그대들의 출산율을 높이는 일에도 소홀하지 마시게나!

- 遼東鶴 陶潛의 『搜神後記』에 遼東 사람 丁令威가 神仙術을 익히고 학이 되어 천 년 만에 고향 요동으로 돌아왔다는 歸鶴 故事는 종종 고향을 그리는 출향 인사에 비유되고 있다. 이 古事는 燕나라 亡命人 衛滿에 의해 멸망한 古朝鮮의 亡國秘史도 담고 있다고 한다.

두루미 혼자 가는 길, 펜화, 허진석 화백

◆ 鶴의 울음소리 들판에 퍼지고(鶴鳴) 『詩經』, 「小雅」

아홉 굽이 늪에서 학이 우니 그 소리 들판에서 들리네　鶴鳴于九皐 聲聞于野 (학명우구고 성문우야)

연못에 잠겨 있는 물고기 더러는 물가로 나오네　魚潛在淵 或在于渚 (어잠재연 혹재우저)

즐거운 저 동산에 박달나무 있고　樂彼之園 爰有樹檀 (낙피지원 원유수단)

그 아래 낙엽이 켜켜이 쌓여 있구나　其下維蘀 (기하유탁)

다른 산의 쓸모없는 돌도 숫돌로 쓸 수 있다네
他山之石 可以爲錯
타 산 지 석 가 이 위 착

아홉 굽이 늪의 학 울음, 그 소리 하늘까지 들리네
鶴鳴于九皐 聲聞于天
학 명 우 구 고 성 문 우 천

물가에 있는 물고기 더러는 연못 속에 깊이 숨어 있네
魚在于渚 或潛在淵
어 재 우 저 혹 잠 재 연

즐거운 저 동산에 박달나무 있으니
樂彼之園 爰有樹檀
낙 피 지 원 원 유 수 단

그 아래 닥나무 자라고 있네
其下維穀
기 하 유 곡

다른 산의 돌, 옥을 다듬을 수 있다네
他山之石 可以攻玉
타 산 지 석 가 이 공 옥

- 이 시에서 학과 박달나무, 물고기는 모두 고결한 선비를 상징한다. 낙엽은 인재들의 덕화가 세상에 고루 퍼짐을 은유하는 시적 표현이다. 군주는 모름지기 이런 인재를 두루 찾아 고루 등용해야 한다고 한다. 他山之石이란 말의 淵源이다.

◆ 홀로 바람 희롱하며 달빛 아래 춤추는 학(獨鶴賦) 懶齋 蔡壽(1449~1515)

懶齋 蔡壽는 21세에 增廣試에 장원급제한 中宗反正의 功臣으로, 시문과 음악에 특별한 조예가 있었다. 이 시에는 고전의 글들이 폭넓게 인용되고 있는데, 懶齋 선생 知識世界의 넓이와 깊이를 가늠해 볼 수 있는 글이다.

여기 새 한 마리 눈같이 흰 털에 서리 같은 깃
鳥有雪毛霜羽
조 유 설 모 상 우

하얀 옷에 검은 치마
縞衣玄裳
호 의 현 상

하얀 구슬의 바탕을 앗아 와서는
奪素質於白璧
탈 소 질 오 백 벽

꽃봉오리에 붉은 이마(丹頂鶴) 드러내고
露丹頂於紅房
노 단 정 어 홍 방

만송령 고개 위에
萬松嶺上
만 송 령 상

혼자 바람을 희롱하고 달 아래 춤추니
獨自戱風而舞月
독 자 희 풍 이 무 월

높은 하늘 구름 밖이라
層霄雲外
층 소 운 외

어찌 그물에 걸리고 덫에 치이랴	豈云嬰羅而擉罾 기 운 영 라 이 착 증
비록 왼편에 희유새(希有鳥)를 끌고	雖欲左提希有 수 욕 좌 제 희 유
오른편에 大鵬을 끼며	右挾大鵬 우 협 대 붕
짐새(鴆鳥)를 앞세워 길잡이로 삼고	前鴆鳥以作媒 전 짐 조 이 작 매
수비둘기 뒤에 세워 벗으로 삼으려 해도	後雄鳩以爲朋 후 웅 구 이 위 붕
천 층이나 되는 좁디좁은 산골짜기에	嶰谷千層 해 곡 천 층
봉의 날개에 붙어	攀附儀鳳之翼 반 부 의 봉 지 익
하늘의 태양에 사는 까마귀의 영을 도우려 하네	天門九重 挾輔陽烏之靈 천 문 구 중 협 보 양 오 지 령
그러나 암수를 구별하지 못하고	然而雌雄未辨 연 이 자 웅 미 변
흑백을 밝히기 어려우니	黑白難明 흑 백 난 명
낮게 나는 메추라기, 내가 높이 나는 것을 비웃고	斥鷃笑我之高飛 척 안 소 아 지 고 비
뱁새가 나의 잘 우는 것을 시샘한다	鷦鷯嫉余之善鳴 초 료 질 여 지 선 명
분분한 저 두 새의 광영이여	紛二鳥之光榮 분 이 조 지 광 영
누가 알리 저 우뚝한 자태를	誰識昻昻之高姿 수 식 앙 앙 지 고 자
현혹하는 아첨과 비방에 속아	眩白舌之讒佞 현 백 설 지 참 녕
알지 못하네 밝고도 밝은 그 마음	不知皎皎之明心 부 지 교 교 지 명 심
이에 진토에 마음 끊고	於是灰心塵土 어 시 회 심 진 토
산림에 자취 감추고 달 밝은 외로운 섬에 깃들어	斂迹山林巢孤島之明月 염 적 산 림 소 고 도 지 명 월
九皐의 한가한 구름을 꿈꾼다	夢九皐之閑雲 몽 구 고 지 한 운
이다금 道士의 장막에 드나들기도 하지만	時入道士之帳 시 입 도 사 지 장
어찌 복조와 같이 앉으리	對豈若鵩 대 기 약 복

언뜻 蘇東坡의 배를 지나가매	忽過蘇仙之舟 홀 과 소 선 지 주
날개가 마치 바퀴와 같네	翅則如輪 시 즉 여 륜
때로는 몸을 솟구쳐 구름 속에 들어가고	其或側身入雲 기 혹 측 신 입 운
날개를 치며 하늘 높이 솟으면	鼓翼沖天 고 익 충 천
넓디넓은 허공을 멋대로 날 거니	任回翔於寥廓 임 회 상 어 요 곽
굳이 땅의 숲과 샘에 무슨 애착을 두리	豈拘戀於林泉 기 구 련 어 림 천
멀리 양주 길로 향할 때	遙向揚州之路 요 향 양 주 지 로
허리에 십만 관을 둘러매었고	腰纏十萬貫 요 전 십 만 관
비로소 華表 기둥에 돌아오니 집 떠난 지 수천 년이라	始歸華表之柱 去家數千年 시 귀 화 표 지 주 거 가 수 천 년
그가 만약 사람에게 알려지려고	彼欲見知於人 피 욕 견 지 어 인
그 몸 아끼지 않아	不惜其身 부 석 기 신
물 외의 안개를 사양하고	辭物外之煙霞 사 물 외 지 연 하
세상 풍진 사모하여 후령에서 왕자 진을 태우고	慕世上之風塵 駕晉緱山 모 세 상 지 풍 진 가 진 구 산
만 리 밖으로 날고자 하고	欲奪飛於萬里 욕 탈 비 어 만 리
위국에서 큰 수레를 타고	乘軒衛國 승 헌 위 국
천종의 녹 받기를 원했다면	願受祿於千種 원 수 록 어 천 종
마침내 긴 노끈에 발 묶여, 조롱 속에 갇히고	終必繫之長繩 閉以鵰籠 종 필 계 지 장 승 폐 이 조 롱
굳센 날개 불에 타 날지도 못하게 되고	灰勁翮而不飛 회 경 핵 이 부 비
긴 다리는 끊기어 다니지도 못하며	斷長脛而莫行 단 장 경 이 막 행
모래정원에 들어서게 되면	入于沙苑 입 우 사 원
반드시 唐 玄宗의 화살을 맞고	必中明皇之矢 필 중 명 황 지 시

華亭에서 학 울면	鳴於華亭 명 어 화 정
陸機가 이를 듣고 마음 아파하리니	宜傷陸機之聽 선 상 육 기 지 청
어찌 이리 외롭고 고단한 모양으로	曷若隻影單形 갈 약 척 영 단 형
그윽한 곳에 거하고 고고한 것을 지켜	處幽守獨 처 유 수 독
속인들에게 삶아 먹히는 것을 면하고	庶免俗士之煮 서 면 속 사 지 자
고인이 길러줄 것 바라지 않으면	不期高人之畜 불 기 고 인 지 축
그리하면 새로서 새를 길러	以鳥養鳥而 이 조 양 조 이
종과 북의 시끄러움도 없고	無鐘鼓之擾 무 종 고 지 요
강산이 주는 즐거움도 마치리로다	以遂江山之樂哉 이 수 강 산 지 락 재

詩에서 인용된 古事들

前鳩鳥以作媒 屈原의 『離騷經』에서도 짐새를 매파로 삼고자 했으나 짐새는 내가 좋아하지 않는다네(吾令鳩爲媒兮 鳩告余以不好)라는 구절이 나온다.

蘇仙之舟 소동파의 「적벽부」에 외로운 학이 나의 배를 스치고 지나가는데 날개가 수레바퀴 같다는 구절이 있다.

腰纏十萬貫 중국 남조 때 梁나라의 殷芸의 소설에서 사람들이 각자의 소원을 한 가지씩 말하는데 마지막 사람이 앞에 말한 여러 사람의 소원을 한데 묶어 허리에 십만 관의 전대를 차고 학을 타고 양주로 가 자사가 되고 싶다 했다. 좋은 것을 모두 누린다는 뜻.

華表之柱 요동의 정령위가 신선이 되어 학으로 변해 고향으로 돌아와 화표의 기둥에 앉았다는 고사.

陸機之聽 진의 육기가 중원에서 벼슬살이 중 화를 당해 죽음에 임하자, 화정에서 학의 울음소리를 어찌 다시 들을 수 있으랴고 탄식하였다.

九皐之閑雲 『詩經』 「小雅」 편의 「鶴鳴」에 학이 깊숙한 언덕에서 울면 그 소리 하늘까지 들린다(鶴鳴於九皐聲聞于天)는 구절이 나온다.

以鳥養鳥而 새를 기르는 방법으로 새를 기르는 것, 자연의 본성을 존중함(『莊子』, 「至樂」 篇). 魯나라에 海鳥를 후대하였으나 먹지 않고 죽었다. 새는 넓은 들판에서 놀게 하고, 미꾸라지, 피라미를 먹게 하며 있는 그대로 만족하게 하여야 한다(遊之壇陸, 食之鰌鰷, 委蛇而處).

오리(duck 암, drake 수, duckling 새끼) 집오리(鴨) 물오리(鳧)

오리는 원앙 등을 포함한 기러기목 오릿과 새들의 총칭이다. 수명은 5~10년이며, 20년 정도 살기도 한다. 청둥오리 기준으로 길이 50~65cm, 날개 길이 81~98cm, 한배의 산란은 8~13개다. 머리가 좋으며, 키우는 주인을 알아보고 따르기도 한다.

오리를 논에 풀어놓고 기르면 해충을 잡아먹는 친환경농법이 가능하다고 하나, 농민들은 홍보 효과에 견주어 그리 큰 도움이 되지 않는다고 한다. 오리를 풀어놓으면 농약을 칠 수 없어, 창궐하는 그 많은 벌레와 병을 어찌 대처할지 난감하기 때문이다.

요즈음에 와서는 애완용으로 오리를 키우는 사람도 적지 않다고 한다. 오리 키우던 사람들 말로는, 다 좋은데 개나 고양이처럼 배변을 제대로 가리지 못해 수월찮게 힘이 든다고 한다. 입양을 고려하지만 그리 부지런하지 않은 오리 애호가라면, 사람 사는 방에서 키우는 것은 깊이 생각해 볼 일이다.

◆ 어찌 오리의 목을 늘리고 학의 다리를 짧게 하리(鳧脛 鶴脛) 『莊子』, 「駢拇」

오리의 목이 짧다고 늘이려 하면 오리는 걱정하고 — 鳧脛雖短 續之則憂 (부경수단 속지즉우)

학의 다리 길다고 짧게 하려 하면 학이 슬퍼할 것이니 — 鶴脛雖長 斷之則悲 (학경수장 단지즉비)

따라서 태어날 때부터 긴 것은 짧게 해서는 안 되며 — 故 性長非所斷 (고 성장비소단)

날 때부터 짧은 것은 길게 하려고 해서도 안 된다 — 性短非所續 (성단비소속)

그것은 두려워하거나 걱정할 일은 아니기 때문이다 — 無所怯憂也 (무소겁우야)

생각건대 仁義란 인간의 본모습이 아니다 — 意仁義其非人情乎 (의인의기비인정호)

仁義를 실천하는 사람이 어찌 걱정이 그리 많은가 — 彼仁人何其多憂也 (피인인하기다우야)

• 『莊子』, 박일봉 역저, 육문사, 2006.

◆ 물오리(鴨) 노는 모습 아름다워 養玄 柳秉烈(1917~1990)

한가로이 오가는 모습 어찌 아름다운지 — 閒去閒來何所芳 (한거한래하소방)

너를 사랑한 시인 네 모습 잊기 어려우리 — 詩人愛爾亦難忘 (시인애이역난망)

달밤에 맑은 연못 물결 타고 놀며 — 淨瀅月夜遊滄浪 (정영월야유창랑)

가을 물가에서 물 마시고 먹이 쪼니 꽃들이 모인 듯 — 飮啄秋汀集衆芳 (음탁추정집중방)

아래위 오르내리며 머물지를 않네 — 下上洋洋無止泊 (하상양양무지박)

달리고 떠다니는 곳곳마다 무리 이루네 — 走通處處各成方 (주통처처각성방)

하얀 모래 붉은 여뀌 계절마다 절경일세 — 白沙紅蓼四時景 (백사홍료사시경)

두렵지 않네 찌는 더위 엄동설한도 — 不畏炎蒸嚴雪霜 (불외염증엄설상)

• 柳秉烈(1917~1990) 우리와 시대의 한 부분을 공유하는 시인이라 그런지, 이 시는 漢詩 형식을 빌리고는 있지만 그 시적 감각과 기법은 오히려 현대시에 더 가깝게 느껴진다. 정밀한 관찰을 통해 오리의 노는 모습을 아주 사실적이고 세밀하게 묘사했다.

뻐꾸기 족속이라 托卵하는 두견새

접동새, 杜鵑, 歸蜀道, little cuckoo

두견새는 뻐꾸깃과라서 그런지 휘파람새, 굴뚝새, 촉새 등 다른 둥지의 알을 깨거나 밀어낸 후 자기 알을 거기에 두고 무상 托卵을 한다. 孵化한 새끼도 다른 새의 알이나 새끼를 둥지 밖으로 밀어낸다. 게으른 조류들의 종족 보존을 위해 부득이하게 조물주가 고심 끝에 허락하신 고약한 天稟의 새이리라.

핏줄이 그래서 그런가? 옛 시인들은 그것도 모르고 노래 잘 부른다고 두견새 예찬에 침을 튀기며 시를 읊고 먹을 갈았다. 두견새가 밤새워 우는 것은, 혹시 입양 보낸 새끼가 그리워서 그러는지도 모르겠다. 몸길이는 25cm 정도이며 우리나라에서는 여름에 관찰되는 새다. 번식기인 4~8월에 특히 많이 운다.

◆ 산사의 달밤에 두견새 소리를 듣다(聞子規) 金忠烈(1585~1668)

오래된 절의 배꽃 떨어지는데	古寺梨花落 고 사 이 화 락
깊은 산속 두견새 우는 소리	深山蜀歸啼 심 산 촉 귀 제
밤새도록 들어도 다함없는데	宵分聽不盡 소 분 청 부 진
높은 산 위의 달 내려오는구나	千嶂月高低 천 장 월 고 저

◆ 달밤에 피 토하는 자규 소리를 듣고(月夜聞子規) 李奎報(1168~1241)

적막한 새벽 달빛 파도처럼 일렁이는데	寂寞殘宵月似波 적 막 잔 소 월 사 파
빈 산 울리는 새소리 날은 밝아 가는데 어찌하랴	空山啼遍奈明何 공 산 제 편 내 명 하

지난 십 년 어려운 길에서 통곡한 나의 눈물과 十年痛哭窮途淚(십년통곡궁도루)

너의 붉은 입술에서 토하는 피 견주면 누가 더 붉을까? 與爾朱脣血孰多(여이주순혈숙다)

◆ 새 잡은 뒤 활은 창고로, 물고기 잡은 뒤 통발을 잊는다(得魚忘筌) 『莊子』

새를 다 잡은 뒤에는 활을 창고에 갈무리하고 鳥盡弓藏(조진궁장)(『史記』)

토끼를 잡은 후에는 올무를 잊으며 得兎忘蹄(득토망제)

물고기를 잡고 난 뒤에는 통발을 잊는다 得漁忘筌(득어망전)

매 중에서도 가장 큰 새 흰매
白鷹, gyr falcon

白鷹은 맷과 매속 종들 가운데 가장 큰 새다. 오랫동안 그들의 덩치와 뛰어난 사냥 기술로 인간을 위해 봉사했다. 북반구 대부분 지역에 서식하며, 바이킹족들은 매를 잘 훈련시켜서 사냥했다. 흰매는 아이슬란드의 상징 새다.

- 맹수는 무리 짓지 아니하고 날쌘 새는 쌍으로 움직이지 않는다(猛獸不群 鷙鳥不雙, 「淮南子」).
- 날랜 새 무리 짓지 않고 모난 게 어찌 둥근 것과 어울릴 수 있으리(鷙鳥之不群兮 何方圜之能周兮, 『離騷經』, 屈原).

◆ 쇠 같은 발톱으로 찢어 토끼의 심장을 여네(白鷹) 劉禹錫(772~842)

털과 깃 너풀거려 흰 모시를 마름한 듯	毛羽斒爛白紵裁 모 우 반 란 백 저 재
말 앞에서 솟아올라도 말은 놀라지 않네	馬前擎出不驚猜 마 전 경 출 불 경 시
가벼이 한 점 내어던지듯 구름 속으로 사라지고	輕抛一點入雲去 경 포 일 점 입 운 거
서너 번 소리치고 깨물어 죽여 땅을 훔치듯 내려오네	喝殺三聲掠地來 갈 살 삼 성 략 지 래
푸른 옥 같은 부리로 쪼니 닭의 머리 터지고	綠玉觜攢雞腦破 녹 옥 자 찬 계 뇌 파
검은 쇠발톱으로 토끼의 심장을 여네	玄金爪擘土心開 현 금 조 벽 토 심 개
모든 게 생물을 낚아채는 영물이기 때문이니	都緣解搦生靈物 도 연 해 닉 생 영 물
그래서 사람마다 날래다고 일컫는구나	所以人人道俊哉 소 이 인 인 도 준 재

◆ 날지도 울지도 않는 새가 있나(不飛不鳴) 『史記』, 「滑稽列傳」

나라 안에 큰 새가 있습니다	國中有大鳥 국 중 유 대 조
지금 대궐 뜰에 멈추어 있습니다	止王之庭 지 왕 지 정
3년이 되어도 날지도 울지도 않습니다	三年不蜚又不鳴 삼 년 불 비 우 불 명
왕께서는 이 새가 무슨 새인지 아십니까	王知此鳥何也 왕 지 차 조 하 야
王이 대답하여 이 새는 날지 않으면 그뿐이나	王曰 此鳥不飛則已 왕 왈 차 조 불 비 즉 이
한 번 날면 하늘 높이 나르고 울지 않으면 그뿐이나	一飛冲天 不鳴則已 일 비 충 천 불 명 즉 이
한 번 울면 사람을 놀라게 할 것이다	一鳴驚人 일 명 경 인
이에 곧 각 현의 현령과 현장 72인을 불러	於是乃朝諸縣 令長七十二人 어 시 내 조 제 현 령 장 칠십 이 인
일인에게 상을 내리고	賞一人 상 일 인
한 사람은 죽이고 군사를 일으켜 출정했다	誅一人奮兵而出 주 일 인 분 병 이 출
제후들이 크게 놀란 나머지	諸侯振驚 제 후 진 경
그간 빼앗아 간 땅을 모두 돌려주었다	皆還齊侵地 개 환 제 침 지
이후 36년간 제나라가 크게 위력을 떨쳤다	威行三十六年 위 행 삼십 육 년
이 일은 『田敬仲完世家』에 기록되어 있다	語在田完世家中 어 재 전 완 세 가 중

- 제나라의 威王에게 淳于髡이 묻되, 3년간 울지도 날지도 않는 새가 있는데 이 새는 어떤 새인가? 왕이 답해 한 번 날면 높이 날고 한 번 울면 사람을 놀라게 할 것이다. 보통의 고사처럼 賢人이 왕에게 진언하는 말이 아닌 왕이 질문에 답하면서, 감추었던 자신의 뜻을 밝혀 국정 방향을 제시하는 점이 특이한 記述 방식이다(『史記』, 「滑稽列傳」).
- 그러나 『呂氏春秋』 등에는 楚의 莊王이 향락으로 정사를 멀리하자 伍擧와 蘇從의 諫言으로, 장왕이 일대 혁신하여 春秋五霸의 지위에 올려놓는다고 하고 있다(『呂氏春秋』, 「重言」 篇).
- 『사마천 사기 56』, 소준섭 편역, 현대지성, 2016.

머리 좋고 청결하고 깔끔한 까마귀
烏鴉, crow

까마귀는 참새목 까마귓과 새다. 전 세계에 100여 종이 있는 것으로 알려졌는데, 우리나라에는 8종이 있다고 한다. 몸길이는 50cm 정도이며 푸른 광택이 있는 검은색이다.

『삼국유사』에는 비처왕이 까마귀의 인도로 연못 속에서 祕書를 얻어 닥쳐올 위기를 무사히 넘겼다는 이야기가 나온다. 먹이를 구하기 어려우면 떼를 지어 자기보다 강한 맹금류를 공격해서 빼앗기도 한다. 암컷의 산란은 보통 3~5개, 포란 일수는 20일 정도이며 수컷은 먹이 조달을 담당한다. 育雛期間은 30~35일이다.

지능이 아주 높아 여섯 살 정도 아이와 비슷하다고 한다. 호두처럼 딱딱한 열매를 높은 곳에서 떨어뜨리거나 달리는 자동차 바퀴에 던져 깨서 먹기도 한다. 병 속에 돌이나 나무를 떨어뜨려 물의 수위를 높임으로써 생기는 부력을 이용하여 물속의 먹이를 취하는 등 즉흥적인 문제 해결 능력과 도구 제작 능력, 사람과 다른 동물 소리를 흉내 내는 능력 등이, 사람을 닮았다는 침팬지를 훨씬 뛰어넘는다는 보고가 있다.

까마귀는 뇌의 크기가 그리 큰 편은 아니나 腦細胞 뉴런(brain cell neuron)의 밀도가 상대적으로 높은 데다 오랜 집단생활을 통한 교감과 학습으로 社會的 知能(social intelligence)이 특히 더 발달한 것으로 보인다.

무엇을 잘 잊어버리는 사람에게 까마귀 고기를 삶아 먹었느냐고 핀잔하는데, 이건 조류 중에 가장 머리가 좋다고 스스로 믿는 까마귀를 심히 무시하는 발언이니 특히 조심할 일이다.

『구약성경』에서 엘리야(Elijah)를 돌본 새가 까마귀다.

까마귀는 8~11세기에 유럽을 공포에 떨게 하던 용맹한 바이킹(Viking)들에게는 발할라(Valhalla)에 사는 신 가운데 전쟁의 신 오딘(Odin)의 상징이니 그 격이 자못 높다.

얼핏 검은색 같지만, 자세히 보면 흑청색에 가까운 까마귀는 까치나 제비처럼 패션 감각이 특히 뛰어난 것은 아니지만 청결하고 깨끗한 새로 소문이 나 있다.

◆ 까마귀의 수염(鴉) 楊萬里(1127~1206)

어린아이들 까마귀 바라보며 웃는데 穉子相看只笑渠 (치자상간지소거)

늙은 나도 소리 죽여 역시 웃는다 老夫亦復小盧胡 (노부역복소노호)

까마귀 한 마리 날아와 난간에 갈고리처럼 서 있는데 一鴉飛立鉤欄角 (일아비립구란각)

자세히 보니 돌아온 까마귀도 수염이 달려 있네 子細看來還有鬚 (자세간래환유수)

• 『양만리 시선』, 양만리 지음, 이치수 옮김, 지식을만드는지식, 2017.

◆ 시끄럽기만 한 까마귀의 교유(烏鳥之狡) 管子

까마귀의 교유는 겉만 시끄러울 뿐 아낄 줄 모른다 烏鳥之狡 雖善不親 (오조지교 수선불친)

무게 없는 사귐은 단단해 보여도 반드시 흩어진다 不重之結 雖固必解 (부중지결 수고필해)

道의 운용은 그 신중함을 귀히 여긴다 道之用也 貴其重也 (도지용야 귀기중야)

사람의 사귐에, 많이 사귀어도 정과 진실 없이 與人交 多作爲無情實 (여인교 다작위무정실)

모두 속이고 취하게 되면 偷取一切 (투취일절)

이를 일러 까마귀의 사귐이라고 하는 것이다 謂之烏集之交 (위지오집지교)

• 『管子』, 장기근 옮김, 명문당, 2024.

◆ 머무를 나뭇가지 찾는 까마귀(詠烏) 李義府(614~666)

李義府는 唐代의 문신으로 허경종과 더불어 兩奸으로 불렸다. 그가 웃는 웃음을 가리켜 笑中有刀라고 했으며, 그를 칭하는 李猫라는 말까지 생겼다. 고종의 황후를 폐하고 武后를 皇妃로 책봉토록 돕는 등 올바르지 못한 행실과 매관매직의 행태로 악명이 높았다.

햇빛 속에 날아올라 아침의 깃털 나부끼고 　 日裏颺朝彩 (일 이 양 조 채)
거문고 가락에 맞춰 밤의 울음 운다 　 琴中伴夜啼 (금 중 반 야 제)
황궁 상림원엔 나무가 많기도 하건만 　 上林許多樹 (상 림 허 다 수)
머무를 가지 하나 빌려주질 않네 　 不借一枝棲 (불 차 일 지 서)

◆ 까마귀 우는 밤(烏夜啼) 李白(701~762)

노을 지는 성 주변에 까마귀 깃들고자 　 黃雲城邊烏欲棲 (황 운 성 변 오 욕 서)
날아와 까악까악 가지 위에서 울고 　 歸飛啞啞枝上啼 (귀 비 아 아 지 상 제)
베틀 위 비단 짜는 진천의 여인 　 機中織錦秦川女 (기 중 직 금 진 천 녀)
창 너머 연기 같은 푸른 비단결 임의 목소리 　 碧紗如烟隔窓語 (벽 사 여 연 격 창 어)
북 멈추고 쓸쓸히 멀리 있는 임 그리다 　 停梭悵然憶遠人 (정 사 창 연 억 원 인)
홀로 자는 빈방에서 눈물이 비 오듯 하네 　 獨宿空房涙如雨 (독 숙 공 방 누 여 우)

◆ 배고픈 까마귀 사람 보고 짖네(次朱子韻) 草廬 李惟泰(1607~1684)『草廬集』

李惟泰는 孝宗 때 金集의 천거로 벼슬을 시작했으나 고위 관직에는 오르지 못했다. 禮學에 특히 밝았으며, 禮訟으로 남인의 배척을 받아 유배되기도 했다. 묘소가 있는 세종특별시는 草廬 李惟泰 선생을 기념하여 草廬歷史公園을 조성하여 기리고 있다.『草廬集』26권이 전한다.

산속에 눈 그치자 차가운 기운 서리고
山中雪霽氣凄凄 (산 중 설 제 기 처 처)

강가 작은 집엔 새벽안개 자욱하네
小屋臨江曉霧迷 (소 옥 림 강 효 무 미)

나무하는 아이 낫 들고 와서 밥을 찾는데
樵豎荷鎌來索飯 (초 수 하 겸 래 색 반)

나뭇가지 위 배고픈 까마귀 사람 보고 짖네
飢烏枝上向人啼 (기 오 지 상 향 인 제)

- 한국민족문화대백과사전, 한국학중앙연구원.
- 『한국문집총간』, 한국고전번역원, 2013.

◆ 산새(山鳥) 李學逵(1770~1835)

혹은 잔치에서 죽 마실 때
或如歠粥筵 (혹 여 철 죽 연)

'왈왈' 하고 여러 사람의 입이 들이켜는 것 같고
曰曰聚衆口 (왈 왈 취 중 구)

혹은 아침상 차릴 때
或如具饍朝 (혹 여 구 선 조)

'확확' 나물 써는 소리 같다.
靃靃切菜手 (확 확 절 채 수)

혹은 '성성' 소리 내어 부르는 듯하고
或惺惺如謼 (혹 성 성 여 호)

혹은 '절절' 소리하며 꾀는 듯하며
或切切如誘 (혹 절 절 여 유)

혹은 멀리 가서 시기하는 듯
或徒遠如猜 (혹 도 원 여 시)

혹은 가까이 와 알랑대는 듯하다
或盛怒如詬 (혹 성 노 여 후)

혹은 약빨라서 놀리는 듯
或儇巧如嘲 (혹 현 교 여 조)

혹은 흩어져 붙박여 있다
或支離株守 (혹 지 리 주 수)

혹은 자주 옮겨 으스대고
或屢遷矜奇 (혹 루 천 긍 기)

같으면 혹 한통속 같고
同或類一竅 (동 혹 류 일 규)

다르면 혹 쪼갠 듯하다

異或判如剖
이 혹 판 여 부

- 산새 소리와 새 움직이는 모습을 의성어와 의태어를 통해 절묘하게 표현하고 있다. 洛下生 李學逵는 탁월한 언어 능력에 날카로운 관찰의 눈으로 만물과 하나가 되지 않으면 도달할 수 없는 높은 시의 地境에 이른 것으로 생각된다.
- 『낙하생 이학규 문학의 심층 연구』, 정은주 지음, 학자원, 2020.
- 『낙하생 이학규의 시문학연구』, 이국진 지음, 고려대학교 민족문화연구원, 2017.
- 唐 韓愈(768~824)의 「送孟東野序」 중에서 특히 소리에 관한 名文이 있다. 하늘은 계절에 따라 물질에 따라 다른 소릴 내게 하는데, 그냥 나는 소리는 없으며 소리를 내는 데는 다 이유가 있다. 사람의 말과 시와 노래도 이와 마찬가지라고 한다.

새는 봄에 울게 하고 우레는 여름에 울게 하며

以鳥鳴春 以雷鳴夏
이 조 명 춘 이 뢰 명 하

벌레는 가을에 울게 하고 바람은 겨울에 울게 한다

以蟲鳴秋 以風鳴冬
이 충 명 추 이 풍 명 동

먹이를 나눠 먹는 謙讓의 독수리

禿, 鷲, 雕, Eagle, vulture

독수리는 猛禽類로서 콘도르 다음으로 큰 조류다. 길이는 98~120cmm 정도인데 날개를 펴면 2.5~3m에 달한다. 체중은 7~10kg, 부리 길이는 덩치에 비해 작은 8~9cm 남짓이다. 독수리는 대개 검은색이지만 나이가 들수록 갈색에 가까워진다. 동족 간에도 적당한 거리를 유지하며 비교적 독립적으로 산다. 번식기는 2월부터 5월이나 8월까지 가는 경우도 있다.

혈액 내에 산소를 결합하도록 하는 Hemoglobin Alpha Delta Chain이 있어서 여객기가 비행하는 고도의 산소 희박한 곳에서도 날아다닐 수 있다.

고공에서 먹이를 발견할 수 있는 무적의 시력(invincible eyesight)은 대형 猛禽類인 독수리의 생존 조건이다. 간혹 짝을 지어 고공을 비행하는 모습이 보이는데, 그들의 데이트 장면이다. 새끼는 암수가 함께 育雛한다. 알은 보통 1~2개를 낳으며 포란 기간은 50~60일 정도이다. 인간을 제외하고는 천적이 없으며, 20~40년 생존한다. 그런데도 개체수가 점점 감소하고 있는데 인간들의 농약 사용, 사냥, 둥지 파괴, 사냥 총탄에 의한 납중독, 야생동물을 잡기 위한 맹독 살포는 독수리에게 재앙이 되었다. 더욱이 최근에는 질병으로 인한 가축 폐사체를 모두 매몰하거나 불태워 버리므로, 거구의 독수리들은 살아 있는 동물을 잡으러 수고롭게 山河 위를 분주히 헤매지 않으면 굶어야 할 딱한 처지로 내몰렸다.

대한민국은 천연기념물 243-1호, 환경부 멸종 위기종 2급으로 지정하여 독수리를 보호하고 있다. 이러한 노력들로 현재 전 세계에 4,500~5,000개체가 있는 것으로 추정된다. 대한민국 경기도 파주시는 독수리들의 최고 월동지다.

흰머리수리는 역사상 대제국들과 인연이 깊어 로마제국, 독일제국, 미합중국을 상징하는 조류다. 대구광역시는 독수리를 市鳥로 모시고 있다. 독수리는 다른 동물이 잡은 먹이를 빼앗지 않고, 다 먹을 때까지 기다려 주거나 싸우지 않고 같이 먹는 겸양과 예의를 가진 품격 있는 조류로 알려져 있다.

이란, 인도, 티베트 지역에 남아 있는 '沈默의 塔(Tower of Silence)에서 해 오던 鳥葬(sky burial)'의 遺襲에서 보듯이, 독수리는 오래전부터 인간과 다른 동물들이 세상을 떠나는 마지막 旅程을 도왔다. 독수리는 此岸과 彼岸을 잇는 저승사자다.

독수리, 펜화, 최양식 / 근엄한 모습이 하늘의 제왕답다.

수리, 펜화, 허진석 화백

허진석 화백의 이 그림은 독수리가 먹이 사냥을 위해 고공에서 비행하고 있는 것처럼 보인다. 그러나 바람을 가르는 그들의 고공비행이 어찌 먹이 사냥 때문만이겠는가? 그보다는 암수 독수리의 멋진 蒼空의 데이트일 가능성이 더 높다. 이때에도 물론 그 무적의 밝은 시력으로 좋은 먹잇감을 발견하면 마음을 맞추어 급히 하강하여 협공, 천하무적의 발톱으로 먹이를 움켜잡는 것을 사양하기야 하겠는가? 또한 잡은 먹이를 두고 서로 다투지 않고 兼床을 마다하지 않는 독수리의 소문난 謙讓之德은 과연 하늘의 제왕다운 넉넉한 품성이라 할 만하다.

작은 먹이를 두고도 온 힘을 다해 서로 싸워 대는 여느 동물들의 인색한 天稟에 견주면, 독수리는 우리 인간으로서도 참으로 본받을 만한 品性이라 할 만하지 않는가!

◆ 토끼 잡는 일에도 온 힘 다하는 독수리 蘭皐, 김삿갓 金炳淵(1807~1863)

만 리 하늘길이 지척간인 듯	萬里天如咫尺間 만 리 천 여 지 척 간
잠깐 사이 이 봉우리에서 또 저 산으로 날아간다	俄從某峰又玆山 아 종 모 봉 우 자 산
숲속 토끼 잡는 일에도 어찌 그리 웅장한지	平林搏兎何雄壯 평 림 박 토 하 웅 장
오관을 넘나드는 關雲長 같은 기세일세	也似關公出五關 야 사 관 공 출 오 관

◆ 사냥 구경(觀獵摩詰) 王維(699~761)

바람 거세니 활시위 우는데	風勁角弓鳴 풍 경 각 궁 명
장군은 위성에서 사냥을 하네	將軍獵渭城 장 군 렵 위 성
풀은 말라 매의 눈 날카롭고	草枯鷹眼疾 초 고 응 안 질
눈은 다 녹아 말발굽도 가볍다	雪盡馬蹄輕 설 진 마 제 경
신풍의 시내를 급히 지나서	忽過新豊市 홀 과 신 풍 시
세류영으로 돌아오네	還歸細柳營 환 귀 세 류 영
독수리 쏘아 맞힌 곳 돌아보니	回看射雕處 회 간 사 조 처
천 리 밖 저녁 구름 평화롭구나	千里暮雲平 천 리 모 운 평

- 王維는 盛唐代의 시인, 화가, 음악가, 서예가다. 자는 摩詰이다. 佛經『維摩經』은 유마힐 거사의 이름에서 온 것이다. 詩「竹里館」, 「鹿柴」는 특히 유명하다. 南宋畵의 시조로 불린다.
- 蘇軾은 "王維의 시를 보면 시 중에 그림이 있고, 그림 속에 시가 있다(詩中有畵 畵中有詩)"고 평하였다.

깨끗하다고 사랑받는 해오라기

白鷺, egret, night heron

해오라기는 사다새목 왜가릿과에 속하는 새를 함께 일컫는 말이다. 키는 30~140cm 정도이고, 몸에 비해 머리와 다리가 상대적으로 길다. 무리를 지어 번식하며 알은 보통 3~7개를 낳는다. 17~28일 남짓 알을 품으며, 새끼들은 어미가 토한 먹이를 먹고 자란다. 부화 후에 새끼가 둥지를 떠나는 것은 대형 종 60일, 소형 종 20~25일이다.

전 세계에 68종이 서식하는 것으로 알려져 있으며, 우리나라에는 15종이 깃들여 산다. 너구리, 삵, 맹금류가 이들의 천적이다.

희고 깨끗한 새로 알려졌지만, 먹이가 있는 곳이라면 더럽거나 깨끗하거나를 가리지 않는다고 한다. 그리고 그루밍(grooming)을 통해 뛰어난 外貌와 위생관리를 철저히 한다.

"먹을 가까이하는 자는 검어지고 붉은색을 가까이하면 붉어진다(近墨者黑, 近朱者赤)"는 名句와 "까마귀 노는 곳에 백로야 가지 마라"는 시조에서 보듯 깨끗한 새, 깨끗한 선비를 지칭하기도 하여 백로를 귀하게 대접했다. 그런데 백로에게는 듣기 좋겠지만 나름대로 뛰어난 머리와 질서 있는 무리생활을 통해 지혜롭게 살아가는 까마귀들이 들으면 그리 기분 좋은 말만은 아닐 것으로 생각된다.

백로 떼가 점령한 나무는 하얀 똥으로 뒤덮여 窒素에 질식한 나무들은 지레 말라 죽거나, 요행히 그 어려운 시기를 넘기더라도 생장하는 데 적지 않은 어려움을 겪게 된다. 비록 앉은 나무에는 재앙을 남기기도 하지만, 쥐나 해충을 닥치는 대로 잡아먹으니 아무래도 우리 인간들은 그들을 益鳥로 대우해야 할 것 같다.

그래도 해오라기들아! 무성한 이 나라의 숲은 그대들 것이니 오래오래 머무시게! 그러나 한 나무에만 한데 모여 너무 오래 머물지는 마시게나. 나무들이 좀 힘들어할지도 모르니! 이 나무 저 나무로 가끔씩 옮겨 다니면서 편히들 노시게나!

◆ 해오라기 한가하게 서 있다니(蓼花白鷺)　李奎報(1168~1241)

앞 여울에 물고기와 새우 많아　前灘富魚蝦(전탄부어하)

백로가 물결 가르고 들어가려다　有意劈波入(유의벽파입)

사람 보고 화들짝 놀라 일어나　見人忽驚起(견인홀경기)

여뀌꽃 핀 언덕에 도로 날아가 앉았네　蓼岸還飛集(료안환비집)

목 늘여 사람이 돌아가길 기다리다　翹頸待人歸(교경대인귀)

내리는 이슬비에 털옷 다 젖는구나　細雨毛衣濕(세우모의습)

마음은 오히려 여울 속 고기에 있는데　心猶在灘魚(심유재탄어)

사람들 해오라기 한가롭게 서 있다 말하네　人道忘機立(인도망기립)

- 『백운 이규보 시선』, 이규보 지음, 평민사, 2023.

◆ 백로 놀랄까 봐 일어서다 도로 앉네　臨淵堂 李亮淵(1771~1853)

李亮淵은 조선 후기의 문인으로 영조에서 철종대의 문신이다. 저서는 『枕頭書』와 『臨淵堂集』이 있다. 다음 白鷺 시는 絕品이다. "풀빛 닮은 도롱이 때문에 가까이 내려앉은 백로가 놀랄까 봐 일어서지 못했다"는 글은 자연과 동화된 시인의 초탈한 모습을 보여 준다.

내가 입은 도롱이 풀빛 닮아서인가　衰衣混草色(쇠의혼초색)

백로가 시냇가에 내려앉네　白鷺下溪止(백로하계지)

혹시라도 놀라서 날아가 버릴까　或恐驚飛去(혹공경비거)

나 일어서려다 도로 앉았네　欲起還不起(욕기환불기)

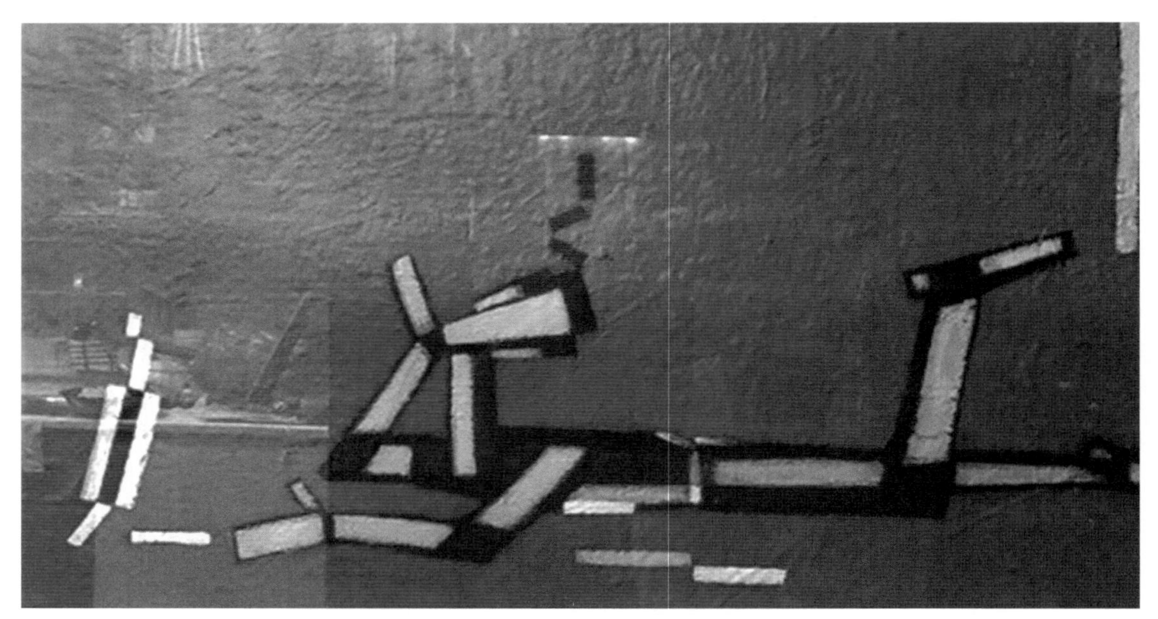

「새와 대화」 작품 중 일부, 유화, 金世榮 화백(최양식 소장)

김세영 화백(1933-2007)은 모든 사물을 四角形으로 그렸다. 부드러운 구름도 아름다운 새와 사람도 모두 四角의 모습이다. 화가로서는 드물게도 자기만의 새로운 色을 따로 만들어 쓰지 않는 편이며, 이미 만들어져 있는 지극히 한정된 色調의 물감 색을 그대로 썼다. 이는 印象派的 현란한 색을 구사해 오던 고흐가 노랑과 파랑과 초록색 등으로 색을 극도로 단순화하면서 그만의 예술세계를 새롭게 그려낸 모습을 생각하게 한다. 또한 그가 표현한 단순한 색과 사각 형태의 조형 이미지는 몬드리안(Mondrian)의 新造形主義的 추상화 화풍을 함께 떠올리게 한다.

김세영 화백의 말대로 색을 절제하고 절제하다 마침내 색이 없는 세계로 수렴해서 돌아가게 되면, 그곳은 暗黑의 세계이거나 純白의 세상일지 모르겠다. 그가 보고 있는 궁극의 세상에는 사물이 존재하지만 보이지 않고, 보이지 않으니 인식할 수도 없으므로 끝내는 사물도 그림도 없는 적막의 세계일지 모른다. 그런 세상에서 인간은 어떤 존재, 어떤 모습을 하고 있을까? 빛은 스스로는 아무런 색깔을 가지지 않으니, 빛이 없는 곳에는 색이 없을 것이고 빛으로 가득한 곳에도 색은 역시 존재하지 않을 것이다. 그러니 빛이 없거나 빛으로 가득하면 사물은 시각으로 확인될 수 없고 인식할 수 없을 것이다. 그렇다면 그 빛이 물체의 외양을 결정한다면 어쩌면 그 본질까지도 결정할 수 있을지 모르겠다.

◆ 낚시와 사냥(釣弋) 『論語』, 「述而」

오래 엎드려 있는 새는 반드시 높이 날 수 있고	伏久者 必飛高 복 구 자 필 비 고
한 곳에 오래 앉아 있는 새는 반드시 화살을 맞는다	鳥久止必帶矢(『呂氏春秋』) 조 구 지 필 대 시
새 대신 날려고 하지 말고 새가 날갯짓을 하게 해야	毋代鳥飛 使弊其羽翼(「心術」) 무 대 조 비 사 폐 기 우 익
제비가 오면 기러기는 떠난다	鷰鴈代飛燕鴻之嘆 연 안 대 비 연 홍 지 탄
벌집은 까치의 알을 받아들일 수 없다	蜂房 不容雀卵 봉 방 불 용 작 란
새가 궁하면 쪼고 짐승이 궁하면 물고	鳥窮則啄 獸窮則攫 조 궁 즉 탁 수 궁 즉 획
사람은 궁하면 속인다	人窮則詐 인 궁 즉 사
나는 우는 새소리도 듣지 못하거늘 하물며	我則 鳴鳥不聞 아 즉 명 조 불 문
하늘을 감동시켜 강림케 할 수 있겠는가	矧曰其有能格(『書經』「君奭」篇) 신 왈 기 유 능 격
새장 속의 새는 구름을 그리워한다	籠鳥戀雲 농 조 련 운
먼저 핀 꽃은 일찍 진다	開先者 謝獨早(『菜根譚』) 개 선 자 사 독 조
말을 대신해 달리려 말고, 말이 힘을 다하도록 하고	毋代馬走 使盡其力 무 대 마 주 사 진 기 력

• 『논어』, 공자, 현대지성, 2018.

경주 버드파크(鳥類生態園, Bird Park)

보문호수 아래 북천 상류 쪽에 있다. 식물원인 동궁원 경내에 있는데, 세계의 희귀 조류를 포함해서 250종 3,000여 마리가 살고 있다.

함께 있는 식물원은 신라 문무왕 14년(674년)에 月池를 조성하고 아름다운 꽃과 나무를 심고 진귀한 동물을 길렀다는 기록이 있으며, 三國統一 후인 679년에 뒤이어 東宮을 지었다.

東宮苑(Botanical garden)

新羅 東宮을 현대적으로 재현한다는 생각으로 설계했다. 전시관 건물 지붕에는 웅장한 鴟尾를 재현하여 얹었고, 넓은 前庭에는 화강암 원석의 幢竿支柱와 黃銅의 신라 개 동경이像을 비롯한 상징적 시설물들을 제작해 곳곳에 배치하였다. 동선도 가능한 한 이에 맞추어 설계했으며 2013년 개관 이래 수백만 명이 방문했다. 1관과 2관으로 구분하여 外國植物을, 야외에는 다른 데서 보기 힘든 土種植物들을 다양하게 배치하였다.

Ⅲ. 옛글의 연못에 비친 물고기

물고기는 물속에 살며 아가미가 있는 어류로, 지구상에 가장 먼저 나타난 척추동물을 총칭한다. 아가미로 호흡하고 지느러미로 움직이며 몸 표면은 대부분 비늘로 덮여 있는 냉혈동물이다. 그러나 참치, 황새치, 상어 등 몇 종은 온혈 적응도 한다.

오늘날 지구상에서 생장하는 어류는 모두 2만 5천 종 정도다. 이들은 다양한 수생환경에서 사는데, 내륙의 담수에서 해양 표층과 심해에 이르기까지 전 해수 지역에 널리 분포해 있다. 물속에서의 빠른 이동과 활동을 위해 유선형 몸체를 지니고 있으며, 16m에 달하는 거대 고래상어부터 8mm밖에 안 되는 아주 작은 물고기도 있다. 이들은 그동안 인류의 생존에 지대한 역할을 해 왔으며, 긴 역사를 거치는 동안 동서양을 막론하고 수많은 신화와 이야기의 소재가 되어 왔다.

인도 古代王國은 雙魚紋을 사용했고, 고대 가야국도 쌍어문 유적을 곳곳에 남겼으며, 에스토니아의 나라 紋章(National Heraldry)에도 물고기 형상이 담겨 있다. 이처럼 물고기를 나라 문장으로 사용하는 나라들이 더러 있다.

『聖經』에는 거대 물고기가 선지자 요나를 삼킨 이야기가 나온다. 오늘날에 와서도 물고기는 『인어공주』를 비롯한 인어 이야기, 『노인과 바다』 등 소설 소재, 그리고 백상어, 피라나 등은 공포영화에 등장해서 인간들을 놀라움과 공포로 즐거움을 주기도 한다. 최근에 와서 폭발적으로 유행한 노래 「상어 가족」은 전 세계 어린이는 물론 어른들의 마음까지 사로잡았다.

『詩經』이나 옛글에 등장하는 물고기는, "물고기는 물에서 놀고 새는 숲으로 돌아간다(魚之游水鳥之歸林)", "흐르는 물은 물속에서 뛰노는 물고기를 잊으며, 물속에서 헤엄치는 물고기는 흐르는 물을 잊는다(流水相忘遊魚 遊魚相忘流水)"는 표현처럼 자연스러움과 순리의 상징이다.

"물고기가 깊은 연못에 숨으면 그물이나 낚시도 미치지 못한다(魚潛深淵 網釣不及)", "낚시질은 하지만 그물로 잡지는 않으며 사냥을 하되 둥지 안에서 잠자는 새를 쏘지는 않는다(釣而不網弋不射宿)"는 표현은 고기 잡는 것과 사냥에도 금도와 절제가 필요함을 일깨우고 있다.

◆ 통발에 걸린 동자개, 모래무지, 방어, 가물치(魚麗) 『詩經』, 「小雅」

통발에 걸린 물고기 동자개와 모래무지라네	魚麗於罶 鱨鯊 어려어류 상사
그대가 내온 술 맛있고도 많도다	君子有酒 旨且多 군자유주 지차다
통발에 걸린 물고기 방어와 가물치라네	魚麗於罶 魴鱧 어려어류 방례
그대가 내온 술 많고도 맛있구나	君子有酒 多且旨 군자유주 다차지
통발에 걸린 메기와 잉어라네	魚麗於罶 鰋鯉 어려어류 언리
그대가 내온 술은 맛있고도 많구나	君子有酒 多且旨 군자유주 다차지
음식이 맛있으니 기쁘기도 하구나	物其多矣 維其嘉矣 물기다의 유기가의
음식이 맛있으니 함께 모여 즐기세	物其旨矣 維其偕矣 물기지의 유기해의
음식이 있는데 모두 때맞은 음식일세	物其有矣 維其時矣 물기유의 유기시의

알과 子魚를 지키는 아빠 빠가사리 동자개
鱨, yellowhead catfish, korean bullhead

동자개는 메기목 동자갯과에 속하는 육식성 민물고기다. 내는 소리 때문에 빠가사리, 지느러미 끝의 가시로 쏜다고 하여 쐬기라고도 불린다. 따뜻하며 탁한 물을 좋아하고 주로 밤에 활동하면서 작은 물고기, 새우, 물고기알, 지렁이 등을 잡아먹는다. 식용 외에 요즈음은 관상어로도 키운다.

수컷이 알 낳을 장소를 마련하고 5~7월경 암컷이 알을 낳으면, 알과 子魚는 줄곧 수컷이 홀로 지키며 헌신적이고 눈물겨운 아빠 사랑을 실천하고 있다. 우리 인간도 본받아야 할 模範魚類 家長이다.(『인간과 동물』, 최재천)

이들이 天壽를 누리지 못하는 건 새들에게 먹히거나 사람들에게 잡혀 매운탕 재료로 쓰이기 때문인데, 맛을 내는 데 약방의 감초인 까닭이다. 몸길이는 15~20cm다.

모래를 불어내는 수염 달린 모래무지
鯊, 吹沙魚, sand plain, false minnow

모래무지는 잉어목 잉엇과 민물고기로 모래가 있는 맑은 물에 살며, 몸길이는 15~25cm이고 은백색이다. 몸이 가늘고 머리가 크며 나이가 그리 들지 않아도 입가에 수염이 있으니 다른 물고기들이 경로 예우를 하는지도 모르겠다. 그러나 '수염이 석 자라도 먹어야 산다'는 인간 세상의 격언에 따라, 이 수염 달린 모래무지를 자비롭거나 점잖게만 여기다가 큰코다친 물속 생물이 적지 않다. 모래 속에서 편히 쉬다가도 배가 고프면 일어나 강바닥의 곤충이나 작은 동물을 잽싸게 잡아먹는, 웬만한 젊은이 못지않게 기민하고 깐진 수염쟁이 영감이다.

모래와 함께 유충을 잡아먹고 모래를 불어낸다고 해서 吹沙魚라고도 한다.

비교적 맑은 물에서만 사는 귀족이니, 모래무지의 서식을 통해 물의 오염 정도를 알아낼 수 있다. 서해와 남해로 흐르는 거의 모든 지류 하천에서 서식하는 걸 보면, 우리나라 하천이 참 맑은 것 같다. 소금구이, 조림, 매운탕의 재료로 널리 쓰인다.

사나운 성격, 늪의 무법자 가물치
鱧, snake head

농어목, 가물칫과에 속하는 대형 민물고기로 어두운 갈색, 검다고 해서 '가물치'란 명칭이 생긴 듯하다. 몸길이는 50cm에서 1m 정도이며, 무게가 5~8kg이나 되는 대형 어종이다.

맑고 탁함을 가리지 않고 물속을 사정없이 뒤져 대는 어종이므로 인간들에게는 미약한 존재일지 모르지만, 물고기 세계에서는 탁한 물속을 지배하는 민물의 제왕이다. 그 사나운 성격 때문에 늪의 무법자로 불리지만, 물속을 떠난 적도 없을 뿐만 아니라 있는지 없는지도 모르는 법이란 걸 어긴 적은 결코 없다. 어쨌든 가물치들이 들으면 펄쩍 뛸 일이긴 하지만, 생태계를 교란한다는 인정할 수 없는 오명이 나날이 쌓여가고 있다. 암컷은 한배에 알 1,300~1,500개를 낳으므로 번식력도 아주 뛰어난 편이다.

고양이를 닮은 담수어 왕 메기
鰋, far eastern catfish, sheatfish

메기는 메기목 메깃과의 민물고기로 세계에 2,400여 종이 서식한다. 몸길이는 30~100cm이며 더 큰 종도 있다. 양쪽 팔자수염으로 먹이와 천적을 민감하게 감지한다.

잘난 수염 때문에 서양에서는 고양이를 닮았다고 하여 catfish라고 부른다. 물을 싫어하는 고양이들이 들으면 어떻게 생각할지 모르겠다. 어쨌든 메기는 淡水魚의 먹이사슬 최상위층에 자리 잡은 대형 어종이며 물속에 있는 대부분 어종이 메기의 먹잇감이다.

淡水의 품위 있는 귀족 어류 잉어
鯉, carp

잉어는 잉어목, 잉엇과에 속하는 淡水의 품위 있는 귀족 어류다. 길이가 1m 정도지만 2m 이상도 자라는 대형 어종이다. 어류로서는 드물게 평균수명을 20년 정도로 보고 있다. 입 둘레에 두 쌍의 수염이 있다. 비늘이 있고 몸은 누런빛을 띤 녹색이다. 큰 강이나 호수에 산다. 몸집이 커서 맹금류나 왜가리 외에는 천적이 없다.

우리나라에서는 잉어를 자양 식품이나 준 약용으로 써왔다. 잉어에는 사람들이 두려워하는 기생충 간디스토마의 세르카리아(Cercaria)가 없다.

西晉의 王祥(184~268)이 물고기를 구하기 위해 옷을 벗고 얼음에 누워 녹기를 기다리는데 갑자기 얼음이 갈라지며 잉어 두 마리가 튀어 올라와, 그간 자신을 괴롭히고 학대했던 繼母에게 효도를 다했다는 王祥得鯉의 고사(雪裏求筍 孟宗之孝 叩氷得鯉 王祥之孝)가 있다.

눈 속에서 竹筍을 구한 삼국시대 오나라의 孟宗의 효도()와 함께 한겨울에 잉어를 구한 이 왕상의 효도()는 긴 세월 동안 효 사상의 繼承과 顯彰에 적지 않게 기여해 왔다.

바다에서 성장, 민물에서 산란하는 溯河性魚種 곤들매기

嘉魚, dolly varden trout

곤들매기는 민물고기로 분류되나 연어과에 속하는 어류로, 바다에서 성장한 후 민물로 돌아와 산란하는 연어처럼 溯河性 魚種이다. 이에 반대로 뱀장어, 참게 등 降海性 魚類는 민물에서 주로 살다가 산란을 위해 바다나 강 하구로 내려간다. 곤들매기는 60cm 정도까지 자라며, 서양 고급 레스토랑에서는 연어보다도 훨씬 고급 요리로 팔리는 귀하신 어종이다.

◆ 남쪽의 곤들매기(南有嘉魚) 『詩經』, 「小雅」

남쪽엔 곤들매기 있어 떼 지어 헤엄치네	南有嘉魚 烝聯罩罩 남 유 가 어 증 연 조 조
그대 술 내어 오니 좋은 손님과 잔치로 즐기네	君子有酒 嘉賓式燕以樂 군 자 유 주 가 빈 식 연 이 락
남쪽엔 곤들매기 떼 지어 꼬리 치네	南有嘉魚 烝然汕汕 남 유 가 어 증 연 산 산
그대가 술 내어 오니 반가운 손님과 잔치 열어 즐기네	君子有酒 嘉賓式燕以衎 군 자 유 주 가 빈 식 연 이 간
남쪽엔 가지 처진 나무에 단 표주박이 얽혔네	南有樛木 甘瓠累之 남 유 규 목 감 호 누 지
그대 술 내어 오니 반가운 손님과 잔치로 편히 노네	君子有酒 嘉賓式燕綏之 군 자 유 주 가 빈 식 연 수 지
훨훨 나는 비둘기 떼 지어 날아오네	翩翩者鵻 烝然來思 편 편 자 추 증 연 래 사
그대가 술 내어 오니	君子有酒 군 자 유 주
반가운 손님과 잔치하며 또 생각에 잠긴다네	嘉賓式燕又思 가 빈 식 연 우 사

◆ 낡은 통발에 방어, 환어, 연어 잡혔네(敝笱) 『詩經』, 『齊風』

낡은 통발 어살에 있어 잡힌 고기 방어와 환어라	敝笱在梁 其魚魴鰥 패 구 재 량 기 어 방 환
제나라 아가씨 시집가니 따라가는 이 구름처럼 많다	齊子歸止 其從如雲 제 자 귀 지 기 종 여 운
낡은 통발 어살에 있어 잡힌 물고기는 방어와 연어라	敝笱在梁 其魚魴鱮 패 구 재 량 기 어 방 서
제나라 아가씨 시집가니 따라가는 사람 비처럼 많다	齊子歸止 其從如雨 제 자 귀 지 기 종 여 우
낡은 통발 어살에 있어 물고기들 느긋하게 드나든다	敝笱在梁 其魚唯唯 패 구 재 량 기 어 유 유
제나라 아가씨 시집가니 따라가는 사람 물처럼 많다	齊子歸止 其從如水 제 자 귀 지 기 종 여 수

• 환어(red fish) 鰥 鰥魚는 배우자를 잃은 홀아비의 원통함에서 파생된 말로, 물고기가 눈물 흘리는 모습을 본뜬 상형문자다.

연어, 네임펜, 엄재홍 화백

강에서 태어나 바다에서 살다 돌아와 알을 낳는 연어

鱮, 鰱, salmon

연어는 연어목 연어과 어류다. 치어는 강에서 태어나 바다로 가서 살다 성체가 되면 강으로 돌아와 알을 낳는 回遊性 魚種(migratory fish)으로 바닷길을 지나 강을 거슬러 오른다. 먼 길 떠나 모천으로 회귀하는 연어를 호시탐탐 기다리고 있는, 하늘이 준비한 天敵은 곰이다.

연어의 크기는 61~91cm, 4.5~34kg이지만 더 자라기도 한다.

방어

魴魚, yellow tail japanese amberjack

방어는 전갱이목 전갱잇과 바닷물고기인데, 가물치와 같은 민물고기와 함께 통발에 잡혔다고 한다. 하지만 바다 방어와는 다소 다른 민물고기를 그리 표기한 것으로 보인다. 3천 년 된 『시경』이 실수로 기술한 것이 아니라, 産地에 따라 다른 이름을 가진 별도의 어종인 듯하다. 중국 고전에 민물 방어 관계 기록이 여러 곳에 보이는 만큼, 아마 민물에도 사는 별도의 방어일 것으로 생각된다.

◆ 그물에 걸린 물고기는 송어와 방어(九罭) 『詩經』, 「豳風」

내가 그 사람 만나보니	我覯之子 아 구 지 자
곤룡포 저고리에 수놓은 바지를 입었네	袞衣繡裳 곤 의 수 상
기러기 모래톱 물가를 날아가네	鴻飛遵渚 홍 비 준 저
주공 돌아가시면 머물 곳 없으랴만 그대들께 잠시 머무는 것이라네	公歸無所 於女信處 공 귀 무 소 어 녀 신 처
기러기 뭍으로 날아가네	鴻飛遵陸 홍 비 준 륙
주공께서 돌아가시면 다시 오시지 않으리니	公歸不復 공 귀 불 복

그대들께 잠시 머무르는 것이라네	於女信宿 어 녀 신 숙
이 때문에 곤룡포 입은 분을 모셨는데	是以有袞衣兮 시 이 유 곤 의 혜
우리 주공 돌아가게 하지 마시오	無以我公歸兮 무 이 아 공 귀 혜
우리 마음을 슬프게 하지 말아 다오	無使我心悲兮 무 사 아 심 비 혜

연어과에 속하는 冷水性 민물고기 송어

鱒, trout

송어는 연어목에 속하는 어종이다. 소나무 마디와 비슷한 무늬가 있어 松魚라고도 한다. 체형은 연어와 비슷하나 몸이 더 굵고 둥글다. 몸길이는 60cm 정도, 강에서 서식하다 바다로 가서 살다 어미가 되면 강으로 되돌아와 알을 낳고 생을 마치는 母川回歸性 어류다.

- 연어보다 더 고급 어종으로 기름지며 제사상에도 오르는 귀한 어종이다. 송어는 연어에 비해 지방이 적어서 담백하며 살이 단단하고 색깔이 더 붉다. 양식을 해도 기생충이 나오지 않는다 하여 인기가 높다.

◆ 물고기 꿈은 풍년들 징조(無羊) 『詩經』, 「小雅」

목동이 꿈꾸었는데 많은 물고기에	牧人乃夢 衆維魚矣 목 인 내 몽 중 유 어 의
갖은 깃발들이라네. 점치는 관리 점치니	旐維旟矣 大人占之 조 유 여 의 대 인 점 지
많은 물고기는 풍년들 징조	衆維魚矣 實維豐年 중 유 어 의 실 유 풍 년
깃발들은 집안 번창할 징조라네	旐維旟矣 室家溱溱 조 유 여 의 실 가 진 진

- **溱** 많을 진, 성할 진, **旐** 거북과 뱀 그린 깃발 조, **旟** 붉은 비단에 송골매 그린 깃발 여
- "누가 그대에게 양이 없다고 말하나? 삼백 마리를 거느리고 있는데(誰謂爾無羊 三百維群)"라고

시작하는 시의 일부인데, 물고기 이야기가 나오는 것이 다소 이상하게 느껴진다. 고대 목축사회의 모습이다.

◆ 물고기가 물에서 즐겁지 않다면(正月) 『詩經』, 「小雅」

물고기 연못 속에 있어도 또한 즐겁지 못하도다	魚在于沼 亦匪克樂 어 재 우 소 역 비 극 락
비록 물속에 잠겨 숨어 있으나 너무 밝게 들여다보여	潛雖伏矣 亦孔之炤 잠 수 복 의 역 공 지 소
근심하는 마음 참담하네. 나라의 虐政을 생각하네	憂心慘慘 念國之爲虐 우 심 참 참 염 국 지 위 학

- **炤** 밝을 소, **慘** 참혹할 참
- 시의 제목이 「정월」이다. 물고기가 물속에서 노는 것이 통상적으로는 평화롭게 느껴지지만, 이 시에서는 근심과 학정으로 의지할 곳 없이 괴로워하는 백성들의 심정을 표현하는 데 쓰였다.

◆ 수레바퀴 자국 속의 물고기(轍鮒之急寓話) 『莊子』, 「監河侯問答」

이 寓話는 漢의 劉向이 편집한 『說苑』 「善說」 篇에도 실려 있다. 이 우화에서 轍鮒之急, 涸轍鮒魚라는 고사성어가 나왔다.

장주는 집이 가난하였다	莊周家貧 장 주 가 빈
그래서 감하후에게 곡식을 빌리러 갔다	故往貸粟於監河侯 고 왕 대 속 어 감 하 후
감하후가 말하기를 좋소	監河侯曰 諾 감 하 후 왈 낙
곧 領地에서 세금이 들어옵니다	我將得邑金, 아 장 득 읍 금
그중에서 삼백 금을 빌려드리리다. 되겠습니까	將貸子三百金,可乎 장 대 자 삼 백 금 가 호
장주는 성난 낯빛으로 이렇게 말했다	莊周忿然作色曰 장 주 분 연 작 색 왈

어제 이곳으로 오는데 나를 부르는 자가 있었소
周昨來,有中道而呼者
주 작 래 유 중 도 이 호 자

돌아보니 수레바퀴 자국 속의 물고기였소
周顧視 車轍中有鮒魚焉
주 고 시 차 철 중 유 부 어 언

내가 물어보았소
周問之曰
주 문 지 왈

물고기야 너는 무슨 일로 나를 불렀느냐
鮒魚來 子何爲者邪
부 어 래 자 하 위 자 사

물고기가 대답하되, 저는 東海에 떠다니는 놈입니다
對曰 我東海之波臣也
대 왈 아 동 해 지 파 신 야

물을 한 됫박만 줘서 절 살려 주시겠습니까
君豈有斗升之水而活我哉
군 기 유 두 승 지 수 이 활 아 재

장주가 말하길, 좋다
周曰 諾
주 왈 낙

내가 남쪽으로 오왕과 월왕에게 가서
我且南遊吳越之王
아 차 남 유 오 월 지 왕

서강의 물을 끌어다 너를 맞겠다 어떠냐
激西江之水而迎子 可乎
격 서 강 지 수 이 영 자 가 호

물고기는 불같이 화를 내며 말했습니다
鮒魚忿然作色曰
부 어 분 연 작 색 왈

제게는 항상 있던 것이 없어진 것입니다
吾失我常與
오 실 아 상 여

저는 이제 있을 곳이 없습니다
我無所處
아 무 소 처

한 됫박의 물이면 제가 살 수 있습니다
吾得斗升之水然活耳
오 득 두 승 지 수 연 활 이

그런데 당신은 그런 말씀을 하시네요
乃言此
내 언 차

그러느니 건어물점에서 나를 찾는 것이 낫겠네요
曾不如早索我於枯魚之肆
증 불 여 조 색 아 어 고 어 지 사

◆ 물고기가 깊은 못에 숨으면 그물, 낚시가 못 미친다 陸紹珩,『醉古堂劍掃』

새가 높은 가지에 깃들면 화살 쏘아도 맞히기 어렵고
鳥栖高枝 彈射難加
조 서 고 지 탄 사 난 가

물고기가 깊은 못에 숨으면 그물, 낚시가 못 미친다
魚潛深淵 網釣不及
어 잠 심 연 망 조 불 급

선비가 암혈에 은거하면 어찌 환란이 미치겠는가
士隱巖穴 禍患焉至
사 은 암 혈 화 환 언 지

흐르는 물은 헤엄치는 물고기의 존재를 잊고	流水相忘遊魚 유 수 상 망 유 어
물고기 또한 그 흐르는 물을 망각하니	遊魚相忘流水 유 어 상 망 유 수
바로 이것이 天機다	即此便是天機 즉 차 편 시 천 기
하늘은 떠다니는 구름을 방해하지 않고	太空不礙浮雲 태 공 불 애 부 운
뜬구름도 하늘을 방해하지 않으니	浮雲不礙太空 부 운 불 애 태공
어디에 따로 불성이 있으리	何處別有佛性 하 처 별 유 불 성
서리 내린 날 학의 울음소리를 듣고	霜天聞鶴唳 상 천 문 학 려
눈 내린 밤 닭 울음소리를 들으면	雪夜聽雞鳴 설 야 청 계 명
이 세상의 맑은 기운을 얻을 수 있다	得乾坤清絕之氣 득 건 곤 청 절 지 기
맑은 하늘에 날아가는 새	晴空看鳥飛 청 공 간 조 비
흐르는 물속에 노는 물고기를 보면	識宇宙活潑之機 식 우 주 활 발 지 기
활발한 우주의 활동을 느낄 수 있다	活水觀魚戲 활 수 관 어 희

• 『醉古堂劍掃』 문체 분류상 『菜根譚』과 같은 淸言小品에 속한다. 1624년 晩明時期 陸紹珩의 작품이다. 明末의 혼란한 사회 속에서 자신을 보전, 번뇌를 끊는 등 그 시대 지식인의 심리적 균형을 유지할 수 있는 청량제 역할을 하였다. 淸代에 들어와 乾隆 35년(1770년) 陳繼儒라는 사람이 『醉古堂劍掃』 내용을 거의 그대로 하여 『小窓幽記』라는 이름으로 출간하였다. 『醉古堂劍掃』는 中文學者 강경범, 천현경 박사에 의해 2007년 우리글로 번역되었다.

『呂氏春秋』의 물고기

『呂氏春秋』는 戰國時代 말기 BC 239년(진시황 8년), 秦나라가 천하를 통일하기 전 呂不韋가 전국의 학자들을 모아 각자 성취한 학문 성과를 모아 편찬한 책이다. 모두 26권, 160편이며 『呂氏春秋』의 중심이 되는 12紀와 8覽, 6論으로 구성되어 있다. 秦나라 이전까지 고대 중국의 사상, 역사, 문화 등이 집대성된 중요한 저작물이다. 呂不韋는 누구든 이 책에서 단 한 글자라도 고칠 수 있다면 천금을 주겠다고 호언했다. 여기서 一字千金이란 말이 유래했다고 한다.

◆ 못을 말리고 숲을 불태운다

못을 말리면 물고기를 못 잡을 리 없겠지만	竭澤而漁 豈不獲得 갈 택 이 어 기 불 획 득
다음 해엔 잡을 물고기가 없을 것이요	而明年無漁 이 명 년 무 어
산의 나무를 불태우면	焚藪而田 분 수 이 전
산짐승들을 못 잡을 리 없겠지만	豈不獲得 기 불 획 득
다음 해에는 잡을 짐승이 없을 것이다	而明年無獸 이 명 년 무 수

◆ 善政하면 인재가 모일까?

샘이 깊으면 물고기와 자라가 돌아오고	水泉深則魚鼈歸之 수 천 심 즉 어 별 귀 지
나무가 무성하면 날아다니는 새가 날아들고	樹木盛則飛鳥歸之 수 목 성 즉 비 조 귀 지
온갖 풀이 빽빽하면 금수가 그곳으로 모여들고	庶草茂則禽獸歸之 서 초 무 즉 금 수 귀 지
군주가 현명하면 호걸이 모여든다	人主賢則豪傑歸之 인 주 현 즉 호 걸 귀 지

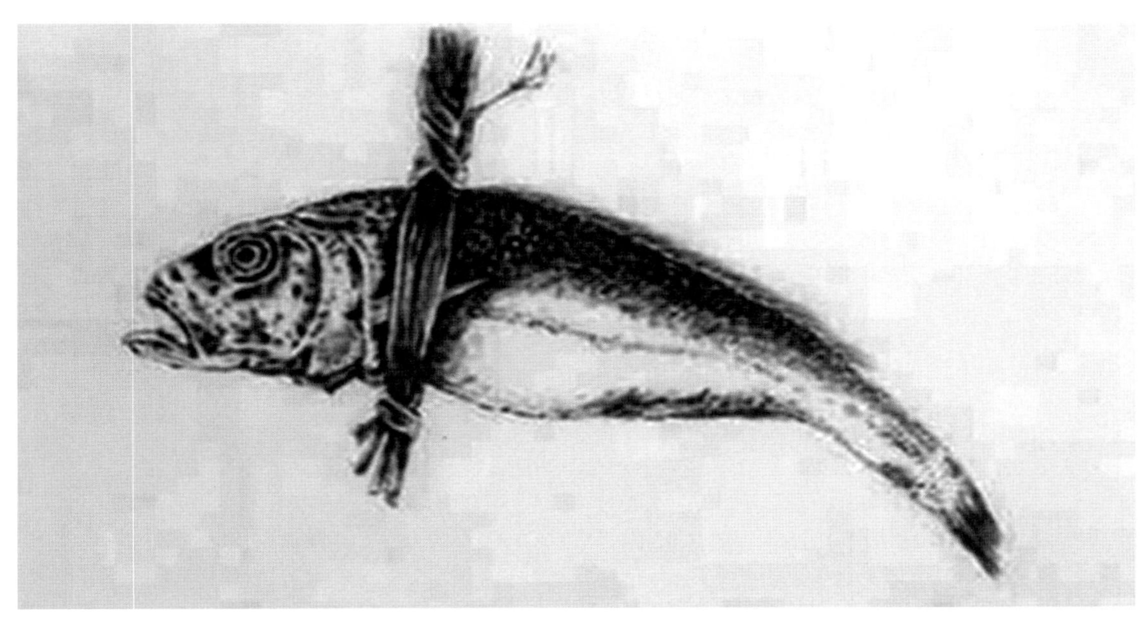

말린 참조기 굴비, 펜화, 최양식

◆ 죄 없는 물고기에게 재앙이(殃及池魚 竭澤而魚)

송나라에 환사마라는 사람이 보배 구슬을 가지고 있었다
宋桓司馬有寶珠
송 환 사마 유 보주

어느 날 그가 죄를 짓게 되자 도망가려 했다
抵罪出亡
저 죄 출 망

왕이 사람을 보내 구슬이 있는 곳을 물으니
王使人問珠之所在
왕사 인 문 주 지 소 재

환사마가 “연못 속에 던졌습니다”라고 말했다
曰 投之池中
왈 투 지 지 중

그 말대로 연못의 물을 빼내고 구슬을 찾았으나
於是竭池而求之
어 시 갈 지 이 구 지

찾지 못하고 연못의 물고기만 죽고 말았다
無得 魚死焉
무 득 어 사 언

◆ 연못이 깊으면 물고기와 자라가 모여들어 『荀子』

냇물이나 연못이 깊으면 물고기와 자라가 모여들고	川淵深而魚鱉歸之 천 연 심 이 어 별 귀 지
산이나 숲이 무성하면 새와 짐승이 찾아들고	山林茂而禽獸歸之 산 림 무 이 금 수 귀 지
법과 정치가 공평하면 백성이 모여든다	刑政平而百姓歸之 형 정 평 이 백 성 귀 지

◆ 조개에 관한 禪詩 冶父道川

진주조개 속에 밝은 구슬 숨어 있고	蚌腹隱明珠 방 복 은 명 주
사향노루가 있다면 자연스레 향기를 풍기나니	有麝自然香 유 사 자 연 향
어찌하여 꼭 바람 앞에 서려고 하는가	何必當風 하 필 당 풍

◆ 물고기 물에서 헤엄치듯, 새가 숲으로 돌아가듯 李瀷『星湖僿說』

물고기 물에서 헤엄치듯, 새가 숲으로 돌아가듯 하여	魚之游水 鳥之歸林 어 지 유 수 조 지 귀 림
재능과 덕 있는 자를 밭둑길 사이에서 선발해	其有材德 拔之於 阡陌之間 기 유 재 덕 발 지 어 천 맥 지 간
스스로가 그 인물됨을 자랑하기를 기다리지 말 것이며	不待者衒則 부 대 자 현 즉
이와 같이 하면 장차 백성은 제 분수대로 눈에 익고	民將視作已 민 장 시 작 이
손에 익어 각자 그 업을 편하게 여길 것이다	分日熟手 習而各安其業矣 분 일 숙 수 습 이 각 안 기 업 의

◆ 漁父之利 蚌鷸之爭 犬兎之爭 田夫之功 『戰國策』, 「燕策」

趙나라가 燕나라를 치려고 하자	趙且伐燕 조 차 벌 연
蘇代가 연나라를 위해 惠文王에게 말했다	蘇代爲燕謂惠王曰 소 대 위 연 위 혜 왕 왈
이번에 臣이 역수를 지나오면서 보니	今者臣來過易水 금 자 신 래 과 역 수
조개가 물가에 나와 햇볕을 쬐고 있는데	蚌方出曝 방 방 출 폭
도요새가 조갯살을 쪼아 먹으려고 하자	而鷸啄其肉 이 휼 탁 기 육
조개는 입을 다물어 도요새의 부리를 물었습니다	蚌合而拑其喙 방 합 이 겸 기 훼
도요새가 말하되 오늘도 내일도 비가 내리지 않으면	鷸曰 今日不雨明日不雨 휼 왈 금 일 불 우 명 일 불 우
너는 곧 바짝 말라 죽을 것이다	卽有死蚌 즉 유 사 방
조개도 도요새에게 말하기를	蚌亦謂鷸曰 방 역 위 휼 왈
오늘도 내일도 입을 벌리지 않으면	今日今日明日今日 금 일 금 일 명 일 금 일
너는 곧 굶어 죽게 될 것이다	卽有死鷸 즉 유 사 휼
둘은 상대방의 말을 듣지 않고 서로 포기하지 않다가	兩者不肯想舍 양 자 불 긍 상 사
지나던 어부가 보고 조개와 도요새를 한꺼번에 잡았습니다	漁者得而并禽之 어 자 득 이 병 금 지
지금 조나라가 연나라를 치려 하는데	今趙且伐燕 금 조 차 벌 연
연과 조는 오랫동안 서로 뻗대다가	燕趙久相支 연 조 구 상 지
백성들이 지치게 되면	以弊大衆 이 폐 대 중
강한 秦나라가 어부가 될 것이 신은 두렵습니다	臣恐强秦之爲漁父也 신 공 강 진 지 위 어 부 야
그러니 왕께서는 계획을 깊이 헤아려 주시기 바랍니다	故願王之熟計之也 고 원 왕 지 숙 계 지 야
惠文王이 말하기를 좋소! 이에 燕을 칠 계획을 접었다	惠王曰 善 乃止 혜 왕 왈 선 내 지

◆ 나라 다스리는 것은 작은 생선 굽듯 해야 한다 老子『道德經』

큰 나라를 다스리는 것, 작은 생선을 굽는 것과 같으니 — 治大國 若烹小鮮 (치대국 약팽소선)

도로써 천하에 임하면 — 以道莅天下 (이도리천하)

그 귀신으로 하여금 작용을 못 일으키게 할 수 있다 — 其鬼不神 (기귀불신)

그 귀신이 작용을 일으키지 못하게 한다기보다는 — 非其鬼不神 (비기귀불신)

성인이 그 작용으로 사람을 다치지 않게 한다는 것 — 其神不傷人 (기신불상인)

그 귀신이 자연에 따르는 사람을 상하게 하지 않을 뿐 아니라 — 非其神不傷人 (비기신불상인)

성인도 사람을 다치지 않게 하는 까닭이다 — 聖人亦不傷人 (성인역불상인)

대저 성인과 귀신 양자가 서로 다치지 않는지라 — 夫兩不相傷 (부양불상상)

그러므로 덕이 모두 그에게 돌아가리라 — 故德交歸焉 (고덕교귀언)

- **老子** BC 6~7세기경에 활동한 老子는 楚나라 고현 사람으로, 그의 원대한 사상을 담은『道德經』은 道家思想의 기초가 되었다. 지금까지 노자에 관한 註와 說은 무려 1,100種이 넘으며 세계 각국의 언어로 번역되었다. 司馬遷은『史記』에서 道家는 사람의 정신을 專一하게 하고, 그의 학술은 虛와 無로서 근본을 삼고 自然에 맡기는 因循으로써 功用을 삼는다고 했다. 司馬遷은 또 노자 학설을 배우는 이는 유가 학설을 배척하고 유가 학설을 배우는 이는 노자 학설을 서로 배척한다고 기술하고 있어, 당시에 이미 대립적인 중국 사상의 二大原流로 인정된 것으로 보인다.
- 『老子』, 이강수 옮김, 도서출판 길, 2007.
- 『김충렬 교수의 노장철학강의』, 김충렬 지음, 예문서원, 1995.

『淮南子』의 물고기

- 연못가에서 물고기를 탐내는 것은 물러나 그물을 만드는 것만 못하다(臨淵羨魚 不如退而結網).
- 연못에서 고기를 기르는 자는 반드시 수달부터 내쫓는다(畜池魚者 必去猵獺).
- 숲속에서는 땔나무를 팔지 않으며, 연못에서는 물고기를 팔지 않는다(林中不賣薪 湖上不鬻魚).

쏘가리, 먹, 엄재홍 화백

• 한 올 그물로는 새를 잡지 못하고(一目之羅 不可以得鳥) 미끼 없는 낚시로는 고기를 낚지 못한다(無餌之釣 不可以得漁).

• 『淮南子』 中國 前漢의 淮南王 劉晏(BC 179~BC 122)이 저술한 책으로, 현재 내서 21卷이 전한다. 賓客과 方術家 수천을 모아서 편찬하였으며, 老壯, 道家, 陰陽五行과 儒家, 法家 등 다양한 사상을 복잡하게 구성한 일종의 백과사전이다. 노자 사상을 통해 諸子百家를 통합하려 한 黃老學의 결정체로 보는 시각도 있다. 先見之明, 塞翁之馬, 橘化爲枳와 같은 고사성어들은 모두 『淮南子』에서 비롯했다. 書誌學에서는 雜家로 분류한다.

◆ 마음껏 노니는 물고기(游魚) 李奎報(1168~1241)

물속에 노리는 물고기 잠겼다 떠오르니	圉圉紅鱗沒復浮 어 어 홍 린 몰 부 부
마음껏 즐겨 노는 것을 사람들 부러워한다	人言得意好優遊 인 언 득 의 호 우 유

가만히 생각하면 편안할 틈 없느니 細思片隙無閑暇(세사편극무한가)

어부 돌아가면 해오라기 다시 노리는데 漁父方歸鷺更謀(어부방귀로경모)

◆ 배 가득 서강의 달을 싣고 오는 노인(漁父) 成侃(1427~1456)

겹겹이 푸른 산골짜기마다 안개가 자욱 數疊靑山數曲煙(수첩청산수곡연)

흰 갈매기 가까이엔 속세의 티끌 이르지 않아 紅塵不倒白鷗邊(홍진부도백구변)

고기 잡는 노인 본래 욕심 없는 자 아니라 漁翁不是無心者(어옹불시무심자)

한 배 가득 西江의 달을 실었다 管領西江月一船(관령서강월일선)

◆ 順風 적어 고생하는 漁翁 金克己(1379~1463)

하늘이 오히려 漁翁에게 너그럽지 않아 天翁尙不貰漁翁(천옹상불세어옹)

일부러 강호에 順風을 적게 보내네 故遣江湖少順風(고견강호소순풍)

인간 세상 험하다 그대 웃지를 마소 人世嶮巇君莫笑(인세험희군막소)

그대 스스로 되레 急流 속에 있는 것을 自家還在急流中(자가환재급류중)

◆ 사람과 물고기를 다 잊는 낚시꾼(渭上偶釣) 白居易

위수 물 거울같이 맑아 그 속에 잉어와 방어 함께 산다 渭水如鏡色 中有鯉與魴(위수여경색 중유리여방)

우연히 낚싯대 하나 들고 강가에 낚싯줄 드리웠네 偶持一竿竹 懸釣在其傍(우지일간죽 현조재기방)

미풍은 낚싯줄에 불어오고 열 자 줄 바람에 하늘하늘	微風吹釣絲 裊裊十尺長	미풍취조사 뇨뇨십척장
몸 비록 고기 보고 앉았지만 마음 어찌 여기 있을까	身雖對漁坐 心在無何鄉	신수대어좌 심재무하향
옛날 백발 노인 있었으니 渭水 북쪽에서 낚시하였다네	昔有白頭人 亦釣此渭陽	석유백두인 역조차위양
낚싯꾼이 고기를 낚지 않아 칠십에 文王을 만났네	釣人不釣漁 七十得文王	조인부조어 칠십득문왕
하지만 낚시하는 나의 뜻, 사람과 물고기 다 잊는 것	況我垂釣意 人漁亦兼忘	황아수조의 인어역겸망
재주 없어 둘 다 얻지 못해 다만 가을 물빛만 희롱하네	無機兩不得 但弄秋水光	무기량부득 단롱추수광
흥 다하면 낚시 마치고 돌아와 내 술잔 기울인다	興盡釣亦罷 歸來飮我觴	흥진조역파 귀래음아상

• 白居易는 낚시하는 姜太公의 뜻이, 자신(白居易)처럼 사람과 물고기를 다 잊은 상태가 아니어서 나이 칠십에 물고기가 아닌 文王이란 사람을 낚았으리라는 것을 암시하고 있다.

◆ 구우면 밥반찬, 말리면 술안주(靑魚) 玉潭 李應禧(1579~1651)

남해에서 잡히는 청어	靑鮮南海産	청선남해산
강어귀로 천 척 배가 들어오는데	江口入千艘	강구입천소
알은 황금 좁쌀 품고 있고	卵包黃金粟	난포황금속
장에는 백설 같은 기름 엉기어 있네	腸凝白雪膏	장응백설고
구우면 맛난 밥반찬	炙宜餤美飯	자의담미반
말리면 향내 나는 막걸리 안주	乾可飮香醪	건가음향료
품질 이처럼 귀하니	品貴能如此	품귀능여차
오직 값비싼 것만 걱정이다	偏憂索價高	편우색가고

• 『玉潭遺稿』, 이응희 옮김, 소명출판, 2009.

◆ 물고기가 흔드는지 연잎이 움직인다(獨坐) 徐居正(1420~1488)

서거정은 조선이 낳은 천재 시인이자 문장가이며 호는 四佳亭이다. 세종, 문종, 단종, 세조, 예종, 성종 등 여섯 임금을 섬겼으며, 45년을 조정에 봉사하면서 6조 판서를 모두 역임하고 좌찬성에 올랐다. 지하철 7호선 사가정역은 그를 기념하여 정한 것이다.

서거정은 수많은 관찬 도서 편찬에 관여하였다. 박쥐, 고양이 등 동물에 관한 글이 특히 많고 자연주의적 색채가 강하며, 詩보다는 散文에서 더 명성을 떨쳤다. 하지만 이 시는 특히 선생의 유려하고 뛰어난 산문을 잠시나마 잊게 하는 일품이다. 대문 걸어두고 홀로 앉아 정원을 내려다보는 시인의 고요한 평정심을 느낄 수 있다.

물고기가 흔드는지 연잎이 움직이고 까치가 밟았는지 나뭇가지 끝이 흔들린다며 살아 있는 생물을 시의 세계에 초대한다. 눅눅해진 거문고에도 소리가 남아 있고 식어가는 화로에도 불씨가 남아 있다며, 생명 없는 물상에도 시적 생명력을 부여하는 탁월한 詩情은 진흙길에 찾는 이 없는 대문은 닫은 채 그냥 두겠다고 마무리하며 詩의 문은 열어 두었다.

홀로 앉아 있는데 찾아오는 손님 없고	獨坐無來客 독 좌 무 래 객
빈 뜰에 비 오려는지 어두운 기운 서렸네	空庭雨氣昏 공 정 우 기 혼
물고기가 흔드는지 연잎 움직인다	魚搖荷葉動 어 요 하 엽 동
까치가 밟았는가 나뭇가지 끝 흔들린다	鵲踏樹梢翻 작 답 수 초 번
거문고 비록 눅눅하지만 그 줄에 소리 남아 있고	琴潤絃猶響 금 윤 현 유 향
화로 차가워졌지만 불씨는 남아 있다	爐寒火尚存 노 한 화 상 존
진흙길 사람 출입 막고 있으니	泥途妨出入 니 도 방 출 입
문은 하루 내내 그냥 닫아 둬도 좋으리	終日可關門 종 일 가 관 문

Ⅳ. 오랜 세월 사람과 함께한 詩 속의 動物들

고전적 의미로 보면 動物(animal)은 植物에 대응하여 그 운동성을 기준으로 움직이는 생물을 지칭해 왔다. 아리스토텔레스는 감각이 있는지(sensitive)의 여부를 기준으로 동물과 식물로 구분했다. 동양에서는 일반적으로 동물을 벌레(蟲), 새(鳥), 물고기(魚), 짐승(獸) 네 부류로 나누어 왔다. 그러나 과학적으로는 동물과 식물 그 어느 쪽에도 속하지 않는 버섯과 같은 菌類와 아메바 같은 것도 있다. 고려의 천재 시인 李奎報는 「송이버섯을 먹다」라는 한시 「食松菌」에서 "버섯은 썩은 땅에서 나거나 나무에서 나기도 한다(菌必生糞土 不爾寄於木)"고 썼는데, 버섯이 동물도 식물도 아니라는 현대 과학의 생물 분류를 그때 이미 알았던 것처럼 보인다.

인간은 원시시대부터 사냥을 통해 생존에 필요한 단백질을 확보했다. 시간이 흐르면서 힘든 사냥 대신 야생 동물들을 잡아다 기르는 경제적인 방법을 개발하게 되었다. 오늘날 우리 인간이 기르고 있는 소, 돼지, 말, 양, 염소, 닭, 개, 고양이 등 인간과 가장 가까이에서 지내는 동물들이 모두 그것이다.

동양 최초의 生物百科事典이라고 할 수 있는 『詩經』은 곤충, 새, 물고기와 함께 수많은 동물을 노래와 시 속에 불러냈다. 개별 동물에 대해 가지고 있는 인간들의 특별한 사랑과 미움에도 불구하고 동물들은 하늘이 준 天性대로 그들의 삶을 살아가고 있다. 그러나 『詩經』에서 칭찬받거나 미움을 받기도 한 이들 동물은 정작 아름다운 시의 주인공이 되지는 못했다.

『詩經』은 인간 중심의 노래이며, 수도 없이 등장하는 동물들은 언제나 인간을 위한 노래와 시를 위해 영문도 모르고 갑자기 불려 온 것일 뿐이다. 그러나 선현들의 글에서 우리는 생명을 가진 존재인 이들 동물에 대한 깊은 관찰을 통해 생명에 대하여 느꼈던 깊은 사랑을 발견할 수 있다. 쥐든 고양이든 소든 말이든 인간에게 도움을 주었든지 해를 끼치든지 간에 그들은 天稟대로 살아가고 있다는 것을 깊이 이해하고 있었다는 것을 알 수 있다.

이 땅이 어찌 우리 인간들만의 것이랴! 고양이는 쥐를 쫓는 본성이 있지만 먹는 것에 대한

유혹은 쥐보다 더해 더러는 이를 이기지 못하고 쥐들보다 먼저 훔치기도 하며 배부르면 쥐를 보고도 못 본 척 쫓지 않을 때도 있다. 개는 함께 살아가는 우리 인간에 대한 충성이 지극하지만 그들은 인간이 아니므로 개의 천품을 버리고 완전히 인간과 같아지기를 기대할 수 없다. 쥐 잡는 일을 게을리하고 말썽만 피우는 고양이를 나무라는 글 「責猫」에도 고양이에 대한 은근한 사랑이 배어 있는 것을 본다.

동물의 속성을 온전히 갖추고 있는 인간은 동물을 지배하거나 다스릴 어떠한 권한도 가지고 있지 않다. 인간은 자연의 일부인 만큼 그들과 함께하면서 그들이 天稟대로 살 수 있도록 존중해 주는 것이 고귀하고도 성스러운 의무가 아닐까?

• 『東國李相國集』 第14卷, 古律詩, 韓國古典飜譯院.

겁 많고 발길질 잘하는 말
馬, Horse

말은 말목 말과 동물로 4,500~ 5,500만 년 전부터 존재했던 草食動物이며, 가축으로 길들여진 이래 오랫동안 사람에게 봉사해 왔다. 현재 200여 種이 있다. 수명은 25~30년 정도이며 성체의 무게는 300kg, 임신 기간은 11~12개월이다. 산업혁명 이전까지는 제일 빠르고 가장 오래 달리는 교통수단이었다. 말의 몸길이를 말하는 馬身은 보통 2.4m 정도다. 말은 가까운 것을 잘 보지 못하는 심한 遠視다.

말은 방귀를 잘 뀌는 편인데 특히 자기가 싫어하는 사람 앞에서 더 잘 뀐다고 한다. 비교적 겁이 많은 편이며, 놀라면 親疏를 가리지 않고 발길질을 심하게 하므로 주의하여야 한다. 당근과 맥주를 좋아한다니까, 미인이 아니라도 친근해질 수 있으므로 지레 포기할 필요는 없겠다.

머리가 비교적 좋은 편이며 인간과 정서적으로 교감하는 수준이 강아지와 고양이 못지않아 그에 관한 이야기가 줄을 잇는다. 제주 토종마는 천연기념물 제347호다.

오늘의 말들이 주로 하는 일은 競走이며, 그것도 사람들의 도박과 노름 같은 競馬에 봉사한다.

◆ 희고 깨끗한 망아지(白駒) 『詩經』, 「小雅」

밝고 밝은 하얀 망아지 우리 밭에서 풀 뜯네	皎皎白駒 食我場苗 교 교 백 구 식 아 장 묘
붙잡아 매어서 오늘 아침 내내 그리 두어	縶之維之 以永今朝 집 지 유 지 이 영 금 조
저 귀한 이가 더 노닐다 가게 하리	所謂伊人 於焉逍遙 소 위 이 인 어 언 소 요
희디흰 깨끗한 망아지 우리 밭의 콩을 먹는데	皎皎白駒 食我場藿 교 교 백 구 식 아 장 곽
잡아 매어두어 오늘 저녁 내내 그리 두어	縶之維之 以永今夕 집 지 유 지 이 영 금 석
저 어진 이 여기서 귀한 손님으로 모시리	所謂伊人 於焉嘉客 소 위 이 인 어 언 가 객

희고 깨끗한 망아지 저 빈 골짜기에 있는데
皎皎白駒 在彼空谷
교교백구 재피공곡

싱싱한 한 묶음 꼴, 그 사람 옥과 같이 귀하네
生芻一束 其人如玉
생추일속 기인여옥

금옥 같은 그대 목소리 부디 날 멀리하지 마오
毋金玉爾音 而有遐心
무금옥이음 이유하심

◆ 절름발이 자라가 천리마를 앞선다 荀子

무릇 천리마가 하루에 천 리를 달린다지만
夫驥一日而千里
부기일일이천리

둔마도 열 배 노력하면 따라잡을 수 있으리
駑馬十駕則亦及之矣
노마십가즉역급지의

그러므로 반걸음씩 쉬지 않고 걸으면
故蹞步而不休
고규보이불휴

절름발이 자라라도 천 리를 갈 수 있다
跛鼈千里
파별천리

절름발이 자라는 이르고 준마는 못 하니
跛鼈致之 六驥不致
파별치지 육기불치

사람마다 지니고 있는 자질의 차이
彼人之才 性之相縣也
피인지재 성지상현야

어찌 절뚝발이 자라와 여섯 마리 준마만큼 하겠는가
豈若跛鼈之與六驥足哉
기약파별지여육기족재

절뚝발이 자라는 목적지에 도달하고
然而跛致之
연이파치지

여섯 마리 준마는 도달하지 못하니
六驥不致
육기불치

이는 다른 이유가 없다
是無他故焉
시무타고언

한쪽은 노력하고 한쪽은 노력하지 않은 것이다
或爲之 或之爲爾
혹위지 혹지위이

• 『순자』, 이운구 옮김, 한길사, 2006.

말 타고 개와 함께 사냥하기, 영국 유화, 작자 미상(최양식 소장)

◆ 말을 빌려 타는 데 대하여(借馬說) 稼亭 李穀 『稼亭集』, 『東文選』

「借馬說」은 고려 후기 稼亭 李穀(1298~1351)의 작품으로 『稼亭集』과 『東文選』에 나오며, 元에서도 문명을 크게 떨쳤고 고려를 괴롭혀 오던 元나라의 童女徵発을 적극 반대했다. 仮伝体 文学인 「竹夫人伝」은 대나무를 擬人化한 명작으로, 유교적 이념에 기초한 여인의 절개를 강조하고 있다.

「차마설」은 말을 빌리는 데서 유추하여, 인간이 소유하는 모든 건 누군가에게서 빌린 것이니 이를 자기 소유로 착각하지 않아야 한다며 所有意識의 각성을 촉구한 글이다.

이 글은 유대인이며 독일계 미국 철학자 Erich Fromm의 名著 『소유냐 삶이냐? *To Have or To Be*』를 연상하게 한다. 그의 또 다른 名著 『자유로부터의 도피*Escape from freedom*』, 『사랑의 기술*The art of Loving*』도 역시 세계인들의 많은 사랑을 받고 있다.

나는 집이 가난해 말이 없어 가끔 빌려 타고 다녔는데
余家貧無馬 或借而乘之
여 가 빈 무 마 혹 차 이 승 지

둔하고 비쩍 마른 말 얻으면 일이 급해도 채찍질 못 하고
得駑且瘦者 事雖急不敢加策
득 노 차 수 자 사 수 급 불 감 가 책

곧 쓰러질 듯하니 조심해서
兢兢然若将蹶躓
긍 긍 연 약 장 궐 지

개울이나 도랑 만나면 내려야 하니
只値溝塹則下
지 치 구 참 칙 하

후회막급해
故鮮有悔
고 선 유 회

굽 높고 귀가 선, 잘 달리는 준마 얻어 타고 달릴 때는
得蹄高耳鋭駿且駛者
득 제 고 이 예 준 차 사 자

의기양양해서 고삐를 느슨하게 잡고 맘껏 채찍질하며
陽陽然肆志着鞭縦靶
양 양 연 사 지 착 편 종 파

언덕과 골짜기를 평지처럼 여겨 기분은 정말 상쾌하나
平視陵谷 甚可快也
평 시 릉 곡 심 가 쾌 야

간혹 위태해서 떨어지는 사태를 면할 수 없었다
然或未免危墜之患
연 혹 미 면 위 추 지 환

아! 사람 마음 쉬 변하기 이와 같으니 간사하다
噫人情之移易 一至此邪
억 인 정 지 이 역 일 지 차 사

물건 빌려 하루아침 사용에 대비하기도 이 같은데
借物以備一朝之用 尚猶如此
차 물 이 비 일 조 지 용 상 유 여 차

하물며 그것이 정말 자기 소유라면 어쩌랴
況其真有者乎
항 기 진 유 자 호

사람이 가진 것 중 빌리지 않은 게 무엇이 있겠는가
然人之所有 孰為不借者
연 인 지 소 유 숙 위 불 차 자

임금은 백성으로부터 힘을 빌려 존귀하고 부하게 되며
君借力於民以尊富
군 차 력 어 민 이 존 부

신하는 임금에게서 권세 빌려 총애와 귀함을 누리며
臣借勢於君以寵貴
신 차 세 어 군 이 총 귀

아들은 아비에게서, 아내는 남편에게서 빌리며
子之於父 婦之於夫
자 지 어 부 부 지 어 부

남녀 종은 주인에게 빌리니 빌린 게 깊고 또한 많은데
婢僕之於主 其所借亦深且多
비 복 지 어 주 기 소 차 역 심 차 다

본래 자기 것처럼 끝내 살피고 다시 생각할 줄 모르니
率以為己有而終莫之省
솔 이 위 기 유 이 종 막 지 성

어찌 어리석다고 하지 하겠는가
豈非惑也
기 비 혹 야

그러다 어느 순간 그 빌린 것이 본래 자리로 돌아가면
苟或須臾之頃 還其所借
구 혹 수 유 지 경 환 기 소 차

온 나라의 임금도 일개의 필부가 되고
則万邦之君為独夫
칙 만 방 지 군 위 독 부

백 대 수레를 거느리던 사람도 외로운 신하가 될 테니
百乘之家為孤臣
백 승 지 가 위 고 신

하물며 더 미약한 자는 말할 게 없을 것이다
況微者邪
황 미 자 사

맹자께서 "빌려서 오래 이용하고 돌려주지 아니하면
孟子曰 久假而不歸
맹 자 왈 구 가 이 불 귀

어찌 그게 자기 것이 아닌 줄 알겠는가"
烏知其非有也
오 지 기 비 유 야

이에 내가 느낀 바가 이와 같아
余於此有感焉
여 어 차 유 감 언

「借馬說」을 지어 그 뜻을 널리 이르노라
作借馬說 以広其意云
작 차 마 설 이 광 기 의 운

- 『**孟子**』「**盡心**」**章** 오래도록 빌려 돌려주지 않으면 어찌 그게 자기 것이 아님을 알겠는가(久假而不歸 烏知其非有也).
- 『稼亭 李穀의 한시 연구』, 황재국 지음, 보고사, 2006.

잡아먹는 늑대보다 지켜 주는 개를 더 무서워하는 양

羊, sheep, ram

양은 소목 솟과 양속의 초식 동물이다. 기원전 8,000~6,000년경 소아시아에서 가축화되기 시작했다고 하며 개 다음으로 그 역사가 길다. 현재 1,000여 종의 품종이 있다. 무게는 45~160kg 정도이며, 임신기간은 152일이다. 시력이 매우 나쁘다.

서양 사람들은 잠이 안 올 때 양을 세는 것이 효과적이라는데, 우리 한국인들은 양을 세다가 되레 오던 잠도 달아났다고 불평하는 사람들이 있으니 참고할 일이다.

아무래도 우리나라에서는 힘들게 羊을 세기보다는 오랫동안 효과 있다고 소문난 자장가 "멍멍개야 짖지 마라 꼬꼬닭아 울지 마라"를 활용하는 것이 더 효과적이 아닐까 생각한다. 그래도 별 도움이 안 된다면 남의 집 羊을 세는 대신에 밤하늘에 떠 있는 별들을 세는 것이 더 낫지 않을까 싶다.

양은 온순하다고 알려져 있으나, 화가 나면 죽을힘을 다해 싸우는 깡도 엔간한 동물이다. 인간에게로 오기 전의 원시적 모습은 오늘 우리가 생각하는 '순한 양'은 아니었으리라 생각된다. 그런데 양들은, 잡아먹는 늑대보다 지켜 주는 개를 더 두려워하는 것 같다.

양은 몸집에 비해 뇌의 부피가 크지만, 다른 포유류에 견주어 머리가 그리 좋지는 않다고 한다. 머리가 좋았다면 자신들의 털과 젖을 가져가고 마지막엔 몸과 생명까지 모조리 가져가는 인간과 이렇게 오랫동안 함께 살 수 있었으며, 그런 것을 인식하는 양들이 과연 행복할 수 있었을까?

그렇지만 인간은 양을 사랑한다. 양은 인간에게 털을 주고, 젖을 주고, 고기를 주며, 오랜 역사를 사람과 함께해 왔다.

『성경』에서 양은 창세기에서부터 인간들이 하늘에 제사 지낼 때 목숨을 대신 바치는 犧牲羊(scape goat)이 되어 주었으며, 어린양(Lamb)은 인류를 구원하러 온 바로 구세주 예수 그리스도(Christ Jesus)를 상징한다.

◆ 그대에겐 소도 있고 양도 있는데(無羊) 『詩經』, 「小雅」

누가 그대에게 양이 없다 했나, 삼백 마리나 있는데	誰謂爾無羊 三百維群 수위이무양 삼백유군
누가 그대에게 소가 없다 했나, 아흔 마리가 있는데	誰謂爾無牛 九十其犉 수위이무우 구십기순
그대의 양이 돌아오니 그 뿔에서 윤기가 흐르네	爾羊來思 其角濈濈 이양래사 기각즙즙
그대 소가 돌아오니 그 귀에서 윤기 흐르네	爾牛來思 其耳濕濕 이우래사 기이습습
어떤 놈은 언덕에서 내려오고 어떤 놈은 못에서 물 마시고	或降于阿 或飮于池 혹강우아 혹음우지
어떤 놈은 자고 어떤 놈은 어슬렁대네, 목동 풀 먹이러 올 때	或寢或訛 爾牧來思 혹침혹와 이목래사
도롱이에 삿갓 쓰고 마른 양식 등에 지기도 했네	何簑何笠 或負其餱 하사하립 혹부기후
삼십 마리 잡색 소 있으니 그대 희생 제물 다 갖추었네	三十維物 爾牲則具 삼십유물 이생즉구
그대 목동 돌아오니 굵은 나무, 가는 나무 등에 지고	爾牧來思 以薪以蒸 이목래사 이신이증
암컷 수컷 새 잡아 오네, 그대 양들 내려오니	以雌以雄 爾羊來思 이자이웅 이양래사
모두가 토실토실 다치거나 병든 것 없네	矜矜兢兢 不騫不崩 긍긍긍긍 불건불붕
팔을 들어 손짓하니 모두가 우리로 들어가네	麾之以肱 畢來既升 휘지이굉 필래기승
목동이 꿈꾸었는데 많은 물고기에 갖은 깃발들이라네	牧人乃夢 衆維魚矣 목인내몽 중유어의
점치는 관리 점치니	旐維旟矣 大人占之 조유여의 대인점지
많은 물고기는 풍년들 징조	衆維魚矣 實維豐年 중유어의 실유풍년
깃발들은 집안 번창할 징조라네	旐維旟矣 室家溱溱 조유여의 실가진진

- **爾** = 指放牧牛羊者, 三百, **九十** = 形容牛羊衆多, **犉** = 大牛(七尺), **濕濕** = 搖動的樣子
- 가축 번성과 목축 생활을 노래한 시. 소 치는 아이의 모습과 치장을 자세히 묘사하고, 땔감을 진 채 소를 몰고 돌아오는 목동의 모습을 목가적으로 묘사하고 있다.

◆ 신선이 키우는 羊 「耽羅詩」 35絶 중 23絶 崔溥(1454~1504)

먼 곳에 사는 사람들도 왕명의 존엄함 잘 알아	遠人頗識尊王命 원 인 파 식 존 왕 명
나를 부축해서 길에 오르니 피리와 북소리 앞다투네	扶我登途笳鼓競 부 아 등 도 가 고 경
포구의 울퉁불퉁한 바위들 道士 黃初平의 羊인 듯하고	浦口巉嵒道士羊 포 구 참 암 도 사 양
길가의 돌무더기 仙人鏡 같네	路周磊落仙人鏡 노 주 뢰 락 선 인 경

- 崔溥는 전라도 나주 출신 조선 전기의 관료로 성종 13년(1482) 문과 급제하여 관직에 진출하였고, 제주에서 돌아오다 5개월간 표류하여 『漂海錄』을 남겼다. 갑자사화(1504) 때 처형되었다.
- 초평이 돌을 향해 소리치자 돌들이 양이 되었다는 전설(叱石成羊 叱石羊歸). 崔溥가 1487년 推刷敬差官으로 부임하는 길에 쓴 詩인 것으로 보인다.
- 갈림길 많아 잃은 양 찾지 못한다(多岐亡羊 岐路亡羊 亡羊之歎, 『列子』, 「說符」編).

양, 펜화, 허진석 화백

세상의 좁고 빈 구멍의 주인 쥐

鼠, Mouse

齧齒目(rodentia) 쥐과 쥐속 동물이며, 인간 다음으로 개체수가 많은 포유류 동물이다. 성체 크기는 7.5~10cm, 체중은 10~25kg 정도이며, 1,800여 종이 서식한다. 해 질 무렵이나 야간에 주로 활동한다.

임신기간은 20~30일이며, 일 년에 6~7회 출산하는데 한 번에 6~9마리를 낳는다. 암컷 한 마리가 6개월 동안 200마리의 새끼를 낳을 수 있다. 따라서 한 쌍의 쥐가 일 년에 약 1,000마리로 번식할 수도 있으므로 出産王이라 불릴 만하다.

집쥐는 음식물을 훔치고 오염시킬 뿐 아니라, 가스관과 전기선 등을 갉아서 종종 가스중독, 누전으로 인한 화재 등의 빌미를 제공하기도 한다. 쥐는 역사상 많은 전염병 확산의 통로이기도 했다. 포유류, 조류, 파충류, 양서동물 할 것 없이 거의 모든 동물이 쥐의 天敵이다.

쥐의 조상(鼠祖)에게서 오래전부터 내려오는 가장 성공적인 天敵 대피 전략 전술은 도망가고 숨는 逃走計와 隱遁計다. 세상의 좁고 빈 모든 구멍은 쥐들의 도피처이며 날카로운 고양이의 발톱으로부터 鼠族들을 지켜 주는 든든한 안전 주택이다.

그러나 쥐들이 판 구멍보다는 알 수 없는 누군가가 파놓은 구멍들이 훨씬 많다. 그런데 사람들은 그 모두를 쥐구멍이라고 일컫는데, 아무 곳에나 구멍을 판 죄는 깊고도 크겠지만 하늘 아래 그 많은 구멍의 소유권이 그 명칭대로 모두 쥐들에게 속한다면 이 또한 작은 문제는 아니리라 생각된다.

쥐가 인간에게 그동안 크고 작은 피해를 끼쳐 온 게 사실이지만 최근 실험용 쥐는 그들의 조상이 인간 세상에 저지른 적지 않은 과오를 속죄라도 하듯 목숨을 바쳐 인류의 질병 퇴치 연구에 혁혁하게 기여해 왔다.

최근에는 동물보호 때문에 臨床實驗(clinical trial)에 동물, 특히 흰쥐를 활용하는 연구는 전처럼 그리 쉽지 않을 전망이다. 지금까지 쥐를 활용한 실험 연구는 많은 성과를 거두어 노벨상 수상자를 허다히 배출했다.

그러나 이 연구에 귀한 목숨을 내어 준 쥐들에게 상금을 나눠 주거나 메달이 주어진 적이 있는지 모르겠다.

◆ 탐관오리를 왜 쥐에 빗대는지(碩鼠, 큰 쥐) 『詩經』, 「魏風」

큰 쥐야 큰 쥐야 우리 기장 먹지 마라 — 碩鼠碩鼠 無食我黍 (석서석서 무식아서)

삼 년을 널 먹였거늘 날 돌아보지 않는구나 — 三歲貫女 莫我肯顧 (삼세관여 막아긍고)

장차 널 떠나서 저 낙원으로 가리라 — 逝將去女 適彼樂土 (서장거녀 적피낙토)

낙원이여, 낙원이여 내가 살 곳이로다 — 樂土樂土 爰得我所 (낙토낙토 원득아소)

큰 쥐야 큰 쥐야 우리 보리 먹지 마라 — 碩鼠碩鼠 無食我麥 (석서석서 무식아맥)

삼 년을 널 먹였거늘 내게 덕을 베풀지 않는구나 — 三歲貫女 莫我肯德 (삼세관녀 막아긍덕)

장차 널 떠나서 저 낙원으로 가리라 — 逝將去女 適彼樂國 (서장거녀 적피낙국)

낙원이여 낙원이여 거기서는 나 바르게 살리 — 樂國樂國 爰得我直 (낙국낙국 원득아직)

- 이 시는 큰 쥐로 칭해지는 당시 지배계층인 탐관에게 가혹한 착취를 당하던 민중이 착취와 억압이 없는 이상의 세계 樂土(Utopia), 즉 낙원을 갈망하고 있는 시다. 착취와 억압 세력에 대한 抵抗의 노래라기보다는 소극적 逃避와 回避를 갈망하는 모습의 노래다.

◆ 쥐보다 못한 사람(相鼠) 『詩經』, 「鄘風」

쥐를 보아도 가죽이 있거늘 사람이 어찌 예의가 없나 — 相鼠有皮 人而無儀 (상서유피 인이무의)

사람이면서 예의가 없는 자는 죽지 않고 무엇 하나 — 人而無儀 不死何爲 (인이무의 불사하위)

쥐에게도 이가 있거늘 사람이면서 멈출 줄 모르네 — 相鼠有齒 人而無止 (상서유치 인이무지)

그만두지 않는다면 죽지 않고 무엇 하나 — 人而無止 不死何俟 (인이무지 불사하사)

쥐를 봐도 몸체가 있거늘 사람이면서 예의가 없네 — 相鼠有體 人而無禮 (상서유체 인이무례)

사람으로 예의 없니 어찌 빨리 죽지도 않나 — 人而無禮 胡不遄死 (인이무례 호불천사)

• 쥐만도 못한, 억압과 수탈을 일삼는 통치자와 관리가 어서 죽기를 원하는 노골적인 비판과 적대감이 강하게 표출된 시다.

◆ 쥐를 보고 깨닫다, 영악한 쥐(黠鼠賦) 蘇軾

내가 밤에 앉아 있는데 쥐가 갉는 소리가 났다	蘇子夜坐 有鼠方嚙 소 자 야 좌 유 서 방 교
상을 두드리자 소리가 그쳤으나 곧 다시 소리가 났다	拊床而止之 既止復作 부 상 이 지 지 기 지 복 작
아이 시켜 불 밝혀 보니 자루가 공중에 걸려 있고	使童子燭之 有橐中空 사 동 자 촉 지 유 탁 중 공
사각사각 자루 속에서 소리가 났다	嘐嘐聱聱 声在橐中 교 교 오 오 성 재 낭 중
내가 말하길, "어라!	曰"噫! 왈 희
쥐가 저 속에 갇혀 나가지 못해 그렇구나"	此鼠之見閉而不得去者也" 차 서 지 견 폐 이 부 득 거 자 야
다가가 보니 아무것도 없는 듯했다	発而視之 無所有 발 이 시 지 무 소 유
촛불 들고 찾아보니 자루 속에 죽은 쥐가 있었다	挙燭而索 中有死鼠 거 촉 이 색 중 유 사 서
아이가 놀라서 말하길, "방금까지 갉고 있었는데	童子驚曰"是方嚙也 동 자 경 왈 시 방 교 야
그사이에 죽었네요. 그럼 그건 무슨 소리였지?	而遽死也? 向為何声 이 거 사 야 향 위 하 성
귀신이 그랬나?" 하며 자루를 뒤집어 밖에다 버렸는데	豈其鬼耶?" 覆而出之 기 기 귀 야 복 이 출 지
땅에 떨어지자마자 죽은 듯한 쥐가 달아났다	堕地乃走 타 지 내 주
재바른 동자 녀석조차도 손쓸 겨를이 없었다	雖有敏者 莫措其手 수 유 민 자 막 조 기 수
이에 나는 탄식하며, "참으로 이상한 일이로구나	蘇子歎曰"異哉, 소 자 탄 왈 이 재
저 쥐의 영리함이여! 자루 속에 갇혀 있으니	是鼠之黠也! 閉於橐中 시 서 지 힐 야 폐 어 탁 중
자루가 하도 견고하여 갉아도 구멍을 낼 수 없고	橐堅而不可穴也 탁 견 이 불 가 혈 야
갉아도 뚫어지지 않으니 소리 내서 사람을 부른 것이다	故不嚙而嚙, 以声致人 고 불 교 이 교 이 성 치 인

죽지 않았는데 죽은 척하여 탈출하려 함이었네
不死而死 以形求脱也
불사이사 이형구탈야

내가 듣기로 생물 중엔 사람보다 지혜로운 것 없다는데
吾聞有生 莫智於人
오문유생 막지어인

용 길들이며 뱀을 잡고 거북 등에 오르고 기린 사냥하며
擾竜伐蛟 登亀狩麟
요룡벌교 등구수린

만물을 부리고 그 임금 노릇 하는 게 사람인데
役万物而君之
역만물이군지

내가 끝내는 한 마리 쥐에게 부림을 당하고 말았구나
卒見使於一鼠
졸견사어일서

이 미물 녀석의 꾀에 빠져
堕此虫之計中
타차충지계중

처녀 품에서 토끼 달아나듯 달아났으니
驚脱兎於処女
경탈토어처녀

도대체 사람의 어디에 이런 지혜가 있다는 말인가"
烏在其為智也"
오재기위지야

앉아서 졸면서 그 까닭을 깊이 생각해 보니
坐而仮寐 私念其故
좌이가매 사념기고

누군가가 나에게 말해 주는 듯했다
若有告余者 曰
약유고여자 왈

"그대는 많이 배우고 그것을 많이 알기는 하지만
"汝為多学而識之
여위다학이식지

도를 눈앞에 두고 바라보면서도 그것을 깨닫지 못하네
望道而未見也
망도이미견야

그대 마음 하나 되지 못하고 외물과 둘로 나눠졌기 때문일세
不一於汝而二於物
불일어여이이어물

그래서 쥐 갉는 소리에도 마음이 그리 변하게 되는 것일세
故一鼠之嚙而為之変也
고일서지교이위지변야

사람이 능히 천금이 나가는 귀한 옥을 부술 수 있어도
人能砕千金之璧
인능쇄천금지벽

가마솥 깨지는 소리에는 할 말을 잃지 않을 수 없다네
而不能無失声於破釜
이불능무실성어파부

사나운 호랑이는 때려잡을 수 있어도
能搏猛虎
능박맹호

벌이나 전갈을 만나면 안색이 변할 수밖에 없다네
不能無変色於蜂蠆
불능무변색어봉채

이건 정신이 하나로 모아지지 못한 데서 나오는 걱정거릴세
此不一之患也
차불일지환야

이 말은 모두 그대에게서 나온 말인데 어찌 잊고 있었던가"
言出於汝而忘之耶"
언출어여이망지야

여기에 이르자 난 머릴 숙이고 웃었다. 고개 들고 정신 차려
余俛而笑 仰而覚
여면이소 앙이각

아이에게 붓 잡게 하고 오늘 이 일을 적게 하였다	使童子執筆 記余之作 사동자집필 기여지작

- 蘇軾이 전대 속에 갇혀서 죽을 고비에 처한 쥐가 죽은 척하고 사람을 속여 그 위기에서 벗어난 영리한 쥐 이야기를 기술한 글이다.
- 『소동파 시선』, 소식 지음, 류종목 옮김, 지식을만드는지식, 2008.

◆ 저주하는 글(呪鼠文并序)　李奎報

우리 집엔 평소 고양이를 기르지 않았더니	予家素不蓄猫 여가소불축묘
쥐 떼들이 제멋대로 날뛴다	故群鼠橫恣 고군서횡자
이 때문에 너무 괴로워서 나는 쥐를 몹시 미워한다	於是疾而呪之 어시질이주지
사람 집에는 남녀 큰 어른이 있고	惟人之宅 翁媼作尊 유인지택 옹온작존
곁에서 이를 돕는 데 제각기 맡은 역할이 있다	挾而輔之 各有司存 협이보지 각유사존
음식 만드는 일 맡은 사람은 계집종이고	司烹飪者赤脚 사팽임자적각
마소를 치는 일 맡은 자는 사내종이며	司厮牧者崑崙 사시목자곤ㅍ
아래로 六畜(馬·牛·羊·豕·犬·鷄)도 모두 맡은 일이 있다	下至六蓄 職各區分 하지육축 직각구분
말은 힘든 일을 대신 맡아 사람과 짐을 싣고 달리며	馬司代勞 載驅載馳 마사대로 재구재치
소는 무거운 짐을 끌거나 밭을 갈고	牛司引重 或耕于菑 우사인중 혹경우치
닭은 울어서 새벽을 알리고	鷄以鳴司晨 계이명사신
개는 짖어서 문을 지키는 등	犬以吠司門 견이폐사문
모두 맡은 일로 주인집을 돕는다	咸以所職 惟主家是裨 함이소직 유주가시비
너희 무리에게 묻는다. 너희는 맡은 일이 무엇인가	問之衆鼠 爾有何司 문지중서 이유하사
누가 너희를 가축으로 길렀으며	孰以汝爲畜 숙이여위축

어디서 생겨나서 그리 번성하는가	從何産而滋	종 하 산 이 자
구멍을 뚫고 도둑질하는 것은 너희만의 소행이다	穿窬盜竊 獨爾攸知	천 유 도 절 독 이 유 지
대개 도둑은 밖에서 들어오는 것이거늘	凡曰寇盜 自外來思	범 왈 구 도 자 외 래 사
너희는 어찌 집 안에 살면서 되레 주인집에 해를 끼치나	汝何處于內 反害主家爲	여 하 처 우 내 반 해 주 가 위
곳곳에 구멍 뚫어 이리저리 들락거리며	多作戶竇 側入旁出	다 작 호 두 측 입 방 출
어둠을 틈타 미친 듯이 쏘다니며	伺暗狂蹂	사 암 광 유
밤새도록 시끄럽게 하고	終夜窣窣	종 야 솔 솔
사람이 잠들면 더욱 방자해지고	寢益橫恣	침 익 횡 자
대낮에도 버젓이 다니고 방에서 부엌으로	公行白日 自房歸廚	공 행 백 일 자 방 귀 주
마루에서 방으로 제멋대로 다닌다	自堂徂室	자 당 조 실
부처에게 드리는 음식과 신을 섬기는 물품까지	凡獻佛之具 與事神之物	범 헌 불 지 구 여 사 신 지 물
너희가 먼저 맛보니	汝輒先嘗	여 첩 선 상
이는 신을 능멸하고 부처를 무시하는 짓이다	蔑神無佛	멸 신 무 불
단단한 곳도 구멍 뚫어 상자나 궤 속에도 잘 들어가고	以能穴堅 善入函櫝	이 능 혈 견 선 입 함 독
굴뚝을 뚫어 구부러진 곳에서 연기가 나게 하며	以常穿突 煙生隈曲	이 상 천 돌 연 생 외 곡
맘대로 먹고 마시니 이는 도둑이라	飮食之是盜	음 식 지 시 도
너희도 역시 배를 채우기 위한 것이라면	汝亦營口腹	여 역 영 구 복
어찌하여 의복을 쏠아 입지 못하게 하며	何故噬衣裳 片段不成服	하 고 서 의 상 편 단 불 성 복
어찌하여 실을 쏠아 비단을 짜지 못하게 하나	何故齕絲頭 使不就羅穀	하 고 흘 사 두 사 불 취 라 곡
너희를 제압할 것은 고양이지만 내 어찌 기르지 않으랴만	制爾者貓 我豈不畜	제 이 자 묘 아 기 불 축
나의 성품 어질어서 독한 일 차마 할 수 없기 때문이다	性本于慈 不忍加毒	성 본 우 자 불 인 가 독

혹 나의 덕성 알아주지 않고 계속 날뛰어 해로운 짓 하면	略不德我 奔突抵觸 (약부덕아 분돌저촉)
너희를 벌하여 또 후회하게 할 것이니	喻爾懲且悔 (유이징차회)
내 집을 피해 어서 달려 도망가라	疾走避我屋 (질주피아옥)
그렇지 않으면 사나운 고양이를 풀어	不然放獰貓 (불연방영묘)
하루 만에 너희들 잡아 죽여	一日屠爾膏 (일일도이고)
고양이 입술에 너희 기름을 칠하게 하고	貓吻塗爾膏 (묘문도이고)
고양이 배 속에 너희 몸을 장사 지내게 할 것이다	貓腹葬爾肉 (묘복장이육)
그때는 다시 살려고 해도 생명은 이어갈 수 없을 것이니	雖欲復活 命不可贖 (수욕부활 명불가속)
어서 가라, 어서 가라, 얼른 율령을 전하는 것처럼	速去速去 急急如律令 (속거속거 급급여률령)

◆ 백성은 굶주리는데 倉庫 쥐는 배부르다(官倉鼠) 曹鄴 晚唐 시인

관청 창고의 늙은 쥐 크기가 말(斗)만 하고	官倉老鼠大如斗 (관창로서대여두)
사람 봐도 창고 열어도 달아나지 않네	見人開倉亦不走 (견인개창역부주)
군진의 병사는 군량 없고 백성은 굶주리는데	健兒無量百姓饑 (건아무량백성기)
누가 이놈을 보내 아침마다 저리 창고에 들게 하나	誰遣朝朝入君口 (수견조조입군구)

- **曹鄴** 晚唐 시인.
- 쥐는 무능한 군주 밑의 모리배, 간신배를 지칭한다.

◆ 측간 쥐는 자주 놀라고 사당 쥐는 의심 많아(三物吟 중 鼠) 李恒福

측간 쥐는 자주 놀라고 사당 쥐는 의심이 많아	廁鼠數驚社鼠疑 측 서 수 경 사 서 의
관아 창고에서 편안하고 즐겁게 노는 것 으뜸일세	安身未若官倉嬉 안 신 미 약 관 창 희
배불리 먹고 또 무사하길 바라는데	志須滿腹更無事 지 수 만 복 갱 무 사
땅 꺼지고 하늘 기울면 제 몸도 위태로워짐을 모르네	地塌天傾身始危 지 탑 천 경 신 시 위

- 白沙 李恒福의 詩 「三物吟」인 올빼미(鴟), 매미(蟬), 쥐(鼠)는 같은 시기에 지어진 것으로 보인다. 奸臣들의 跋扈에 빗대어 풍자하고 경계하는 시다.
- 올빼미는 비록 난새와 같은 靈鳥와 함께 놀고 있지만 배 속에 썩은 쥐가 있다.
  매미는 가을 이슬만 먹고 살지만 호시탐탐 사마귀가 위협하고,
  측간 쥐는 자주 놀라고 사당 쥐는 의심이 많아 불안하기는 마찬가지다.
- 관아 창고 쥐는 배불리 먹고 무사하길 바라지만 언젠가는 위험에 처하게 된다는 경계를 하고 있으니, 세 詩는 모두 朝廷의 奸臣과 汚吏를 경계하는 시다.

도적 없다고 도적 못 잡는 신하만 기르지는 않는다 趙龜命 「烏圓子傳」

東谿 趙龜命(1692~1737)은 文才가 뛰어나고 性理學과 道敎, 佛敎에도 두루 밝았으나 이에 얽매이는 법은 결코 없었다고 한다. 벼슬에는 별다른 뜻을 두지 않았고 실제로 고위직에는 나가지 못했다. 『東谿集』에 나오는 「烏圓子傳」은 고양이를 의인화한 假傳體 小說로, "도적이 없다고 도적 잡는 관리를 두지 않으면 안 된다(不以無盜而養不捕之臣)"는 유비무환은 시대를 넘어 인재 등용 시 관심을 두어야 할 금언이다.

- 주루(酒樓) 개는 그릇 깰까, 사당 쥐는 神位를 어지럽힐까 잡지 못한다(酒狗社鼠, 『韓非子』).

머리 좋고 헤엄 잘 치는 돼지, 사람과 친구로 사는 날 꿈꾸는 돼지

豕, 豚, 猪, 彘, 亥, pig

돼지 또는 가축화된 멧돼지는 전 세계에 8억 4천만 마리가 사육되고 있다. 돼지는 잡식성 동물이며, 돌고래에 견줄 만큼 머리가 영리하다고 한다.

체중은 300kg 정도까지 자란다. 임신기간은 114일, 한배에 8~12마리를 낳으며 수명은 보통 9~15년이므로 비교적 길다고 할 수 있다. 그러나 이들의 운명에 자연 수명이 무어 그리 중요하겠는가? 먹이를 바쳐가며 모시는 인간이 언제 갑자기 그 수명을 거두어 갈지 모르기 때문이다.

새끼 돼지들은 母豚 배에 자신의 젖꼭지가 모두 정해져 있어서, 젖을 먹을 때 다른 동물들처럼 싸울 일이 전혀 없다. 돼지는 주로 고기를 얻기 위해 사육되며, 소나 말처럼 인간을 위해 고된 일을 대신하거나 소나 양처럼 젖이나 털가죽을 주는 가축이 아니다. 그래도 동양에서 돼지는 福의 상징으로 숭앙을 받는다.

제주에서 자라는 흑돼지는 천연기념물 제550호다. 현재 전 세계에서 사육하는 돼지는 1,000종 정도이며, 비록 지저분한 곳에서 살지만 알고 보면 의외로 아주 깨끗한 동물이다. 따라서 환경만 잘 갖추어 주면 배변도 충분히 가린다. 그래서인지 최근 실내에서 愛玩豚을 키우는 사람들이 늘어나고 있는 모양이다.

돼지는 물고기를 제외하고 포유류 중에서 헤엄을 가장 잘 친다. 다소 과장되었겠지만 일설에는 지상에 사는 물개라는 말까지도 있을 정도다. 어쨌든 큰 홍수가 났을 때 마지막까지 살아남을 수 있는 지상 동물은 아마도 돼지라고 해야 할 것이다.

연구 결과에 따르면, 돼지는 포유류 중에서는 침팬지나 개에 필적할 정도로 뛰어난 지능을 가지고 있다. 여건상 자유로운 사회적 관계가 형성되지 못하고 인간과의 정서적 교감도 이루어지지 않아서 사회적 지능 개발이 더 진행되지 않은 것으로 보인다

이 책 'Ⅵ. 내가 만난 동물들' 가운데 '돼지들의 탈출'에서 영국의 전설적인 돼지를 만날 수 있다. 도살장을 뛰쳐나온 두 붉은 돼지(The Tamworth two)는 뛰어난 수영 실력을 발휘하여 초겨울의 차가운 에이번강을 건너 탈출에 성공하고 마침내 갈망하던 자유를 얻었다.

◆ 화살 한 대로 돼지 다섯 마리를 어찌(騶虞) 『詩經』, 「召南」

저 무성한 갈대밭에서 놀고 있는	彼茁者葭 피 줄 자 가
다섯 마리 돼지 화살 한 대로 잡네	一發五豝 일 발 오 파
아아 추우여	於嗟乎騶虞 어 차 호 추 우
저 무성한 쑥대밭에서 노는 새끼 돼지	彼茁者蓬 피 줄 자 봉
다섯 마리를 화살 한 대로 잡네	於嗟乎騶虞 어 차 호 추 우

• 騶虞 중국의 고대 신화, 『山海經』에 나오는 祥瑞로운 동물로 검은 무늬의 흰 호랑이다. 살아 있는 풀은 밟지 않고, 살아 있는 생물도 먹지 않는다는 신령스런 神獸다.

◆ 증자, 아이 교육을 위해 돼지를 잡다(外儲說) 『韓非子』 제32편

韓非子(BC 280~BC 233년)는 전국시대 철학자로 본명은 非이고 荀子에게 배웠다. 유가 학설에 반대하며 군주의 권술에 대한 독특한 전개로 정국을 주도했다. 55편 20책 10만여 자에 이르는 大著는 이기적인 인간의 심리를 이용한 치국을 법의 지상으로 강조하고 있다. 시기하던 친구 李斯에 의해 목숨을 잃었다. 이 「外儲說」은 자녀 교육의 金言으로 읽힌다.

증자의 妻가 시장에 갔다	曾子之妻之市, 증자지처지시
따라온 그 아이가 울자 그 어미가 말했다	其子隨之而泣 其母曰 기자수지이읍 기모왈
집에 돌아가거라 그럼 돌아가 돼지를 잡아 주마	女還顧反爲女殺彘 여환고반위녀살체
처가 장에서 돌아오니 증자가 돼지를 잡고 있었다	妻適市來 曾子欲捕豕殺之 처적시래 증자욕포시살지
처가 이를 말리며 말했다	止之曰 지지왈
그건 아이를 달래려고 그냥 한 말일 뿐입니다	特與嬰兒戲耳 특여영아희이
증자가 말하기를	曾子曰 증자왈
아이에게는 실없는 말을 해서는 안 됩니다	嬰兒非與戲也. 영아비여희야
애들은 모르며 부모에게 배우는 것입니다	嬰兒非有知也,待父母而學者也 영아비유지야 대부모이학자야
부모의 가르침을 듣는데 지금 아이를 속인다면	聽父母之教, 今子欺之 청부모지교 금자기지
아이에게 속이는 것을 가르치는 셈입니다	是教子欺也 시교자기야
어미가 아이를 속이고 자식이 어미를 안 믿으면	母欺子 子而不信其母, 모기자 자이불신기모
앞으로 어찌 교육을 시키겠습니까	非以成教也. 비이성교야
그러고는 돼지를 삶았다	遂烹彘也 수팽체야

• 『韓非子』, 한비자 지음, 김원중 옮김, 휴머니스트사, 2016.

◆ 삽을 던지고 크게 웃다(投鍤而笑) 石堂 金相定 『石堂遺稿』, 「友難」

石堂 金相定(1722~1788)은 서인 노론 가문의 선비로, 사계 김장생의 6세손이다. 벼슬에 뜻을 두지 않고 초야에 지내다 마흔이 넘어 미관말직으로 출사하여, 50세에 비로소 문과에 장원하였다. 늦게 出仕하였지만 벼슬은 대사간에까지 이르렀으며, 저서로는 『石堂遺稿』 6권 3책이 있다. 묘소는 광주시 퇴촌면 무수리에 있다.

어느 마을에 아버지와 아들이 한집에 살고 있었다	里有父子同宮而居者	이 유 부자 동 궁 이 거 자
그 아들은 친구 사귀기를 좋아하여	其子喜結友	기 자 희 결 우
매일 문밖으로 나가 친구들과 어울려 놀았다	日出門與友遊	일 출 문 여 우 유
나가기만 하면 반드시 술이 만취되어 귀가했다	出必醉飽而反	출 필 취 포 이 반
어쩌다 밖에 나가지 않을 때는	或時不出	혹 시 불 출
집으로 몰려와 문을 두드리는 친구들이 아주 많았다	友至蹝履款門者甚衆	우 지 사 이 관 문 자 심 중
아버지가 아들에게 말하길, "저들은 모두 누구냐"	父曰是皆何如人	부 왈 시 개 하 여 인
"제 친구들입니다"	曰友也	왈 우 야
"친구는 참 사귀기 어려운데 어찌 저렇게도 많단 말이냐"	曰友難而友多至此乎	왈 우 난 이 우 다 지 차 호
하루는 아버지가 돼지를 잡아 거적으로 싼 다음 아들에게	一日父殺猪席裹而謂其子	일 일 부 살 저 석 과 이 위 기 자
"네가 친구라고 하는 이들에게 가 보자" 했다	曰觀於而所友者	왈 관 어 이 소 우 자
그리고 또 "이것을 지고 앞장서라. 제일 믿는 친구가 누구냐"	曰擔且前而所最信友誰也	왈 담 차 전 이 소 최 신 우 수 야
아들이 돼지를 지고 앞서 가장 믿는다는 친구 집에 가서	前至其所最信友之家	전 지 기 소 최 신 우 지 가
그 친구에게 말하길 "내가 오늘 사람을 죽이고 말았네	告其友曰吾殺人	고 기 우 왈 오 살 인
다급한 마음에 지금 시체를 지고 이렇게 찾아왔다네"	急今負以來在此	급 금 부 이 래 재 차
친구는 허락하고 집에 들어가 함께 처리하자 하였다	友曰諾 且入圖之	우 왈 락 차 입 도 지

허나 한 식경이 지나도록 그 친구는 나오지 않았다 立食頃不出
입 경 경 불 출

소리쳐 부르고 또 불러도 친구는 끝내 나오지 않았다 呼又不應
호 우 불 응

아버지가 혀를 차며 너 혼자 처리해야겠구나" 했다 曰咄 獨爾乎哉
왈 돌 독 이 호 재

아들이 그곳을 떠나 다른 친구 집에 가서 말하길 去而之他 告其友曰
거 이 지 타 고 기 우 왈

"내가 오늘 저녁에 사람을 죽이고 말아 吾今晩殺人
오 금 만 살 인

급히 이리 와서 함께 일을 수습했으면 하네" 急輒來與若謀
급 첩 래 여 약 모

친구가 소리 지르며 말하기를 "어찌 이런 일이 있나 友咤曰 此何如事
우 타 왈 차 하 여 사

어서 가게! 늦으면 내게도 누가 될 터이니" 速去 遲將累我
속 거 지 장 누 아

아버지가 혀를 차며 너 혼자 처리해야겠구나 했다 曰咄 獨爾乎哉
왈 돌 독 이 호 재

또 다른 친구에게 가 友去而之他
우 거 이 지 타

서너 곳을 더 헤매었으나 凡擔而走三四家
범 담 이 주 삼 사 가

아무도 만나주지 않았다 率皆不見接
솔 개 불 견 접

마음은 허탈하고 짐은 더 무거워졌다 意無聊 其擔益重
의 무 료 기 담 익 중

날이 밝으려고 할 때 아버지가 曙皷動父
서 고 동 부

이제 찾아갈 친구는 더 없느냐 한 뒤 曰而友盡乎
왈 이 우 진 호

내가 서로 알고 지내는 이가 있다며 吾有相識人在
오 유 상 식 인 재

그 사람 집을 찾아가 문을 두드리고는 遂往叩其人之門
수 왕 고 기 인 지 문

아들이 그의 친구에게 했던 말을 그대로 했다 而告其人如其子之告其友者之爲
이 고 기 인 여 기 자 지 고 기 우 자 지 위

그가 놀라며 "잠깐 그냥 있게, 곧 날이 밝아올 걸세" 其人驚 曰止 東方且白矣
기 인 경 왈 지 동 방 차 백 의

안으로 들어가더니 삽을 들고 와서는 入取鍤
입 취 삽

또 방의 구들을 들어내려고 하며 且毁其臥室之堗
차 훼 기 와 실 지 돌

아버지를 돌아보며 "여보게나 좀 도와주시게" 하자	顧曰助我 고 왈 조 아
아버지가 "구들을 들어낼 필요는 없겠네"	曰毋堗不必毁也 왈 무 돌 불 필 훼 야
거적으로 싼 것을 가리키며 "저건 실은 죽은 돼지라네"	指席裹者 曰猪也 지 석 척 자 왈 저 야
그러고는 그에게 아들에 관한 이야기를 해 주었다	因告其人其子事 인 고 기 인 기 자 사
그 사람이 삽을 던지며 소리내어 웃었다	其人投鍤而笑 기 인 투 삽 이 소
술을 사 와 돼지고기를 안주삼아 함께 들고서 돌아왔다	遂相與市酒啖肉而去 수 상 여 시 주 담 육 이 거
아들이 크게 부끄러워하면서 뉘우쳤다	其子大慙悔 기 자 대 참 회
돌아온 뒤 다시는 감히 친구에 대해서 이야기하지 않았다	歸而不復敢談友 귀 이 불 부 감 담 우

• 『石堂遺稿』, 金相定, 한국문집총관DB 한국고전번역원.

달리기도 잘하고, 위엄 넘치는 뿔을 가진 祥瑞로운 사슴
鹿, deer

사슴은 소목 사슴과에 속하는 중대형 초식동물이다. 몸길이는 30cm 정도의 작은 개만 한 것부터 3m에 이르러 말만 한 사슴도 있다. 꽃사슴, 고라니, 노루, 순록, 엘크 등 여러 종이 있으나 고라니를 제외한 수컷들은 성체가 되면 매년 4~5월경 다시 뿔이 나서 3개월이면 다 자란다. 해마다 다시 나는 큰 뿔 때문에 칼슘을 비롯한 영양소가 그 생장에 과다하게 소비되어 사슴의 날씬하고 건강한 균형 잡힌 몸매를 유지하는 데 적지 않은 부담을 준다고 한다. 야생에서 이들의 자생력은 매우 뛰어나다.

시각에 비해 후각과 청각이 특히 예민하고 빠르기도 하여 웬만한 포식자보다도 훨씬 잘 달린다. TV 〈동물의 왕국〉에서 사슴은 달리기에 자신이 있어서인지 포식자인 사자가 가까이 다가와도 별로 놀라지 않고 여유를 부리는 모습을 보여, 시청하는 사람들의 가슴을 졸이게 한다. 사슴의 蠻勇일까? 사람의 杞憂일까?

6~9개월의 비교적 긴 임신기간을 거치는데, 한배에 보통 한두 마리 새끼를 낳는다. 새끼는 일 년 동안 어미와 함께 생활하고 그 이후에는 독립하여 생활한다.

동양에서는 오래 사는 동물인 十長生에 당당히 선정되었고, 신라 금관은 사슴뿔을 형상화한 것이다. 朝鮮王國에서 사슴은 帝王의 위엄의 상징으로 받들어졌는데, 그 뿔의 기상에서 보이는 것처럼 상서로운 동물이고 귀하신 몸 같다.

『詩經』에 실린 「鹿鳴」에서도 사슴을 덕망 높은 군자로 표현하고 있다.

- 『한국동식물도감』, 제7권 동물 편(포유류), 원병휘, 문교부, 1967.
- 『한국민족문화대백과사전』, 한국학중앙연구원.

◆ 사슴의 울음, 연회의 기쁨과 화해의 모습(鹿鳴) 『詩經』, 「小雅」

우우 사슴 울며 들에서 개구리밥 뜯고 있네 　呦呦鹿鳴 食野之苹 (유유록명 식야지평)

내게 귀한 손님 오셨으니 비파 뜯고 생황을 부네 　我有嘉賓 鼓瑟吹笙 (아유가빈 고슬취생)

생황 불고 폐백 상자 드리네 　吹笙鼓簧 承筐是將 (취생고황 승광시장)

손님 날 좋아하시면 내게 큰 길 보여 주소서 　人之好我 示我周行 (인지호아 시아주행)

우우 사슴 울며 들판에서 사철 쑥 뜯고 있네 　呦呦鹿鳴 食野之蒿 (유유록명 식야지호)

좋은 손님 맞았으니 덕과 명성 밝으시네 　我有嘉賓 德音孔昭 (아유가빈 덕음공소)

백성 보길 존중하시니 군자도 이를 본받네 　視民不恌 君子是則傚 (시민부조 군사시측효)

내게 좋은 술 있어 귀한 손님과 잔치 베풀어 즐기세 　我有旨酒 嘉賓式燕以敖 (아유지주 가빈식연이오)

우우 우는 사슴 들에서 금풀 뜯네 　呦呦鹿鳴 食野之芩 (유유록명 식야지금)

귀한 손님 맞았으니 비파 뜯고 거문고 타자 　我有嘉賓 鼓瑟鼓琴 (아유가빈 고슬고금)

비파 뜯고 거문고 타자 　鼓瑟鼓琴 (고슬고금)

즐겁고 또 즐거워, 내게 좋은 술 있으니 　和樂且湛 我有旨酒 (화락차담 아유지주)

잔치로 손님 마음 즐겁게 하네 　以燕樂嘉賓之心 (이연락가빈지심)

- 承 = 奉, 筐 = 所以盛幣帛者也, 周行 = 大道也, 傚 본받을 효, 旨 맛있을 지, 敖 놀 오, 蒿 쑥 호, 孔 매우 큰 구멍 공, 昭 밝을 소, 恌 성의 없을 조, 芩 풀이름 금, 湛 즐길 담
- 왕이 베푸는 궁중 연회를 그린 시다. 사슴은 어진 이를 뜻하며, 사슴 우는 소리가 琴瑟과 조화를 이룬다.

◆ 사슴 울타리(鹿柴〈寨〉) 摩詰 王維(701~761)

텅 빈 산에 사람은 보이지 않고 　　空山不見人(공 산 불 견 인)

들리느니 두런두런하는 사람 말소리 　　但聞人語響(단 문 인 어 향)

돌아온 햇살 깊은 숲속으로 들어와 　　返景入深林(반 경 입 심 림)

다시 파란 이끼 위를 비추네 　　復照靑苔上(부 조 청 태 상)

- 해 질 무렵의 고요한 숲속 정경을 묘사하는데, 詩題인 사슴 울타리(鹿柴)의 주인인 사슴(鹿)은 어디 갔는지 보이지 않는다. 사슴도 울타리도 없는 주인 없는 빈산(空山), 시인이자 畫家인 維摩詰 居士는 빛과 메아리를 주인으로 삼고 있다. 그림에는 없고 시에는 제목만 남은 사슴(畵中無鹿而詩中有鹿)은 어디로 갔는가? 畫家 王維가 숨긴 사슴은 詩 속에, 詩人 王維가 숨긴 사슴은 그림 속에 있을지도 모르겠다.
- **사슴 쫓는 자 산을 못 보고, 금 움킨 자 사람을 못 본다**(逐鹿者不見山, 攫金者不見人, 『虛堂錄』).

독립적이고 자유로운 영혼으로 살아가는 여우
狐, fox

여우는 갯과에 속하는 동물로, 개보다는 작으며 주둥이가 좁고 꼬리가 길고 무겁다. 수명은 보통 3~4년이고 가장 많이 분포하는 종은 붉은여우이며, 몸길이 90cm, 몸무게 0.7~14kg 정도다. 잡식성이어서 설치류, 작은 포유류, 도마뱀, 곤충, 나무 열매 등을 주로 먹는다. 높이 뛰어올라 수직으로 대상물을 덮치는 특이한 사냥법에 능하지만, 이 기막힌 시도가 늘 성공하는 것은 아니다. 임신 기간은 7~8주이고, 한배에 보통 10마리 정도 낳는다.

포유류에서 보기 힘든 일부일처제를 철저하게 신봉하며, 부부가 평생을 함께하는 동물로 알려져 있다. 매우 독립적이며 자유로운 영혼이지만, 주인에 대한 존경심은 별로 없고 명령을 거부하거나 반항하기도 하며 더러는 물기도 한다. 전문가들은 "하드웨어는 개인데 소프트웨어는 고양이"라고 한다. 그러나 고양이와는 달리 똥오줌을 아무 데서나 싸는 등 다소 지저분하므로 애완용으로 키우는 이들은 참고해야 할 듯싶다.

앞으로 인간과 사이좋게 지낼 여우를 찾아내 대를 이어 선별적 교배를 계속해 나간다면 언젠가는 개나 고양이처럼 인간과 사이좋게 지낼 크로닌의 '어린 왕자가 만난 여우' 같은 좋은 친구가 나타날지도 모를 일이다. 그러나 이 귀하고 멋진 여우를 모시고 살려면, 아직까지는 일반 가정에서 적지 않은 대가와 위험을 감수해야 할 것이다.

여우는 게을러서 자기가 살 굴을 스스로 파지 않고 토끼나 오소리 굴에 들어가 똥을 싸놓는 방법으로 굴을 빼앗는다고 한다. 민첩하고 재빠른 이 여우에게도 神은 어김없이 天敵을 준비해 생태계의 균형을 잡는다. 늑대, 검독수리 등이 그들이다. 그러나 신의 이 謀略은 그리 성공한 것처럼 보이지 않는다. 요즈음은 천적인 늑대와 검독수리마저 보이지 않는데 여우들은 모두 어디로 갔을까? 지난날 대한민국이 거국적인 쥐잡기 운동을 하면서 뿌려놓은 쥐약 때문에 토종 여우의 멸종으로 이어져, 오늘날 우리 정부 당국은 種 보존을 위해 특별한 번식 계획과 사육을 거쳐 야생으로 방생해야만 했다.

여우, 펜화, 최양식

◆ 물가를 어슬렁거리는 여우 『詩經』에 나타나다(有狐) 『詩經』, 「衛風」

여우가 느긋이 어슬렁어슬렁 저 기수의 다리 위를 걷네	有狐綏綏 在彼其梁 유호수수 재피기량
내 마음에 이는 근심은 그대 입을 바지가 없다는 것	心之憂矣 之子無裳 심지우의 지자무상
여우가 어슬렁어슬렁 저 기수 물가를 걷네	有狐綏綏 在彼其厲 유호수수 재피기려
마음의 근심은 그대 두를 띠가 없다는 것일세	心之憂矣 之子無帶 심지우의 지자무대
여우가 느긋이 어슬렁거리며 저 기수 물가를 걷고 있네	有狐綏綏 在彼其側 유호수수 재피기측
내 마음의 근심은 그대 입을 한 벌 옷이 없다는 것	心之憂矣 之子無服 심지우의 지자무복

• "무거운 꼬리 물에 젖을까 꼬리 얹고 물 건너던 여우가 젖어 빠져 죽다(狐濡其尾)."

출산의 왕, 동화의 세계에서는 달에 사는 토끼

兎, 卯, rabbit, hare

토끼는 토끼목 토낏과의 초식성 포유류이며, 위턱 앞니가 두 쌍이고 앞니가 여섯 개여서 重齒類(mesophytes)로도 분류한다. 고구려와 백제에서는 烏斯含이라 불렀다. 토끼는 전 세계에 30종이 넘는데, 굴을 파고 사는 穴兎類인 집토끼와 산에 사는 멧토끼(hare), 우는 토끼(pika) 등이 있다. 몸길이는 11~19cm, 무게는 다양하나 작은 것은 1~1.5kg, 큰 것은 4~8kg이나 나간다. 기네스가 인증한 가장 큰 토끼는 영국의 '다리우스'로 길이가 130cm, 몸무게가 22kg에 달한다. 일 년에 2~3회 새끼를 낳는다.

천적들의 무수한 공격에도 불구하고 개체수를 유지할 수 있었던 것은 무엇보다 왕성한 出産의 힘이다. 이 왕성한 출산력 때문에 포유류계의 바퀴벌레라고도 불린다. 임신기간은 48~51일이며 한 번에 2~6마리를 낳는데, 수명은 6~10년 정도로 알려져 있다.

다소 경망스러워 보이기도 하지만, 토끼는 덩치에 비해 진중한 성격이다. 그래서 스트레스를 더 많이 받는 모양이다. 사람 같으면 우울증이나 암에 걸릴 확률이 높은 성격이다. 시속 60~80km로 달리는데, 오르막길은 잘 오르지만 뒷다리가 길어서 내리막길은 잘 달리지 못한다. 그래서 토끼 사냥에 나선 전문 몰이꾼들은 아래쪽으로 내리모는 것을 철칙으로 삼고 있다.

먹이사슬의 맨 아래에 있어 천적이 부지기수다. 거의 모든 포유류 동물, 조류, 파충류들까지 토끼를 제일 만만하게 보고 일단 눈에 띄면 다른 먹잇감보다 먼저 공격한다. 그러니 메뚜기, 벼룩과 토끼는 뛰어야 산다. 그래서 토끼는 뛴다. 그러나 중대형 포식자들은 토끼를 따라잡기도 쉽지 않은 데다 잡아봐야 먹을 것이 별로 없다며, 굳이 큰 몸을 움직여 수고롭게 작은 토끼는 잘 건드리지 않는다고 한다.

그러나 새끼 딸린 어미 토끼는 이러한 무서운 천적들조차 별로 두려워하지 않는다고 한다. 하늘이 주신 無敵의 모성이다.

동화 세계에서 토끼는 달에 산다. 팔월 보름에는 마음이 맑고 눈이 밝은 사람은 둥글고 큰 달 속에서 절구질하는 토끼를 볼 수 있을지 모르겠다.

또, 아이들은 토끼를 사랑하며 그들의 꿈을 토끼와 함께 키워 나간다.

토끼, 펜화, 최양식

◆ 토끼는 깡충깡충 뛰노는데 꿩은 그물에(兎爰) 『詩經』, 「王風」

토끼가 깡충깡충 뛰노는데 꿩은 그물에 걸렸네	有兎爰爰 雉離于羅 유 토 원 원 치 리 우 라
내 삶의 초반에는 아무 일 없었는데	我生之初 尙無位 아 생 지 초 상 무 위
후반에 와서는 온갖 근심 닥쳐오네	我生之後 逢此百罹 아 생 지 후 봉 차 백 리
차라리 잠들어 움직이지 않았으면 좋으련만	尙寐無吪 상 매 무 와
토끼는 깡충깡충 뛰노는데 꿩은 그물에 걸렸네	有兎爰爰 雉離于罦 유 토 원 원 치 리 우 부
내 삶의 초반에는 아무 일 없더니	我生之初 尙無造 아 생 지 초 상 무 조
후반에 와서는 온갖 근심 닥쳐오네	我生之後 逢此百憂 아 생 지 후 봉 차 백 우
차라리 잠들어 깨지나 말 것을	尙寐無覺 상 매 무 각

토끼가 깡충깡충 뛰노는데 꿩은 그물에 걸렸네 — 有兎爰爰 雉離于罿 (유토원원 치리우동)

내 삶의 초반에는 할 일도 없었는데 — 我生之初 尙無庸 (아생지초 상무용)

내 삶의 후반에 온갖 흉한 일 닥쳐오네 — 我生之後 逢此百凶 (아생지후 봉차백흉)

차라리 잠들어 들리지나 않았으면 — 尙寐無聰 (상매무총)

◆ 토끼 같은 奸臣, 사냥개에 잡히리(巧言) 『詩經』, 「小雅」

크고 큰 저 종묘여, 왕께서 지으신 것 — 奕奕寢廟 君子作之 (혁혁침묘 군자작지)

바르고 바른 법도 성인이 계획하셨네 — 秩秩大猷 聖人莫之 (질질대유 성인막지)

다른 사람의 마음 내가 헤아려 안다네 — 他人有心 予忖度之 (타인유심 여촌도지)

폴짝폴짝 뛰는 토끼 사냥개 만나면 잡히고 말리 — 躍躍毚兎 遇犬獲之 (약약참토 우견획지)

- 猷=道 꾀할 유, 忖 헤아릴 촌, 毚 토끼 참.
- 전체 여섯 장으로 구성되었는데 이 시는 네 번째 장이다. 여기서도 임금이 慧眼으로 사안을 제대로 판단하지 못하는 잘못이 있음을 지적하고, 언젠가 奸臣은 토끼처럼 잡히고 말 것임을 토로하고 있다.
- 사슴을 쫓는 사람은 토끼를 돌아보지 않는다(逐鹿者 不顧兎, 『淮南子』).
- 토끼는 제 집 근처의 풀을 뜯지 않는다(兎子不吃辺草).

◆ 나무 그루터기에서 토끼를 기다리다(守株待兎) 『韓非子』

송나라에 밭을 가는 농부가 있었는데 — 宋人有耕田者 (송인유경전자)

밭 가운데 나무 그루터기가 있었다 — 田中有株 (전중유주)

토끼 한 마리가 달아나다 거기에 부딪혀 — 兎走觸株 (토주촉주)

목이 부러져 죽었다	折頸以死 절 경 이 사
이를 헤아린 농부는 마냥 그루터기를 지키며	因釋其而守株 인 석 기 이 수 주
토끼를 다시 얻게 되기를 기다렸다	冀復得兎 기 복 득 토
그러나 다시 토끼를 얻을 수는 없었다	**兎不可復得** **토 불 가 복 득**
결국 그 사람은 송나라의 웃음거리가 되었다	**而身爲宋國笑** **이 신 위 송 국 소**
지금 선왕의 치세 따라 현재의 백성을 다스리는 것은	今欲以先王之政 治當世之民 금 욕 이 선 왕 지 종 치 당 세 지 민
나무 그루터기 지키고 있는 것과 같은 것이다	皆守株之類也

- 『韓非子』「五蠹」篇에 나오는, 나무를 갉아 먹는 다섯 가지 벌레 이야기다. 요행으로 이익을 구한다는 뜻으로 쓰이며 불필요한 인정을 베풀다 도리어 화를 입는다는 뜻의 宋襄之人, 꾀를 부려 사람을 속인다는 뜻의 朝三暮四 등의 고사는 모두 주나라 제후국이었던 송나라를 비하하는 뜻이 담겨 있다.
- **『한비자』, 한비 지음, 이운구 옮김, 한길사,** 2002.

重力에 도전하며 절벽 타는 염소

羔, 山羊, goat

야생을 가축화했는데, 아직도 산악지대에는 산양이라는 야생 염소가 있다. 염소는 혹한 혹서 같은 악조건에서도 잘 견디는 강한 체질이며 수명은 10~16년이다. 계통상으로는 羊과 가까우나, 염소 수컷에는 양과 달리 뿔과 위엄을 갖춘 수염이 있다. 염소 꼬리는 위로 세워져 있고 양은 아래로 내려와 있다. 같은 초식성이나 염소는 풀보다는 나뭇잎이나 줄기를 즐겨 먹는다. 염소는 羊에 비해 목이 길며 암수 모두 뿔을 가지고 있는데, 뿔은 염소족의 상징이다.

소과에 속하는 동물답게 염소는 되새김을 하는 反芻動物(ruminants)이다. 번식기는 가을이며 생후 반년이 지나면 암컷은 발정한다. 임신기간은 152일이고 초봄에 주로 분만하는데 한배에 보통 1~3마리를 낳는다. 고집이 센 성격이라 뭐든 자기 마음대로 하려고 한다. 화가 나면 주인이고 뭐고 사정없이 뿔로 들이받는 고약한 性情을 가지고 있다. 야생 염소는 바위 지대나 험한 산악지대에 산다.

양과 함께 기르면 언제나 염소가 대장 노릇을 한다. 야생 염소의 천적은 사자, 치타, 호랑이, 불곰, 늑대, 수리 등이다. 염소는 6,000년 전부터 인간의 가축이 된 것으로 보인다.

야생에서 사람이 아닌 천적들은 점점 사라져 가고 있으므로, 야생 염소가 사는 요즘 세상이야말로 염소 역사상 가장 태평성대인 天敵 없는 天國이다. 이 천국의 지루함에서 벗어나기 위해 염소들은 모험 스포츠를 즐기는 인간들처럼 풀 한 포기 없는 바위 위나 절벽을 올라간다. 지금까지 어떤 시인도 염소에게 왜 절벽을 오르는지를 물어보지는 않은 것 같다. 이 중력을 무시하는 절벽타기의 명수인 염소에게도 아주 드물게 추락사고가 있다. 염소가 절벽을 오르내릴 때 高空에서 소리 없이 날아오는 수리에게는, 용맹스럽기로 소문난 그 뿔도 도무지 無用之物이다.

염소는 위험한 절벽을 왜 올라갈까? 나트륨(Na) 때문일까, 自由로운 靈魂의 誘惑 때문일까, 인간들이 즐겨하는 高地 征服의 喜悅 때문일까? 알기 어렵다. 그들은 말하지 않았고 시인들 또한 말하지 않았다.

羔公! 어쨌든 절벽에 올라가더라도 위험하니까 거기서는 서로 싸우지 마시게!

◆ 염소가 뿔을 걸다(羚羊掛角) 嚴羽(1290~1364) 『滄浪詩話』

嚴羽는 南宋代의 詩論家다. 그의 대표 저서인 『滄浪詩話』는 明淸代에도 큰 영향을 미친 시 비평서로서 詩辯, 詩體, 詩法, 詩評, 考證 등 다섯 편으로 이루어져 있다. 그는 당대의 주류인 蘇軾과 黃庭堅의 시풍에 매우 비판적이었다.

"말은 다함 있어도 뜻은 다함이 없다(言有盡而意無窮)"는 盛唐詩는 羚羊이 천적을 피하기 위해 뿔을 나무에 걸고 밤잠 자듯 그 흔적을 찾을 수 없는 것 같다(羚羊掛角 無迹可求)고 했다.

이와 같은 嚴羽의 새로운 詩論에 대해서는 그 평가가 극명하게 엇갈리고 있다.

明의 胡應麟 같은 이는 서쪽에서 온 달마가 홀로 禪宗을 연 것과 같다는 격찬을 하는가 하면, 馮班 등은 嚴羽의 詩論은 단지 잠꼬대(譫語)에 불과하다고까지 酷評하고 있다.

무릇 詩에는 별도의 재주가 있는 것이지 책과는 관계 없다	夫詩,有別材,非關書也 부 시 유 별 재 비 관 서 야
詩에는 별도의 意趣가 있으니 이치와도 관계 없다	詩有別趣,非關理也 시 유 별 취 비 관 리 야
그러나 책을 많이 읽고 궁리를 많이 하지 않으면	然非多讀書多理 연 비 다 독 서 다 리

우즈베키스탄의 말 탄 목동, 목양, 목우, 유화, 니콜라이 박(박용성) 화백(최양식 소장)

그 지극한 경지에는 이를 수 없을 것이나	則不能極其至 (칙불능극기지)
이른바 理致의 길에 빠져들지 말고	所謂不涉不理路 (소위불섭불리로)
말(言)의 통발(筌)에 떨어지지 않는 것이 최상의 시다	不落言筌者 上也 (불락언전자 상야)
詩라는 것은 性情을 읊는 것이다	詩者,吟咏情性也 (시자음영정성야)
盛唐의 여러 시인은 시를 오직 흥취에만 두어	盛唐諸人,惟在興趣 (성당제인유재흥취)
영양이 뿔을 걸고 자는 것처럼 그 자취를 찾을 수 없다	羚羊掛角 無迹可求 (영양괘각 무적가구)
그래서 그 오묘한 곳은 투철하고 영롱하여	故其妙處 透徹玲瓏 (고기묘처 투철영롱)
한마디로 말할 수 없어, 마치 공중의 소리와 같고	不可湊泊 如空中之音 (불가주박 여공중지음)
형상 속의 색과 물속의 달	相中之色 水中之月 (상중지색 수중지월)
거울 속의 형상과 같아서	鏡中之象 (경중지상)

말은 다함 있어도 뜻은 다함이 없다　　言有盡而意無窮
언 유 진 이 의 무 궁

•『창랑시화』, 엄우, 김해명 외 옮김, 소명출판, 2012.

◆ 염소 갖옷을 입었네요(羔裘, 양가죽 옷, 여우 옷) 『**詩經**』, 「**檜風**」

양 가죽옷 입고 거닐며 여우 가죽옷 입고 아침 조회에 나가네　　羔裘逍遙 狐裘以朝
고 구 소 요 호 구 이 조

어찌 그대를 생각 않으리, 내 마음 시름겹네　　豈不爾思 勞心忉忉
기 불 이 사 노 심 도 도

염소 갖옷 펄럭이며 여우 갖옷 입고 조당에 있네　　羔裘翺翔 狐裘在堂
고 구 고 상 호 구 재 당

어찌 당신 생각 않으리, 내 마음 걱정으로 아프네　　豈不爾思 我心憂傷
기 불 이 사 아 심 우 상

양 가죽옷 기름처럼 번지르르 해 나니 더욱 빛나네　　羔裘如膏 日出有曜
고 구 여 고 일 출 유 요

어찌 당신 생각 않으리, 내 마음 슬퍼지네　　豈不爾思 中心是悼
기 불 이 사 중 심 시 도

• **羔** 새끼양 고, 염소 고, **裘** 가죽옷 구, **忉** 근심할 도, **翺翔** 날리다.

인간과 가장 닮았다는 원숭이
猿, monkey

원숭이는 영장류에 속하는 동물로 200여 종에 이르는데, 크게 신세계원숭이, 구세계원숭이, 유인원으로 구분한다. 임신기간은 8개월이고 세 살이 되면 젖을 뗀다. 강한 수컷 중심의 엄격한 위계질서 사회를 구성하며 공격성이 강하다. 코보다는 눈이 더 발달하여 자연생태에 효과적으로 적응하며 무리를 지어 사회생활을 한다.

과일을 좋아하지만 배고프면 곤충이나 고기 등 음식을 가리지 않는 편이다. 손과 꼬리를 이용하여 나무 타는 기술이 탁월하지만 나무 위를 제집처럼 오르내리는 표범과 같은 굶주린 천적들에게는 별 소용이 없다. 새끼 원숭이들은 장난이 매우 심해 어른 원숭이들의 핀잔을 자주 듣는데, 이 때문에 더러 체벌도 받는다.

다른 포유류보다 비교적 오래 사는데, 야생 침팬지는 35~36년 정도 살지만 無爲徒食이 허용되고 *好衣好食*이 보장되는 동물원과 같은 사육 환경에서는 60년까지도 산다고 한다. 오래는 살지만 그곳에 자유는 없다. 그들도 이걸 안다. 숲을 잃어버린 그들에게 무슨 다른 선택이 있겠는가?

집에서 기르는 원숭이도 있으나 영리하지만 주인에 대한 충성심은 그리 없으니, 애완 목적으로 키울 때는 감안해야 할 것이다. 원시 상태에서 근접 관찰한 결과 이들은 집단 사회생활을 통해 특히 사회적 지능이 발달하여 의사소통도 매우 진화하여 소리와 표정, 몸짓 등 다양한 방법으로 소통하고 있는 것으로 밝혀졌다.

오늘날 흰쥐처럼 과학과 의학 실험용으로 희생되는 원숭이가 적지 않다. 인간을 너무 닮은 탓이라고 말하기도 하지만, 원숭이들은 결코 인간을 닮은 적이 없다고 强辯한다. 아주 오랜 옛날 느지막이 지구에 나타난, 털도 없고 나무는 아예 타지도 못하는 희고 나약한 동물이 자신들도 직립은 할 수 있다며 고귀한 원숭이族을 닮았다고 우긴 적이 있을 뿐이다.

◆ 낚싯대를 원숭이가 가져갔다니요?(出山作) 茶人 盧仝(790~835)

산을 나오면서 문 잠그는 걸 잊어버리고	出山忘掩山門路 출 산 망 엄 산 문 로
낚싯대를 오래된 뽕나무에 걸쳐 두었네	釣竿揷在枯桑樹 조 간 삽 재 고 상 수
그때 지켜본 건 단지 새들밖에 없었고	當時只有鳥窺窬 당 시 지 유 조 규 유
또한 낚싯대 둔 곳 아는 사람도 없었으니	更亦無人得知處 경 역 무 인 득 지 처
집에 있는 아이가 낚싯대를 잃어버린다면	家僮若失釣魚竿 가 동 약 실 조 어 간
이는 필시 원숭이가 가지고 갔으리라	定是猿猴把將去 정 시 원 후 파 장 거

• **산에 은거하는 선비가 문을 잠그지 않고 나오면서 오래된 뽕나무에 세워 둔 낚싯대를 걱정하며, 혹 없어진다면 새들 말고는 본 사람이 없으므로 틀림없이 원숭이가 가져갔으리라는 시다.** 평소 행실이 그리 좋지 않은 원숭이였는지는 모르겠지만, 과일나무도 아니고 누에가 먹는 뽕나무에 걸쳐놓은 바늘 달린 낚싯대에 관심을 둘 리 없는 원숭이건만 공연히 의심을 받으니 억울하기 짝이 없는 노릇이겠다. 문단속 않고 길 나선 詩人의 때늦은 걱정과 별다른 證佐도 없이 허황한 의심으로 원숭이의 명예를 적잖게 손상시킨 데 따른, 詩와 歷史의 法廷에 변호사는 없을까?

◆ 늙은 원숭이 무리 떠나 홀로 나뭇가지에(畵題 題畵猿) 羅湜(1498~1546)

늙수그레한 원숭이 한 마리 제 무리 잃고	老猿失其群 노 원 실 기 군
해 질 무렵 홀로 나뭇가지에 앉았는데	落日孤查上 낙 일 고 사 상
꼿꼿이 앉아 머리도 돌리지 않는 모습	兀坐首不回 올 좌 수 불 회
온 산이 울리는 소리 다 듣고 있는 듯	想聽千峰響 상 청 천 봉 향

• **화가 羅湜이 그림을 그려놓고 지인들과 함께 감상하며 畵題로 지은 것이다.** 늙은 원숭이의 고고한 모습이 고고한 선비(孤士)의 모습을 닮았다. 年富力强한 젊은 원숭이의 반역으로 萬人之上의

帝王 자리를 빼기고 쫓겨난 것일까, 명상과 수련을 위해 스스로 고요히 홀로 있는 것일까? 알 수 없다. 시인은 알까?

◆ 원숭이와 조삼모사 列子(기원전 4세기경, 전국시대)

『列子』「皇帝」篇에 나오는 고사성어 朝三暮四의 연원이다. 법령이나 방침을 너무 자주 바꾸어 혼란을 주는 것으로 이해하는 경우가 있으나, 여기서 보듯 '능력 있고 지혜로운 사람이, 지혜로 어리석은 사람을 속이고 농락한다'는 훨씬 좋지 않은 뜻을 가지고 있다.

宋나라에 狙公이란 사람이 살고 있었다	宋有狙公者 송 유 저 공 자
원숭이를 좋아하여 기르는 것이 무리를 이루었다	愛狙 養之成群 애 저 양 지 성 군
그는 원숭이의 마음을 잘 이해할 수 있었다	能解狙之意 능 해 저 지 의
원숭이도 그의 마음을 잘 알 수 있었다	狙亦得公之心 저 역 득 공 지 심
그는 자기 집의 생활비를 줄여	損其家口 손 기 가 구
원숭이의 욕구를 충족시켰다	充狙之欲 충 저 지 욕
그러나 이윽고 그의 생활이 궁핍하게 되어	俄而匱焉 아 이 궤 언
원숭이 먹는 것을 줄이자고 하였으나	將限其食 장 한 기 식
원숭이들이 자기 말을 듣지 않을까 걱정하였다	公衆狙之不馴於己也 공 중 저 지 불 순 어 기 야
공이 먼저 원숭이를 속여 말하되, 너희에게 만약 도토리를	先誑之日 與若芧 선 광 지 왈 여 약 모
아침에 세 개, 저녁에 네 개씩 주면 만족하겠느냐	朝三而暮四 足乎 조 삼 이 모 사 족 호
그러자 여러 원숭이가 일제히 일어나 성을 내었다	衆狙皆起而怒 중 저 개 기 이 노
얼마 있다가 다시 말하되, 그러면 너희들에게 도토리를	俄而日 與若芧 아 이 왈 여 약 모
아침에 네 개 주고 저녁에 세 개 주면 족하겠느냐	朝四而暮三 足乎 조 사 이 모 삼 족 호

그러자 여러 원숭이들이 일제히 엎드리며 기뻐하였다 衆狙皆伏而喜
중저개복이희

만물 중 능력 있는 사람이 어리석은 이를 농락하는 것은 物之以能鄙相籠
물지이능비상롱

모두 다 이와 같다 皆有此也
개유차야

성인이 자기 지혜로 여러 어리석은 사람을 농락하는 것 聖人以智籠群愚
성인이지농군우

이 또한 저공이 지혜로 원숭이를 농락하는 것과 같다 亦猶狙公之以智籠衆狙也
역유저공지이지농중저야

실제 별 손상 없이 그들을 기쁘게도 노엽게도 할 수 있다 若實不虧使其喜怒哉
약실불휴사기희노재

• 『列子』, 김학주 옮김, 연암서가, 2011.

힘든 일 없어져도 오래 살긴 더 어려워진 소

特(수소, ox), 牯(암소, cow), 犢(송아지, calf)

소屬에 속하는 草食哺乳動物로 신석기 시대인 BC 7,000~6,000년경부터 인간은 고기와 우유를 얻고, 농사를 짓거나(牛耕) 짐을 나르는 데 동력을 얻기 위해(役用) 소를 사육했다고 한다. 전 세계에 걸쳐 약 12~15억 마리가 사육되고 있는데, 소가 가장 많은 나라는 인도와 아르헨티나다. 힌두교 신자들이 많은 인도에서는 소고기를 먹지 않아서 소가 많고, 아르헨티나에서는 하루도 소고기를 먹지 않는 날이 없어서 많다고 한다.

소의 수태 기간은 9개월이며 덩치에 비해 자연 수명은 최장 5~25년으로 그리 길지 않다. 소는 먹은 것을 되새김질하는 反芻動物이다.

소가 트림과 방귀로 배출하는 엄청난 양의 메탄가스는 이산화탄소보다 23배 더 온실 효과에 영향을 끼쳐 지구온난화에 가장 큰 원인을 제공하는 것으로 지목되고 있다. 최근에 와서 사람들이 자기들도 뀌면서 이처럼 어설픈 과학적 논거를 제시하며 소의 방귀가 지구온난화의 주범이라고 매도하는데, 오랜 세월 평화롭게 풀을 뜯으며 살고 있는 소들이 쉽사리 동의할는지는 모르겠다.

소의 약점은 정수리다. 과거에는 소를 도축할 때 망치로 정수리를 때렸다. 소가 빨간 걸 보면 흥분한다고 하나, 색맹인 소가 들으면 이 또한 웃을 노릇이다.

소의 머리가 나쁘다고 말하는 이들이 있으나, 이 또한 필자는 동의하기 어렵다. 소는 주인이 아무리 옷을 바꿔입고 동네 사람 속에 있어도 반드시 찾아낸다. 산에 풀 먹이러 갔다가 돌아올 때, 앞장서 걸어가는 소를 따라가면 바로 자기 집 앞에 이른다. 소가 길을 잃는 것보다는 사람이 길을 잃는 경우가 훨씬 더 많다. 밭을 갈(耕) 때나 길을 갈(之) 적에도 주인이 하는 간단한 말을 이해하는 건, 소들에겐 '마른 여물 씹어먹는 것'이나 사람이 '식은 죽 먹는 것보다 훨씬 쉽다. 소는 평소에 잘 웃지 않는 편인데, 이성의 똥을 코에 갖다 대면 바로 웃는다. 이는 똥 속의 페로몬 물질에 본능적으로 반응하는 것(플레멘 반응, Flehmen response)이지, 무슨 빈약한 소의 유머 감각이 살아난 것으로 생각할 일은 아니다. 또 쇠똥은 화력이 좋고 연기와 냄새도 적어 최고의 땔감이자 최상의 거름이다. 길 가던 소가 볼일을 보면 주인은 남이 주울세라 얼른 주워 담는다. 이런 까닭에, 소에게서 난 것은 하나도 버릴 것이 없다.

소는 긴 세월 아주 고된 일을 해와서 生口라고 칭하며 식구 대접을 하여 잡아먹는 일이 그리 흔치는 않았고, 나라에서도 보호했으므로 天壽를 누렸다고 한다. 그러나 조선시대에

屠畜을 금하는 20여 회에 달하는 牛禁令에도 불구하고 당시 사육우 50만 마리 중 하루 500마리 이상을 잡았다고 하니, 至嚴한 牛禁令도 조선인들의 소고기 사랑을 막지는 못했던 듯하다. 지금은 발달한 농기계 덕분에 소들의 힘들고 고된 일은 줄었지만, 이로 말미암아 하늘이 허락한 자연 수명을 누리는 것이 더 어렵게 되었다.

요즈음 별도로 맡은 일이 있어서, 그래도 상대적으로 조금은 더 오래 살고 있는 種牛(씨수소)조차도 자연 수명을 온전히 누리는 경우는 그리 흔치 않은 것 같다.

- 『조선, 소고기 맛에 빠지다』, 김동진, 위즈덤하우스, 2018.

◆ 소가 자갈밭을 가는 농촌의 노래(田家詞) 唐代 元稹(779~831)

切親인 白居易가 말한 대로 원진은 언제나 곤궁한 농민들을 위해 가슴을 움직이는 시인으로, 다음 시는 이른 시기의 대표적 田家詞라 할 수 있다. 이후 시대를 달리하면서도 수많은 田家詞가 뒤를 이어 농민들의 아픔과 한을 토로했다.

이랴 이랴! 소 모는 팍팍한 자갈밭	牛吒吒田確確 우 타 타 전 확 확
마른 흙덩이 빡빡 차는 소 발굽 소리	旱塊敲牛蹄趵趵 한 괴 고 우 제 박 박
씨 뿌려 얻는 알곡 모두 관창으로 들어가는데	種得官倉珠顆穀 종 득 관 창 주 과 곡
60년 동안 병란은 이어지고 있어	六十年來兵簇簇 육 십 년 래 병 족 족
나달이 식량 나르는 수레 소리 요란하고	日月食糧車轆轆 일 월 식 량 거 록 록
어느 날 관군이 해변 경역을 다시 수복했다고	一日官軍收海服 일 일 관 군 수 해 복
수레 끌던 소까지 고기로 먹어 치운다	驅牛駕車食牛肉 구 우 가 거 식 우 육
오는 길에 소뿔 두 개 얻어 와서	歸來收得牛兩角 귀 래 수 득 우 량 각
호미와 쟁기 다시 녹여 농구를 준비하네	重鑄鋤犁作斤斸 중 주 서 리 작 근 속
시어미 곡식 빻고 며느리는 이고서 관가로 가지만	姑舂婦擔去輸官 고 용 부 담 거 수 관

징세관이 부족하다고 해 돌아가서는 집을 팔았다네 輸官不足歸賣屋
수 관 부 족 귀 매 옥

원컨대 관군이여 어서 원수를 복멸하여 승리하시오 願官早勝讐早覆
원 관 조 승 수 조 복

농민이 죽으면 그 아들 있고 소 죽으면 송아지 있으니 農死有兒牛有犢
농 사 유 아 우 유 독

부디 보낼 군량 부족할까 걱정은 마시라 誓不遣官軍糧不足
시 불 견 관 군 량 부 족

◆ 일 마친 늙은 소의 울음소리를 듣고(老牛) 鄭來僑(1681~1757)『浣巖集』

하루 일을 마친 늙은 소가 들판 나무 밑에서 고삐가 매인 채로 울고 있는 것을 보고, 그 울음소리가 무슨 뜻인지 알아들을 수 없어 소와 대화를 했다고 전해 오는 춘추전국시대 介國의 葛王(介葛盧)을 만나 소의 심중의 말을 나누도록 해 보는 것이 어떻겠느냐는 浣巖 鄭來僑(朝鮮後期 詩人, 文章家)의 연민과 탄식의 시다.

힘 다해 산골 밭 다 간 뒤에 盡力山田後
진 력 산 전 후

슬피 우는구나 들판 나무 아래 매인 채 孤鳴野樹根
고 명 야 수 근

소의 말 알아듣는 介國의 葛王을 만나면 何由逢介葛
하 유 봉 개 갈

너의 마음속에 있는 말 다 해 보려느냐 道汝腹中言
도 여 복 중 언

◆ 아이 태우고 송아지와 들로 나가다(어미소와 송아지) 歐陽脩(1007~1072)

해 돋는 봄 이른 아침, 소등에 아이를 태우고 송아지와 함께 들로 나가는 농촌의 평화로운 모습을 그린 宋의 大文豪 歐陽脩의 시다.

해가 동쪽 울타리 위로 떠오르니 참새 놀라고 日出東籬黃雀驚
일 출 동 리 황 작 경

눈 녹은 뒤 봄기운에 초목 새싹 돋네 雪銷春動草芽生
설 소 춘 동 초 아 생

투우, 펜화, 허진석 화백

흙 언덕 경사 완만한 곳에 비탈밭 드넓은데 土坡平慢陂田闊
토 파 평 만 피 전 활

아이 태우고 송아지도 데려가네 橫載童兒帶犢行
횡 재 동 아 대 독 행

◆ 소 타고 멀리 마을 앞을 지나며 黃庭堅

소 타고 멀리 마을 앞을 지나며 騎牛遠遠過前村
기 우 원 원 과 전 촌

피리 소리 바람 타고 언덕 너머로 들리네 吹笛風斜隔隴聞
취 적 풍 사 격 롱 문

명예와 이익 따라 살아가는 장안 사람들 多少長安名利客
다 소 장 안 명 리 객

온갖 재주 다해도 그대에겐 미치지 못하리 機關用盡不如君
기 관 용 진 불 여 군

◆ 나귀와 소 이야기(驢牛說) 西漁 權常愼(1759~1824)

西漁 權常愼은 영·정조 및 순조대의 문신으로 과거에 진사시, 증광문과, 전시 등 三場을 모두 壯元한 인재다. 西學에 대해서는 斥邪보다는 扶正學을 주장했고, 세도정치에도 비판적 견해를 강하게 폈으며 『西漁遺稿』를 남겼다. 소와 나귀의 비교가 자못 날카롭다.

나귀는 소에 비해 약한 동물이다
驢比牛弱物也
여 비 우 약 물 야

무거운 것을 싣고 멀리 갈 수 없으며
不能載重行遠
불 능 재 중 행 원

성질 또한 경박하고 괴팍하다
性且輕愎
성 차 경 퍅

약하니 무거운 건 잘 싣지도 못한다
以其弱而不重載
이 기 약 이 부 중 재

따라서 귀한 집 자제 태우는 일을 나귀가 도맡아 한다
故專任騎貴遊子弟
고 전 임 기 귀 유 자 제

나귀를 다투어 좋아하니 값도 큰 소보다 더 나간다
爭尙之 價常出巨牛上
쟁 상 지 가 상 출 거 우 상

항간의 일반 백성들 비록 돈 있다 해도
巷里賤庶 雖有錢
항 리 천 서 수 유 전

감히 나귀를 사서 탈 수가 없으니
不敢買而跨之
불 감 매 이 과 지

나귀의 등은 실로 귀하다 할 것이다
驢之背貴矣賤
여 지 배 귀 의 천

농민은 소의 힘이 아니면 농사짓지 못하고
農者牛之力不農
농 자 우 지 력 불 농

사람은 곡식을 먹지 않으면 죽게 되니
人將不穀死矣
인 장 불 곡 사 의

소 역시 귀히 여길 만하다
牛亦可貴也
우 역 가 귀 야

그러나 쌓은 곡식이 많은 부자는
然積穀多者
연 적 곡 다 자

소 잡아 제 몸 살찌우는 일을 즐겨 하고
善殺牛以肥己
선 살 우 이 비 기

그 아들과 손자는 또 곡식을 돈으로 바꿔
若子若孫 又化穀爲錢
약 자 약 손 우 화 곡 위 전

나귀를 사서 제 몸 태운다 그 아들과 손자 중에는
買驢以騎己 若子若孫
매 려 이 기 기 약 자 약 손

곡식을 가지고 제 나귀를 사육하기까지 한다
至以穀飼其驢
지 이 곡 사 기 려

괴이하다, 사람이 소를 천시하고 나귀를 귀히 여기는 건	怪哉人之賤牛而貴驢	괴재인지천우이귀려
외모 때문에 그러한가	抑以其貌歟	억이기모여
나귀는 비단이 아니면 안장으로 쓰지 않고	驢非錦不韉	여비금불천
비단이 아니면 굴레로 쓰지 않는다	非絲不羈	비사불기
붉은 끈을 흔들면서 부드러운 고삐를 드리운 채	搖朱纓垂柔轡	요주영수유비
의관 잘 갖춘 이가 나귀를 타니	善衣冠者跨之	선의관자과지
사람들은 모두 나귀가 참 아름답다고 한다	人皆曰美哉驢也	인개왈미재려야
소는 코를 뚫고 단단한 나무로 목덜미를 잡아 매고	牛穿鼻以强木絡頸	우천비이강목락경
거친 새끼줄로 겹겹이 얽어 매고	以麤索服重	이추색복중
따비를 매고 잡초 우거진 들로 나간다	秬行莽野	거행망야
벌겋게 살갗 탄 사람이 마구 다루어 대니	赤肌膚者督之	적기부자독지
사람들은 모두 소가 사납다고 한다	人皆曰頑哉牛也	인개왈완재우야
아, 나귀가 아름답고 소가 사나운 것은	嗚呼驢牛之美頑	오호려우지미완
이에 모두 사람이 그리 만든 것이요	乃人之所使爲也	내인지소사위야
또 이래서 아름답게도 둔하게도 여기는 것이다	而又從而美頑之	이우종이미완지
왜 그리 생각이 얕은가, 소는 힘을 써먹고 고기까지 먹는데	何其不量也用其力而食其肉	하기불량야용기력이식기육
나귀 화려하게 꾸미고 외모를 사랑하니 심히 옳지 않다	華其飾而愛其貌 甚不可哉	화기식이애기모 심불가재
중국인이 소를 귀히 여기고 나귀를 천히 여긴다 하나	或曰 中國人貴牛而賤驢	혹왈 중국인귀우이천려
중국인은 과연 귀히 여길 것과 천히 여길 것을 알까	中國之人 果能知所貴賤也	중국지인 과능지소귀천야

• 권상신, 이종묵 옮김, 「나귀와 소(驢牛說)」, 『한국산문선』, 민음사, 2021.

고된 일하며 언젠가의 반역을 꿈꾸는 나귀

驢, donkey, ass, jack(수컷), jenny(암컷)

나귀는 말목 말과의 동물로 몸높이는 1~1.6m, 몸무게는 100~480kg 정도며, 임신 기간은 364일이다. 수명은 27~40년이므로 장수종족이라 할 수 있다. 건조하고 냉혹한 자연환경에도 잘 적응하고, 체격에 비해 힘이 세고 지구력이 강해 운반용, 사역용으로 활용한다.

당나귀 수컷과 암말을 교배해서 낳은 것이 노새이고, 당나귀 암컷과 수말을 교배한 것은 버새다. 노새는 부모의 장점을 물려받아 인기가 있으나, 버새는 장점보다 단점을 더 물려받아 인기가 별로 없다. 이들은 생식 능력이 없어서 후손을 남기지 못하므로 개체수가 늘어나지 않아 자신만의 고된 삶을 살다 그냥 사라진다.

야생 당나귀는 개체수가 전 세계에 1,000마리 정도밖에 없다고 한다. 나귀는 지금도 엄청나게 무거운 짐을 지고 험준한 길을 오르내리며 더러는 채찍에 시달리기도 하고, 먹은 것에 비해 훨씬 많은 일을 한다. 채찍의 고통과 늘 부족했던 먹이의 기억을 지우지 못해 나귀의 逆心은 쌓여 간다. 그러므로 인간은 충성심 없는 이 나귀의 '이유 있는 反逆'을 늘 조심하고 대비해야 한다. 오랜 세월 쌓인 불만에 따라, 급하면 자연스러운 그 性情이 언제 어디서 어떻게 나타날지 모를 일이다.

미합중국의 공화당은 위엄 있고 힘을 갖춘 코끼리를, 민주당은 강하지만 충성심이 다소 미약한 나귀를 당의 상징 동물로 삼고 있다. 민주당은 당나귀가 근면하고 겸손하며 승리와 행운을 가져오는 동물이라 주장하며, 이런저런 시비에도 불구하고 이를 바꿀 생각은 별로 없는 듯하다.

『舊約聖經』「創世記」를 시작으로 나귀는 『聖經』 속을 138군데나 걸어 다니고 있다.

- "소는 그 임자를 알고 나귀는 주인의 구유를 알건마는 이스라엘은 알지 못하고 나의 백성은 깨닫지 못하는도다(『구약성경』「이사야서」 1장 3절)."
- "나귀 새끼를 예수께로 끌고 와서 자기들의 겉옷을 그 위에 걸쳐 두매 예수께서 타시니(『신약성경』「마가복음」 11장 7절, 나귀 타고 예수의 예루살렘 입성)."
- 景文王의 이야기 「임금님 귀는 당나귀 귀」(『삼국유사』 권 2의 48).

◆ 말갈기 빗질하듯 머리를 잘 빗으라(梳說示童子) 李慶全『石樓遺稿』

石樓 李慶全(1000~1644)은 朝鮮 明宗·仁祖代의 文臣으로『石楼遺稿』를 남겼으며, 다음 詩는 말갈기를 빗질하듯 게으름 없이 자신을 갈고 다듬을 것을 아이들에게 訓戒하는 글이다.

사람에게 머리털 있는 것처럼 말에게는 갈기가 있다	人之有髮 猶馬之有鬣 인지유발 유마지유렵
남에게 말을 맡길 때 이렇게 말한다	俚語托馬之言曰 이어탁마지언왈
하루 먹일 콩은 줄여도 하루 빗질은 늘려 다오	減一日太 增一日梳 감일일태 증일일소
이 말은 그 바라는 마음을 분명히 표현한 것이다	此極言其心之所願 차극언기심지소원
말갈기 빗질하는 것보다 절실한 것은 없다	莫切於梳其鬣也 막절어소기렵야
어떤 사람이 머리가 돗자리 짠 것처럼 봉두난발에	今有有或蓬頭如結席 금유유혹봉두여결석
때가 소똥같이 끼어 있고 머리엔 서캐가 실처럼 엉켜	塵垢如牛矢 蝨卵緣髮 진구여우시 슬란연발
실로 꿰맨 듯 하얗게 보이고 낮에는 망건으로 감싸	白如線縫 晝則以網巾繞之 백여선봉 주칙이망건요지
다행히 사람들 못 보지만 밤새도록 머리 긁어 대서	幸人之不見 夜則搔爬竟夜 행인지불견 야칙소파경야
귀밑머리와 정수리에 부스럼이 생기고 딱지 앉는다	鬢頂爲之瘢瘡 빈정위지반창
그래도 빗질을 해 다듬을 줄도 모르니	猶不知梳而整之 유부지소이정지
사람이 말보다 못해서야 되겠는가	可以人而不如馬乎 가이인이불여마호
가령 말 두 마리가 있는데 하나는 주인이 사랑하여	假有二馬焉 其一爲主人之所愛 가유이마언 기일위주인지소애
아침저녁 갈기를 빗질해서 털이 빛나 보기 좋다	朝夕梳其毛鬣 梳致光潤可相 조석소기모렵 소치광윤가상
다른 하나는 주인이 사랑하지 않고	其一主人不知愛 기일주인부지애
단지 물건을 싣거나 타고 다니며 꼴을 베어다 준다	但爲載騎而芻秣之 단위재기이추말지
어쩌다 마당에 나와 있으면	或見出於場 혹견출어장
말은 바로 땅바닥에 뒹굴며 스스로를 긁는다	則馬輒臥地而自摩之 칙마첩와지이자마지

진흙 먼지가 머리와 등을 뒤덮고	泥土蒙頭背 이토몽두배
궁둥이는 돼지처럼 변해	尻脽如豚臀 고수여돈둔
더 이상 말다운 모습은 찾아볼 수가 없다	而無復爲馬相也 이무복위마상야
만약 말이 말을 할 수 있다면	若使馬能言 약사마능언
가려운데 빗질 않고 콩과 꼴만 주는 건 바라지 않지만	必訴其痒憫而不願不梳 但加太秣也 필소기양민이불원불소 단가태말야
나는 일찍이 다지동에서	余嘗於多枝洞 여상어다지동
기남이란 이름 가진 사람을 본 적 있다	見有己男其名者 견유기남기명자
두발은 저런 꼴이나 그 위에 갓 쓰고	頭髮如彼 而猶伈伈戴笠 두발여피 이유심심대립
고을의 書員이 되어 돌아다녔다	爲縣之書員而行 위현지서원이행
내가 묻되, 그대 보통 한 달에 몇 번 빗질하는가	余問 汝居常月幾梳乎 여문 여거상월기소호
저는 성실히 빗질해서 해마다 한 번은 합니다	答曰 吾性勤於梳 每年埋一梳 답왈 오성근어소 매년매일소
그냥 넘긴 해는 없습니다	殆無虛年矣 태무허년의
자못 우쭐한 태도였다	頗有自多意 파유자다의
그 말을 듣고 비웃었으나 이런 생각이 들었다	余聞而哂之 抑有思焉 여문이신지 억유사언
이 사람은 어둡고 어리석어	此人則人品昏愚 차인칙인품혼우
콩, 보리 분간 못 하니 사람 도리 꾸짖기도 부족하다	殊不分菽麥 不足以人道責也 수불분숙맥 부족이인도책야
다만 사람 수를 따져 숫자나 채울 그런 사람이다	只恨平平之人齒於人數者 지한평평지인치어인수자
게으름이 습관 되어 날 저물기 전 잠들고	猶且懶惰成習 日未昏而先寢 유차라타성습 일미혼이선침
아침 늦게야 일어나 갑자기 밥 재촉하고	朝已晏而始起 俄又促食 조이안이시기 아우촉식
의관을 차리고 밖으로 나온다	冠帶而出 관대이출
이런 자들 어릴 적 버릇 버리지 않고 행동한다	如此者無非童心未去而然也 여차자무비동심미거이연야

우리 집 아이 둘에게 제일 싫은 게 머리 빗기다
余家有二童子 最厭者梳頭也
여가유이동자 최염자소두야

온갖 방법으로 다해 혹 한 달 한 번도 하고
百般勸勤 或月一梳焉
백반권근 혹월일소언

열흘에 한 번도 한다 꾸중을 면하고 일어선다
或旬一梳焉 薄言塞責而起
혹순일소언 박언새책이기

나는 아이들의 속을 모르겠다 총명이 부족해
余未知其意焉 無乃聰明不足
여미지기의언 무내총명부족

때 밀면 머리 가볍고 눈 밝아져 이로운 줄 모르는가
不識其去垢則頭輕目也利於己而然也
불식기거구칙두경목야리어기이연야

마음 억제함이 없고 새 잡을 생각만 하니
抑心不在焉 鴻鵠將至
억심부재언 홍곡장지

잠시라도 그냥 앉아 있고 싶은 마음 없다
不欲暫時坐席而然耶
부욕잠시좌석이연야

나는 걱정이니 아이의 기질 바꾸려면
余實憂指 欲其氣質之變化
여실우지 욕기기질지변화

독서보다 나을 게 없다 싶어 독서를 권했다
則莫如讀書 故勸之勸讀
칙막여독서 고권지권독

쉬지 않고 독서를 해 재미를 붙인다면
若勤勸不已 漸入佳境
약근권불이 점입가경

마음의 크기가 넓어지고 정신도 깨이리라
心地稍開 精神稍朗
심지초개 정신초랑

그러면 늦게 자고 일찍 일어나는 버릇을 들여
則安知不於異日夜寐夙興
칙안지불어이일야매숙흥

닭 울면 바로 세수하고 머리를 빗을 것이다
鷄鳴盥櫛 對越靑史
계명관즐 대월청사

순임금 같은 인물 되려는 생각으로 학문에 힘써
益加舜何人之功
익가순하인지공

말갈기 빗질하는 마음으로 자신을 깨우쳐
而以馬之梳鬣自警
이이마지소렵자경

어둡고 어리석은 기남이 되지 않겠다고 경계해
以己男之昏愚蠢蠢爲戒也哉
이기남지혼우준준위계야재

이런 글을 대강 써서 아이들에게 준다
略書以示之 時癸酉至後一日云
약서이시지 시계유지후일일운

계유년 동지에 쓰다
癸酉 冬至
계유 동지

- 『석루유고』, 이경전, 한국고전종합DB(http//www.nl.go.kr/Korcis).

◆ 나귀 타고 눈 녹지 않은 다리를 건너다(畵雪景) 文徵明(1470~1559)

文徵明은 장수성 사람으로 明代 畵家이자 文人이다. 산수, 화조를 잘 그렸고 明代 4大家의 한 사람으로 불린다. 「惠山茶會圖」와 시문집으로 『甫田集』이 있다. 이 詩는 그림인가 詩인가, 詩人 文徵明의 그림인가, 畵家 文徵明의 詩인가, 아니면 詩도 그림도 아닌 무엇일까?

깊은 숲에 추위 서려 눈 아직 녹지 않았는데

寒鎖千林雪未消
한 쇄 천 림 설 미 소

누군가 나귀 타고 냇물의 다리 건너가고 있네

何人跨蹇過溪橋
하 인 과 건 과 계 교

천천히 나귀 몰아가길 꺼려 하지 마소 시 짓기 어렵다고

莫嫌緩轡詩難就
막 혐 완 비 시 난 취

아름다운 겨울나무 감상하기도 어려울 것이니

玉樹瓊枝応接労
옥 수 경 지 응 접 로

집 지키지 않아도 인간에게 사랑받는 개
犬, 狗, 戌, dog

개는 식육목 갯과의 포유류 동물이다. 10만 년 전 회색 늑대로부터 종이 분화하여, 생물학적으로는 늑대와 같은 종으로서 그 유전적 차이는 0.04% 미만이다. 전 세계적으로 200여 품종이 있는 것으로 알려졌으며, 개체수를 10억 마리까지 추산하는 학자도 있다. 1만 5천 년을 전후하여 가축화되었으므로 인간과 함께 가장 오래 살아온 동물이다.

사냥, 목축, 운송, 경비, 탐지, 인명구조, 시각장애인 인도, 치료 등 다양한 목적으로 활용되고 있으며, 현대에 와서는 반려동물로 키우는 게 가장 많다. 개의 수명은 12~16년 정도인데, 최근에는 먹이가 개선되고 생육 조건과 위생 상태도 좋아지는 등 건강관리가 제대로 이루어져 20년까지로 늘어난 추세이다. 지금까지 가장 오래 산 개의 수명은 30~34세로 보고되었다. 피부에 땀샘이 없어서 입을 벌리고 혀를 내밀어 호흡으로 체온을 조절한다. 임신기간은 62~68일이며, 한배에 보통 4~6마리를 낳는다.

개, 연필, 엄재홍 화백

하루 평균 10시간 이상 자는 것으로 알려졌으나, 그래도 고양이보다는 덜 자는 듯하다. 개와의 의사소통에는 청각보다 시각 신호가 더 효과적이라는 보고가 있으므로, 강아지와 깊은 교감을 원하는 인간 집사들은 손짓이나 몸짓, 표정 등으로 그 효율을 높일 필요가 있겠다.

개는 赤綠色盲에 가까우므로 사람들이 없는 곳에서 교통신호등을 지키지 않는다고 나무랄 건 아니다. 嗅覺能力은 인간의 최소 1,000배 이상이다. "짖는 개와 꼬리를 흔드는 개는 물지 않는다"는 말이 있으나, 위험을 무릅쓰고 시험해 볼 필요까지는 없을 듯싶다.

인간과의 생활, 교감 능력, 사회화 등에 따라 개의 지능과 태도도 나날이 발전하는 듯하다. 말을 알아듣는 데서 나아가, 언젠가는 인간의 말을 하게 될지도 모를 일이다. 그러나 개들이 고양이나 다른 애완동물과의 대우에 형평성을 주장하며 해결 난처한 분쟁을 일으키지 않았으면 좋겠다. 세상을 떨게 하던 族親 늑대의 용맹스럽고 근엄한 野性은 인간과 오랫동안 함께 사느라 옛이야기가 된 지 오래라, 지금은 고양이에게도 날카로운 앞발 펀치로 두들겨 맞고 더러는 벼슬 세우며 달려드는 닭에게까지 쪼이며 도망 다니는 신세가 되었다.

◆ 『전국책』의 개 – 개는 귀천이 아니라 주인이 아니면 짖는다 『戰國策』, 「齊策」

도척의 개가 요임금을 보고 짖는 것은	跖之狗吠堯也 척 지 구 폐 요 야
도척이 귀하고 요임금이 비천해서가 아니라	非貴跖而賤堯也 비 귀 척 이 천 요 야
개는 본래 그 주인이 아니면 짖는 것이다	狗固吠非其主也 구 고 폐 비 기 주 야

◆ 『潛夫論』 – 한 마리 개가 그림자를 보고 짖으면 王符

개 한 마리가 그림자를 보고 짖으면	一犬吠形 일 견 폐 형
모든 개는 그 소리를 듣고 따라 짖는다	白犬吠聲 백 견 폐 성
한 사람이 헛된 말을 전하면	一人傳虛 일 인 전 허
많은 사람이 그것을 사실이라고 전한다	萬人傳實 만 인 전 실
세상의 병은 모두 이와같이 오래된 것이다	世之病 此因久而哉 세 지 병 차 인 구 이 재

◆ 愛犬　遊軒 丁熿(1512~1560)

丁熿은 인품이 정직하고 강직하여 벼슬이 높지 못했으나, 늘 孝悌忠信으로 입신의 근본을 삼았다. 거제 귀양 때 지은 시로, 기르고 있는 개를 戰國時代 명견 韓盧에 비하고 있다. 저서로 『遊軒集』, 『負暄錄』, 『壯行通考』 등이 있다.

강아지 길러 새끼 태어났는데　　狗兒畜已見生兒
구 아 축 이 견 생 아

주인은 따를 것을 알았고 개도 알았다네　　是知從犬是知
시 지 종 견 시 지

한로가 흙덩이 쫓기를 원치 않았지만　　不願韓盧逐狡塊
불 원 한 로 축 교 괴

애석한 것은 黃耳의 답장이 더딘 것이라네　　只憐黃耳報書遲
지 련 황 이 보 서 지

- 韓盧 전국시대 한나라의 명견. 검은색 사냥개.
- 獅子咬人 사람이 돌을 던지면 개는 돌을 좇아가나, 사자는 돌 던진 사람을 문다.
- 黃耳 晉 陸機의 애견. 대통(竹篇) 편지를 목에 걸고 오도-낙양을 오감.

◆ 집 나간 愛犬 豊狗를 생각하며(憶豊狗)　丁熿

豊狗가 스스로 내 마음 같아 돌아온다면　　自歸豊狗我心同
자 귀 풍 구 아 심 동

풍구 너를 이제는 귀하게 받들어 모시리　　豊狗爾今待我公
풍 구 이 금 대 아 공

내가 너를 얼마나 어여삐 여기는지를　　我公憐爾費憐爾
아 공 련 이 비 련 이

돌아가고 싶은, 푸른 바다 동쪽의 외로운 신하　　歸自孤臣碧海東
귀 자 고 신 벽 해 동

- 流配文學의 白眉다. 외로운 귀양 생활에 위로가 되어 준 豊狗의 가출을 가슴 아파하며 돌아오기를 바라는 간절한 마음을 시에 담아, 돌아오면 더 잘해 줄 것을 다짐하고 있다. 풍구는 통통하고 복스러운 개를 뜻하는 '豊狗'가 아니라, 어쩌면 화려한 벼슬길에서 밀려나 섬 지역에 홀로 流配 중에 있는 외로운 주인(孤臣)이 寤寐不忘 그리며 돌아가고 싶은, 푸른 바다 동쪽의 외로운 신하

(歸自孤臣碧海東)의 自由의 바람(風)을 대신 찾아 나선 '風狗'가 아닐까? 그는 바람난 家出 豊狗가 아니라 自由鬪士 風狗일 것이다.

◆ 狗箴 – 개에게 주는 경계의 말 李齊賢(1287~1367)

꼬리로는 아첨을 부리고 혀로는 핥고 빤다	而尾之媚 而舌之舐 이 미 지 미 이 설 지 지
부디 싸우거나 장난치지 마라, 울타리 망가진다	毋鬪毋戲 惟藩之毁 무 투 무 희 유 번 지 훼

• 사나운 개가 있으면 술이 시어도 팔리지 않는다(狗猛則酒酸不售, 『韓非子』).

◆ 石樓 선생이 9세 때 지은 古體詩 石樓 李慶全(1567~1644) 『石樓遺稿』

첫 번째 개가 짖고 두 번째 개가 짖으니	一犬吠 二犬吠 일 견 폐 이 견 폐
세 번째 개가 역시 따라 짖는다	三犬吠隨吠 삼 견 폐 수 폐
사람인가, 범인가, 바람 소리인가	人乎虎乎風聲乎 인 호 호 호 풍 성 호
아이가 말하길, 산 위의 달 촛불같이 밝은데	童言山月正如燭 동 언 산 월 정 여 촉
마당 저편에 쓸쓸히 오동나무가 울고 있어요	半庭惟有鳴寒梧 반 정 유 유 명 한 오

• 李慶全은 조선 중기 영의정을 지낸 명신 鵝溪 李山海의 아들이다. 아홉 살의 李慶全이 아버지 李山海와 나눈 대화를 시로 옮겼다고 한다.
온 동네 개가 다 짖어 대자 아버지가 아들에게, "왜 이리 시끄러우냐? 아들아!" 아들이, "아버지, 어느 집에 도둑 들었나 봐요." 아버지가 다시, "혹시 산에서 범이 내려왔나, 아니면 바람 소리인가, 얘야, 어디 좀 내다보아라." 밖을 보고 온 아들이, "아버지, 달이 불꽃처럼 밝은데 가을바람에 오동잎 스치는 소리 같네요. 달을 보고 개들이 저렇게 짖나 봅니다."(『小華時評』, 洪萬鍾)
그 후 어른들은 앞다투어 이 아홉 살 아이의 시를 모방해서 시를 지었다.
"一犬吠, 二犬吠, 萬犬亦隨一犬吠, 呼童出門間, 月掛梧桐第一枝"

◆ 눈 온 뒤 개와 함께하는 토끼 사냥　牧隱 李穡

평산에 눈 그쳤는데 세상은 하얀빛　　平山雪霽白皚皚 (평산설제백애애)

사냥개 데리고 몇 사람 말을 타고 오네　　牽狗時看數騎來 (견구시간수기래)

새벽부터 어디서 교활한 토끼 놈을 쫓으려나　　何處凌晨逐狡兎 (하처릉신축교토)

많이 잡기 내기 술에 취해서 돌아오리　　競誇多獲半酣廻 (경과다획반감회)

◆ 낙방한 선비를 반기는 누렁이　袁枚 『隨園詩話』(唐靑臣의 落第詩)

낙방하고 멀리서 돌아오니 처자는 반기는 기색 없고　　不第遠歸來妻子色不喜 (부제원귀래처자색불희)

누렁이 녀석만 반가운 듯 문 앞에 누워 꼬리 흔드네　　黃犬恰有情當門臥搖尾 (황견흡유정당문와요미)

◆ 燕京 근처 黃土店을 지나며(黃土店)　李齊賢

창자 속에 얼음과 숯이 뒤섞이듯 하여　　寸腸氷炭亂交加 (촌장빙탄란교가)

燕山을 바라보고는 아홉 번 탄식 일어나노라　　一望燕山九起嗟 (일망연산구기차)

누가 고래가 땅강아지와 개미에게 곤욕 치를 거라 여겼겠나　　誰謂鱣鯨困螻蟻 (수위전경곤루의)

주린 이가 두꺼비(蟆)를 참소하다니 안타깝구나　　可憐饑虱訴蝦蟆 (가련기슬소하마)

미리 막는 재주가 없어 얼굴 붉어지고　　才微杜漸顏宜赭 (재미두점안의자)

나라 붙들 책임 무거운데 머리털은 이미 희어졌네　　責重扶顚髮已華 (책중부전발이화)

금등 속에 주공의 유언 남아　　萬古金縢遺冊在 (만고금등유책재)

관숙과 채숙이 주나라를 그르칠 걸 용납지 않네　　未容群叔誤周家 (미용군숙오주가)

• 忠宣王은 忠烈王과 쿠빌라이 칸(忽必烈 可汗)의 딸인 제국대장공주 사이의 맏아들이므로 칸의 외손자다. 쿠빌라이 칸의 특별한 총애와 元의 황자들과의 혈연적 유대로 원에서도 유력한 정치적 지위를 확보하여 고려의 독립적 지위를 회복하고자 노력하였으나, 원의 압력으로 폐위와 복위를 거듭하면서 대부분의 시간을 고려가 아닌 원의 수도 연경에서 보냈다. 충선왕은 실제로 伯顔禿古思의 讒訴로 3만 리나 떨어진 티베트에서 3년이란 긴 기간을 귀양 생활로 보낸다. 고래가 개미에게 욕보고, 이(虱)가 두꺼비(蟆)를 모함하다.

분이네 외가 가는 날, 유화, 張利錫 화백, 1991.(최양식 소장)

張利錫은 1916년 평양에서 출생하여, 1958년 대한민국미술전람회(국전)에서 대통령상을 수상했다. 그는 天才型이라기보다는 晩成型의 작가로 평가되고 있으며, 2019년 103세로 타계할 때까지 작품활동을 쉬지 않을 정도로 건강의 축복을 누렸다.

분이네가 외가에 가는 날, 강아지 두 마리가 앞서서 빨리 가자며 채근하고 있다. 강아지들이 외가에 가는 분이네를 눈 내린 동구 밖까지 배웅하려는 건지, 멀리 있는 외가까지 따라나서겠다는 것인지는 모르겠다. 그러나 강아지들의 마음을 화가는 알 것이라 생각한다. 강아지들은 길 떠나는 분이네를 따라가는 게 아니라, 아예 앞장서서 가고 있다. 길 안내까지 맡겠다는 모양이다.

쥐 잡는 노무계약 파기되어도, 인간의 사랑받는 고양이
猫, cat

고양이는 食肉目 고양잇과에 속하는 포유류이며, 1만 년 전쯤부터 가축화된 것으로 추정한다. 무게는 4~5kg, 길이는 46cm 정도다. 달리는 속도가 최대 48km/h이므로, 아무리 재빠른 쥐들도 구멍이 없으면 살길이 없다. 임신기간은 58~67일이며, 수명은 15~20년 남짓이다.

哺乳動物綱 식육목 고양잇과에 속하므로 호랑이, 삵과 같이 멀리 한 祖上을 모신다. 고양이가 당당히 이 집안의 宗孫인지라 百獸의 王인 호랑이도 고양이 派譜의 빈자리에 그 이름을 끼워 올려야 할 처지이니, 아무리 호랑이라 해도 존엄하고 신성한 族譜 앞에서는 별도리가 없다.

고양이는 빠른 반사신경과 유연성으로 탁월한 사냥 실력을 자랑한다. 시도 때도 없이 하루 17시간 정도 잠을 자고 조는 습성이 있음에도, 쥐들에 대한 그들의 위상이 지금까지 크게 흔들리지는 않았다. 다만, 하늘의 '日進'으로 불리는 까치 떼만 조심하면 낮잠 중에 털 뽑힐 봉변을 겪는 일은 없을 것이다.

고양이는 쥐를 잡아주며 사람과 오랜 勞務契約을 맺어 왔다. 마당에 머물면서 간혹 달을 보고 짖거나, 도둑을 물리치거나, 닭을 쫓으며 살아가는 개들과는 그 대접이 가히 天壤之差다. 한겨울에도 따뜻하게 군불 땐 방에서 지내며, 사람의 품에 파고들며 한 이불을 덮는다.

따뜻한 곳을 좋아하고, 물을 싫어하는 편이라 더러는 요로결석에 걸리기도 한다. 다소 이기적이고 개처럼 사람을 따르지는 않는 편이지만, 매우 독립적이고 깔끔해서 사람과 함께 살기는 그리 어렵지 않다.

고대 이집트인들은 고양이를 신격화할 정도로 좋아했다. 무덤에서 나온 고양이像은 주인 미라와 함께 박물관에 전시되어 있고, 피라미드 밖으로 나오지 못한 벽화 속 고양이는 초대받지 않은 방문객에게 침묵의 소리로 '야옹' 하며 몇천 년의 소식을 전한다.

고양이는 문명과 함께 이집트와 중동을 거쳐 실크로드를 타고 동양으로 건너와서, 목을 쳐들고 덤벼대는 사나운 사막의 뱀과 싸우는 대신 구멍 나온 쥐 잡는 일이나 하면서 개와는 달리 好衣好食하고 있다. 요즈음은 잡을 쥐도 별로 없지만, 혹 있다고 해도 심심파적의 놀잇감일 뿐이다. 더러는 플라스틱 쥐로 무료함을 달래며, 17시간 이상을 졸면서 非夢似夢 간에 하루하루를 보낸다. 요즈음 쥐들은 고양이를 그렇게 두려워하는 것 같지도 않다. 그래도 조는 중에 가끔씩 눈을 떠, 성가시게 하는 까치 살피는 일은 게을리하지 않는다.

고양이, 펜화에 부분 채색, 허진석 화백

◆ 쥐 잡는 일 게을리하는 고양이 丁若鏞 『與猶堂全書』第一集,『詩文集』五卷

남산골 어르신 고양이를 기르시는데	南山村翁養貍奴 남 산 촌 옹 양 리 노
해가 오래되니 요사하고 흉악하길 늙은 여우를 닮아	歲久妖兇學老狐 세 구 요 흉 학 로 호
밤마다 초당에 재워 둔 고기 훔치고	夜夜草堂盜宿肉 야 야 초 당 도 숙 육
항아리와 단지를 엎고 잔과 술병까지 다 뒤지네	翻瓨覆瓿連觴壺 번 강 복 부 련 상 호
어둠을 틈타 나다니며 교활하기 짝이 없으니	乘時陰黑逞狡獪 승 시 음 흑 령 교 회
문 열고 큰소리 지르면 그림자도 없이 사라지네	推戶大喝形影無 추 호 대 갈 형 영 무
등불 켜고 비춰 보면 곳곳에 더러운 흔적 널려 있고	呼燈照見穢跡徧 호 등 조 견 예 적 편
이빨 자국 난 음식 찌꺼기만 널려 있네	汁滓狼藉齒入膚 즙 재 낭 자 치 입 부

늙은 주인 잠 못 자 근력은 줄어들어	老夫失睡筋力短 노 부 실 수 근 력 단
온갖 생각 두루 해도 하릴없는 긴 한숨뿐일세	百慮皎皎徒長吁 백 려 교 교 도 장 우
고양이 놈 죄악 극에 달한 것 생각해 보니	念此貍奴罪惡極 염 차 이 노 죄 악 극
바로 분연히 칼 뽑아 천벌을 내리고 싶구나	直欲奮劍行天誅 직 욕 분 검 행 천 주
하늘이 널 세상에 낼 때 본디 어디에 쓰려고 하셨겠나	皇天生汝本何用 황 천 생 여 본 하 용
너에게 명하길 쥐 잡아 백성 괴로움 없애라고 하셨지	令汝捕鼠除民痡 영 여 포 서 제 민 부
들쥐는 밭에 구멍 파 벼 쌓아 두고	田鼠穴田蓄穉穧 전 서 혈 전 축 치 재
집쥐는 온갖 물건 마구잡이로 다 훔쳐 가네	家鼠百物靡不偷 가 서 백 물 미 불 투
백성들 쥐 피해로 나날이 초췌해 가고	民被鼠割日憔悴 민 피 서 할 일 초 췌
기름과 피가 말라 피골이 메말랐네	膏焦血涸皮骨枯 고 초 혈 학 피 골 고
그래서 너를 보내 쥐잡이 장수로 삼았으니	是以遣汝爲鼠帥 시 이 견 여 위 서 수
너에게 권력 주어 마음대로 찢어발기게 했네	賜汝權力恣磔刳 사 여 권 력 자 책 고
너에게 번쩍이는 한 쌍의 황금빛 눈을 주어	賜汝一雙熒煌黃金眼 사 여 일 쌍 형 황 황 금 안
칠흑 같은 밤에도 올빼미같이 벼룩도 잡을 수 있게 했고	漆夜撮蚤如梟雛 칠 야 촬 조 여 효 추
너에게 보라매 같은 쇠 발톱을 주었고	賜汝鐵爪如秋隼 사 여 철 조 여 추 준
호랑이처럼 톱날 같은 이빨까지 주었으며	賜汝鋸齒如於菟 사 여 거 치 여 어 토
거기다 네겐 날아올라 내리치는 날쌘 용맹까지 주었더니	賜汝飛騰博擊驍勇氣 사 여 비 등 박 격 효 용 기
쥐가 한 번 보면 벌벌 떨며 엎드려 몸을 바쳤지	鼠一見之凌兢俯伏恭獻軀 서 일 견 지 능 긍 부 복 공 헌 구
한 번에 백 마리 쥐 죽인들 누가 이를 금하겠는가	一殺百鼠誰禁止 일 살 백 서 수 금 지
다만, 보는 자들 네 털, 골격 뛰어남 칭찬 자자하네	但得觀者嘖嘖稱汝毛骨殊 단 득 관 자 책 책 칭 여 모 골 수
그리하여 八蜡 제사 때 너에게 보답하려고	所以八蜡之祭崇報汝 소 이 팔 사 지 제 숭 보 여

道士의 黃冠 쓰고 큰 잔에 술을 따라 주었었지
黃冠酌酒用大觚
황 관 작 주 용 대 고

그런데 너는 지금 한 마리 쥐도 잡지 못하고
汝今一鼠不曾捕
여 금 일 서 불 증 포

돌아보니 되레 스스로 죄를 범해 쪽문을 뚫었구나
顧乃自犯爲穿窬
고 내 자 범 위 천 유

쥐는 본래 작은 도둑이니 피해도 적지마는
鼠本小盜其害小
서 본 소 도 기 해 소

너는 지금 힘세고 권세 높은데 마음 씀이 거칠구나
汝今力雄勢高心計麤
여 금 역 웅 세 고 심 계 추

쥐들은 할 수 없는 것을 너는 오직 네 맘대로 하며
鼠所不能汝唯意
서 소 불 능 여 유 의

처마에 매달려 문짝을 거두고 꾸미고 칠한 것 무너뜨리네
攀檐撤蓋頹墍塗
반 첨 철 개 퇴 기 도

이제부터 쥐 무리는 거리낄 것 없을 테니
自今群鼠無忌憚
자 금 군 서 무 기 탄

쥐구멍에서 나와 크게 웃고 그 수염을 세우는구나
出穴大笑掀其鬚
출 혈 대 소 흔 기 수

쥐들은 훔친 물건 모아 거듭 너에게 뇌물로 바치고
聚其盜物重賂汝
취 기 도 물 중 뢰 여

태연히 너와 더불어 서로 함께 못된 짓 하는구나
泰然與汝行相俱
태 연 여 여 행 상 구

호사가들 때때로 네 모습 두고
好事往往亦貌汝
호 사 왕 왕 역 모 여

쥐 무리 감싸고 호위하는 것이 마부 같구나
群鼠擁護如騶徒
군 서 옹 호 여 추 도

나팔 불고 북 치며 법을 다스리는 듯
吹螺擊鼓爲法部
취 라 격 고 위 법 부

기 세우고 깃발 들어 말 몰이꾼 되고 말았구나
樹纛立旗爲先驅
수 독 립 기 위 선 구

네 놈은 큰 가마 타고 잘난 빛 쳐들지만
汝乘大轎色夭矯
여 승 대 교 색 요 교

다만 즐기는 건 쥐 무리들, 바삐 내달리며 다투는구나
但喜群鼠爭奔趨
단 희 군 서 쟁 분 추

나 이제 붉은 칠한 활의 큰 화살로 너를 쏘고도
我今彤弓大箭手射汝
아 금 동 궁 대 전 수 사 여

만약 앞으로도 쥐들 횡행하면 차라리 사냥개 불러오리
若鼠橫行寧嗾盧
약 서 횡 행 녕 수 로

• 『정본 여유당전서 1』, 시문집, 다산학술문화재단, 2013.
• 『여유당전서를 독함』, 최익환 외, 21세기문화원, 2020.

◆ 여우, 이리와 함께 三傑된 고양이를 예찬하다(猫) 金炳淵(1807~1863)

밤을 타서 남북 길을 돌아다니다	乘夜橫行路北南 승 야 횡 행 로 북 남
여우 이리와 함께 三傑이 되었구나	中於狐狸傑爲三 중 어 호 리 걸 위 삼
검정털 흰털로 나눠 무늬 수놓았고	毛分黑白渾成繡 모 분 흑 백 혼 성 수
눈은 푸른 눈동자에 노른자위 반은 남빛	目狹靑黃半染籃 목 협 청 황 반 염 람
귀한 손님상 앞에서 맛난 찬 훔치고	貴客床前偸美纂 귀 객 상 전 투 미 찬
노인 품속에서 따뜻한 옷을 곁으로 나누더라	老人懷裡傍溫衫 노 인 회 리 방 온 삼
어디서 새나 쥐 따위가 교만을 떨겠느냐	邦邊雀鼠能驕慢 방 변 작 서 능 교 만
사냥 나가는 우렁찬 소리 대담한 듯하구나	出獵雄聲若大膽 출 렵 웅 성 약 대 담

◆ 고양이를 꾸짖다(責猫) 李奎報

재워 둔 내 고기 훔쳐 배 채우고	盜吾藏肉飽於腸 도 오 장 육 포 어 장
사람 이불 속에 잘도 들어와 색색거리네	好入人衾自塞聲 호 입 인 금 자 새 성
쥐 떼 미쳐 날뛰는 게 누구의 책임이냐	鼠輩猖狂誰任責 서 배 창 광 수 임 책
밤낮 가리지 않고 점점 거리낌 없이 들락거리네	勿論晝夜漸公 물 론 주 야 점 공

◆ 검은 고양이 새끼를 얻고(得黑猫兒)　李奎報『東國李相國集』卷十

보송보송한 털은 옅은 푸른색 띠고　細細毛淺靑(세세모천청)

동글동글한 눈은 짙은 초록　團團眼深綠(단단안심록)

생김새는 호랑이 새끼에 견줄 만하고　形堪比虎兒(형감비호아)

그 소리에 집에서 키우는 사슴조차 두려워하네　聲已懾家鹿(성이섭가록)

붉은 실로 목줄 매어 주고　承以紅絲纓(승이홍사영)

참새 고기 먹여 키웠더니　餌之黃雀肉(이지황작육)

처음엔 뛰어올라 발톱을 세우더니　奮爪初騰蹂(분조초등유)

꼬리를 흔들며 점차 길들여지네　搖尾漸馴服(요미점순복)

나 예전엔 집안 살림 가난한 것만 믿고　我昔恃家貧(아석시가빈)

중년까지는 너를 기르지 않았구나　中年不汝畜(중년불여축)

쥐 떼가 방자하게 횡행하며　衆鼠恣橫行(중서자횡행)

날카로운 이빨로 집에 구멍을 내고　利吻工穴屋(이문공혈옥)

장롱 속 옷가지 모조리 뜯어 발겨　齩齧箱中衣(교설상중의)

너덜너덜 조각조각 누더기로 만들었구나　離離作短幅(이이작단폭)

대낮에 책상 위에서 싸움질 일삼아　白日鬪几案(백일투궤안)

나로 하여금 벼루를 엎지르게 하였네　使我硯池覆(사아연지복)

나 그 녀석들 행패가 몹시도 미워　我甚疾其狂(아심질기광)

獄吏 張湯의 刑具를 갖추려고 했지만　欲具張湯獄(욕구장탕옥)

잽싸게 달아나 버리니 잡지도 못하고　捷走不可捉(첩주불가착)

쓸데없이 벽만 에워싸고 뒤쫓을 뿐이다　遶壁空追逐(요벽공추축)

그러나 네가 우리 집에 있은 뒤부터는	自汝在吾家 자 여 재 오 가
쥐들의 기세가 이미 위축되었으니	鼠輩已收縮 서 배 이 수 축
어찌 담장만 온전한 데 그치겠느냐	豈唯垣墉完 기 유 원 용 완
되나 말곡식까지도 능히 지킬 수 있으리라	亦保升斗蓄 역 보 승 두 축
너에게 권하노니 공밥만 먹으려 하지 말고	勸爾勿素餐 권 이 물 소 찬
힘을 다해 이 쥐 무리들을 섬멸할지어다	努力殲此族 노 력 섬 차 족

• 『白雲 李奎報 詩選』, 허경진 옮김, 평민사, 2023.

◆ 오해해서 미안해, 고양이야!(烏圓子賦) 徐居正

해는 정유년 하짓날 저녁	歲在火鷄 夏至之夕 세 재 화 계 하 지 지 석
비바람이 몰아쳐 밤은 칠흑같이 어두운데	風雨晦冥 夜昏如漆 풍 우 회 명 야 혼 여 칠
四佳子는 가슴이 결려 자리에 편히 눕지도 못하고	四佳子患心痞 身不帖席 사 가 자 환 심 비 신 불 첩 석
벽에 기대어 졸고 있었다	倚壁而睡 의 벽 이 수
그때 갑자기 병풍과 휘장 사이 긁는 소리가 났다	忽聞屛幃間 有聲摩戛 홀 문 병 장 간 유 성 마 알
사그락 소리가 그쳤다, 다시 사그락사그락했다	乍止乍乍 사 지 사 사
내 집엔 병아리를 깨어서 臥床 곁에 있었는데	予有鷄雛 籠在臥榻之側 여 유 계 추 농 재 와 탑 지 측
동자를 불러 그것을 지키게 하여	呼童子而護之 호 동 자 이 호 지
고양이가 훔치는 것을 막으려 했지만	以防猫竊 이 방 묘 절
동자 녀석 코를 골면서 깊은 잠에 빠져 있었다	童子鼻雷 其睡也熟 동 자 비 뢰 기 수 야 숙
나는 늙은 고양이가 사람이 자는 틈을 타서	予意老猫幸人之睡 여 의 로 묘 행 인 지 수

생선과 고양이, 연필화, 최양식

약한 병아리를 잡아먹으려는 줄 알고　　磨牙鼓吻於弱之肉也 마아고문어약지육야

갑자기 지팡이를 휘두르며 성내어 말하기를　　猝然奮杖而怒曰 졸연분장이노왈

고양이를 기르는 것은 쥐를 없애려는 것이지　　養猫所以除鼠 양묘소이제서

다른 생물을 해치게 하라는 것이 아니거늘　　非爲害物 비위해물

지금 너는 도리어 그리하지 아니하고　　今反不爾 금반불이

네가 맡은 일을 하지 않는다면　　惟職之闕 유직지궐

내 단번에 너를 쳐서 가루로 만들고 말 것이라　　當一擊而粉碎 당일격이분쇄

내가 어찌 고양이인 너를 애석하게 여기겠느냐　　予於猫乎何惜 여어묘호하석

그런데 그때 갑자기 두 마리 짐승이　　俄有二物 아유이물

내 정강이를 스치며 번쩍 지나가는데　　掠吾脛而閃去 약오경이섬거

앞쪽 놈은 조그맣고 뒤쪽 놈은 커다래서 前者小而後者大(전자소이후자대)

마치 고양이가 쥐를 덮치는 듯한 모습이라 狀若猫之捍鼠(상약묘지한서)

나는 잠든 동자 놈을 발로 깨워 불을 켜고 보니 蹴童燭之(축동촉지)

고양이는 이미 쥐를 잡아 죽였고 鼠已屠盡(서이도진)

제 집에서 편히 쉬고 있기에 而猫則寢處乎其所矣(이묘칙침처호기소의)

사가자는 깜짝 놀라 이렇게 말하노라 四佳子矍然驚曰(사가자확연경왈)

고양이가 이미 쥐를 잡아 맡은 일을 잘하였거늘 猫捍其鼠 乃職其職(묘한기서 내직기직)

내가 스스로 밝지 못하여 予不自明(여부자명)

혼자 속으로 억측하여 고양이에게 의심 품어 以忖以臆 致疑於猫(이촌이억 치의어묘)

불측한 일 저지를 뻔하였네 아, 참으로 가상하다 幾蹈不測 嗚呼嘻噫(기도불측 명호희희)

쥐라는 동물은 그만큼 천한 동물도 없으리니 鼠之爲蟲 物莫比其賤(서지위충 물막비기천)

털은 짧아서 탐스럽지 못하고 毛淺不雋(모천부준)

그 살코기는 천해서 제사에도 쓰지 못하고 肉卑不薦(육비불천)

뾰족한 수염에 사나운 눈은 尖鬚悍目(첨수한목)

누가 너 같은 자질을 타고 나겠으며 孰賦爾質(숙부이질)

측간이나 땅속에 굴을 파고 살거니와 處溷穴壤(처흔혈양)

누가 너와 굴을 다투려 하겠느냐 孰爭爾窟(숙쟁이굴)

담장을 타고 도는 것은 간교한 짓이고 循墻其詐(순장기사)

사당에 몸을 의탁하는 것은 교활함이니 托社其黠(탁사기힐)

네 배는 채우기도 쉽거늘 爾腹易盈(이복역영)

어찌하여 끝없는 욕심을 부리며 何欲乎溪壑(하욕호계학)

네 주둥이는 길지도 않은데 爾喙不長
이훼부장

어찌하여 창끝처럼 날카로우냐 何銛戈戟
하섬과극

인기척을 교묘히 엿보며 善伺巧候
선사교후

낮에는 숨어 있다 밤이면 종횡으로 내달아 晝鼠夜縱
주서야종

내 옷상자 뚫고 쌀 항아리를 어지럽혀 놓으니 穿我箱篋 攪我盆甕
천아상협 교아분옹

나의 옷이 어찌 온전하겠으며 我衣何完
아의하완

나의 양식이 어찌 채워져 있겠느냐 我粟何贏
아속하영

누가 네 썩은 몸뚱이를 다투어 노하며 孰腐其嚇
숙부기혁

네 간은 누가 삶아 먹었다더냐 孰肝其烹
숙간기팽

그릇 깰까 두려워 어쩌지 못하는데 地嫌忌器
지혐기기

부유한 집에 의탁하여 멋대로 날뛰며 극성을 부리지만 勢倚熏屋 跳梁跋扈
세의훈옥 도량발호

하늘은 그 악을 북돋아 주는 듯하니 天壅厥惡
천옹궐악

이 때문에 『시경』「魏風」에서는 碩鼠를 풍자하고 此所以國風刺碩
차소이국풍자석

『春秋』에 제사 올린 소뿔 갉아먹은 걸 기록했지 麟史書食
인사서식

이런 때 烏圓子에게 쥐 잡아 없애는 공 없다면 當斯時不有烏圓子驅除之功
당사시불유오원자구제지공

너를 버리고 떠나가지 않을 자가 얼마나 되겠느냐 幾何不逝汝彼適者乎
기하불서여피적자호

내가 일찍 『禮記』를 읽으니 고양이 맞는 법이 있다 我嘗讀禮 迎猫有法
아상독례 영묘유법

우리 밭농사 잘되게 도운 그 공 興我田功
흥아전공

생물에게 도움 주고 백성들을 이롭게 하였네 利民澤物
이민택물

내가 오원자를 기르는 것 대체로 이런 뜻이니 予養烏圓子 意蓋如此
여양오원자 의개여차

나와 함께 이불과 요를 같이 쓰고 同我衾褥
동아금욕

나의 맛있는 음식을 나누어 먹이니 分我甘旨(분아감지)

오원자가 저를 알아 주는 것에 감격하여 惟烏圓子感激知己(유오원자감격지기)

기운을 뽐내고 용맹을 떨치며 奮氣鼓勇(분기고용)

그 재능과 기예 펼쳐 으르릉 소리 지르며 效才展技 狺然其聲(효재전기 은연기성)

목적물을 노려보다가 번개처럼 날아가 耽然其視 劃若電邁(탐연기시 획약전매)

별안간 바람을 일으킨다 倏若風動(숙약풍동)

쥐들이 풀 죽어 엎드린 채 鼠輩帖伏(서배첩복)

주군에게 신하의 예를 갖추듯 하니 主臣人拱(주신인공)

산 놈은 움켜잡고 달리는 놈은 쫓아가 攫生搏走(확생박주)

전력을 다해 후려쳐서 혹은 눈깔을 긁어내고 搪突屭奰 或抉其目(당돌희비 혹결기목)

혹은 머리를 잘라내기도 하며 낭자하게 갈가리 찢어 或截其首 磔裂狼藉(혹절기수 책렬낭자)

간과 뇌를 땅에 흩어 버리고 肝腦塗地(간뇌도지)

쥐 소굴을 완전히 소탕, 종자를 남기지 못하게 했네 擣巢盪穴 無俾易種(도소탕혈 무비역종)

이때엔 비록 육식을 하는 높은 녹봉의 후작에 봉해 當此時雖封以肉食之侯(당차시수봉이육식지후)

날마다 고관의 성찬을 먹인다 해도 日享大官之羞(일향대관지수)

그 공덕을 보상하기에는 오히려 부족할 터인데 未足償功而酬德(미족상공이수덕)

어찌하여 내가 한 가지 생각을 잘못하여 何一念之不察(하일념지불찰)

어지럽게도 이러한 의혹을 가졌단 말인가 紛然致此惑也(분연치차혹야)

너는 네 정직함 때문에 해를 당할 뻔하였고 爾以直而賈害(이이직이가해)

잘못했으면 나는 의심으로 너를 죽일 뻔했구나 我以疑而枉殺(아이의이왕살)

내가 병아리에게는 사랑이 있었으나 我雖仁於鷄雛(아수인어계추)

너에겐 사랑이 부족했었도다	而不仁於爾 이 불 인 어 이
너를 죽여 쥐의 원수 갚는 셈이니 어찌 도리이겠나	爲鼠報仇豈理也哉 위 서 보 구 기 리 야 재
아, 천하에 이런 일이	嗚呼天下 오 호 천 하
사리는 하도 무궁하여	事理無窮 사 리 무 궁
사람이 대처하는 도리도	人之酬酢 인 지 수 초
만 가지가 있어도 같지 않을 것이니	有萬不同 유 만 부 동
의심 안 할 것을 의심하고	有疑於不疑 유 의 어 불 의
의심할 것을 의심하지 않기도 하거니와	有不疑於疑 유 불 의 어 의
의심을 하고 안 하는 것	疑與不疑 의 여 불 의
호리와 천 리처럼 멀리 동떨어지니	毫釐千里 호 리 천 리
사리로 헤아리지 않고 사심으로 헤아리거나	不揆以理而揆以心 불 규 이 리 이 규 이 심
실체를 캐지 못하고 그 비슷한 걸 잡게 되면	不跡其實而跡其似 부 적 기 실 이 적 기 사
천하 사리가 모두 닭과 쥐의 관계와 같아질 것이니	靡有不鷄鼠於其間 미 유 불 계 서 어 기 간
필시 오원자를 의심하게 되고 말리라	而致疑於烏圓子也 이 치 의 어 오 원 자 야
이에 동자를 불러 이대로 기록하게 하고	呼童子而書之 호 동 자 이 서 지
이로써, 스스로 맹세하노라	因以自矢 인 이 자 시

• 한국민족문화대백과사전, 한국학중앙연구원.
• 『徐居正 詩選』, 徐居正 지음, 허경진 옮김, 평민사, 2020.

◆ 고양이 새끼를 구하러(乞猫) 黃庭堅

가을 오니 쥐들 고양이 죽은 것 알아차리고 기세등등	秋來鼠輩欺猫死 추 래 서 배 기 묘 사
항아리 엿보고 소반 뒤집고 밤잠 어지럽히네	窺甕翻盤攪夜眠 규 옹 번 반 교 야 면
들으니 곧 고양이가 새끼 몇 마리 낳는다는 소문 있어	聞道狸奴將數子 문 도 리 노 장 수 자
생선 사서 버들가지에 꿰어 고양이 모셔 와야겠다	買魚穿柳聘銜蟬 매 어 천 류 ㅍ 함 선

• 銜蟬은 고양이의 별칭으로 猫, 烏圓, 狸奴, 啣蝶, 蒙貴, 高伊 등 다양한 명칭이 있다.

◆ 추위가 두려워 고양이와 함께 화로 옆에(寒畏) 牧隱 李穡

추위가 두려워 모신 손님 돌려보내고	畏寒麾客去 외 한 휘 객 거
화롯불 옆에서 고양이와 사이좋게 지내니	向火與猫親 향 화 여 묘 친
얻고 잃는 것이 실로 서로 반반일세	得失政相半 득 실 정 상 반
中과 和의 원기를 스스로 새롭게 하네	中和方自新 중 화 방 자 신

날아다니는 여우로 불리는 박쥐
蝠, bat

박쥐는 박쥐목에 속하며 飛行이 가능한 유일한 포유류다. 가장 큰 박쥐의 날개폭은 1.5m가 넘고 몸집도 비둘기만 하다. 시속 8~13km로 날 수 있으며, 날개는 앞 발가락 사이에 얇고 튼튼한 막이 채워져 뒷다리와 꼬리까지 연결되어 있다.

낮에는 빛을 피해 동굴 등에 거꾸로 매달려 있다가 밤에만 일하는 야행성이다. 곤충을 잡아먹는 박쥐와 과일을 먹는 박쥐가 널리 알려져 있으며, 그 종류는 1,000여 종이 넘는다. 박쥐에 '쥐'가 덧붙어 있지만 齧齒類(rodents)는 아니며, 오히려 개나 고양이, 소, 말에 더 가까운 종이라고 한다. 실제로 박쥐 얼굴을 자세히 들여다보면, 크기가 아주 작은 개나 여우와 비슷해서 '날 여우(flying fox)'라고도 불린다.

시력이 아주 나쁜 작은 박쥐는 超音波(ultrasonic wave)를 내어 되돌아오는 反射波(reflected wave)로 먹이를 탐색하고 장애물을 식별하는 反響定位(echolocation) 능력을 사용한다. 밤에 활동하면서 초음파로 곤충들을 공략하므로, 어두운 밤 세상을 살아가야 하는 곤충류들에게는 피하기 어려운 재앙이다. 박쥐는 다른 동물의 피를 빨지만, 일을 나가지 못하는 다른 동료들에게 피를 나눠주기도 하는 진한 동료애를 가지고 있기도 하다.

집박쥐는 하루에 자기 몸무게 3분의 1에 해당하는 3,000마리의 모기를 먹어 치운다. 큰 박쥐는 反響定位 능력이 없어 오직 시력과 청력만을 이용해서 먹이를 찾아야 하는데, 어느 편이 나은지 우리는 알지 못한다.

天敵은 부엉이, 올빼미, 뱀, 매, 수리 등이 있다. 과일박쥐는 그 바쁜 중에도 벌과 나비의 부족한 일손을 도와 受粉하는 일에도 나선다. 박쥐는 메르스, 사스, 에볼라, 코로나 등 130여 종의 바이러스를 안고 있어, 바이러스 倉庫로 불린다. 세계를 도탄에 빠뜨린 2019 코로나 바이러스가 박쥐에서 비롯됐다는 설도 있는데, 정작 박쥐들이 들으면 어찌 생각할는지 모르겠다.

『舊約聖經』「레위기」 11장 19절에서는 먹지 말아야 할 동물로 박쥐를 들고 있다.

大韓民國 江原特別自治道 三陟市는 밤에만 날아다니는, 이 밤의 포유류 황금박쥐를 마스코트로 삼고 있다.

- 『동물들처럼』, 스티븐 어스태드 지음, 김성훈 옮김, 윌북, 2022.

◆ 쥐의 몸에 새의 날개를 가진 박쥐(蝙蝠) 徐居正(1420~1488)

조화가 무궁하여	造化坱圠 조 화 앙 알
만물이 생겼으니	囿形萬物 유 형 만 물
나는 것과 달리는 것	曰飛曰走 왈 비 왈 주
더러는 잠겨 있고 더러는 뛰고 있으며	或潛或躍 혹 잠 혹 약
종류가 많은데 각기 다르니	種繁類殊 종 번 류 수
크고 작은 놈, 하나같지 않다	鉅細不一 거 세 불 일
꿈틀거리는 놈, 나는 벌레	蠢玆飛蟲 춘 자 비 충
그 족속 수백 가지니	亦百其族 역 백 기 족
봉황은 높은 산등성이에서 울고	鳳凰鳴于高岡兮 봉 황 명 우 고 강 혜
덕이 비치는 것을 보고 날아와 모이며	覽德輝而翔集 남 덕 휘 이 상 집
대붕은 바람 타고 구만리를 높이 올라	鵾鵬羊角而扶搖兮 곤 붕 양 각 이 부 요 혜
순식간에 변화한다	羌變化之炊翕 강 변 화 지 취 흡
매와 솔개는 뭇 새들을 쫓고	鷹鸇之逐鳥雀兮 응 전 지 축 조 작 혜
나, 너의 빠른 날개를 좋아하나니	我愛爾之逸翮也 아 애 이 지 일 핵 야
수리와 물수리 높은 하늘로 치솟으니	鵰鶚之凌霄漢兮 조 악 지 릉 소 한 혜
나는 너의 준수한 품위를 좋아하거니와	我愛爾之俊骨也 아 애 이 지 준 골 야
제비는 봄 가을철이 차례로 옴을 알고	燕知春秋之代序兮 연 지 춘 추 지 대 서 혜
앵무새는 털이 곱고 말을 하니	鸚鵡鮮毛而能言兮 앵 무 선 모 이 능 언 혜
구관조와 벗 삼을 만하구나	亦可友乎鸜鵒也 역 가 우 호 구 욕 야
까막까치 때를 점쳐 좋은 소식 알리니	烏鵲占時而報喜兮 오 작 점 시 이 보 희 혜

올빼미와 솔개가 우는 것과 어찌 그리 다른가
一何異於鵩鳴而鴟嚇也
일 하 이 어 붕 명 이 치 혁 야

훨훨 나는 박쥐야
粤玆翩翩之蝙蝠兮
월 자 편 편 지 편 복 혜

나는 도대체 네가 무슨 생물인지 모르겠구나
吾不知其何物也
오 부 지 기 하 물 야

몸은 쥐인데 날개가 달린 새이니
身鼠而翼鳥兮
신 서 이 익 조 혜

왜 그리 형질이 괴기하여 형용키 어려우냐
何形質之怪奇而難狀也
하 형 질 지 괴 기 이 난 상 야

낮엔 가만있다가 밤이면 나다니니
不晝而卽夜兮
부 주 이 즉 야 혜

왜 그리 종적이 어둡고 희미한가
何蹤跡之暗昧而惝恍也
하 종 적 지 암 매 이 창 황 야

또 아침 햇살을 보고는 들어가 숨었다가
又何用夫見朝陽而乃伏兮
우 하 용 부 견 조 양 이 내 복 혜

밤만 되면 만족해하는 걸 어디에 쓰리오
隨大陰而自得也哉
수 대 음 이 자 득 야 재

고기는 제사상에도 오르지 못하니
肉不登於俎豆兮
육 부 등 어 조 두 혜

맛이 살진 고기에 합치도 못하니
味豈合於肥臄
미 기 합 어 비 갹

장식에 쓰일 깃털도 없음이여
無羽毛藻飾之可用兮
무 우 모 조 식 지 가 용 혜

어찌 발톱이나 어금니인들 쓸데가 있겠느냐
豈爪牙器用之可適也哉
기 조 아 기 용 지 가 적 야 재

그런데 천지는 만물을 포용하여
儘天地之包容
진 천 지 지 포 용

너 같은 미물도 살아남게 해 주었도다
兮於汝微物而見貸也
혜 어 여 미 물 이 견 대 야

어차피 좋은 재목, 예쁜 모습 없는 바이니
旣無良材與美姿兮
기 무 량 재 여 미 자 혜

무슨 화나 해 받을 일 있겠는가
又何患乎嫁禍而賈害也
우 하 환 호 가 화 이 가 해 야

저 하늘에 높이 나는 기러기도
彼冥飛之鴻鵠兮
피 명 비 지 홍 곡 혜

혹 그물을 면하기 어렵고
或未免於繒繳
혹 미 면 어 증 격

아, 저 멀리 나는 독수리도
嗟遐擧之鷙鶻兮
차 하 거 지 지 골 혜

역시 노끈에 매어질 때 있거늘
亦有事於韝紲
역 유 사 어 구 설

너는 홀로 조용히 제멋대로 살아가니 爾獨從容而自在兮 (이독종용이자재혜)

이 역시 우습기 그지없는 일이다 亦不滿夫一噱 (역불만부일갹)

내 일찍이 적막하게 거처하며 余嘗寂寞而塊處兮 (여상적막이괴처혜)

밤을 밝히며 잠 못 이룰 때 夜耿耿而不寐 (야경경이불매)

귀뚜라미 슬프게 울어 대고 蛩哀咽而悽悲兮 (공애인이처비혜)

개구리 어지럽게 떠들어도 蛙亂吠而贔屓 (와란폐이희비)

곱게 품은 내 마음은 유쾌하여 然暢舒乎雅懷兮 (연창서호아회혜)

내 귀에 떠들썩한 것 그리 싫지 않았는데 羌不厭乎耳聒也 (강불염호이괄야)

갑자기 너의 소리를 한 번 들었더니 俄聞爾之一聲兮 (아문이지일성혜)

성난 머리칼 쭈뼛 곤두서는구나 繽怒髮之竪立也 (빈노발지수립야)

뭇 동물을 피해서 도망가 숨음이여 避群動而逃藏兮 (피군동이도장혜)

큰 집을 찾아서 가만히 의탁하나니 尋廈屋而潛依 (심하옥이잠의)

이에 말하노니 형적의 기괴하고도 비밀함이 曰茲 形跡之詭秘兮 (왈자 형적지궤비혜)

소인과 동류 되기를 달게 여기도다 甘與小人而同歸 (감여소인이동귀)

그러나 천지간 온갖 물건 온갖 형상이 然於窮壤之間形形物物 (연어궁양지간형형물물)

꿈틀꿈틀 어기적어기적 펄펄 와스스 蝡蝡蚩蚩紛紛職職 (윤윤치치분분직직)

이는 속옷에 살고 뱁새는 눈썹 같은 숲에 깃든다 蝨處於褌 鷦巢於睫 (슬처어곤 초소어첩)

파리는 흑백을 어지럽히고 달팽이는 만촉을 다투나니 蠅亂黑白 蝸爭蠻觸 (승란흑백 와쟁만촉)

이는 모두 천지가 내린 자연의 품성이라 是天地稟賦之自然 (시천지품부지자연)

대소 형질로 이를 차별하지는 못할 것이다 不可以大小形質而有別也 (불가이대소형질이유별야)

이에 내가 붓을 들어 賦를 짓노니 爰揮筆而作賦 (원휘필이작부)

박쥐야 내가 너를 어찌 책망하겠느냐	於蝙蝠乎何責 어 편 복 호 하 책

• 『편복부』, 서거정 지음, 양주동 옮김, 한국고전번역원, 1969.

◆ 거제 계룡산 아래의 박쥐(蝙蝠) 丁熿

대낮에는 장중한 모습으로 있지만	莊形白日中 장 형 백 일 중
厠間의 쥐처럼 사람을 두려워한다	厠鼠畏人同 측 서 외 인 동
밤에만 텅 빈 산에 날개를 펴고	舒翼空山夜 서 익 공 산 야
한바탕 부는 바람을 타고 다니네	聊乘一陳風 요 승 일 진 풍

넓은 하늘보다 작은 풀숲을 원하는 개구리
蛙, frog

개구리는 三疊紀 초기에 나타나서 新生代에 들어와 매우 번성한 것으로 추정되며, 개구리목의 兩棲動物(amphibians)로 두꺼비, 맹꽁이 등을 포함한다. 올챙이 시기를 지나 성체가 되면 꼬리가 없어지고 뒷다리가 발달하여 몸길이의 20배를 뛸 수 있으니, 가히 메뚜기나 벼룩에 견줄 만하다. 물속에서는 뒷다리를 효과적으로 활용하여 헤엄친다. 전 세계에 5,000여 종가량이 서식하고 있다.

대한민국에는 13종의 개구리가 살고 있는 것으로 알려져 있다. 10월 말부터 11월 무렵에 땅속으로 들어가 동면할 자리를 찾는다. 혀를 이용해 파리, 모기, 메뚜기, 풀무치 등을 주로 잡아먹는데, 좀 큰 먹이는 그냥 삼킨다.

천적은 수리부엉이, 뱀, 수달, 왜가리, 족제비, 황새, 해오라기, 가물치, 메기 등 헤아릴 수 없을 정도로 많다.

물에 낳은 개구리 알들은 오리와 물고기 등이 먹어 치운다. 다행히 이 위기를 넘긴 알들이 올챙이(幼生)가 되는데, 그다음 또 다른 위험이 이들을 기다린다. 알과 올챙이들은 이런 고비를 무사히 넘기고 살아남아 개구리가 되면, 비로소 하늘이 許諾한 天敵들을 비웃을 수 있다.

수컷들은 울음주머니로 짝을 부르거나 영역을 선포할 때 소리를 낸다.

최근 개구리의 개체수가 감소하고 있는데, 이는 주로 환경 오염과 서식지 개발이 그 원인이라고 한다. 그러고 보면 인간보다 더 큰 천적이 어디 있을까?

우리 역사에는 개구리가 더러 등장한다.

『삼국유사』에 따르면 동부여 鯤淵이라는 연못가에서 금빛 나는 아이를 얻어 태자로 삼았는데, 훗날 金蛙王이 되었다고 하며, 선덕여왕은 玉門池에서 개구리 우는 소리를 듣고 女根谷에 적병이 침입한 것을 알았다고 한다.

"우물 안 개구리(井蛙)"라는 표현은 개구리 세상이 아니라 인간 세상을 지칭한다. 개구리에게는 도무지 큰 하늘이 필요 없다. 나뭇잎 사이로 내리쪼이는 햇빛과 시나브로 불어대는 바람에 쉬 말라 버리는 작은 몸을 적실 우물이나 알 낳을 풀숲 있는 연못이면 개구리는 늘 만족한다.

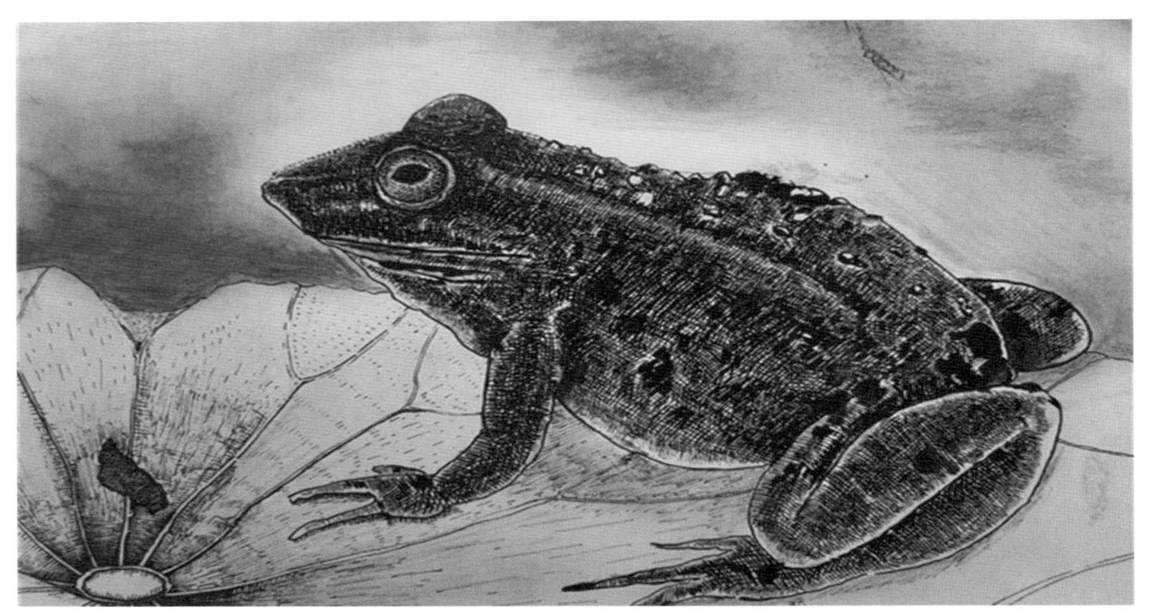

개구리, 펜, 최양식

◆ 개구리의 탄식(蛙) 金炳淵(1807~1863)

풀섶에서 뱀 만나면 날지 못하는 것 한탄하고	草裏逢蛇恨不飛 초 리 봉 사 한 불 비
연못 가운데서 비 만나면 도롱이 없는 것 원망하네	澤中冒雨怨無衰 택 중 모 우 원 무 쇠
만약 세상 사람들 입 다물도록 가르쳤다면	若使世人敎箝口 약 사 세 인 교 겸 구
백이숙제도 수양산 고사리 먹지 않았을 것을	夷齊不食首陽薇 이 제 불 식 수 양 미

◆ 비 오는 걸 좋아하는 개구리(夏日田園雜興, 效范楊二家體) 丁若鏞(1762~1836)

강 상류에서 천둥소리 들려오고	江上空雷隱有聲 강 상 공 뢰 은 유 성

구름 끝에 비 몇 방울 떨어지자 — 雲頭數點落來輕 (운두수점락래경)

진짜로 비 오는 걸로 착각한 개구리 — 蝦蟆錯認眞消息 (하마착인진소식)

숲속 움펑한 곳에서 지레 개골개골 우네 — 徑作林坳閣閣鳴 (경작림요각각명)

- 詩題의 范楊二家는 南宋代의 范成大와 楊萬里를 지칭한다. 范成大는 기행문과 여행문의 일종인 遊記文學을, 楊萬里는 당시 주류인 黃庭堅의 江西詩派에서 벗어나 새로운 詩風을 주도하였다. 이들은 전원생활에 관한 시를 많이 남겼는데, 다산 선생이 같은 제목으로 시를 지은 것이다. 같은 제목의 詩「夏日田園雜興」을 읽어 보자.

◆ 여름날 전원에서(夏日田園雜興) – 잠자리와 나비 날고 范成大(1126~1193)

매실은 황금색으로 익고 살구는 통통하게 살쪘다 — 梅子金黃杏子肥 (매자금황행자비)

눈처럼 흰 보리꽃 사이 유채꽃 드문드문 — 麥花雪白菜花稀 (맥화설백채화희)

해는 길어 울타리에 지는데 지나는 사람 없고 — 日長籬落無人過 (일장리락무인과)

오직 잠자리와 나비만 날아다니네 — 惟有蜻蜓蛺蝶飛 (유유청연협접비)

◆ 비가 오려는지(雨意) 李瀰(1725~?)

李瀰는 조선 영·정조 때 문신으로 대사간, 부제학, 대사성, 대사헌 등의 벼슬을 지냈다. 이 시의 첫 句 "산에는 비 오려는지 시냇가엔 바람 가득(山雨欲來風滿溪)"은 後唐 시인 許渾의 詩「咸陽城東樓」 중 "산에는 비 오려는지 누각엔 바람 가득(山雨欲來風滿樓)"을 차용한 듯하다.

산에는 비 오려는지 시냇가엔 바람 가득 — 山雨欲來風滿溪 (산우욕래풍만계)

해 질 녘에 낀 구름 무겁게 하늘 나지막이 머무른다 — 晩雲初重逗天低 (만운초중두천저)

문짝에는 종일토록 복사꽃잎 떨어지는데 門扇盡日桃花落 (문선진일도화락)
때때로 나뭇잎 위에서 우는 청개구리 소리 듣네 時聞靑蛙葉上啼 (시문청와엽상제)

◆ 뱀, 사람을 버리고 개구리를 좇아가다(舍人從蛙) 『國朝人物考』

영의정 洪彦弼의 아들 退之 洪暹이 6세 때, 아버지가 맞은 어려운 상황을 機智로 해결한 이야기다. 성인으로 성장한 홍섬은 문장에 능하고 경서에 밝았으며, 조광조의 문인이 되었다. 훗날 아버지가 역임했던 영의정에 올라 세 번이나 중임했으며, 『忍齋集』과 『忍齋雜錄』을 남겼다.

• 『한국민족문화대백과사전』

영의정 洪彦弼이 어느 여름날 낮잠을 자는데 領相公 夏日午睡 (영상공 하일오수)
뱀 한 마리가 공의 배 위에 올라왔다 有蛇上公腹上 (유사상공복상)
공은 마음속으로 뱀을 쫓고 싶었으나 公心欲逐之 (공심욕축지)
뱀이 놀라면 사람을 다치게 할까 두려워 而恐蛇驚傷人 (이공사경상인)
목석처럼 감히 움직이지 못했다 木石然不敢動 (목석연불감동)
아들 섬(暹)은 그때 여섯 살이었는데 子暹方六歲 (자섬방육세)
아버지 계신 곳에서 이 난감한 상황을 보고 適父所見之 (적부소견지)
바로 풀 우거진 연못으로 가서는 卽往草澤中 (즉왕초택중)
서너 마리의 개구리를 잡아와서 뱀에게 던지니 取三四蛙投之 (취삼사와투지)
뱀이 바로 사람을 버리고 개구리를 좇아갔다 蛇舍人從蛙 (사사인종와)
이에 비로소 공이 몸을 일으킬 수 있었다 乃得起身 (내득기신)
退之가 어릴 때부터 기지가 이와 같았는데 退之自幼 機智如此 (퇴지자유 기지여차)
커서는 마침내 이름난 재상이 되었다 及長 是爲名相 (급장 시위명상)

시속 6미터로 달리지만 숨차지 않는 달팽이
蝸, snail

달팽이는 배가 발(足)인 腹足類 중 螺旋形 貝殼이 있는 달팽잇과 동물로 전 세계에 2만여 종이 서식하며, 우리나라에는 100여 종이 산다. 패각이 없는 육상복족류도 있는데, 이를 민달팽이라고 한다. 대부분 雌雄同體(hermaphrodite)이며 알을 낳아 번식하고, 겨울에는 겨울잠을 잔다.

머리에는 뿔처럼 생긴 두 쌍의 더듬이가 있다. 더듬이 중 큰 것에는 눈이 달려 있는데, 시각은 명암만 겨우 구분할 정도다. 눈이 밝지 못한 이들에게 신은 어떤 동물도 필적할 수 없는 뛰어난 嗅覺(invincible smell)을 선물로 주었다. 수명은 3~5년 사이라고 한다.

시속 6m의 靜中動法으로 운행하는 까닭에 느리다고 하지만, 손톱 자라는 것보다는 결코 늦지 않다고 하니 그리 흉볼 일은 아니다. 시인들은 길 가다가 숨차서 헐떡이는 달팽이를 보았다는 시를 어디에도 남기지 않았으며, 느린 걸음걸이 탓에 성대한 숲의 詩會에 늦었다는 기록도 찾아볼 수 없다.

주로 밤에 활동하는데, 어둠 속에서 잠도 자지 않고 일하는 성실한 이들을 공략해 대는 천적은 새, 개구리, 두꺼비, 딱정벌레, 개미 등이다.

이동할 때는 마찰을 줄이기 위해 윤활유 같은 粘液(snail slime)을 분비한다. 뮤신(mucin)으로 불리는 이 점액은 糖質과 결합한 복합 단백질로, 프티알린(ptyalin)이라는 효소를 함유하고 있어서 화장품의 귀한 원료가 된다. 齒舌이라고 부르는 혀로 식물, 이끼, 곰팡이, 버섯 등을 갉아 먹고 산다.

달팽이는 원래 채식주의지만, 어쩌다 고기가 생기면 결코 사양하는 법이 없다. 달팽이의 배설물은 자연생태계를 순환시키는 역할을 한다. 허파로 호흡하며 건조하면 패각 속으로 들어가 몸을 숨기며, 습도가 높은 환경과 비가 자주 내리는 곳을 좋아한다. 달팽이는 吸血蟲 등의 宿主 역할을 하기 때문에 날것으로 먹으면 위험하다. 닭고기를 좋아하는 프랑스인들은 달팽이 요리도 무척 즐긴다.

최근에는 달팽이를 애완동물로 키우는 사람들이 늘고 있다고 한다. 일단 입양하고 나면 잘 키워야지, 바짝 말려 죽이거나(肅殺) 귀찮다고 개나 고양이의 경우처럼 遺棄犬, 遺棄猫하듯 遺棄蝸하지 말 것을 당부하고 싶다.

달팽이, 펜화, 최양식

◆ 달팽이 뿔 위의 싸움(蝸牛角上爭 寓話) 『莊子』, 「則陽篇」

莊子의 글에 나오는 蝸牛角上爭 寓話는 白居易의 시에서 꽃이 핀다. 세상사를 달팽이 뿔 위의 전쟁으로 보는 탁월한 비유를 후세에 길이 전해 회자시켰다.

莊子의 친구이며 논쟁의 상대로 전해지는 惠子는 본명이 惠施(BC 390~317)로, 위나라 재상이었다. "산은 못보다 평평하다"는 궤변으로도 유명한 名家學派의 창시자다. 그 저서가 다섯 수레나 되었다고 하지만 전하지 않는다.

荀子는 惠子를 향해 "괴이한 언설을 꾸미고 말은 많으나 쓸 말이 없어 정치의 근본으로 삼을 수는 없다(好治怪說, 辯而無用, 不可以爲治綱紀)"는 날카로운 비판을 쏟아냈다.

秦의 책사 張儀의 음모로 실각했다. 惠子가 魏의 惠王(재위 BC 370~335)에게 소개한 이 戴晉人은 梁나라의 현인으로 표현하고 있지만, 서술을 위해 만든 架空의 인물일 수 있다.

혜자가 그 말을 듣고 대진인을 혜왕에게 소개했다
惠子聞之而見戴晉人
혜자문지이견대진인

대진인이 (혜왕에게) 말하되
戴晉人日
대진인왈

달팽이란 것이 있는데 임금께서 아십니까
有所謂蝸者, 君知之乎
유소위와자 군지지호

혜왕이 말하기를 알고 있소
日 然
왈 연

달팽이 왼쪽 뿔에 나라가 있는데 촉씨라 합니다
有國於蝸之左角者日觸氏
유국어와지좌각자왈촉씨

오른쪽 뿔에도 한 나라가 있는데 만씨라 합니다
有國於蝸之牛角者日蠻氏
유국어와지우각자왈만씨

두 나라가 땅을 뺏으려고 전쟁을 벌였습니다
時相與爭地而戰
시상여쟁지이전

엎어져 있는 시체가 수만이나 되었고
伏尸數萬
복시수만

敗走하는 자를 추격하여 15일 만에 돌아왔습니다
逐北旬有五日而後反
축북순유오일이후반

혜왕이 말하길 그 무슨 허무맹랑한 이야기요
君日 噫 其虛言與
군왈 희 기허언여

저는 왕께 이 이야기를 실증해 보이겠습니다
日 臣請 爲君實之
왈 신청 위군실지

왕께서는 우주 공간의 사방과 상하에 끝이 있다고 보십니까
君以意在四方上下 有窮乎
군이의재사방상하 유궁호

왕이 말하되 끝이 없지요
君日 無窮
군왈 무궁

왕께서 마음을 멀리 무궁한 데까지 깨달으신다면
知遊心於無窮
지유심어무궁

온 나라를 돌아보셔도 본 나라가 생각나지 않겠지요
反在通達之國 若存若亡乎
반재통달지국 약존약망호

혜왕이 말하되 그렇겠지요
君日 然
군왈 연

그 나라들 중에 위나라가 있습니다
日 通達之中有魏
왈 통달지중유위

위나라 안에 도읍으로 양나라가 있습니다
於魏中有梁
어위중유양

그 양나라 안에 왕께서 계시는 것입니다
於梁中有王
어양중유왕

왕은 작은 만씨와 다를 게 무엇입니까
王與蠻氏有辯乎
왕여만씨유변호

왕이 답하되 맞는 말이오
君日 無辯
군왈 무변

대진인이 물러가자 왕은 무얼 잃어 넋이 나간 듯했다 客出而君惝然若有亡也
객출이군창연약유망야

이를 보고 혜자가 왕 앞에 나아가니 客出, 惠子見
객출 혜자견

왕이 말하길 그는 성인도 못 미칠 만큼 대인이다 君曰 客大人也 聖人不足以當之
군왈 객대인야 성인부족이당지

혜자가 답하길 피리를 불면 고운 소리가 나지만 惠子曰 夫吹管也 猶有嗃也
혜자왈 부취관야 유유학야

칼자루 구멍을 불면 바람 소리만 날 뿐입니다 吹劍首者 吷而已矣
취검수자 혈이이의

요순 임금은 사람들이 높이 기리는 분이지만 堯舜 人之所譽也
요순 인지소예야

堯舜도 저 戴晉人과 비교하면 道堯舜於戴晉人之前
도요순어대진인지전

입으로 부는 바람 소리 같을 뿐입니다 譬猶一吷也
비유일혈야

◆ 숨차지 않은 달팽이, 벽 위의 밭을 가네(觀物) – 백로, 거미, 달팽이 白玉蟾

백로, 거미, 달팽이가 함께 등장하는 이 시 「觀物」에서, 도교의 저명한 도사이자 宋代 시인인 白玉蟾(1194~1229)은 시속 6미터로 벽 위를 가고 있는 달팽이의 모습을 "숨차지 않은 달팽이가 밭을 간다"고 표현했다. 그의 저명한 道心不二의 사상은, 같은 시대의 周易 先天易學 대가인 邵康節 邵雍이 말하는 "사물의 눈으로 사물을 바라보는 以物觀物의 경지"를 보는 듯하다.

- **宋나라 羅大經 저서인 『鶴林玉露』(卷六)의 以物觀物** 宋나라 화가 曾雲은 풀벌레를 제대로 묘사하기 위해 풀숲 속에 들어가서 그렸다(宋曾雲巢無疑, 工畵草蟲, 取草蟲籠而觀之, 窮晝夜不厭, 又恐其神之不完也, 復就草地之間觀之, 於是始得其天, 不知我之爲草蟲耶, 草蟲之爲我也).

새벽녘의 백로 배 채우려고 물가를 지키고 曉鷺守溪圖口腹
효로수계도구복

저녁 거미 생계 위해 집을 빌리네 暮蛛借屋計家生
모주차옥계가생

구속 없는 아지랑이 허공을 달리고 不羈野馬空中騁
불기야마공중빙

숨차지 않은 달팽이는 벽 위의 밭을 가네 無喘蝸牛壁上耕
무천와우벽상경

◆ 달팽이 뿔 위의 싸움(對酒 五首 其二 蝸牛角上爭) 白居易(772~846)

白居易는 唐나라 시인으로 호는 香山居士다. 李白, 杜甫와 함께 唐代 三大 詩人, 여기에 韓愈를 더해 李杜韓白으로도 불린다.

白居易의 시는 당시 신라에까지 알려졌고(『白氏長慶集』), 장편 서사시 「長恨歌」와 「琵琶行」으로도 이름을 날렸다. 이 詩 「蝸牛角上爭」은 서예가들이 즐겨 쓰는 書題다.

달팽이 뿔 위에서 싸워서 무엇하나	蝸牛角上爭何事 와 우 각 상 쟁 하 사
부싯돌 번쩍하는 사이에 살아가고 있는 이 몸	石火光中寄此身 석 화 광 중 기 차 신
부자든 가난하든 이 또한 즐거운 일인 것을	隨富隨貧且歡樂 수 부 수 빈 차 환 락
크게 웃지 않는 자 바로 어리석은 자인 것을	不開口笑是癡人 불 개 구 소 시 치 인

◆ 달팽이 뿔 위의 싸움(偶吟) 車天輅(1556~1615) 『五山先生續集』 卷之二

車天輅는 조선 중기의 문신으로 호는 五山이다. 과거에 두 번이나 급제했으며, 남의 과거시험에 대신 「表文」을 지어 주었는데 그 사람이 장원급제까지 하는 바람에 발각되어 유배를 가기도 하였다. 1589년 정사 黃允吉과 일본에 통신사로 다녀왔는데, 그때 짧은 일정 동안 일본 사람들에게 무려 시 5,000수를 지어 일본인들을 놀라게 하였다고 한다. 그리고 당시 조선 외교문서는 五山이 작성한 것이 많았던 까닭에, 明나라에서는 五山을 東方文士로 불렀다고 한다. 임진왜란 때는 광해군을 수행한 공으로 공신에 책록되기도 하였다.

이름 걸고 하는 달팽이 뿔들 싸움 그치지 않는데	蝸角爭名戰未休 와 각 쟁 명 전 미 휴
封侯 자리 얻었다고 웃으며 얘기하는 이 몇이나 되던고	幾人談笑覓封侯 기 인 담 소 멱 봉 후
칼끝에 묻은 개미 피 천 리를 흐르고	劍頭螘血流千里 검 두 의 혈 류 천 리
軍陣 밖의 고래 같은 거센 파도 열 개 모래섬 휩쓰니	甲外鯨波沒十洲 갑 외 경 파 몰 십 주

묻지 마시게 옳고 그른 것은 죽은 뒤에야 정해지니 莫問是非身後定
막 문 시 비 신 후 정

알게 되리라 이기고 지는 것 손바닥 안에 달려 있음을 從知勝敗掌中收
종 지 승 패 장 중 수

麒麟閣에 초상 그려 걸고자 한다면 若敎畫像麒麟閣
약 교 화 상 기 린 각

뛰어난 공은 적의 계략 미리 알아 무찌르는 것일세 上將奇功在伐謀
상 장 기 공 재 벌 모

• **麒麟閣** 중국 한나라 때 武帝가 기린을 얻을 때 長安의 未央宮 안에 세운 누각으로, 宣帝 때는 큰 공을 세운 11인의 초상을 걸어서 圖畫麟閣은 功臣閣을 의미하게 되었다.

◆ 『戰國策』에 등장한 동물들

『전국책』은 중국 前漢時代 劉向이 戰國時代 12개 나라의 정치, 군사, 외교 등 책략을 종합적으로 편집한 33편의 책이다. 군왕 중심이 아니라 책사, 모사, 說客들의 음모와 술책을 중심으로 기술한 것이다. "사람을 속이고 풍속을 병들게 하는 말(欺人病俗之言)과 온갖 속임수의 본(百欺誕之本)이 되는 어지러운 세상의 글(亂世之言)을 담고 있다"고 혹평하는 이도 없지는 않지만, 실제로 인간 세상의 모습은 윤리와 도덕뿐만이 아니라 이익과 본능에 따라 움직이고 있다는 현실주의적 시각과 인식을 보여 주는 책으로 평가되고 있다.

고니를 조각하다 보면 집오리와 닮게 되고 刻鵠類鶩
각 곡 유 목

호랑이를 그리다가 개쯤은 그리게 된다 畫虎類狗
화 호 유 구

고니를 새기다 안 돼도 따오기쯤은 새기게 되고 刻鵠不成尙類鶩
각 곡 불 성 상 류 목

범을 그리면 안 돼도 개쯤은 그리게 된다 畫虎不成反類狗
화 호 불 성 반 유 구

천리의 둑도 청개구리의 구멍으로 샌다 千里之隄 以螻蛄之穴漏
천 리 지 제 이 루 개 지 혈 루

썩은 흙에서 지초 돋고 썩은 풀더미에서 반딧불 생긴다 朽壤蒸芝 腐草化螢
후 양 증 지 부 초 화 형

너희 집 담장이 우리 소의 뿔을 부러뜨렸다 汝墻折角
여 장 절 각

◆ 힘을 합치면 무슨 일이든 된다

깃털도 쌓이면 수레를 탈 나게 할 수 있고	積羽折輪 적 우 절 륜
열 사람 힘이면 송곳도 구부릴 수 있으며	十夫撓錐 십 부 요 추
세 사람 입이면 호랑이도 나타나게 한다	三人成虎(『秦策』) 삼 인 성호
늙은 호랑이도 졸 때 있어 때릴 기회 있다	老虎也 有打瞬時(『楚策』) 노 호 야 유 타 순 시
뿔을 가진 것에는 이가 없다	與之 角者無齒 여 지 각 자 무 치

- 『戰國策』, 劉向 編, 임동석 역주, 동서문화사, 2009.
- 『戰國策 上』, 後漢 劉向 編, 진기환 역주, 명문당, 2021.
- 『宋子大全』, 尤庵 宋時烈.

Ⅴ. 시의 숲에서 동물을 찾다가 읽은 명문들

◆ 하늘에 떠 있는 키와 국자로 무엇을 할 수 있으리 『詩經』, 『小雅篇』, 「小旻之什」

남쪽 하늘 키 닮은 별 있어도 키질 한 번 못 하고 維南有箕 不可以簸揚
유 남 유 기 불 가 이 파 양

북쪽 하늘 국자 같은 별 술도 장도 뜨지 못하네 維北有斗 不可以挹酒漿
유 북 유 두 불 가 이 읍 주 장

직녀성 하룻밤에 일곱 번 옮겨도 옷감 짜 보답 못 하고 雖織七襄 不稱報章
수 직 칠 양 불 칭 보 장

빛나는 저 견우성 수레 상자 끌지 못하네 睆彼牽牛 不以服箱
완 피 경 우 불 이 복 상

- 『시경』의 이 명구는 후세의 많은 시인이 즐겨 인용하는 詩句가 되었고 處世의 警句로도 널리 활용되었다. 당의 시인 李白도 이를 차용하여 "북두칠성으로는 술을 따르지 못하고 南箕星으로는 키질을 못 한다(北斗不酌酒 南箕空簸揚)"라고 노래했다.

- 『인생에 한 번은 읽어야 할 시경』 공자 엮음, 최상용 옮김, 일상이상, 2021.
- 『시경』, 홍성욱 역해, 고려원, 1999.

◆ 내 마음 돌 아니라 굴리지 못하고, 돗자리 아니라 말지 못하네(柏舟) 『詩經』, 「召南」

저기 측백나무 배 떠가는데 물결도 흐르네 汎彼柏舟 亦汎其流
범 피 백주 역 범 기 류

초롱초롱하여 잠 못 드니 숨은 걱정거리 때문인 듯 耿耿不寐 如有隱憂
경 경 불 매 여 유 은 우

내게 술이 조금도 없다 해도 이리 잘 논다네 微我無酒 以敖以遊
미 아 무 주 이 오 이 유

내 마음 거울 아니라 모든 걸 다 헤아리지 못하네 我心非鑒 不可以茹
아 심 비 감 불 가 이 여

형제 역시 있다 한들 의지할 수 없겠지만 　亦有兄弟 不可以據
역유형제 불가이거

가서 말한 하소연 때문에 형제의 노여움만 샀네 　薄言往愬 逢彼之怒
박언왕소 봉피지로

내 마음 돌 아니라 굴리지 못하고 　我心非石 不可轉也
아심비석 불가전야

내 마음 돗자리 아니라 말지 못하며 　我心非席 不可卷也
아심비석 불가권야

위엄 있는 거동 흠잡을 데 없네 　威儀棣棣 不可選也
위의체체 불가선야

근심하는 마음 애달픈데 소인배들 원망만 하네 　憂心悄悄 慍于羣小
우심초초 온우군소

아픔 많이 겪고 수모 또한 적지 않구나 　覯閔既多 受侮不少
구민기다 수모불소

가만히 생각하다 벌떡 일어나 가슴 치고 쓸어내리네 　靜言思之 寤辟有摽
정언사지 오벽유표

해 머물고 달 갈무리에 어찌 번갈아 이지러지며 　日居月諸 胡迭而微
일거월제 호질이미

마음의 근심으로 빨지 않은 옷 입은 듯하지만 　心之憂矣 如匪澣衣
심지우의 여비한의

가만히 생각하니 떨쳐내 벗어날 수 없구나 　靜言思之 不能奮飛
정언사지 불능분비

◆ 세상의 소리는 왜 울리는가?(送孟東野序) 韓愈(768~824)

대체로 사물은 그 평정을 이루지 못하면 울게 된다 　大凡物不得其平則鳴
대범물부득기평칙명

풀과 나무는 소리가 없지만 바람이 흔들면 울게 되고 　草木之無聲 風搖之鳴
초목지무성 풍요지명

물도 소리가 없지만 바람이 쓸고 가면 울게 되며 　水之無聲 風蕩之鳴
수지무성 풍탕지명

물이 튀어 오르는 것은 무엇엔가 부딪쳐서이고 　其躍也 或激之
기약야 혹격지

세차게 흐르는 것은 무언가가 이를 막았기 때문이며 　其趨也 或梗之
기추야 혹경지

물이 끓는 것은 불로 데우는 까닭이다 　其沸也 或炙之
기비야 혹자지

쇠붙이와 돌은 소리가 없지만 무언가가 치면 운다 　金石之無聲 或激之鳴
금석지무성 혹격지명

사람의 말하는 데 있어서도	人之於言也 인지어언야
그러하니 그러지 않을 수 없어 말하는 것이다	亦然有不得已者而後言 역연유부득이자이후언
노래에는 생각이 있어서고 울음에는 맺힌 게 있다	其謌也有思 其哭也有懷 기가야유사 기곡야유회
입에서 나와 소리가 되는 것은 모두 불평이 있어서다	凡出乎口而爲聲者 其皆有弗平者乎 범출호구이위성자 기개유불평자호
음악은 속이 답답해서 밖으로 새어 나오는 것이다	樂也者 鬱於中而泄於外者也 악야자 울어중이설어외자야
잘 우는 것을 택해 그것을 빌려 울게 하거니와	擇其善鳴者而假之鳴 택기선명자이가지명
쇠, 돌, 실, 대, 박, 흙, 가죽, 나무 등 8가지는	金石絲竹匏土革木八者 금석사죽포토혁목팔자
잘 우는 것들이다	物之善鳴者也 물지선명자야
하늘은 계절의 때에 따라서도 마찬가지로	維天之於時也亦然 유천지어시야역연
잘 우는 것을 택하여 울게 한다	擇其善鳴者而假之鳴 택기선명자이가지명
이런 까닭에 새는 봄에 번개는 여름에 울게 했고	是故以鳥鳴春 以雷鳴夏 시고이조명춘 이뢰명하
벌레는 가을에 바람은 겨울에 울게 했으니	以蟲鳴秋 以風鳴冬 이충명춘 이풍명동
사계절이 서로 밀어내고 빼앗게 하여	四時之相推奪 사시지상추탈
반드시 서로 평정을 이루지 못하게 한 것이다	其必有不得其平者乎 기필유부득기평자호

- 唐宋 8大家의 한 사람인 韓愈가, 친구 孟郊가 50세에야 微官末職인 溧陽縣尉로 임용되어 가는 것을 보고 너무 슬퍼하지 말라고 위로하며 쓴 글이다(『古文眞寶 後集』).
- 『고문진보 후집』, 이장우·우재호·박세욱 옮김, 을유문화사, 2020.

◆ 하늘 위의 달, 물속의 달(夏夜翫月) 楊萬里(1127~1206)

이 책의 주제와는 조금 다르지만, 우리가 만나는 동물들과 대자연을 사랑하고 가슴에 품어온 宋代의 自然詩人 楊萬里의 또 다른 絕唱 「여름밤 달과 놀다(夏夜翫月)」를 만나보자. 우리는 이 시를 읽으며 문득 이 시인이 우리와는 다른 먼 시간 밖의 옛사람이란 생각을 잊게 된다.

달빛 아래를 거닐다 문득 깊은 상념에 빠지곤 하는 오늘날 일상 속 우리 모습을 이 시에서 발견하게 된다. 그런데 그림자와 나는 하나일까 둘일까? 하늘의 달과 시냇물 속의 달, 어느 것이 진짜일까?

머리 들어 하늘에 떠 있는 달 바라본다 仰頭月在天 (앙두월재천)
달이 날 비추니 그림자가 땅에 있어 照我影在地 (조아영재지)
내가 가면 그림자도 가고 我行影亦行 (아행영역행)
내가 멈추면 그림자도 멈추네 我止影亦止 (아지영역지)
모르겠다, 그림자와 난 하나인지 둘인지 不知我與影 爲一定爲二 (부지아여영 위일정위이)
달은 내 그림자 이리 잘 그리는데 月能寫我影 (월능사아영)
달이 제 그림자 그리면 어떤 모양일까 自寫却何似 (자사각하사)
우연히 시냇가 걸어가는데 달이 시냇물 속에 있네 偶然步溪旁 月却在溪裏 (우연보계방 월각재계리)
하늘 위와 하늘 아래 둥근 달 두 개 上下兩輪月 (상하양륜월)
어느 것이 진짜 달일까 若個是眞底 (약개시진저)
시냇물 속의 달은 하늘의 달이 비친 것인가 唯復水是天 (유부수시천)
아니면 하늘의 달은 시냇물 속의 달이 비친 것인가 唯復天是水 (유부천시수)

• 『楊萬里 詩選』, 양만리 지음, 이치수 옮김, 지식을만드는지식, 2017.

◆ 꽃은 그려도 그 향기는 그릴 수 없네 陸紹珩 『醉古堂劍掃』

흰 눈은 그려도 그 맑고 깨끗함까지 그릴 수 없고 繪雪者不能繪其淸 (회설자불능회기청)
달은 그려도 그 밝음까지 그리지는 못하며 繪月者不能繪其明 (회월자불능회기명)

꽃은 그려도 그 향기는 그리지 못하고	繪花者不能繪其香 회 화 자 불 능 회 기 향
바람을 그릴 수는 있어도 그 소리까지는 그릴 수 없으며	繪風者不能繪其聲 회 풍 자 불 능 회 기 성
사람을 그려도 그 속마음까지는 그릴 수 없다	繪人者不能繪其情 회 인 자 불 능 회 기 정

◆ 어려워라, 나를 지키는 것(守吾齋記)　茶山 丁若鏞

守吾齋는 '나를 지키는 집'이란 뜻의 堂號이다. 다산의 백씨 鄭若鉉이 집을 짓고 堂號까지 이름한 것이다.

다산은 당호를 그렇게 지은 게 의아했다. '나와 사물이란 본래 굳건하게 맺어져 있어 서로 떨어질 수 없는 것으로, 나보다 절실한 건 없을 텐데 이를 지키지 않은들 어디로 가겠는가?'라고 생각하였다.

후일 유배지인 長鬐에서 이를 깊이 되짚어 보니, 지난날 자신은 "나를 간수하는 것을 게을리해 나를 잃어버렸던 자(吾謾藏而失吾者也)"라고 스스로 고백하면서 자신을 지키는 것보다 더 중요한 것은 없다고 생각했다. 이런 성찰과 함께 앞으로 굳건히 자신을 지켜나가겠다는 새로운 각오를 하며 「守吾齋記」를 지은 것으로 보인다.

대개 천하 만물은 지킬 것이 없지만	大凡天下之物 皆不足守 대 범 천 하 지 물 개 부 족 수
오직 나만은 마땅히 지켜야 한다	而唯吾之宜守也 이 유 오 지 의 수 야
누가 내 밭을 지고 도망갈 자 있겠는가	有能負吾田而逃者乎 유 능 부 오 전 이 도 자 호
그러니 밭은 지킬 것이 없다	田不足守也 전 부 족 수 야
내 집을 지고 달아날 자 있겠는가	有能戴吾宅而走者乎 유 능 대 오 택 이 주 자 호
그러니 집은 지킬 것이 없다	宅不足守也 택 부 족 수 야
내 정원의 꽃나무와 과실나무를 뽑아갈 자 있겠는가	有能拔吾之園林花果諸木乎 유 능 발 오 지 원 림 화 과 제 목 호
그 뿌리는 땅에 깊숙이 박혀 있다	其根著地深矣 기 근 저 지 심 의

내 책을 훔쳐 없애 버릴 자 있는가	有能攘吾之書籍而滅之乎 유 능 양 오 지 서 적 이 멸 지 호
성인의 경서와 현인의 전서가 세상에 퍼져	聖經賢傳之布于世 성 경 현 전 지 포 우 세
물과 불 같은데 누가 없애리	如水火然 孰能滅之 여 수 화 연 숙 능 멸 지
누가 내 옷과 식량을 도둑질해	有能竊吾之衣與吾之糧 유 능 절 오 지 의 여 오 지 양
나를 곤궁하게 할 수 있겠는가	而使吾窘乎 이 사 오 군 호
천하의 실이 모두 내가 입을 옷이 되며	今夫天下之絲皆吾衣也 금 부 천 하 지 사 개 오 의 야
천하의 곡식은 모두 내가 먹을 양식이다	天下之粟皆吾食也 천 하 지 속 개 오 식 야
도둑이 비록 훔쳐 간들 한두 개에 불과할 것이니	彼雖竊其一二 피 수 절 기 일 이
천하의 모든 옷과 곡식을 다 없앨 수 있겠는가	能兼天下而竭之乎 능 겸 천 하 이 갈 지 호
그런즉 천하의 만물은 모두 지킬 것이 없는 것이다	凡天下之物 皆 不足守 범 천 하 지 물 개 부 족 수
무릇 나라는 것은 그 본성이 잘 달아나고	獨所謂吾者 其性善走 독 소 위 오 자 기 성 선 주
그 들고남에 일정한 금도가 없어	出入無常 출 입 무 상
아주 가까이 붙어 있어 서로 배반치 못할 것 같지만	雖密切親附 若不能相背 수 밀 절 친 부 약 불 능 상 배
잠시만 살피지 않으면 가지 않는 곳이 없다	而須臾不察 無所不適 이 수 유 불 찰 무 소 부 적
이익과 녹봉으로 유혹하면 가버리고	利祿誘之則往 이 녹 유 지 즉 왕
위험과 재앙으로 겁을 주면 가버리며	威禍怵之則往 위 화 출 지 즉 왕
마음을 울리고 끄는 음악 소리만 들어도 떠나고	聽流商刻羽靡曼之聲則往 청 류 상 각 우 미 만 지 성 즉 왕
검은 눈썹 흰 이의 요염한 미인 모습만 봐도 떠나간다	見靑蛾皓齒妖豔之色則往 견 청 아 호 치 요 염 지 색 즉 왕
그런데 한번 가면 돌아오는 것을 알지 못하니	往則不知反 왕 즉 부 지 반
붙잡아 말릴 수조차 없는 것이다	執之不能挽 집 지 불 능 만
그러니 천하에 가장 잃기 쉬운 것에	故天下之易失者 고 천 하 지 역 실 자

나만 한 것이 없는 것이다	莫如吾也 막 여 오 야
그러니 어찌 실과 끈으로 단단히 매고	顧不當縶之維之 고 부 당 집 지 유 지
빗장과 자물쇠로 굳게 지켜야 하지 않겠는가	扃之鐍之以固守之邪 경 지 휼 지 이 고 수 지 사

- 『국역 다산시문집』, 정약용, 민족문화추진회 엮음, 1996.
- 『한국문집총간』 제281~286집, 한국고전번역원, www.itkc.or.kr

◆ 나를 찾아서 가는 길(念齋記) 燕巖 朴趾源『燕巖集』卷之七

燕巖은 宋旭이란 사람을 예로 들어 그가 잃어버린 자신을 미친 듯이 찾는 모습을 표현하는데, "송욱은 비록 끝내 미쳐 버린 사람이긴 하지만, 잃어버린 자신을 찾기 위해 스스로 애쓴 사람(夫旭狂者也 亦以自勉焉)"이라며 宋旭을 변호하고 있다.

茶山의 자신을 지키는 일이나, 燕巖의 잃어버린 자신을 찾는 일은 모두 같은 곳을 바라보고 있다. 지키고자 하는 것과 찾고자 하는 것의 대상은 하나이며 결코 先後가 없다고 할 것이다.

송욱이 술에 취해 잠들었다 아침해가 떠서야 깨어났다	宋旭宿醉 朝日乃醒 송 욱 숙 취 조 일 내 성
누워서 들으니 솔개와 까치가 울며 수레 소리 시끄럽고	臥而聽之 鳶嘶鵲吠 車馬喧囂 와 이 청 지 연 시 작 폐 거 마 훤 효
울 밑에서 절구질 소리, 부엌에서는 설거지 소리가 난다	杵鳴籬下 滌器廚中 저 명 리 하 척 기 주 중
노인과 아이들 소리치고 웃으며 하인들 침 뱉는 소리	老幼叫笑 婢僕叱咳 노 유 규 소 비 복 질 해
이 모두가 문밖에서 일어나는 일이라	凡戶外之事 범 호 외 지 사
가려낼 수 없는 건 없었지만 자신의 소리만은 없었다	莫不辨之 獨無己聲 막 불 변 지 독 무 기 성
이에 몽롱해서 말하길	乃語朦朧曰 내 어 몽 롱 왈
집안사람 모두 다 있는데 어찌 나만 없는 것인가	家人俱在 我何獨無 가 인 구 재 아 하 독 무
둘러보니 저고리는 옷걸이에 바지는 횃대에 걸려 있고	周目而視 上衣在楎 下衣在椸 주 목 이 시 상 의 재 휘 하 의 재 이

삿갓은 벽에 걸렸고 허리띠는 횃대 머리에 달려 있다	笠掛其壁 帶懸椸頭 입괘기벽 대현이두
책상 위에 서책, 거문고는 가로놓였고 비파는 서 있다	書帙在案 琴橫瑟立 서질재안 금횡슬립
거미줄 들보에 얽혀 있고 푸른 파리 창에 붙어 있었다	蛛絲樑縈 蒼蠅附牖 주사량영 창승부유
무릇 방 안의 물건은	凡室中之物 범실중지물
그대로 있지 않은 것 없는데 자기만 보이지 않았다	莫不俱在 獨不自見 막불구재 독불자견
급하게 일어나 서서 자던 곳 내려다보니	急起而立 視其寢處 급기이립 시기침처
남쪽에 베개 놓고 자리 폈는데 이불 속이 들여다보였다	南枕而席 衾見其裡 남침이석 금견기리
이에 송욱이 아마 미쳐서 벗은 몸으로 나갔구나 하며	於是謂旭發狂 裸體而去 어시위욱발광 나체이거
매우 슬퍼하며 불쌍히 여기고 또 욕하고 웃다가	甚悲憐之 且罵且笑 심비련지 차매차소
마침내 그 의관을 안고 나가 옷을 입혀주려고	遂抱其衣冠 欲往衣之 수포기의관 욕왕의지
여러 길에서 두루 찾아봐도 송욱은 끝내 보이지 않았다	遍求諸道 不見宋旭 편구제도 불견송욱

• 『그렇다면 도로 눈을 감고 가시오』, 박지원 지음, 김혈조 옮김, 학고재, 1997.

◆ 知己는 어디서 구하나, 上古일까, 千歲後일까? 朴趾源, 『繪聲園集』, 「跋」

자신이 살고 있는 당세에서 자기를 이해하는 진정한 벗을 찾지 못한다고 하여, 이미 먼지나 바람이 되어 날아가 버린 아주 오래전 千古의 인물 중에서 이를 찾고자 한다면 어찌 가능하겠는가? 그게 아니면 아직 오지도 않은 아득한 千歲後의 어느 날에나 나타날지도 모를 진정한 知己를 마냥 기다리는 것은 더더욱 불가능한 일이 아니겠는가? 그러므로 "벗은 당연히 지금 자신이 살고 있는 당세에서 구하는 것이 마땅하다"는 燕巖 朴趾源 선생의 글이다.

淸의 문인 郭執桓의 문집 『繪聲園集』 「跋文」에 燕巖 朴趾源이 벗에 관해 쓴 명문이다. 中唐代의 시인 劉禹錫의 글 「陋室銘」에도 나오는 漢代 유학자 揚子雲이 언급되고 있다.

예로부터 벗을 말하는 사람은 혹 제2의 나라고 했다	古之言朋友者 或稱第二吾 고 지 언 붕 우 자 혹 칭 제 이 오
혹은 周旋人이라고도 일컬었다	或稱周旋人 혹 칭 주 선 인
이런 이유로 漢文 글자를 만든 사람은	故造字者 고 조 자 자
羽에서 빌려 朋字를, 手와 又로 友를 만들었다	羽借爲朋 手又爲友 우 차 위 붕 수 우 위 우
새에 양쪽 날개가 있음은 사람에게 두 손이 있는 것과 같다	言若鳥之兩羽而人之有兩手也 언 약 조 지 양 우 이 인 지 유 양 수 야
그러나 더러는 千古 앞의 사람을 벗으로 모신다	然而說者曰 尙友千古 연 이 설 자 왈 상 우 천 고
울적하도다, 이 말이여	鬱陶哉是言也 울 도 재 시 언 야
옛사람 이미 변해 먼지나 차가운 바람 되어 버렸으니	千古之人, 已化爲飄塵冷風 천 고 지 인 이 화 위 표 진 냉 풍
장차 누가 제2의 내가 된단 말이며	則其將誰爲吾第二 칙 기 장 수 위 오 제 이
누가 나의 周旋人이 되겠는가	誰爲吾周旋也 수 위 오 주 선 야
揚子雲이 그가 살고 있는 세상에서 知己를 얻지 못해	揚子雲旣不得當世之知己 양 자 운 기 부 득 당 세 지 지 기
천세 뒤의 또 다른 子雲을 기다리고자 하였다	則慨然欲俟千歲之子雲 칙 개 연 욕 사 천 세 지 자 운
우리나라의 趙寶汝가 이를 비웃어 말하기를	吾邦之趙寶汝嗤之曰 오 방 지 조 보 여 치 지 왈
만약 나 揚子雲이 내 저서 『太玄經』을 읽는데	吾讀吾玄 오 독 오 현
눈으로 이를 보면 눈이 양자운이요	而目視之 目爲子雲 이 목 시 지 목 위 자 운
귀로 이를 듣게 되면 귀가 양자운이고	耳聆之 耳爲子雲 이 령 지 이 위 자 운
손으로 춤추고 발로 뛴다면 모두 각각 양자운이거늘	手舞足蹈 各一子雲 수 무 족 도 각 일 자 운
어찌하여 꼭 그 멀리 천년 후를 기다린단 말인가	何必待千歲之遠哉 하 필 대 천 세 지 원 재
나는 다시 울적해져 이 말에 미칠 것 같아 말한다	吾復鬱陶焉, 直欲發狂於斯言 오 복 울 도 언 직 욕 발 광 어 사 언
눈은 때때로 보이지 않고 귀는 이따금 들리지 않는다	目有時而不睹 耳有時而不聞 목 유 시 이 부 도 이 유 시 이 불 문
이른바 춤추는 자운을 누구로 하여금 보게 하겠느냐	則所謂舞蹈之子雲 칙 소 위 무 도 지 자 운

아, 귀 눈 손 발은 모두 한 몸에서 나왔으나	嗟乎 耳目手足之生並一身 차호 이목수족지생병일신
오히려 장차 믿을 수 없는 것이 이와 같다면	而猶將不可恃者如此 이유장불가시자여차
누가 울적하게 천년 전으로 거슬러 올라갈 것이며	則孰能鬱鬱然上溯千古之前 칙숙능울울연상소천고지전
답답하게 어찌 천년 뒤를 지루하게 기다리랴	昧昧乎遲待千歲之後哉 매매호지대천세지후재
이런 연유로 그것을 들여다보면	由是觀之 유시관지
벗은 현세인 지금 세상에서 구하는 게 마땅할 것이다	友之必求於現世之當世也明矣 우지필구어현세지당세야명의

- **澹園 郭執桓**(1746~1775) 淸代의 문인으로 자는 봉규, 시, 그림, 글씨에 모두 뛰어났다. 洪大容의 벗인 淸의 鄧師閔을 통해 潭軒 홍대용에게 보낸, 자신의 문집 『繪聲園集』에 조선 명사의 「서문」 청탁을 요청해 와서 燕巖과 潭軒이 각각 「발문」을 썼다.
- 『그렇다면 도로 눈을 감고 가시오』, 박지원 지음, 김혈조 옮김, 학고재, 1997.

◆ 눈 뜬 소경 다시 눈 감고 집을 찾아가다 燕巖 朴趾源 「答蒼厓」 之二

화담 선생이 출타 중 집 잃고 길에서 우는 이를 만났다	花潭出 遇失家而泣於塗者 화담출 우실가이읍어도자
"그대 어찌하여 울고 있는가?" 우는 이 답하길	曰爾奚泣 對曰 왈이해읍 대왈
저는 다섯 살 때 눈이 멀어 지금 20년이나 되었습니다	我五歲而瞽 今二十年矣 아오세이고 금이십년의
아침에 밖에 나왔다가 갑자기 천지 만물이 맑게 보여	朝日出往忽見天地萬物淸明 조일출왕홀견천지만물청명
기뻐서 집으로 돌아가려 했더니	喜而欲歸 희이욕귀
논밭 두렁이 여러 갈래에 대문들이 서로 같아	阡陌多岐 門戶相同 천맥다기 문호상동
제 집을 분간하지 못해 이렇게 울고 있습니다	不辨我家是以泣耳 불변아가시이읍이
선생이 말하길 내가 돌아가는 법을 알려 주겠네	先生曰 我誨若歸 선생왈 아회약귀
도로 눈을 감아보게 그러면 자네 집이 보일 것이네	還閉汝眼 卽便爾家 환폐여안 즉경이가

도로 눈을 감은 눈 뜬 소경은 지팡이를 두드리며 — 於是 閉眼扣相 (어시 폐안구상)

익숙한 걸음으로 집에 도달하였다 — 信步卽到 (신보즉도)

이것은 다른 까닭이 아니다 — 此無他 (차무타)

색과 모양이 뒤집어져 슬픔과 기쁨이 되어 — 色相顚倒 悲喜爲用 (색상전도 비희위용)

망상이 생겨 버린 것이다. — 是爲妄想 (시위망상)

지팡이를 두드리며 익숙한 걸음으로 걷는 것 — 扣相信步 (구상신보)

이것이 우리가 본분을 지키는 이치고 — 乃爲吾輩守分之詮諦 (내위오배수분지전체)

집으로 돌아가는 證印이다 — 歸家之證印 (귀가지증인)

- 燕巖은 花潭의 말을 빌려 세상 보는 눈을 설명한다. 소경의 갑작스러운 생물학적 開眼은 도리어 기쁨과 슬픔 때문에 일어난 妄想으로, 사물을 바로 보는 것을 도리어 해치게 된다는 것이다. 여기서 지팡이는 『中庸』에서 말하는 희로애락이 나타나되 그 절도를 이룬 상태(發而皆中節)를 가져오게 하는 도구이거나, 불교에서 말하는 번뇌나 分別知를 떠난 내면의 觀照와 靜觀의 세계가 아닐까?
- 『그렇다면 도로 눈을 감고 가시오』, 박지원 지음, 김혈조 옮김, 학고재, 1997.

Ⅵ. 내가 만난 동물들

인형을 좋아한 강산이

강산이는 어렸을 때부터 우리 가족과 5년을 함께 살아온, 명망 있는 영국견 골든 리트리버 가문의 후손이다. 지금으로부터 몇 년 전 필자가 경주시장실에 근무할 때의 일이다. 설날이 막 지나서 네 살 된 시형이가 아빠 엄마와 함께 세배를 왔다. 시형이 아빠는 시장실에서 나와 함께 근무한 적이 있는 젊고 유능한 직원이다. 시형이 집에는 손자를 아주 사랑하는 할아버지가 있었지만, 그때 손자가 없었던 필자로서는 남의 귀한 손자의 방문에 적지 않은 긴장과 기대를 했다.

시형이는 나를 '또 할아버지'라고 불렀다. 당시 필자로서는 '또 할아버지'가 아니라 '군 할아버지'라고 해도 감지덕지할 처지였다. 시형이는 하얀 살갗 사이로 연한 실핏줄이 비칠 정도로 맑고 고운 피부에다, 누구든지 따라 웃게 만드는 천진한 웃음 그리고 사람을 차별하지 않는 붙임성으로, 우리 집을 떠난 뒤에도 며칠간 우리를 행복한 기억에 젖게 했다.

시형이가 준 큰 행복에 대한 작은 보답으로, 또 할아버지는 입양한 지 3년 된 테디베어를 선물했다. 인형을 받아 들고 뛸 듯이 기뻐하던 시형이는 마당에 내려서자마자 바로 불심검문에 걸렸다. 시형이보다 몸집이 훨씬 크고 나이도 한 살 많은 이 집 강산이가, 시형이를 곱게 보내주려 하지 않았다. 시형이가 안고 있는 테디베어 인형을 슬그머니 물고는 도무지 놓아 주지 않는 것이었다. 강산이의 검문은 집요하게 계속되었고, 놀란 시형이는 비명을 지르며 온 힘을 다해 인형을 잡아당기며 결연히 저항했다. 검문에 저항하여 성공하기는 그리 쉽지 않다.

황남동에서 힘깨나 쓴다고 소문난 강산이를 네 살 시형이가 이길 수는 없었다. 끝내 시형이는 "으앙!" 울음을 터뜨렸으나, 그간 비둘기와도 밥을 나눠 먹을 정도로 자비심 많던 강산이도 이번에는 어쩐지 한 발짝도 물러서지 않았다. 시형이는 '또 할아버지'에게 눈물 젖은 눈으로 도움을 요청했다. 평소 주인 닮은 착한 행실로 방문객의 칭찬을 한 몸에 받아오던 황남동

강산이는 공을 굴리거나 던지는 것보다 입으로 물고 노는 것을 더 좋아했다. 축구공처럼 큰 공은 물기 불편해선지 그리 좋아하지 않았다.

평화주의자 강산이의 뜻하지 않은 반란에 식구와 손님들 모두가 놀랐다. 모두 강산이를 달래기 시작했다.

"강산아, 시형이는 동생이잖아. 담에 더 멋진 것 사 줄게. 이건 시형이 주자, 응!"

그러나 강산이는 집 안에 있는 모든 인형들에 대한 자기의 절대적 소유권을 지켜나가겠다는 의지를 분명히 했다.

할 수 없이 '또 할아버지'는 남의 손자 시형이와의 향후 관계 발전을 위한 약간의 흑심과 함께 지금까지 한 번도 써본 적 없는 물리적 강제력까지 행사하며, 강아지와 어린아이 사이에 발생한 이 난감한 사태를 그리 명예롭지 못한 방식으로나마 수습했다.

드디어 강산이는 원망 섞인 눈빛으로 침 묻은 인형을 놓아 주었다. 눈물범벅이 된 시형이는 다시 공략해 올지 모르는 강산이를 피해 서둘러 대문을 나섰다. 강산이도 젖은 눈빛으로 바라보면서 말했다.

"이담에 내가 어른이 되면, 내 인형 다른 애들이 다시는 못 만지게 할 거야."

그날부터 사흘이 지나도록 강산이는 내가 불러도 가까이 오지 않았다. 그러나 다행히도 빼앗긴 인형에 대한 강산이의 기억은 새 인형이 오기 전에 잊혀진 듯했다.

강산이를 떠나보내고

강산이는 참 따뜻했다. 나이보다 더 노쇠한 듯한 내가 산책길에서 좀 뒤처지면, 가던 길 멈추고 올 때까지 마냥 기다려 주었다. 이 동네에서 그래도 제법 유명하다고 스스로 생각하는 강아지의 주인은 알아보지 못하는 동네 사람들도, 우리 집 강아지 강산이는 너도나도 다 아는 듯하다.

덩치도 엔간히 나가는 녀석이, 저녁에는 언제나 방에 들어와 함께 놀다가 밤늦어 잘 시간이 되면 슬그머니 나가서 잔다. 내가 신문을 보고 있으면 신문 사이로 머리를 들이민다.

아래채에서 일주일에 한 번씩 여남은 사람이 모여서 하는 한문 공부 시간에도 언제나 들어와서 함께했다. 한 칠팔 년을 빠지지 않고 공부했으니, 나이나 실력으로 치자면 『童蒙先習』이나 『小學』을 뗀 정도는 충분히 되었으리라.

존경하는 소당 선생님도 강산이의 도무지 결석할 줄 모르는 학구열과 성의를 감안하여 제자로 받아들이신 듯하다.

어느 날 강산이에게 내가 말했다.

"다음 생에서도 우리 꼭 다시 만나자, 강산아."

그러자 강산이가 말했다.

"다음엔 내가 아빠 할 거야."

얼마 후 강산이와 함께 8년간 살던 그 집에서 이사를 하게 되었다. 새로 살 집이 아파트라, 강산이의 출입을 고려해서 어렵사리 1층을 구했다. 이삿날 강산이가 이삿짐 옮기는 걸 돕는다고 부산을 떨까 싶어, 전문

수업에 열중하는 강산이

기관인 강아지 훈련소에 잠시 맡겼다. 닷새 남짓이면 짐 정리까지 다 마칠 수 있으리라 생각했지만, 가능하면 그전에 데려올 생각을 했었다.

그 며칠 사이에 비가 계속 오고 해서, 미리 데려오지도 못하고 어느새 닷새가 되어 버렸다. 데리러 가려고 막 나서려는데 강아지 훈련소에서 전화가 왔다.

"강산이가 무지개다리를 건넜습니다."

"무지개다리라니?"

"심장마비인 듯합니다."

이 무슨 청천벽력 같은 소리인가? 病하고는 인연 없이, 그리 건강하던 우리 강산이가 이럴 수가! 부랴부랴 강산이를 만나러 갔다. 싸늘한 주검으로 변한, 그러나 그냥 무심해 보이는 강산이…. 아내는 한 달 이상 실의에 잠긴 채 눈물 속에 시간을 보냈다. 지금까지 살아오면서 크고 작은 어려움을 겪었지만, 이렇게 슬퍼하는 걸 본 적이 없다.

나는 간소한 장례식을 준비했다. 강산이를 데려온 귀한 분에게 전화를 했다.

"강산이 아버지! 미안합니다. 내가 잘 돌보지 못하여 강산이를 먼저 보내고 말았습니다. 내일 장례를 치르고자 하니 꼭 좀 와주십시오. 오실 때 강산이 좋아하던 육포하고 소시지도 한 줄 좀 사 오시고…."

제문을 지었다. 그간 여러 해 한문 공부를 같이한 강산이니까 당연히 잘 알아들으리라고 믿으며.

강산아! 나보다 네가 먼저 갔으니, 네가 기다리는 세상에서는 아무래도 네가 아빠일 게 분명하구나.

제문에 쓰기를,

"개가 죽어 사람이 우는 것은 예로부터 드문 일이지만, 나 때문에 죽었으니 이를 서러워하노라(祭文曰 狗死人哭 古來稀 由我而死 哭也)!"

보슬비가 내리는 날 인적 드문 산기슭에서, 강산이를 데려오고 키운 사람 몇이 모여 이렇게 강산이를 떠나보냈다.

돌아오는 길에 강산이의 스승이신 소당 선생님의 나무람이 기다리고 있었다.

"제자가 죽었는데 어찌 스승에겐 알리지 않았는가?"

이른 아침, 산에서 만나는 미달이

오늘 아침에도 미달이를 만난다는 생각에 가슴이 설렌다. 황금산 – 이름처럼 그리 화려해 보이지는 않지만, 남양주의 황금산은 웬만한 가뭄에도 마르지 않는 샘물을 산기슭에 숨기고 있어서 마을 사람들로부터 사랑을 받는다.

30층 아파트 높이인 황금산 정상의 떡갈나무 밑에서 강아지 미달이는 아침마다 누군가를 기다린다. 반갑게 산에 오는 사람들을 맞는다, 마치 밤새 기다린 것처럼. 그러나 꼬리를 흔들지는 않는다. 맞이하는 그의 인사에 반가워하는 사람들이 한 발이라도 다가가면, 어느새 몇 발을 물러서고 만다. 그래서 그는 조금은 소심해 보이는 미달이다. 이런 미달이는 문득 우리에게, 사막여우가 어린 왕자에게 건넨 말을 생각나게 한다.

"참을성 있게 서로를 길들이지 않으면 우리는 조금도 더 가까워질 수 없어. 꽃이 너에게 소중하게 된 것은, 그 꽃을 위해 소비한 너의 시간들 때문이란다."

반년 전 어느 날, 미달이는 혼자가 되었다. 쓸쓸한 그의 눈빛으로 우리는 그의 가족, 그와 함께했을 이름 모를 사람들에 관한 그 어떤 기억들을 짐작만 할 따름이다. 그는 이제 그를 행복하게 했을, 아니 어쩌면 더 슬프게 했을지도 모를 그 어떤 사람들에 관한 기억들로부터 떠나 황금산 속에서 혼자 머물고 있는지도 모른다.

산에 사는 미달이가 가장 견디기 힘들었던 것은, 온몸을 덮고 있는 털로도 감출 수 없는 앙상한 갈비뼈나 굶주림이 아니었던 듯싶다. 그것은 아마도 외로움이었을 것이다.

쓸쓸한 미달이의 눈빛이 그리 말한다. 앞에 보이는 사물을 바로 쳐다보지 않고, 멀리 사물의 뒤쪽을 건너다보는 듯한 그의 눈빛이. 미달은 그가 선택한 자신의 왕국인 황금산과 거기서 배고픔을 대가로 지불한 값비싼 자유를 결코 포기하지 않았다. 다른 어떤 소중한 것과도 바꾸지 않았다.

밤새도록 부스럭거리며 깊은 잠 들지 못하게 하는, 성가신 산속의 새 가족들이 있다. 털가죽을 뚫고 뼛속까지 젖게 하는 차가운 밤이슬, 한 줄기 별빛조차 허용하지 않는 숲속의 짙은 어둠조차도 미달을 결코 사람들이 살고 있는 마을로 돌아가게 하지는 못하였다.

매일 아침, 마음씨 좋은 산 아래 지금동의 동네 아주머니들은 미달이 좋아할 먹을거리와 물을 들고 산을 찾는다. 우리 모두는 매일 아침, 그의 산에 입산을 허락해 주고 말없이 반겨주는 미달을 고맙게 생각한다. 오늘은 그간 산의 주인에게 눈인사만 해 오던 나도 한 조각 빵을

헌물삼아 받들어 그 앞에 서 본다. 그러나 먹을 것을 앞에 두고도 미달은 쉽사리 다가오지 않고, 별 관심이 없는 듯 짐짓 딴전을 피우는 모습을 보인다. 사르르, 마음이 아파 온다. 먹이를 내려놓은 내가 몇 발짝을 물러난 뒤에야, 비로소 다가와 조심스레 입을 대어 본다. 미달은 식사를 마친 뒤에, 산에서 내려가는 나를 멀찌감치 뒤따라 내려온다. 산을 떠나올 것도 아니면서…. 산어귀 황골 약수터쯤에서 나의 모습이 사라질 때까지 발길을 돌리지 않고 멀리서 바라보는 미달이.

미달은 마을로 돌아가는 나의 뒷모습을 바라본다.

나는 산에 남은 미달의 모습을 돌아본다.

그래, 어쩐지 미달은 늠름해 보였어! 먹을 것 앞에 비굴하지 않았고, 등산객이 던지는 몇 마디 인사에 가볍게 꼬리를 흔들지는 않았지.

미달의 모습에서 먼 옛날, 이 땅에 살았던 용맹스러운 고구려 용사를 생각하게 된다.

가난하지만 타고난 기품을 잃지 않고 초원을 내달리며 꿈을 키워 가던 고구려 장군의 어린 시절 모습을 그려본다.

그래, 미달 공! 밤사이 황금산에 내리는 아름다운 별빛이 그대와 함께하기를. 그대가 택한 자유, 그대가 그리워하는 사람들이 어디엔가 있을 것처럼, 그대에 대한 사랑, 그대를 그리워하는 사람들이 있다는 걸 부디 잊지 마시게.

그리고 내일 아침에도 그대의 산에 입산하는 것을 부디 허락해 주시게.

아참! 미달 공, 내일 아침에는 내가 그대에게 한 발 더 다가가더라도 물러서지 마시게, 제발.

그러고 잠시만이라도, 그대의 머리에 손 얹는 걸 허락해 주시게.

미달 공!

소들의 갑작스런 外泊

경주시 서북쪽의 영천시와 산으로 접경하고 있는 곳에 서면이란 지역이 있다. 평소 가까이 지내는 韓 사장이 그곳에서 소 목장을 하고 있어서 모처럼 방문했다. 산이 그리 깊지는 않았으나, 목장 牛舍 뒤로 가파른 산이 둘러싸고 있어 소를 관리하기에는 편한 것처럼 보였다.

목장주는 당시 한 100여 마리 소를 방목하고 있었다. 해가 뜨면 소들은 牛舍 문 안쪽에서 문 열리기만 기다리다 열리면 앞다투어 산으로 올라가, 하루 내내 자유롭게 풀을 뜯고 놀다가 어둑어둑해지면 줄지어 함께 산에서 내려와 우사로 들어선다고 한다. 저녁이지만, 사람처럼 따로 집밥을 준비할 필요는 없다. 산을 오르내리며 종일 먹어 배부른 소들은 되새김질하다 잠들면 그만이다.

그런데 어느 날 변함없던 목장에 변고가 터졌다. 여느 날과 다름없이 해도 뜨기 전부터 문 열리기만 기다리던 소들은 문이 열리자 앞다투어 뛰어나갔다. 하지만 그날 산으로 올라간 100여 마리 소들이 해가 진 뒤에 한 마리도 돌아오지 않은 일이 발생한 것이다. 목장주는 그간 한 번도 시간을 어기지 않고 제시간에 단체 귀가하던 소들의 갑작스런 일탈행동에 적잖이 놀랐다. 밤늦게까지 초조하게 기다리던 목장주는 마침내, 이미 잠자리에 든 동네 사람들을 깨워 횃불을 들고 가파른 산 골짜기를 뒤지고 소리치며 찾아다녔다.

그러나 100여 마리 소는 어디에도 아무런 흔적도 남기지 않았다. 그 많은 소들이 도대체 어디로 사라졌단 말인가?

사흘째 되는 날 밤, 수색대는 별빛만 가득한 하늘 아래 가파른 능선을 넘어 오목한 골짜기 안에서 소들이 둥글게 원을 그리고 둘러앉아 있는 것을 보았다. 마치 그들이 창안한 새 병법의 三同心圓 모양의 牛行陣을 쳐, 맨 바깥은 큰 황소들이, 그 안쪽에는 암소들이, 맨 안쪽에는 송아지들이 옹기종기 앉아 있었다. 소들은 찾아온 사람들을 보고 그리 놀라지도 않았고, 집단 외박의 사유를 밝히기는커녕 도리어 한밤중에 불을 켜 들고 왜 소란을 피우느냐는 표정을 지었다. 그러고는 낮에 뜯어먹은 풀들을 되새김질(反芻)하며, 어둠 속에 빛나는 별을 바라보고 있었다.

사람들은 마치 우사에 돌아와 쉬는 것처럼 태평하게 앉아 있는 소들을 억지로 일으켜 세워, 가파른 산등성이를 넘고 넘어 무사히 牛舍로 돌아왔다.

사흘 만에 소들을 본 목장주 한 사장은 흥분에 들떠, 10여 년 전 병영 생활을 마친 이후에는 한 번도 해본 적 없는 일석점호를 실시했다. 하나, 둘, 셋… 헤아려 나가던 목장주가 고개를 갸우뚱한다.

“이상하네. 두 마리가 많잖아! 잘못 세었나?”

다시 세어 본 뒤에도 같았던지,

“거참! 이상하네! 이웃 동네 소가 따라왔나?”

실은 임신 중이던 암소 두 마리가 사흘 전 산속에서 같은 날 새끼를 낳은 것이었다. 소들은 다른 소들의 도움 없이 이렇게 쉽게 출산을 한다. 갓 낳은 새끼송아지가 더러는 휘청거리면서도 바로 걷기는 하지만, 이처럼 가파른 산을 넘어서 멀리 牛舍까지 돌아가기에는 아무래도 힘이 부쳤다. 어미소의 새끼 사랑은 일찍이 소문난 터이지만, 출산 바로 직후인 데다 어미소가 웬만해서는 사람처럼 새끼를 둘러업고 다니지는 않는다. 소들은 이 특별한 일에 대처하여 인간들이 곧잘 활용하는 비상대책위원회(略稱, 非對委)를 열었다. 비대위는 다룰 주제가 간단하고 결정 사항도 명확하여 별 다툼이 없으니, 그 유명한 화백회의처럼 만장일치로 쉬 결론이 났다. 비대위의 결정 사항은 이러했다.

“우리 모든 소들은 앞으로 사흘간, 낮에는 제각기 풀을 뜯으며 자유롭게 놀되 밤이 되면 ‘업은 골(谷)’의 牛行陣 내에서 안전하게 지내도록 한다. 만일의 사태를 대비하여 태어난 지 3년이 된 젊은 소들은 반드시 차례로 불침번을 서도록 한다. 오늘 큰일을 한 두 産牛들이 産後 조리를 충분히 마치고, 송아지들의 다리에도 힘이 웬만해지면 모두 데리고 산에서 내려가 함께 돌아가기로 한다.”

그동안 한 번도 개최한 적 없는 非常對策委의 이 결정을 목장주가 알았다 하더라도 추인하는 것 외에 무슨 별다른 도리가 없었을 것이다. 일은 저질러졌고 자잘한 시비를 가리는 데 꽤 효과적이라고 소문난 그 ‘假處分’이란 것과 같은 이의제기도 뭐 별다른 소용이 없을 터였다.

송아지들은 태어나서 처음 만난 별빛 아래의 산속 캠핑에 기분이 들떠 연신 “음메!” 소리를 지르며 신이 나서, 어른 소들이 머리를 짜내어 구축해 놓은 難攻不落, 天險의 요새인 三同心圓 牛行陣의 안과 밖을 놀이터처럼 제멋대로 넘나들었다. 그러나 牛行陣의 엄정한 軍律을, 산속에 불어오는 바람처럼 무시하고 제멋대로 들락거리는 어린 송아지들을 나무라는 어른 소는 어디에도 없었다. 童牛들의 特權이다.

관목 숲 우거진 산골짜기를 헤치고 내려온 별빛은, 쉬 잠들지 못하는 송아지들의 큰 눈 속으로 들어가 꿈을 실어 날랐다.

목장 펜스를 뛰어넘은 새끼 양

지금으로부터 25년 남짓 전, 필자가 런던에 있는 주영국 대한민국대사관에 근무할 때의 일이다. 하계 휴가철을 맞아 우리 가족은 영국 남서부 콘월(Cornwall) 지방의 작은 목장에 딸린 평화롭고 아늑한 민박집(Bed & Breakfast)을 예약해서, 두 아이와 함께 며칠 묵고 오기로 하였다. 런던 남쪽 근교에 있는 Cheam의 우리 집에서 차로 세 시간 정도를 달려 도착한 콘월의 풍광은 끝없이 펼쳐진 초원이어서, 섬나라인 영국이 아니라 마치 또 다른 대륙의 평원에 온 듯한 느낌이 들었다. 그것은 지금까지 보아 온 것과는 사뭇 다른, 숨겨진 그리고 오래된 영국의 새로운 모습이었다.

도착한 다음 날, 그곳에서 맞는 첫 이른 아침이 되었다. 가려 놓은 커튼 사이로 아침 햇살이 비집고 들어와 멀리서 온 고단한 손님들의 늦잠을 깨우고 있었다. 이미 방 안으로 들어온 빛 때문에 달아나고 있는 잠의 꼬리를 붙잡으며 미적거리고 있는 손님들의 귀에, 창밖에서 문득 양들이 "메헴 메헴!" 하고 우는 소리가 시끄럽게 들려왔다. 이건 그냥 발로 막 차면서 잠을 깨우는 수준이었다. 역시 잠을 재울 때는 엄마가 불러 주는 자장가가 불을 끄는 것보다 더 효과적이고, 잠을 깨울 때는 창밖에서 밝아오는 햇빛보다는 엄마의 아침 밥상 차리는 소리가 더 효과적이었으니, 아무래도 재울 때나 깨울 때나 빛보다는 소리가 더 효과적인 듯싶다. 목장 펜스 너머 저 넓은 초원에서는, 밤새 이슬 맞고 자란 풀들이 밟아 주고 뜯어 줄 새로운 손님들을 기다리고 있었다.

"메헤헴, 메헤헴!" 소리는 싱싱한 새 풀을 먼저 맛보려는 부지런한 양들이 서두르는 출근 시간, 아니 식사 시간을 맞으려는 소리였다. 양들은 긴 나뭇가지를 가로 묶어 얼기설기 세워 놓은 펜스를 한 마리씩 차례로 뛰어넘어 나갔다. 그런데 세상에 나온 지 한 달도 채 안 된, 털이 뽀송뽀송한 새끼 양 한 마리가 제 키보다 높아 보이는 50cm 정도 높이의 펜스를 앞에 두고 계속 "메헤헴!" 울고 있었다. 펜스를 넘지 않으면, 어른 양들이 가는 저 푸른 풀밭으로 따라갈 수 없다. 마음껏 뛰어놀 수도 없다. 먼저 펜스를 넘은 열 마리의 양들이, 울고 있는 새끼 양에게 소리치며 함께 응원하고 있었다.

"메헤헴, 메헤헴! 아가야, 뛰어넘어 봐, 너도 할 수 있어."

아마도 영국 양이니 이렇게 말했을 것이었다.

"My boy, you can cross the fence. You can do it."

새끼 양이 소리쳤다.

"안 돼요. 펜스가 내겐 너무 높아요. No, No, I can't. The fence is too high for me to jump over!"

새끼 양과 어른 양들의 이 같은 사랑과 격려의 대화는 이십여 분이나 계속되었다.

그러다 새끼 양은 푸른 초원의 빛과 바람이 주는 자유를 생각하며, 드디어 용감하게 難攻不落의 펜스를 폴짝 뛰어넘었다. 뒷다리가 걸리지도 않았다. 마치 오랜 옛날 전설의 영웅이었던 로빈 후드(Robin Hood)나 리처드 왕(King Richard)이 그랬던 것처럼 아주 씩씩한 모습으로. 기다리던 양들의 환호와 감탄이 쏟아졌다.

"메헤헴, 아가야, 성공했구나! 우리 아가 양 최고야!"

펜스를 넘은 새끼 양은 귀를 쫑긋 세우며 의기양양하게, 기다리던 양 떼 속으로 털을 비비고 들어가며 말했다.

"지음, 잘했지요? 펜스가 아주 높았는데 제가 그냥 훽 넘어 버렸어요."

"암, 너는 우리 콘월에서 제일 용감하고 씩씩한 양이야! 우리는 네가 정말 자랑스럽단다!"

이십여 분 남짓에 양 떼들의 아침 소란은 마침내 끝이 났다. 혹시나 새끼 양이 놀랄까 봐 창문 안쪽에서 숨은 채로 열심히 응원하고 있던 우리도 밖으로 나와, 양들이 걸어간 드넓고 싱그러운 초원길을 함께 달려 나갔다.

알파카(Alpaca)가 준 선물

지금으로부터 7년 전, 필자가 페루에서 개최한 세계문화유산도시 총회에 참석했을 때의 이야기다. 이 행사는 세계문화유산을 가진 100여 도시의 대표가 참석하는 회의였는데, 당시 필자는 경주시 대표로 참석했다. 여기에서 다룰 두 가지 중요한 의제는 회의 대표인 회장을 뽑는 것과 차기 총회를 개최할 도시를 결정하는 것이었다.

필자는 아직 우리나라 어느 도시에서도 개최한 적이 없는 세계총회를 경주시에서 펼치고 싶었다. 당시 우리 한국에서 경주시와 함께 참가한 세계문화유산도시는 모두 7곳이었으며, 총회에 참석한 도시는 스페인어를 사용하는 국가의 도시들이 압도적 다수였다. 그런 까닭에 미국, 영국, 프랑스, 독일 등 선진 강대국들도 이 총회에서는 별다른 영향력이나 힘을 쓰지 못했고, 그래서인지 회장 선임이나 총회 개최를 유치하기 또한 쉽지 않았다. 이웃 나라인 중국이나 일본은 아예 참석조차 하지 않았는지, 대표들의 얼굴을 볼 수 없었다.

회의 둘째 날 행사 시작 전, 야외 만찬장에서 음료수를 들면서 기다리고 있었다. 그때 현지 주민 한 사람이 羊처럼 보이기도 하나 작은 낙타 얼굴을 한, 목이 긴 이 지역 토착 동물인 알파카를 데리고 왔다. 아마도 알파카 털 제품을 홍보하기 위해 市에서 특별히 준비한 듯했다.

낙타과에 속하는 동물 알파카는 안데스산맥 고산지대에 살고 있으며, 긴 목과 다리에 난 몽실몽실한 털이 부드럽고 따뜻해서 매우 인기가 높다. 온순한 듯하지만 초롱초롱한 눈에 비해 다소 차가운 모습의 알파카 새끼들은 대개 주인 품속에서 시간을 보낸다. 그래도 화가 나면 냄새 지독한 침을 뱉는 게 특기라고 하니, 알파카의 심기 거스르는 일은 하지 않도록 해야 할 것이다.

나는 알파카의 주인에게 말했다.

"제가 당신의 알파카와 뽀뽀를 한 번 하고 싶은데 허락해 주시겠습니까?"

"그건 알파카에게 직접 물어보셔야지요. 그런데 그게 그리 쉽지는 않을 겁니다. 이 아이는 좀 까다로운 편이라서요…."

주인의 대답은, 어디 재주껏 한번 해 보라는 이야기로 들렸다. 알파카의 새까맣고 초롱초롱한 눈을 바라보면서 나는 입을 가까이 가져갔다. 그러나 알파카는 곧바로 고개를 돌려 버렸다.

그런데 손님 대접을 해서 그런지, 다행스럽게도 그 악명 높은 침을 뱉지는 않았다.

나는 스페인어가 아닌 한국어로 말했다. 세계를 풍미하는 韓流의 言語로, 고개 돌린 알파카에게

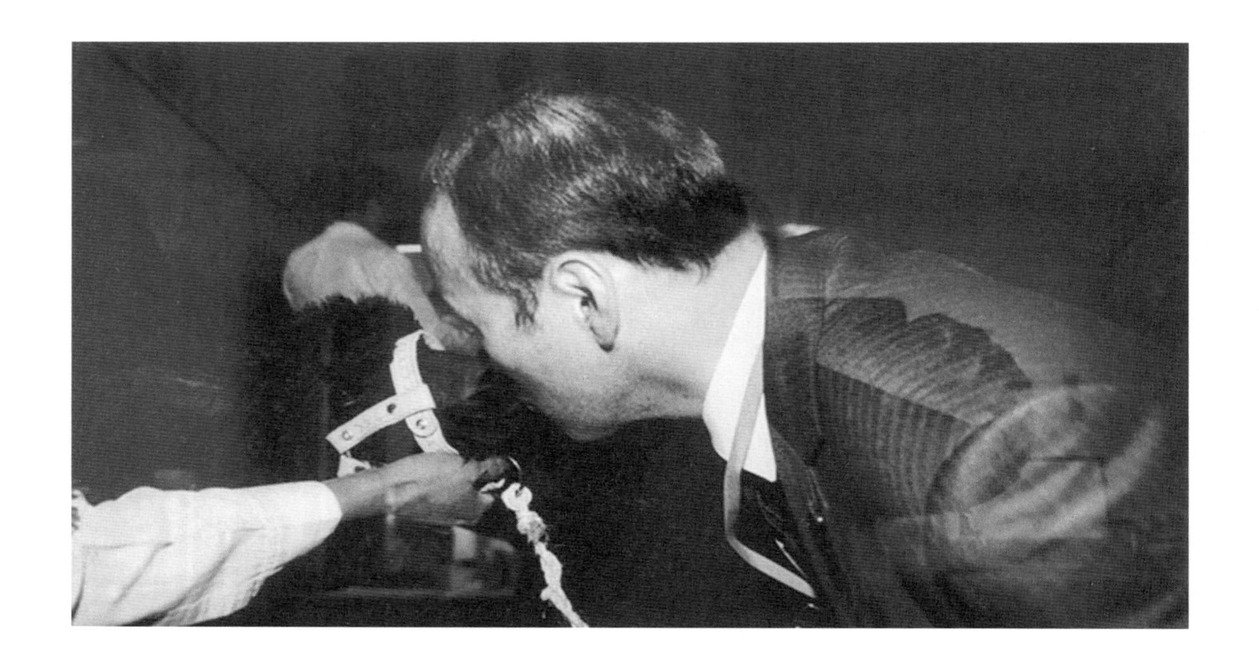

약간은 화난 듯한 목소리를 건넸다.

"먼 옛날부터 이 땅의 주인이었던 알파카야! 나는 너를 만나기 위해 잠도 자지 않고 수만 마일을 날아왔단다. 나는 너와 꼭 뽀뽀하고 싶다. 멀리서 온 나를 좀 대접해 줄 수 없겠니?"

궁시렁궁시렁하는 내 말을 듣고 있던 알파카가 초롱초롱한 눈으로 나를 다시 쳐다보며 입을 오물오물했다. 알아들었나? 걱정스러운 듯이 바라보고 있던 알파카 주인이 말했다.

"됐네요. 지금이 그때입니다. 알파카가 허락했네요! 영어도 아니고 스페인어도 아니고 한국어를 알아듣네요, 우리 알파카가 참!"

어렵사리 알파카와 행운의 뽀뽀를 했다.

다음 날 총회장 전면의 대형 스크린에는 알파카와 키스하는 경주시 대표의 사진과 자막이 크게 떴고, 알파카를 홍보하려는 개최 도시 시장의 黑心 덕분에 화면 사진은 상당히 오랫동안 고장을 핑계로 내려오지 않았다.

이어서 열린 세계유산도시기구 총회에서 스페인계의 압도적인 지배 세력을 제치고 경주시가 차기 총회 개최지로 당당히 선정되었다. 투표 시작 전, 우리는 비밀리에 국제적인 음모를 꾸몄는데 다행스럽게도 성공한 역모가 되었다. 프랑스의 리옹 시장은 경주시에 5표를 몰아주었고, 한국 대표단은 차기 회장 후보인 리옹 시장에게 7표를 던졌다. 아주 오랜만에 차기 총회 개최지와 100곳 유산도시의 수장인 회장까지 우리가 원하는 대로 모두 성취하는 쾌거를 이루었다.

알파카의 선물로 다음 해 경주총회가 세계에서 가장 아름다운 신라의 다리 月淨橋 앞에서 열렸다. 세계 도시 100여 곳의 시장과 국제기구 대표들이 참석한 가운데, 대한민국 정부 국무총리가 참석하여 뜻깊은 개회 축사를 했다. 총회 역사상 가장 생산적이며 짜임새 있게 진행되었다고 평가된 경주총회는 화백컨벤션센터에서 사흘 동안 성공적으로 펼쳐졌다.

그런데 알파카가 준 선물은 여기에서 끝나지 않았다. 여기 참석한 총회 회장인 리옹 시장은 그 자리에서, 오백만 이상이 방문하는 세계 최대 리옹빛축제에 경주시 대표단을 초대하였다. 리옹은 프랑스에서 파리와 마르세이유에 이어 세 번째로 큰 도시이며, 오랜 역사를 간직한 곳이다. 리옹시는 축제 기간 내내 시 전역에 차량 운행을 중지하여, 그 넓은 시가지를 수백만 방문객 모두가 빛의 향연을 즐기면서 걸어서 다니게 했다.

리옹시에 도착한 우리는 시장실에서 한 시간 동안 대담했다. 그런데 그때 시장실에서 만난 시장은 페루와 경주에서 만났던 그 시장이 아니었다. 대담 도중에 뜻밖에도 시장실로 프랑스 중앙정부 내무장관으로부터 전화가 걸려 왔다. "대한민국 경주시 손님을 온 마음과 정성으로 잘 맞이하라"는 주문이었다. 우리와 페루에서 성공한 음모를 꾸몄던 그 시장이 프랑스 중앙정부 내무장관이 되어 있었던 것이다.

이어서 신임 시장이 우리를 시장실 앞 발코니로 이끌었다. 한순간 발코니가 대낮처럼 밝아지면서 대한민국 국기가 게양대를 올라가고 있었다. 이미 올라가 있는 프랑스 국기 옆으로, 우리의 「애국가」 연주에 맞춰 천천히…. 그때까지 들어온 그 어떤 연주보다 아름다운 선율이 가득한 「애국가」였다. 처음 들어보는 종소리를 내는 피아노였는데, 음악가인 이곳 여성 부시장이 직접 연주했다. 발코니 아래에는 백만도 넘는 군중이, 대낮같이 밝힌 불빛 아래 서서 「애국가」와 함께 올라가는 대한민국 국기를 바라보고 있었다.

나와 대표단은 울컥, 하는 감동에 빠졌다. 나는 리옹 시장에게 물었다.

"아니, 시장님은 도대체 어떻게 이런 생각을 다 하셨나요?"

리옹 시장이 대답했다.

"이 도시의 가장 귀한 손님에게 보이는 우리 모두의 감사한 마음입니다. 우리는 이런 행사를 딱 한 번 펼친 적이 있는데, 중국 시진핑 주석이 왔을 때였지요. 그런데 그때는 지금 보고 계시는 저 구름처럼 모인 백만 관중은 없었답니다."

부시장과 함께 산처럼 거대한 두 경호원의 안내에 따라, 경주시 방문단은 빛의 향연이 이어지는 인파를 헤치고 도시 중앙의 언덕 위에 있는 호텔까지 걸어서 왔다. 기분은 말할 수 없이 수수했다. 알파카야, 고맙구나!

The 14TH World Congress of the OWHC
Organization of World Heritage Cities
Commemorative Stamp

월정교 – 제14차 세계유산도시기구 총회가 열린 곳이다. 이 다리는 신라 경덕왕 19년에 만들어졌으며, 유실된 것을 10여 년의 조사·연구와 고증을 거쳐 2013년 교량을 먼저 복원하고 2017년 문루까지 복원하였다. 신라인들이 남산으로 가던 길로, 월정교를 건너면 도당산과 만난다. 도당산과 남산 사이의 도로 개설로 인해 끊긴 길을, 도로 위로 터널을 새로 만들고 성토하여 남산 가는 길이 복원되었다. 사람도 다니고 동물도 다닌다.

양쪽 문루의 현판은 명필 김생과 대문장가 최치원, 두 신라인의 글씨를 집자해서 올렸다.

일본 나라(奈良)시 東大寺의 절하는 사슴

지금으로부터 10년 전쯤, 한때 일본 왕조시대 70여 년간 수도였던 나라현 나라시 출장 중에 필자가 겪은 일이다.

일본 나라시에는 일본 불교 화엄종의 대본산인 東大寺라는 유서 깊은 절이 있다.

동대사에는 키가 14.98m, 어깨 넓이만 28m, 무게가 500톤이나 되는 세계에서 가장 큰 비로자나불인 청동대불이 있다. 그러나 이 청동대불 못지않게 유명한 것은, 아마도 움직이는 천연기념물 동대사의 사슴일 것이다. 이 사슴들은 동대사 경내를 어슬렁거리며 돌아다니는데, 방문객 수 못지않게 많다.

필자는 입장하기 전에 동대사의 주인 같은 이들과 친해 보려는 소박한 욕심으로 맛있는 과자 몇 봉지를 사 들고 사슴과의 遭遇를 기대하며 사찰 경내를 천천히 걸어가고 있었다. 그런데 그때 갑자기 무엇인가가 엉덩이를 약간 아프게 무는 것을 느꼈다. 깜짝 놀라서 뒤돌아보니 눈망울이 초롱초롱하고 깨끗하게 생긴 사슴이 나를 빤히 쳐다보고 있는 것이었다.

나와 눈이 마주치자, 사슴은 목이 땅에 닿을 정도로 공손하게 절을 했다. 엉덩이를 물어서 미안하다는 것인지, 어쨌든 놀란 표정으로 사슴을 바라보니 다시 한번 절을 했다. 그러고는 고개를 들면서 내 손에 들린 과자를 쳐다보는 것이었다. 그제서야 나는 얼른 준비해 온 과자를 꺼내 손바닥에 올려놓으니 맛있게 받아먹었다. 그리고 봉지에 남은 과자를 보더니 다시 절을 하는 것이었다. 준비해 온 과자가 다 없어질 때까지 절은 계속되었다.

이윽고 과자를 다 먹은 사슴은 중요하게 맡은 일을 마쳤다는 듯 무리 속으로 유유히 사라졌다. 다른 여행객들의 손과 엉덩이를 힐끗힐끗 살펴 가면서….

이들 사슴은 사람들이 거절할 수 없게 만드는 그 공손한 절을 도대체 어디서 배운 것일까? 참, 그렇지! 절(拜)은 절(寺)에서 배운 것이리라.

나라시를 방문하는 여행객들은 꼭 동대사의 사슴 만나보기를 권한다.

또 절에 들어가기 전에 반드시 과자 두어 봉지 사는 것을 기억해 두는 것이 좋겠다.

그리고 하나 더 잊어서는 안 될 것이 있다. 엉덩이를 특별히 조심해야 할 것이다.

다시 만날 여우를 생각하며

필자가 30여 년 전 영국 런던 남쪽의 침(Cheam)이라는 마을에 살고 있을 때 일이다. 아침에 일어나면 현관 앞에 벗어 둔 신발이 없어져 곤욕을 치른 게 한두 번이 아니었다. 울과 담이 없는 영국 집의 정원을 걸어나가, 가까운 찻길까지 가서야 잃어버린 신발을 찾을 수 있었다. 알고 보니 범인은 영국인들의 오랜 친구, 붉은 여우(red fox)였다. 무슨 여우가, 자기가 신을 것도 아니면서 사람 신발은 왜 가져가는지…. 필자는 이웃집 노신사의 조언과 나름의 지혜를 발휘하여, 다음부터는 여우가 가지고 놀 낡은 신발을 현관 앞에 따로 두어 출근길에 갑자기 닥치는 낭패를 모면할 수 있었다.

어미 여우는 자신이 잠시 집을 비운 사이에, 위험이 도사린 굴 밖으로 기어 나온 철없는 새끼들을 안아 주고 쓰다듬어 주는 사람의 모습을 지켜보며 이를 오래오래 기억한다. 그리고 운이 나빠 사냥에 성공하지 못한 여우를 위해 정원 뒤쪽에 약간의 먹을거리를 놓아 두는 착한 사람의 세심한 친절도 잊는 법이 없다.

고마운 기억이 생생한 여우는 별빛이 총총한 그날 밤, 그 사람이 살고 있는 정원으로 다른 친구들을 데리고 나타난다. 이들 방문객이 그 정원에서 여는 '알리지 않은 감사의 파티'를 알지 못한 채 잠자리에 들어 버린 사람의 커튼 쳐진 창문 밑을 부산하게 오가며, 여우는 그 사람 냄새가 배어 있는 낡은 신발을 이리저리 굴리며 킁킁 냄새를 맡고 있을지도 모른다. 이처럼 여우는 사람이 잠들어 있을 때 슬그머니 가까이 왔다가 어둠이 걷히기 전에 보이지 않는 어딘가로 사라진다. 그러나 떠날 때는 반드시 작지만 요란한 파티의 흔적을 남긴다.

별빛 총총한 날, 착하고 고마운 사람이 사는 정원 파티에서 여우들이 밤새워 놀다 간 일을 도무지 알아차리지 못하는 아둔하기 짝이 없는 착한 사람을 위해 영리한 여우가 남기는 장난스러운 가벼운 징벌, 그것이 '가까운 곳으로의 신발 외출'이다. 고개를 갸웃거리며 없어진 신발을 찾아 나선 사람의 모습을, 여우는 너도밤나무 밑이나 이름 모를 풀숲 깊은 곳에 숨어서 늘 지켜본다. 지난밤을 새운 자신들의 파티에 다소 무심했던 사람이, 해 뜰 무렵에 당황해하는 모습을 확인하고 나서야 그들의 놀이는 비로소 끝난다.

어쩌면 신발 찾아 나선 길에서 우리는 더러, 채 떠나지 못하고 있는 그들의 무겁게 늘어뜨린 꼬리와 아쉬운 눈으로 돌아보는 조금은 쓸쓸한 뒷모습을 발견하게 될는지도 모른다. 황갈색 귀한 털에 하얀 목, 꼬리 끝과 귀 속이 온통 검어서 멋있지만 조금은 쓸쓸해 보이는 뒷모습,

어딘가에 아쉬움을 숨겨놓은 그리고 다시 찾아올 밤을 기다리는 듯한 느낌을 주는 그런 모습을.

우리나라 산과 들에 그토록 많았다던 여우, 이제 우리는 그들을 만나기 어렵다. 동물원 우리 안에서 약간은 쓸쓸한 모습으로 웅크리고 앉아, 낄낄거리며 들여다보는 사람들을 그들도 제법 신기하다는 듯이 물끄러미 내다본다. 여우는 자주 보는 사람과는 제법 가까운 듯 다가오기도 하지만, 어느 순간 꼭 처음 만난 것처럼 매우 조심하고 경계하는 아주 타고난 버릇이 있다. 그래도 시간이 흐르면 그들은, 아마 한 발짝씩은 가까워진 모습으로 우리에게 다가오게 될 것이다. 어느 날 어린 왕자에게 찾아왔던 사막의 그 여우처럼.

어쩌면 여우는 오래전부터 사람들과 함께 살아가고 있는 개들을 몹시도 부러워하는 것처럼 보인다. 아니 그게 아닐지도 모른다. 그보다는 개들과 함께 살아가는 사람들을 더 궁금해하고 가까이하고 싶어 하는 건 아닌지 모르겠다.

그들은 일찍이 멀리 조상을 같이하는 사나운 늑대의 야성을 우리 인간에게 보인 적은 없다. 하늘에서 내리꽂듯 수직 낙하하며 실수 없이 사냥하는 천하무적의 멋있고 용맹한 사냥꾼의 모습과 빛처럼 빠른 반사신경으로 사나운 뱀과도 싸워 이기는 투사의 모습은, '種이 같은 개'보다는 오히려 '種이 다른 고양이'의 용맹을 지녔다.

언제쯤이면 우리는 지금은 보이지 않는 이들 여우와 遭遇하는 행운을 만나게 될까?

어느 날 산책길에 소백산에 방사했던 붉은 여우가 400km 넘는 머나먼 산길을 넘어 불쑥 우리 앞에 나타날지도 모른다. 그들이 남긴 흔적들이, 우리가 사는 가까운 산 골짜기에서 더러더러 보이고 있다. 아직까지 만났다는 사람은 없지만.

그게 아니라면, 지난날 들불처럼 번졌던 '쥐잡기 운동'이 가져온 '여우의 災殃'을 가까스로 모면한 토종여우가, 값비싼 목도리를 노리는 '사냥꾼의 총성'까지 피해 가며 용케도 살아남아 우리 앞에 불쑥 나타날지도 모를 일 아니겠는가?

혹시 두꺼비 못 보셨나요?

매일 아침 등산길에서 만나던 두꺼비를 며칠째 보지 못해 마음이 편치 않다. 밀짚모자를 눌러쓰고 허물어진 등산길을 아침마다 혼자서 고치던 숲지킴이 아저씨에게 물어본다.

"선생님, 저쪽 언덕배기에서 혹시 두꺼비 못 보셨어요?"

"아! 그 수문장 두꺼비 말인가요? 거참! 나도 요 며칠간은 못 본 것 같은데…, 어디 아픈가?"

터질 것같이 풍성한 여름 숲이 마지못해 내어놓은 놀부 속같이 좁은 산길은, 그나마 얼마 가지 않으면 숲속으로 황당하게 자취를 감춰 버려 길이 낯선 방문객의 애를 태운다.

두꺼비는 좁은 등산로 중간쯤 길목 한자리에서 꼼짝하지 않고 앉아 있었다. 새벽 산을 혼자 바쁘게 오르내리는 사람들을 물끄러미 바라보며 꼼짝도 하지 않고 누군가를 기다리는 것 같았다. 사람들이 가까이 다가오면 느릿느릿 움직여 슬그머니 길섶으로 사라질 뿐, 놀라거나 개구리처럼 채신없이 팔딱거리지도 않았다.

길가의 두꺼비를 보고 화들짝 놀란 사람들이 몹쓸 짓을 했나? 아니면, 메줏덩이같이 큰 두꺼비도 상대하지 못할 큰 뱀을 만났나? 이런저런 생각에 숲이 마련한 화려한 조찬을 포시랍게 께적거리다 그만 내려오고 말았다.

언제부터인가 나에게는 이 점잖은 두꺼비에게 정중하게 인사를 건네는, 나름대로 괜찮게 여기는 습관이 생겼다. 산에 올라갈 때 본 두꺼비가, 대개는 내려올 때쯤에도 산문을 지키는 수문장처럼 그 자리에 있었다. 내가 산에서 내려올 때쯤에 맞추어 다시 그 자리에 와 있는 것인지, 어쩌면 인사성 밝은 나를 좋아하는 것처럼 생각되기도 하는 것이었다.

매일 밝아 오는 새벽을 처음 맞는 듯이 부산스러운 산새, 다람쥐, 청설모, 오소리 등 숲속 가족들과는 달리, 두꺼비는 동터 오는 새벽을 그리 반기는 것처럼 보이지 않는다.

지난밤 숲과 함께한 긴 침묵의 시간을 안은 채 가고 싶지만, 숲속 가족들의 철없는 배신으로 숲의 정적은 여지없이 깨어지고 만다. 뒤엉킨 소나무 가지와 좁은 잎 사이를 비집고 들어온 날카로운 아침햇살은, 오늘 아침에도 보이지 않는 두꺼비를 더욱 생각나게 한다.

소나무들은 한곳에 그리 오래 머물지 않는 숲속의 빛이 행여 사라질까 조바심한다. 그리고 잠시라도 먼저 빛을 차지하기 위해 팔을 크게 벌리고 서로의 어깨에 생채기가 나도록 힘겹게 밀쳐댄다. 빛을 차지하지 못한 불운한 소나무들은, 메마른 나뭇가지마다 내일을 향한 비원을 솔방울에 새까맣게 매어 단다.

청설모, 펜화, 허진석 화백

솔방울 달린 나뭇가지를 타고 코앞까지 쪼르르 내려온 청설모의 반짝거리는 검은 눈이 오늘도 보이지 않는 두꺼비를 다시 생각나게 한다.

"여보게 친구야, 내일 아침 등산길 언덕배기에 두꺼비 있는지 다시 한번 봐주게. 당분간 산에 오르지 못하는 내가 그를 애타게 찾고 있다고 말해 주게나. 혹시 두꺼비도 나를 기다리고 있을지 모르지 않는가?"

손님 맞은 청개구리의 합창

몇 년 전, 미국의 명문 UC 버클리대학교 노교수 부부가 경주를 방문했다. 그들은 같은 대학의 정치학 교수였고, 특히 부군은 정치학의 노벨상에 해당하는 대상을 받은 저명한 교수였다. 호텔에 숙소를 정해 드리고, 앞으로 사흘 동안 국제적인 역사·문화 도시 경주의 참모습을 어떻게 보여 드릴까를 깊이 생각했다. 우선 영어에 능통하고 역사·문화 지식이 풍부한 문화해설사에게 특별히 부탁해 놓고, 시간 나는 대로 필자도 함께하기로 했다. 저녁녘이 되니 태풍이 오는지 폭우가 쏟아지고 바람이 엄청나게 불었다.

두 분과 저녁 식사를 같이하고 나서 나는 한 가지 제안을 했다. 여기서 그리 멀지 않은 곳에 世界文化遺産인, 조선의 대학자가 제자들을 가르치던 600년 된 私立大學과 古家가 있는데 한번 가 보시겠느냐고 물었다. 두 분은 처음 듣는 600년 된 大學이란 말을 듣고는 망설임 없이 쾌락했다. 600년 전 미국은 인디언들이 평화롭게 살던 땅이었을 터다. 나는 晦齋 선생의 胄孫이신 이해철 선생에게 특별한 부탁을 드렸다.

"오늘 미국에서 귀한 손님이 오셨는데 溪亭에서 하루 주무실 수 있을지 모르겠습니다."

胄孫이신 선생은 미국의 대학자란 말을 듣고는 바로 허락하시고, 그동안 오래 비워서 눅눅해진 계정의 아궁이에 잘 마른 소나무 장작불을 대낮부터 지폈다.

빗길을 뚫고 차로 20분을 달려 安康에 있는 獨樂堂에 이르렀다. 주손은 불을 대낮같이 밝혀, 고색창연한 건물의 아름다운 빗속 정경이 한껏 드러날 수 있도록 해 두었다. 마루에 올라 방으로 들어가니 침대 매트보다 두꺼운 보료가 깔려 있는데, 방바닥에 닿은 발에 따뜻한 온기가 전해 왔다. 비 오고 바람 부는 날씨에 발이 따뜻해 오니, 그들이 얼마나 놀라고 신기했으랴. 아마도 이런 따뜻한 방은 처음이었으리라. 80을 바라보는 나이에 그들은 벽에 걸린 11개의 오래된 현판들을 둘러보다가, 퇴계 선생께서 쓰신 편액 '養眞庵'을 가리키며 그 뜻을 물어 왔다.

나는 지갑을 열고 천 원짜리 지폐를 꺼내 보여 주면서 설명을 했다.

"600년 전 조선의 대학자인 퇴계 이황 선생이 직접 쓰신 '眞理(Veritas)와 人材(populus)를 기르는 곳'이란 뜻의 글입니다. 그리고 이 집은 600년 전 조선의 대학자이고 이곳 사립대학의 총장인 晦齋 先生이 거처하시던 곳입니다. 그래서 이곳에는 아무나 주무실 수 없답니다. 지위가 높아도 학문과 덕이 없는 이는 이곳에서 잘 수가 없답니다. 학문이 부족한 저는, 시장이지만 이곳에서

玉山書院 獨樂堂 溪亭

잘 수 있는 행운을 아직 얻지 못했습니다. 두 분 교수님은 세계적인 대학자이시니 아마 가능할 것입니다. 그러면 두 분은 溪亭 역사상 최초로 이 독락당에서 주무시는 외국 학자입니다."

화장실은 우산을 쓰고 몇 걸음 밖으로 걸어 나가야 했다. 깨끗하기로 소문난 한국의 정돈된 화장실을 둘러본 두 분은 이곳에서 주무시겠다고 선선히 대답했다. 다른 건 몰라도 화장실은 과연 대한민국이 최고이리라. 나는 두 분에게 혹시 밤새 불편하시면, 전화만 주면 언제든지 바로 모시러 오겠다고 했다. 두 분을 그곳에 모셔 둔 채 집으로 돌아와 약간은 걱정했지만, 다행히도 밤새 전화벨은 울리지 않았다.

이튿날 아침 눈뜨자마자 獨樂堂으로 두 분을 찾았다.

"잘 주무셨나요, 교수님."

두 분은 한목소리로 대답했다.

"따뜻하게 참 잘 잤어요. 이 온돌이란 게 참 신기하군요."

보료 밑에 묻은 발을 빼지 않은 채로 말한다.

"그런데 밤에 우릴 찾아온 손님이 있었어요."

"아니, 교수님들께 손님이라니요?"

“청개구리들이었어요! 빗속에 청개구리들이 문지방 밑에까지 몰려와서 노래를 불러주었어요. 한 이십 분 동안을.”

“그래요? 아마도 두 분을 환영하는 청개구리들의 연주였나 봅니다. 혹시 방으로 들어오지는 않았나요?”

“들어오지는 않고 밖에서 노래만 부르다 갔어요.”

碧眼의 노교수들은 晦齋 선생께서 즐겨 들으셨을 비 오는 날 개울가 청개구리들의 연주를 그들의 후손들로부터 앙코르까지 들은 것이다.

“교수님, 어젯밤의 이 일은 獨樂堂의 역사에 기록될 것입니다.”

개미가 맷돌에 붙어 돌다니

잘되지도 않는 그림이지만 필자는 펜으로 개미를 자주 그린다. 그나마 개미를 그리는 분이 그리 많지 않은 듯싶어 나로서는 참 다행이다. 옛사람들도 개미를 그렸을까? 그림이 없다면 혹시 시는 없었을까? 그래서 개미에 관한 옛 시부터 찾아보기로 했다. 반갑게도 중국 송나라의 시인 楊萬里의 詩 속에서 「觀蟻」(개미를 보고) 두 편을 발견했는데, 여기서 먼저 그 한 편을 읽어 본다.

우연히 서로 만나 자세히 길을 묻는다 — 偶爾相逢細問途
우 이 상 봉 세 문 도

무슨 일인지 모르겠네, 이사는 어찌 그리 자주 다니는지 — 不知何事數遷居
부 지 하사 수 천 거

작은 몸으로 먹으면 얼마나 먹는다고 — 微軀所饌能多少
미 구 소 찬 능 다 소

한 번 사냥 나가 돌아올 땐 뒤따르는 수레 가득 차네 — 一獵歸來滿後車
일 엽 귀 래 만 후 거

우리는 이 시에서 직접 보지 않고도 보는 것처럼, 길 가는 개미들 간의 遭遇와 길을 묻는 모습 그리고 사냥을 마치고 무언가를 잔뜩 진 채 줄지어 돌아오는 개미들의 모습을 그려볼 수 있다. 개미를 시로 쓴 이가 과연 양만리 시인 한 분이었을까?

다시 옛 시의 숲속으로 들어가 본다. 반갑게도 고려의 천재 시인 李奎報 선생의 「群蟲八詠」 속에서 「蟻」(개미) 한 편을 발견한다.

구멍 뚫어 구슬 속을 지나고 — 穴竅珠中度
혈 규 주 중 도

바퀴 따라 맷돌 위를 달린다 — 隨輪磨上奔
수 륜 마 상 분

누가 알리 느티나무 뿌리 밑에서 — 誰知槐樹下
수 지 괴 수 하

따로 한세상 떠억 차지하고 있는 줄을 — 別占一乾神
별 점 일 건 신

그러나 발견의 기쁨도 잠시다. '뫼비우스의 띠(Moebius strip)' 같은 신비로운 의문을 다시 만나고

만 것이다. 개미가 "바퀴 따라 맷돌 위를 달린다(奔)" 왜 이런 표현을 하셨을까, 개미가 맷돌 위를 달리다니?

그런데 문득 이 개미와 맷돌은 北宋의 黃庭堅 선생의 그 유명한 「演雅」라는 시에서도 찾아볼 수 있다. 이 시는 『시경』 이래 한 詩 속에 가장 많은 동물(44마리)을 초대한 시로 유명하다. 생물에 대한 깊은 애정과 날카로운 안목, 짧은 문장으로 동물의 본성을 정확하게 표현하고 있다. 이 시로 인해 演雅體란 새로운 시풍이, 당대는 물론 국경을 넘어 크게 유행하고 후대에 전승된다.

시는 단순히 눈에 보이는 세상을 그리는 글이 아니다. 보이지 않는 세상을 꿰뚫어 보는 통찰의 언어다. 그리기만 하는 시는 가슴을 울리지 못한다. 세상을 꿰뚫어 보는 시는 그 울림이 시공을 넘는다. 황정견 선생은 개미와 맷돌을 이렇게 표현하고 있다.

"枉過一生蟻旋磨(헛되이 일생을 보내는구나, 개미는 맷돌에 붙어 도네)." 그러나 황정견 선생은 여기서 이규보 선생처럼 개미가 달린다(奔)고 하지 않고 돈다(旋)고 표현했다. 점점 의문은 커져 간다. 개미가 맷돌 위에서 달리든 돌든 간에 이 두 시인은 그 무거운 맷돌을 어디서 도대체 왜 가지고 왔을까? 참 이상한 일이다.

며칠간의 탐색 끝에 맷돌 개미의 暗號를 드디어 해독했다. 黃庭堅의 스승이고 당송 8대가의 한 분인 蘇東坡의 시 「좌천되어 임고정에 거하며(遷居臨皐亭)」에서 개미는 처음으로 맷돌에 올라간 것이다. 여기서 처음이란 물론 개미의 세계도 인간의 세계도 아닌 '시의 세계'를 말한다. 긴 세월 동안 맷돌 위에 올라간 개미는 부지기수일 터이니.

맷돌 위에 붙은 개미처럼 자기 의지대로 살지 못하고, 그냥 맷돌이 도는 대로 돌 수밖에 없는 무력한 인생을 표현한 것이다. 이리하여 '개미와 맷돌'은 시대와 공간을 넘으며 여러 시인을 거쳐 시를 읽는 우리를 찾아온 것이다.

이제 '맷돌 개미 시'의 원조인 蘇東坡 선생의 시를 만나보자.

나 이 천지간에 살아가고 있는 것	我生天地間 아 생 천 지 간
커다란 맷돌 위에 붙어 있는 개미와도 같아	一蟻寄大磨 일 의 기 대 마
아무리 오른쪽으로 가려고 애를 써도	區區欲右行 구 구 욕 우 행
어쩌랴! 세상의 큰 바퀴는 왼쪽으로 돌고 있는데	不救風輪左 불 구 풍 륜 좌

• 風輪은 불교 용어로 水輪, 金輪, 空輪과 함께 四輪이라 한다.

돼지들의 탈출

글머리에

지금으로부터 25년 전 필자가 런던 주 영국대사관에 근무하고 있을 때, 영국에서 실제로 일어난 이야기입니다.

새해 들어 얼마 되지 않은 어느 흐린 날 오후, 영국 남부의 작은 도시 말메스베리(Malmesbury)에서 돼지 두 마리가 가축도살장을 탈출했다. 조용히 새해를 시작한 전 영국을 열흘씩이나 떠들썩하게 한 사건이었습니다. 이들 두 돼지가 잡히기까지 열흘간 언론에 보도된 토막기사들을 바탕삼아 제 나름대로 이를 재구성해서 엮어 본 것입니다.

탈출의 시작

첫째 날인 1998년 1월 6일(화요일). 영국 남부의 작은 도시 말메스베리시 변두리 도살장에서 베이컨용 고기를 만들기 위해 도살하기 직전의 여섯 살배기 돼지 두 마리가 철조망으로 겹겹이 둘러싸인 경비 삼엄한 도살장을 탈출한 사건이 일어남. 돼지들은 철조망 우리 땅 밑을 뭉툭하고 부드러운 주둥이로 개구멍을 파서 그 사이로 역사적인 탈출을 감행했는데, 그 후 열흘 동안 전 영국 사회는 이들 돼지의 탈출을 두고 어린아이와 어른 할 것 없이 온 나라가 야단법석을 떨었음.

열악한 환경에다가 죽음의 공포가 흐르던 도살장 탈출에 성공한 돼지들은 진흙밭 구릉길을 달려, 뒤쫓아 오는 비정한(?) 도살장 주인을 죽을힘을 다해 따돌림. 도살장에서 1마일 정도 떨어진 거리의 도망길 옆 도로 앞을 흐르는, 대한민국 서울의 중랑천보다는 조금 작은 에이븐강을 헤엄쳐 건넘. 물고기를 빼고는 가장 헤엄을 잘 친다는 육상동물로 알려진 소문을 증명이나 하듯 차가운 겨울 에이븐강을 가볍게 헤엄쳐 건넜음. 두 돼지의 뛰어난 수영 솜씨에 감탄한 도살장 주인은 자신에게 닥친 사태의 심각성을 잊은 채 배를 잡고 웃다가 뒤늦게 위급한 상황을 깨닫고는 추격 길에 엉망으로 젖어 버린 진흙 발을 동동 굴렀다고 함.

강을 무사히 건넌 뒤 건너편에서 발을 구르는 비정한 주인을 만감이 교차하는 눈초리로 째려보던 돼지들은 갑자기 도살장에서의 非豚格的이고 끔찍한 '殺豚의 追憶'을 떠올리고는 도망길에 말리던 젖은 몸을 잡목 우거진 수풀 속으로 재빨리 감춤으로써, 전 영국 역사상 최초의 돼지 탈출에 성공함. 언론은 「두 붉은 돼지, 선댄스와 버치의 탈출(The Tamworth Two / Sundance and Butch)」을 보도함.

탈출 동기를 둘러싼 첨예한 논쟁

둘째 날인 1월 7일(수요일). 말메스베리시 경찰은 "두 마리 돼지가 도살장의 삼엄한 경계와 주인의 끈질긴 추격에도 불구하고 무사히 탈출하였다"는 다소 늦은 신고를 접수함. 그러나 경찰들은 용기 있는 행동과 친절한 봉사로 주민들의 찬사와 존경을 받아오던 평소의 그들 태도와는 다른 모습을 보여 말메스베리 주민들을 몹시 어리둥절하게 함. 경찰들은 이들 도망꾼 돼지들을 두고 '참으로 용기 있는 녀석들'이라고 하는 등, 마치 전 영국 오픈 축구 경기에서 이기고 돌아온 영예스러운 잉글랜드 팀에게나 쏟아부을 만한 칭찬을 늘어놓음. 그러나 즉시 서둘러야 할 수색과 체포 작업은 게을리하는 모습을 보여, 탈출 사건으로 신경이 극도로 날카로워진 이 도시 최고 납세자인 도살장 주인의 화를 머리끝까지 돋구었음.

해가 지지 않는 나라, 오랜 식민지 경영으로 동물학의 지식과 명성을 착실히 쌓아온 영국의 돼지 전문가들과 노동자 지위 향상과 처우개선에 적잖게 이바지해 온 것으로 자평하는 전 영국노동조합총연맹은, 이번 돼지들의 탈출 원인을 일부 말썽쟁이 돼지들의 돌발적이고 개별적인 이상행동 특성에서만 찾는 것은 동물학적인 인간의 무지를 그대로 드러내는 것이라고 신랄하게 비판함. 이들은 이번 돼지들의 탈출 원인은 개나 고양이 같은 애완동물에 비하여 돼지들에 대한 인간들의 고질적이고 만성적인 차별 대우에 있음을 지적함. 이들은 또, 배고픈 것은 참아도 배 아픈 것은 못 참는다는 대한민국의 전래 속담을 소개하여, 영국민들의 전폭적인 공감을 얻는 데 성공함. 즉 돼지들은 별로 뚜렷이 하는 일도 없이 빈둥거리면서도 인간들의 편파적인 사랑을 독차지하며 *好衣好食*하는 개와 고양이들을 더는 봐줄 수 없었을 것이라고 진단했음.

또한 최근에 비약적인 연구 성과로 노벨상 생리·의학 부문 심사기관인 스웨덴 카롤린스카연구소(Karolinska Institutet)의 특별한 관심을 끌고 있는 포유동물 뇌과학자들은 돼지들의 머리가 이번 사건에서 보듯 개와 고양이보다는 훨씬 우수하다고 설명함. 학자들은 특히 돼지의 기억력, 사고력과 감정을 조절하는 뇌의 전두엽 발전 상태가 침팬지와 같은 영장 동물에 비해서도 결코 못하지 않음을 보여 주었다고 주장, 아직은 검증되지 않았으나 시험적인 견해들을 조심스럽게 제시했음.

한편, 社會心理學과 動物社會學界 일부 학자들도 이에 질세라 이번에 탈출한 돼지들은 용기 있고 머리가 우수한 것 같다는 견해에 동의함. 그러면서 이 돼지들이 그간 도살장의 열악한 환경에서도 도살이라는 직접적인 생명의 위협을 받기 전까지는 어떠한 불평이나 조직적·집단적 저항을 한 흔적 없이 잘 견뎌왔다고 분석함. 또한 이들 슬기로운 돼지들은 탈출한 날로부터 35년 전인 1963년 미국의 한 목사가 링컨기념관(Lincoln Memorial) 계단에서 행한 不朽의 명연설에서 "나에게는 꿈이 있어요(I have a dream)!"라고 외친 것처럼, 자연 상태에서 아무런 간섭 없이 돼지답게 행복하게 사는 세상을 향한 열망과 꿈을 가졌을지도 모른다고 진단함. 따라서 이들은 돼지들이 어떤 열악한 환경에서도 떠나온 도살장에서보다 훨씬 잘 적응할 수 있으리라고 전망함으로써, 돼지들의 안전과 건강을 우려하는 영국 국민들의 걱정을 잠시나마 덜어 주었음.

그러나 일부 다소 진보 성향의 동물 전문가들과 영국 상하원의 웨스트민스터 정계에 적지 않은 영향을 미치고 있는 政治哲學界의 저명한 일부 학자들도 이 새로운 논쟁에 참여함. 이들은 돼지들이 탈출한 이유를 단순히 열악한 도살장의 환경과 품위 있고 고통 없이 죽을 수 있는 권리를 허락하지 않는 도살장의 권위적인 운영 방식에 불만을 품은 일부 돼지들의 본능적이고 이기적인 동기에서 찾는 것은 인간 중심 사고의 오만 그 자체일 수도 있다는 견해를 밝힘.

이들은 돼지들의 탈출 동기를 보다 철학적이고도 본질적인 접근을 통해 찾아야 할 것이라고 주장함. 돼지들도 어쩌면 우리 인간들이 역사 이래 꾸준히 추구해 왔던 최고의 가치, 얼마 전 대한민국의 어떤 높은 양반이 어렵사리 얻은 자리를 아쉽게 물러나면서 자신이 돌아가야 할 절대 권력이라고 예찬한 自由, 어쩌면 세상에서 가장 소중하다고 할 至高의 價値인 自由를 위해 탈출을 시도했을지 모른다고 다소 통찰력 있는 견해를 제시함.

한편, 東洋哲學을 전공하는 콘월(Cornwall) 지역의 한 동양계 출신 대학교수는, 탈출한 돼지들은 중국의 전통 사찰인 소림사의 武術 三十六計 중 마지막 계략인 逃走計를 성공적으로 적용한 대표적 사례라고 칭찬함. 그러나 도망에 일단 성공한 이 시점에서는, 산 채로 이들을 잡으려는 인간들의 온갖 꼬임과 속임수를 과감히 물리치기 위해서 동양고전인 『周易』이 密傳하고 있는 隱遁計가 妙手가 될 수 있을 것이라고 넌지시 제시함.

한편, 사건이 일어난 마을 주민들은 먼 옛날 이 지역의 지체 높으신 귀족 가문이 썼다고 전해 내려오는 고귀한 이름 선댄스(Sundance)와 버치(Butch)란 이름을 자유 찾아 탈출한 두 돼지에게 붙여 주기로 결정함. 그리고 주민들은 대한민국 서울에서도 적잖은 위력을 떨친 바 있는 촛불을 손에 들고, 도망길에서 아픔을 겪고 있는 이 용감한 투사의 이름 선댄스와 버치를 연호하면서 평소에는 밤늦도록 과일과 야채 시장이 열리던 마을 잔디광장을 떠나지 아니함.

돼지들이 대피 중인 숲 주인의 환대

셋째 날인 1월 8일(목요일). 도망길의 돼지가 잠시 몸을 숨기고 있는 숲의, 이름이 알려지지 않은 주인은 인적 드문 깊은 숲 길목에서 초대받지 않은 손님들을 향해 다음과 같은 글씨를 쓴 플래카드를 목에 걸고 환영에 나섬. "숲이 만들어진 후 찾아온 방문객 중 가장 귀하고 특별한 손님들을 환영함. 손님들은 원하시는 기간 동안 언제까지나 나의 숲에 머무르셔도 좋으며, 입맛에만 맞는다면 숲속에 있는 과일은 모두 무료로 드셔도 좋음". 그 밑에는 작은 글씨로 또 "나의 귀한 손님들, 부디 체면 차리지 말고 든든히 드시라"는 예의 바른 말을 덧붙여, 친절하고 인심 좋은 남부 지방 사람들의 명성을 영국 전역에 알림.

아울러 이 마음씨 좋은 주인은 현재로서는 앞길을 가늠하기 어려운 처지의 이 손님들의 여건이 나아진 뒤에라도 방값이나 밥값을 청구하는, 겉 다르고 속 다른 짓을 아예 하지 않겠다고 분명히 밝힘으로써 기약 없는 체류 기간에 따라 늘어날 수 있는 여행 경비 문제에 대해 혹여 영국 국민들이 가질 수 있는 일말의 걱정을 말끔히 씻어줌.

동물보호협회의 뒤늦은 성명

넷째 날인 1월 9일(금요일). 사람과 친한 동물에 대한 학대와 오용 문제, 문화적 인식의 차이 등의 이유로 대한민국 국민을 상당히 난처하게 한 적이 있는, 영향력 있는 시민운동단체인 英國動物保護協會는 그간 개와 고양이에게만 쏟아온 協會의 불합리하고도 편파적인 동물 보호 정책을 통절히 반성하면서 두 돼지에 대해 일고 있는 전 국민적 관심과 열기에 뒤늦게나마 동참하였음. 同協會는 탈출한 돼지들에 대한 전폭적이고도 이례적인 지지 성명을 발표하는 한편, 두 돼지에게 비록 동물보호협회 직원이 나오라고 하는 일이 있어도 꼼짝 말고 현재 묵고 있는 숲속에 꼭꼭 숨어 있을 것을 재삼 당부함.

BBC를 비롯한 언론기관들의 불붙은 취재 경쟁

다섯째 날인 1월 10일(토요일). 품위 있는 언론, 근엄하기로 정평 있는 영국의 BBC방송과 다이애나 왕세자비(Diana Frances Spencer, Princess of Wales) 사망 사건 이후 파리를 날리고 있던 전 영국의 수많은 언론사는, 버킹엄궁전과 빅 벤(Big Ben) 아래서 할 일 없이 빈둥거리던 자사 기자들에게 사건이 일어난 이름 없는 작은 마을로 달려가 비틀즈(The Beatles)보다 인기가 치솟고 있는 돼지들과 인터뷰하지 않고 도대체 무얼 하고 있느냐고 불호령을 내렸음. 언론사들은 헬기와 경비행기 등을 인터뷰와 촬영 작전에 동원함으로써, 다이애나 왕세자비 죽음 이상의 국민적 관심이 증폭되어 가는 이 전대미문의 거국적 소동에 기름을 끼얹음.

수녀원과 여학생들의 경고

여섯째 날인 1월 11일(일요일). 인간의 영적 구원을 위해 자신을 갈고닦던 전 영국의 수녀님들과 고양이와 강아지를 특별히 사랑하는 전국 여학생들은, 만약 이 돼지가 잡히는 불상사가 발생한다면 정말 중대한 결심을 하게 될 것임을 엄중히 경고함. 이들은 또 도살장 주인이 만에 하나라도 탈출한 돼지들에 대한 소유권을 주장하는 턱도 없는 생각을 한다면 큰코다치게 될 것이며, 전 영국 여학생들은 이에 일전을 불사하겠다며 작은 주먹을 허공에 휘두르면서 위협적 결의를 다짐.

언론사들 돼지 취재에 거액의 상금을 걸다

일곱째 날인 1월 12일(월요일). 언론사들은 이 용감하고 갑자기 인기가 치솟고 있는 두 돼지를 촬영하는 데 성공한 기자에게 2천만 원 상당의 거액을 상금으로 내걸었음. 남자를 여자로 바꾸는 것을 제외하고는 무엇이든지 할 수 있다는 유서 깊은 영국의 국회의사당과 수억 인구 영연방의 수장이신 존엄하신 여왕 폐하께서 계시는 버킹엄궁전의 시장같이 붐비던 기자실을 텅 비게 만들었고, 특종의 야망에 불타는 전 영국 젊은 남녀 기자들의 가슴에 불을 지핌.

국가적인 軍警合同作戰으로 버치(Butch) 卿이 生捕됨

여덟째 날인 1월 13일(화요일). 관계 당국은 돼지들이 몸을 숨기고 있는 숲속의 거주 여건은 비가 많이 오는 영국 날씨를 감안하면 오랫동안 머물기에 그리 맞지 않을 뿐만 아니라, 예약 없이 들이닥친 손님들이 입주한 날 숲 주인이 호기롭게 내뱉은 말과는 달리 숲속에 마련되었다는 식량은 돼지들의 왕성한 식욕을 채우기에는 턱없이 부족한 것으로 드러났다고 발표함.

당국은 또 갑작스러운 방문객을 위해 그리 사려 깊게 준비되지 않은 듯한 숲속의 소박하기 짝이 없는 식단은, 대식가이고 미식가인 돼지들에게 가히 초근목피 수준이어서 그간 도살장의 의도적인 단기간 肥滿化 계획의 희생물이 되어 있던 돼지들이 엄청난 영양불균형에 빠질 수도 있다는 분석 결과를 덧붙임으로써 모종의 조치를 앞두고 있음을 넌지시 암시함.

그러나 당국은 탈출 일주일을 맞아 임박한 것처럼 보이는 생포 작전을 둘러싸고 비등하는 국민적 반대 여론에는 별로 아랑곳하지 않는 자세를 보임. 지난날의 수많은 전쟁에서 달성한 승전의 추억을 회상하며 파리만 날리고 있던 영국의 군과 경찰은 드디어 포클랜드전쟁 이래 스스로 두고두고 큰 戰績으로 여기게 될 가장 규모 있는 군경 합동 돼지 생포 작전을 결행함.

작전 대상에 비하면 인력과 장비가 다소 과다하게 투입된 듯한 생포 작전에서 두 마리 돼지 중 행동이 다소 굼뜬 버치 卿이 생포되었으며, 혼자 남은 선댄스 卿은 잡힌 동료의 자유에의 悲願을 홀로 간직한 채 앞길을 예측하기 어려운 탈주에의 여정을 오늘도 계속함.

선댄스 卿마저 생포되어 돼지들의 '自由의 旅程'은 끝남

아흐렛날인 1월 14일(수요일). 버치 경이 잡히고 이틀 후 마침내 맹수들을 잡는 데 쓰이던 마취총에 맞아 선댄스 경마저 체포됨으로써, 열흘간 전 영국 국민들을 열광 속에서 행복하게 했던 두 돼지의 자유를 향한 짧고 화려한 외출이 끝남. 그들은 지금까지 겪어 보지 못한 뼛속까지 스며드는 악명 높은 영국의 겨울 추위와 돼지 신분으로서는 결코 참기 어려운 굶주림이라는 값비싼 자유의 대가도 더 이상 치를 필요가 없게 되었음. 돼지들은 잡힌 직후 한 언론사가 어렵사리 마련한 텔레비전 인터뷰에서, 기자들이 들이댄 마이크에 귀가 찢어질 만큼 요란한 소리를 질러 자유를 잃은 데 따른 자유 투사의 불편한 심기를 표출하였음.

일부 정통적인 정치사학자들은 이를 두고, 그 고성은 아마도 돼지들이 탈출한 날로부터 220년 전인 1775년 미국 버지니아주(Commonwealth of Virginia) 하원에서 행한 연설에서 당시 미국을 지배하고 있던 대영제국을 향해 "자유를 달라, 그렇지 않으면 죽음을 달라(Give me Liberty, or Give me Death)!"고 외친 미국의 정치인 Patrick Herry(1736~1799)의 不朽의 명구인 自由의 절규, 바로 그것이었다고 해석하였음.

동물보호협회는 전폭적인 국민의 지지 속에 자랑스럽게 두 돼지들을 인수하여 그들을 보호함. 돼지들은 탈주 중에 그들의 의사와 상관없이 논의된 바 있었던 수녀원이나 여학교로 보내지지는 않았음.

이 돼지들은 그들이 도살장에 남아 있던 다른 동료들의 부당한 처우까지 바꿔 놓고, 영국의 여느 고양이와 강아지처럼 호의호식하면서 천수를 다할 것으로 보임. 그들이 위험을 무릅쓰고 자유를 위해 또 다른 탈출의 모험을 감행하지 않는다면.

글을 마무리하며

이 사건이 일어난 말메스베리는, 이 마을을 빛낸 17세기 영국의 저명한 정치철학자 토마스 홉스(Thomas Hobbes)보다도 더 이 마을을 유명하게 했습니다. 이 용감한 돼지들의 이야기를 새긴 동상이 마을 어귀에 서게 될 것이고, 멀리서 부모들의 손을 잡고 온 아이들은 호기심 어린 눈초리로 돼지들의 동상을 바라보며 신나는 이야기에 귀를 기울이게 되겠지요.

돼지는 개와 고양이와는 달리 인간의 식욕을 충족시키기 위해 기르는 동물로만 인식되어 왔습니다. 열악한 환경에서 식욕 외에는 자신의 어떠한 욕구도 차단당한 채 체중을 늘리지 않으면 안 되는 존재, 이 동물이 시도한 탈출에의 도전과 이들의 불안한 자유를 성원하고 이야기를 만들어 가는 영국인들의 넉넉한 마음을 다시 한번 생각해 봅니다.

마지막으로, 두 돼지가 탈출한 도살장은 사건 직후 전 국민들의 관심 속에 관계기관이 실시한 위생 검사에서 불합격을 받아 시정 처분을 받은 사실도 알려졌습니다. 돼지들은 그토록 자신들의 환경이 열악하지 않았다면, 개와 고양이와의 참을 수 없는 차별 대우만 없었다면, 그리고 '殺豚의 追憶'만 없었다면 탈출하지 않았을까요? 과연 自由를 向한 悲願이 그들을 움직였을까요?

그러나 돼지들은 더 이상 아무것도 말하지 않았습니다. 어느새 25년이 흘렀네요. 저도 영국에 다시 가면 말메스베리에 꼭 한 번 가 보고 싶네요.

2004년 BBC ONE은 〈두 붉은 돼지의 전설(The Legend of the Tamworth Two)〉이라는 60분짜리 영화를 만들어 방영했습니다.

2011년, 두 돼지들은 열네 살의 나이로 그들의 천수를 함께 마쳤다고 합니다. 10월에 버치 경이 먼저, 선댄스 경은 7개월 후에 뒤따라 돌아가셨답니다. 우리가 먼 길을 찾아가더라도, 이제는 그들의 후손이 우릴 맞이하겠네요. 용감한 붉은 돼지들!

Ⅶ. 동물들이 인간에게 주는 말

● **昆蟲** 우릴 너무 미워하진 마세요. 짧게 살다가는 우리 蟲生!

自皮生蟲 가죽에 생긴 좀이 가죽을 먹으니, 가죽도 없어지고 좀도 죽게 됨.
鼠肝蟲臂 쥐의 간과 벌레의 팔이니, 쓸모없고 하찮은 물건이나 사람.
夏蟲疑氷 여름 벌레가 겨울 얼음을 의심하니, 견문이 좁음을 이르는 말.
鵬夢蟻生 붕새의 큰 꿈과 개미의 근면함을 함께 가져야 한다는 말.
堤潰蟻穴 큰 둑도 작은 개미구멍 때문에 무너진다.
蛾子時術 미물인 나방 새끼도 때로는 그 가진 재주를 부린다.
蜂蝶隨香 벌과 나비는 향기를 따라간다.
探花蜂蝶 꽃을 찾아다니는 벌과 나비.
蝸角之勢 / **蝸角之爭** 달팽이 뿔 위의 형세 / 사소한 일로 말미암은 싸움.
蚊蝄之勞 모기와 등에의 수고. 자신의 기여를 낮추어 하는 말.
聚蚊成雷 모기도 모이면, 그 내는 소리가 우레와 같다.
螢窓雪案 반딧불 비치는 창과 흰 눈 비치는 책상에서 어렵게 공부함.
以蚓投魚 지렁이를 물고기에 던지듯 보잘것없는 것도 다 쓸모가 있다.
春蚓秋蛇 봄 지렁이와 가을 뱀. 글씨가 가늘고 힘없을 때 이르는 말.
怒蠅拔劍 파리를 보고 노하여 칼을 뽑으니, 사소한 일에 큰 대책을 냄.
朝蠅暮蚊 아침에는 파리가 저녁에는 모기가 들끓는다.
飛蛾赴火 나방이 날아 불에 다가간다.
蚊蝱宵見 모기나 등에같이 작은 일까지도 훤히 안다.
蚊蚋負山 산을 지는 것처럼 역량이 적어, 중임을 감당할 수 없음.

● **새(鳥)** 그리 울어대도 못 알아들으니, 이렇게라도 할 수밖에

花笑聲未聽 鳥啼淚難看 꽃은 웃어도 소리 들리지 않고, 새는 울어도 눈물을 보기 어려움.
長壁危花笑立 春好鳥啼來 벽이 위태로우나 꽃은 웃으며 섰고, 봄 좋으나 새는 울며 옴.
白髮悲花落 靑雲羨鳥飛 노인은 꽃 지는 것 슬퍼하고, 청년은 새 나는 것 부러워함.
空任鳥飛 하늘은 새가 마음껏 날도록 맡긴다.
驚弓之鳥 / 傷弓之鳥 화살 맞아본 새는 구부러진 나무만 봐도 놀람.
不飛不鳴 날지도 않고 울지도 않는 새. / 때를 기다림(『史記』).
刻鵠類鶩 고니를 조각하면 실패해도 집오리는 만들게 됨.
掩目捕雀 눈 가리고 참새 잡으니, 얕은꾀로 남을 속이는 것.
獸聚鳥散 짐승처럼 모였다, 새처럼 흩어짐.
探卵之患 어미 새가 알을 잃을까 근심하는 것.
一目之羅 한 눈 그물(로 새를 잡을 수 없음).
良禽擇木 좋은 새는 나무를 가려 깃든다.
桑土綢繆 새는 비바람 불기 전, 뽕나무 뿌리 흙으로 구멍을 막는다.
鳥窮則啄 새가 궁하면 부리로 쫀다.
飛鳥盡良弓藏 나는 새 없어지면, 좋은 활도 창고에 들어감.
巢毁卵破 / 巢傾卵破 둥지가 부서지면 알도 깨진다 / 둥지가 기울면 알이 깨짐.

● **제비** 사람들이 우리에겐 그리 못된 짓을 하지 않아요. 우리는 뭐.

燕雁代飛 제비와 기러기가 서로 엇갈려 다른 방향으로 감.
燕鴻之歎 여름새인 제비와 겨울새인 기러기가 만나지 못함을 탄식함.
掛賀燕賀 제비가 사람 집 지은 것을 축하함.
燕頷虎頭 제비의 턱과 호랑이의 머리니, 귀하게 될 상.

● **닭(鷄)** 우리도 할 말이 많아요. 좀 더 오래 살고 싶어요.

家鷄野雉 / 家鷄野鶩 집닭과 들꿩 / 집닭과 들오리.
貴鵠賤鷄 들에 있는 오리는 귀히 여기면서, 집에 있는 닭은 천하게 여김.
見卵求鷄 달걀을 보면서 닭이 울기를 바란다.
鷄鳴之助 닭 울었으니 일어나라는, 어질고 현명한 권고(『詩經』).
甕裏醯鷄 독 안의 초파리니, 식견이 좁고 물정 모르는 사람을 이름.
借鷄騎還 잡아먹어 버린 자기 말 대신, 주인집 닭을 빌려 타고 돌아가다.

동물들이 주는 교훈

● **원숭이(猿)** 우리가 사람 닮았다는데, 거참, 나무도 못 타는 사람 주제에.

沐猴而冠 원숭이가 관을 썼으니, 의관에 비해 사람답지 못함을 이름.
籠鳥檻猿 새장에 든 새와 우리에 갇힌 원숭이. 속박되어 자유를 잃은 모습.
馬上封侯 말 위의 원숭이 모양 도자기. 승진과 영전을 기원하며 주고받던 귀한 선물.
母猿斷腸 / 斷腸之哀 어미 원숭이의 창자가 끊어짐 / 창자가 끊어지는 슬픔.
猿侯取月 / 捉月獼猴 원숭이가 달을 잡으니, 분수 넘는 일로 화를 당함.
朝三暮四 자기 이익을 위해 지혜로 남을 농락하는 것.
意馬心猿 생각은 말과 같은데, 마음은 원숭이 같음.

● **쥐(鼠)** 우리가 세상의 주인인 걸 아시나요? 세상의 모든 구멍은 쥐구멍이오.

首鼠兩端 이리저리 눈치 보며 잔머리를 굴리는 것.
虎頭鼠尾 용두사미(龍頭蛇尾)와 같은 뜻.
鼠肝蟲臂 쥐의 간과 벌레의 팔이니, 쓸모없고 하찮은 물건이나 사람을 이름.

鼠目寸光 안목과 식견이 짧음.
老鼠出洞 늙은 쥐가 움직이듯 우유부단하거나 너무 조심하는 모습.
十鼠同穴 악인들이 한곳에 모여 있으니 일망타진이 용이함.
稷蜂社鼠 사직단에 사는 벌과 쥐는 결코 어려움을 당하지 않는다.
鼷鼠食牛 생쥐가 제사에 쓸 소뿔을 갉으니, 작은 것도 큰일을 함.
投鼠恐器 던져서 쥐를 잡으려니 그릇 깰까 두렵다.
使驥捕鼠 천리마로 쥐를 잡게 하니, 사람 쓸 줄 모르는 것을 이름.

● 개(犬) 어디 우리처럼 사람에게 충성해 온 동물 있으면 말해 봐요.

犬猿之間 개와 원숭이의 사이처럼 매우 나쁜 관계.
犬馬之勞 개나 말의 힘이니, 자신의 노력을 낮추어 표현.
犬兎之爭 개와 토끼가 싸움하면, 제3자가 이익을 보게 되는 것.
鷄犬相聞 닭 우는 소리, 개 짖는 소리가 들리니 인가가 가까이 있음.
桀犬吠堯 걸왕의 개는 주인 아니면 성군인 요임금 보고도 짖는다.
犬馬之心 충성하는 마음을 낮추어 표현.
犬馬之齡 아무 할 일 없이 나이만 먹었음을 표현.
犬馬之齒 자신의 나이를 겸손하게 낮추어 말함.
鷄犬聲不到處 닭과 개 소리가 미치지 않는 외딴곳.
邑犬群吠 고을 개가 무리 지어 짖듯이, 소인배들의 비방을 일컬음.
驢鳴犬吠 들을 가치가 없는 이야기나 글을 일컬음.
蜀犬吠日 촉(蜀) 땅의 개가 해를 보고 짖는다. 식견 좁은 이가 비난, 의심함을 일컬음.
陶犬瓦鷄 흙으로 구운 개, 기와로 만든 닭이니, 실속 없고 쓸모없는 사람을 가리킴.
犬牙相制 개의 어금니가 맞지 않는 것처럼, 서로 견제하는 형세.
虎豹豈受犬羊欺 범과 표범이 어찌 개나 양에게 속임을 당하겠는가?
錦褓裏犬屎 비단보에 개똥이니, 겉보다 속이 나쁜 것을 이름.
犬齧枯骨 개가 말라빠진 뼈다귀를 핥으니, 아무 맛도 없음을 이름.
描虎類犬 호랑이를 그리면 개 비슷한 걸 그릴 수는 있다.
一犬吠形百犬吠聲 한 마리 개가 보고 짖으면, 백 마리 개가 듣고 짖는다.

越犬吠雪 눈을 보지 못한 월나라의 개는 눈을 보면 짖는다.

鳥喧蛇登樹犬吠客到門 새가 지저귀니 뱀이 나무에 오르고, 개가 짖으니 손님이 문에 이름.

兎死狗烹 토끼를 잡고 나면 사냥개를 삶는다.

羊頭狗肉 양 머리를 걸어놓고 개고기를 파니, 언행이 불일치함.

畵虎類狗 일하다 보면 실패해도, 한 가지 작은 것은 이룰 수 있다.

狡兎死走狗烹 토끼가 죽으면 사냥개를 삶아 먹는다.

跖狗吠堯 도척의 개가 요임금 보고 짖는 건, 주인에게 충성하는 것.

● 고양이(猫) 요사이는 잡을 쥐도 없어 무위도식하며 보내요!

猫鼠同眠 / 猫鼠同處 고양이와 쥐가 함께 자니, 위아래가 결탁해 나쁜 짓을 함.

猫則眞殪鼠猶佯斃 고양이는 진짜 죽고, 쥐는 죽은 체한다.

鼠猫木將 쥐 안 잡는 고양이니, 제구실 못 하는 사람이나 사물을 일컬음.

食食醯猫裏 식혜 먹은 고양이 속이니, 죄짓고 걱정하는 마음.

伶俐猫夜眼不見 영리한 고양이 밤눈 어둡다.

以鼠易猫 쥐로 고양이를 바꾸듯, 사람을 바꿔도 이전보다 못함을 일컬음.

瞎猫弄卵 눈먼 고양이 달걀 어루듯, 그리 귀한 것도 아닌데 귀한 줄 알고 좋아함.

窮鼠囓猫 궁지에 몰린 쥐는 천적인 고양이를 문다.

猫前乞蘇魚 고양이에게 밴댕이 물고기 구걸하듯 쓸모없음.

● 돼지(豖) 이제 사람들의 잘못을 우리에게 그만 비유하세요!

遼東之豖 견문이 좁아 세상일을 모르고 혼자 잘난 체하는 것.

三虱食彘 이 세 마리가 돼지를 먹다. 눈앞의 이익만 탐하는 것.

魚豖之惑 글자가 잘못 쓰임. 魯亥를 魚豖로 오독한 사례.

封豖長蛇 식욕 왕성한 돼지와 씹지 않고 삼키는 뱀이니, 탐욕하고 잔인한 사람.

豚蹄一酒 돼지 발굽에 술 한 잔이니, 작은 것으로 과욕을 부림.

三豖渡河 글자를 오독·오용하는 것. 己亥涉河를 잘못 읽은 사례.

佛眼豚目 부처의 눈과 돼지의 눈이니, 보는 이에 따라 사물이 달리 보임.
豕交獸畜 돼지처럼 대하고 짐승처럼 기른다.

● **말(馬)** 남의 등을 타고 가면서 왜 자꾸 때리는지

馬革裹屍 말가죽으로 시체를 싼다는 의미이니, 결사 항전을 결의.
叩馬而諫 가고 있는 말을 잡고 간언함.
馬行千里路 牛耕百畝田 말은 천 리 길을 가지만 소는 백 이랑의 밭을 갊.
失馬治廏 말 잃고 난 뒤에야 마구간을 고친다.
指鹿爲馬 사슴을 가리키며 말이라 한다(秦 세도 환관 趙高).
馬好替乘 말도 갈아타는 것이 좋다.
烏焉成馬 烏자와 焉자가 馬자가 된다. 혼동하여 잘못 쓰는 경우를 이름.
櫪馬籠禽 마구간에 매인 말과 새장 속에 갇힌 새니, 자유 잃은 모습.
老馬知途 / 老馬識途 / 老馬之智 늙은 말이 길을 안다.
朽索馭六馬 썩은 새끼로 여섯 마리 말을 몰듯 어렵고 힘든 상황
秣馬利兵 말에 꼴을 먹이고 병기를 날카롭게 간다.
風檣陣馬 돛이 바람 타고 말이 진지에 서듯, 문장이 웅건한 것을 비유.
買死馬骨 죽은 명마의 뼈를 사자, 소문이 나서 천리마를 구했다는 고사.
汗馬之勞 말이 전쟁터에서 땀을 흘리니, 전장에서 공이 있음을 이르는 말.
以毛相馬 털빛만으로 좋고 나쁜 말을 구별한다. 외양만으로 사물을 판단함.
童牛角馬 뿔 없는 소와 뿔 달린 말. 도리에 맞지 아니함을 이르는 말.

● **양(羊)** 우리를 너무 양순하다고 깔보진 마세요. 쌈도 꽤 잘해요.

多岐亡羊 / 亡羊之歎 갈림길이 많아서 양을 잃어버린다.
亡羊得牛 양을 잃고 소를 얻으니, 작은 것을 잃고 큰 것을 얻음.
蚊蝄走牛羊 모기와 등에가 소와 양을 쫓으니, 약한 것도 강한 것을 물리칠 수 있다.
讀書亡羊 책 읽다 양을 잃으니, 일을 팽개치고 다른 생각으로 낭패를 봄.

屠所之羊 도살장으로 끌려가는 양처럼, 죽을 위험이 눈앞에 닥쳐오는 상황.
使羊將狼 양으로 하여금 이리의 장수가 되도록 함.
亡羊補牢 양 잃고 난 뒤에 우리를 고친다.
羚羊掛角 영양이 밤에 잘 때 나뭇가지에 뿔을 걸어서 위해를 막음.
羝羊觸藩 숫양이 울타리에 뿔이 걸려 꼼짝 못 하는 상황.

● **뱀(蛇)** 우린 가만두면 안 물어요!

見蛇首知長短 뱀의 머리만 보면 그 길고 짧음을 알 수 있다.
杯弓蛇影 술잔에 비친 활 그림자를 뱀으로 착각하니, 쓸데없는 의심.
蟬蛻蛇解 매미와 뱀은 허물을 벗는다.
蛇脫故皮 뱀이 묵은 허물을 벗는 것이니, 보다 나은 상태로 변화함.
打草驚蛇 풀을 쳐서 뱀을 놀라게 함.
畵蛇添足 뱀을 그리고 발을 더하니, 필요 없는 것을 덧붙임.
春蚓秋蛇 봄 지렁이와 가을 뱀이니, 글씨 줄이 삐뚤고 힘이 없음.
鳥喧蛇登樹 犬吠客到門 새가 지저귀니 뱀이 나무에 오르고, 개가 짖으니 손님이 문에 이름.

● **소(牛)** 참 힘든 牛生인데, 사람들은 이걸 아는지.

汗牛充棟 수레에 실으면 소가 땀을 흘릴 정도, 쌓아 올리면 들보에 닿는 책들. 藏書가 많음.
舐犢之情 어미소가 송아지를 핥으며 사랑하듯, 어버이의 지극한 사랑.
牛鼎烹鷄 소 삶는 큰 솥에 닭을 삶으니, 큰 인재를 작은 일에 쓰는 것.
泥牛入海 진흙으로 만든 소가 바다에 들어가니, 돌아오지 못함을 말함.
庖丁解牛 솜씨 빼어난 백정이 소의 뼈와 살을 능숙하게 발라내는 모습.
吳牛喘月 오나라의 소가 달을 보고 헐떡거리니, 지레 겁먹고 허둥대는 사람을 이름.
問牛知馬 소 값을 물어봐서 말 값을 알아내니, 지혜로움을 이름.
牛毛麟角 배우는 사람은 쇠털처럼 많아도, 성공하는 이 기린 뿔처럼 드물다.
牛角掛書 소의 뿔에 책을 거니, 소를 타고 가면서도 독서하는 것을 의미.

氣冲鬪牛 기세가 하늘을 찌르는 듯한 소싸움.
賣劍買牛 칼을 팔아 소를 사니, 전쟁을 멈추고 농사짓듯 개과천선함.
蹊田奪牛 소가 남의 밭을 지나갔다고 소를 뺏듯이, 죄보다 벌이 과중함.
歸馬放牛 말을 돌려보내고 소를 풀어놓으니, 전쟁을 더 이상 않겠다는 뜻.

● **물고기(魚)** 물속에 있는 물고기도 이렇게 말한다.

湖上不鬻魚 林中不賣薪 호숫가에서는 물고기를, 숲속에서는 땔나무를 팔지 않음.
涸轍鮒魚 수레바퀴 자국에 괸 물속의 붕어니, 위급하고 옹색한 처지.
臨河羨魚 강가에 가까이 가면 물고기를 탐내게 된다.
得魚忘筌 물고기를 잡고 나면 통발을 잊게 된다.
爭魚者濡 물고기를 잡으려는 자는 물에 젖어야만 한다.
水深魚聚 물이 깊으면 물고기가 모여든다.
水至淸無魚 물이 너무 맑으면 물고기가 없다.
釜中之魚 솥 안에 든 물고기처럼 위태로운 상황.
呑舟之魚 / 不遊支流 큰 물고기는 작은 지류에서 놀지 않는다.
池魚籠鳥 못 속의 물고기와 새장 속의 새처럼 자유롭지 못함.
射魚指天 물고기를 잡는다면서 하늘을 가리킨다.
魚網鴻離 물고기 그물에 기러기가 걸린다.
鰣魚多骨 맛이 좋은 준치에는 가시가 많다.
鳶飛魚躍 솔개가 날고 물고기가 뛴다. 온갖 생물들이 생을 즐기는 것. 태평성대.
池魚之殃 못에 던졌다는 진주 찾으려 물을 퍼내니, 애꿎은 물고기만 죽었다.
竭澤而魚 연못 말려 고기를 얻으려니, 눈앞 이익에 골몰하여 큰일을 잊음.
釣人不釣魚 낚시하는 이가 물고기를 잡는 데는 뜻이 없음(白居易, 『渭上偶釣』).

시가 만난 동물
내가 만난 동물

펴낸날 초판 1쇄 2024년 10월 30일

지은이 최양식
펴낸이 서용순
펴낸곳 이지출판

출판등록 1997년 9월 10일
등록번호 제300-2005-156호
주소 03131 서울시 종로구 율곡로6길 36 월드오피스텔 903호
대표전화 02-743-7661 **팩스** 02-743-7621
이메일 easy7661@naver.com
인쇄 ICAN
물류 (주)비앤북스

값 40,000원

ISBN 979-11-5555-232-2 03800